本书由国家自然科学基金委员会"中国西部环境和生态科学"重大研究计划资助

"中国西部环境和生态科学"研究丛书

中国西部现代人类活动及其环境效应研究

李秀彬　张镱锂　董锁成　崔　鹏等　编著

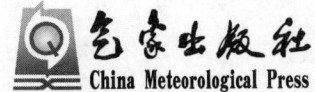

气象出版社
China Meteorological Press

内容简介

本书作为国家自然科学基金委员会"中国西部环境和生态科学"重大研究计划集成研究专著之一,从土地利用和土地覆被变化、城镇化与环境、工程建设与环境等三个方面,剖析了中国西部地区主要人类活动的特征、变化过程及其资源环境效应,提出了协调人地关系、保护环境和生态的策略及技术措施。

本书可供地理学、资源科学、环境科学等方面的科研工作者、相关领域的管理人员及高等院校相关专业师生参考。

图书在版编目(CIP)数据

中国西部现代人类活动及其环境效应研究/李秀彬等编著.
—北京:气象出版社,2010.9
(中国西部环境和生态科学研究丛书)
ISBN 978-7-5029-5042-2

Ⅰ.①中⋯ Ⅱ.①李⋯ Ⅲ.①人类-关系-环境-研究-西北地区
②人类-关系-环境-研究-西南地区 Ⅳ.①X24

中国版本图书馆 CIP 数据核字(2010)第 178669 号

Zhongguo Xibu Xiandai Renlei Huodong jiqi Huanjing Xiaoying Yanjiu
中国西部现代人类活动及其环境效应研究
李秀彬 张镱锂 董锁成 崔 鹏 等 编著

出版发行:气象出版社	
地 址:北京市海淀区中关村南大街46号	邮政编码:100081
总 编 室:010-68407112	发 行 部:010-68409198
网 址:http://www.cmp.cma.gov.cn	E-mail:qxcbs@263.net
责任编辑:蔺学东 李太宇	终 审:周诗健
封面设计:燕 彤	责任技编:吴庭芳
印 刷:北京中新伟业印刷有限公司	
开 本:787 mm×1092 mm 1/16	印 张:18.25
字 数:470千字	
版 次:2010年9月第1版	印 次:2010年9月第1次印刷
印 数:1~1500	定 价:65.00元

本书如存在文字不清、漏印以及缺页、倒页、脱页等,请与本社发行部联系调换。

"中国西部环境和生态科学"
研究丛书编委会名单

主编： 孙鸿烈

编委（以姓氏笔画为序）：

丁仲礼　马福臣　田均良　任继周　孙鸿烈

李秀彬　张宗祜　陈宜瑜　周秀骥　袁道先

蒋有绪　程国栋　童庆禧

序

西部大开发战略,是中国政府在世纪之交做出的重大决策。旨在推动经济结构的战略性调整,促进地区经济协调发展。是实施区域发展总体战略的重要组成部分。然而,人类基本生存环境恶劣和生态脆弱是西部发展的重要制约因素;矿产资源、化石能源和水土资源的不合理利用,加剧了水资源的短缺和生态的破坏;环境质量的退化和自然灾害的加重构成了对重大基础设施的威胁。因此,切实加强生态环境保护和建设,是推进西部开发重要而紧迫的任务,也是实施这一战略的基础。

西部的环境和生态问题,根源在于陆地表层环境的脆弱性。然而,西部陆地表层过程的许多基本科学问题尚不清楚。例如,西部现代的环境状况,哪些是自然因素造成的?哪些是人为因素导致的?尘暴中的粉尘到底是从哪里来的?关系到西北地区命脉的冰雪资源在气候变化影响下将如何演化?西北干旱区和西南岩溶(喀斯特)地区的水循环过程遵循什么样的规律?如何科学评估西部水资源的数量、质量以及生态系统在其中的作用?在干旱半干旱地区,什么样的植被覆盖模式既有利于生态又不会对人类水资源的需求构成严重制约?在西南地区的复杂地质背景下,如何在提高工程设施稳定性的同时保护环境和生态?对于这些问题的圆满回答,依赖于对构成陆地表层环境核心的土壤—植被—大气系统基本过程及其演变背景的科学探索。而限制这一探索继续深入的原因,主要是围绕主攻科学目标的多学科交叉和综合不够充分。首先,该领域的科学进展越来越多地依赖于长期持续的地面和空间遥感的观测数据,这是靠单个科学家和个别项目难以完成和支撑的。其次,该领域的研究对象比较复杂,研究工作的深入越来越依赖于综合集成和跨学科协同攻关。特别是,该领域许多学科虽然有着相近的研究对象,但往往出现学科背景不同的科学家之间难以沟通和对话的情形,问题主要在于各学科侧重的时间或空间尺度存在较大的差异。为了有效地动员起解决西部环境和生态重大科学问题所需的广泛的人才和技术,国家自然科学基金委员会于2001年启动了"中国西部环境和生态科学"重大研究计划(简称"西部计划"),组织实施围绕西部环境和生态建设的基础性、战略性和前瞻性的基础研究项目。旨在以"重大研究计划"的顶层设计来保证科学目标的统一性和研究、观测工作的持续性;鼓励科学家围绕总体科学目标与核心科学问题从不同角度开展高水平的探索,以保证科学探索的综合性和原始创新性;并以重大研究计划中项目设置的灵活性来鼓励竞争。

实施重大研究计划是完善科学基金制的一项举措,其战略意图是为了提高我国解决重大科学问题的能力,围绕一个明确的科学研究方向,为多学科的交叉和不同学术思想的碰撞提供研究平台。坚持在顶层设计下的自由申请,针对核心科学问题,整合集成具有不同学科背景、不同学术思想和不同层次的科研项目,形成具有统一目标的项目群,提高基础研究的源头创新能力。

相对于项目模式,重大研究计划的最大优势在于:(1)不断深化顶层设计,突出重大科学问题,引导不同学科、不同领域的科学家围绕同一目标协同研究;(2)不断引进新的队伍,以促进不同学术思想相互碰撞,激励创新;(3)一个较长时间的持续支持、不断优化又相对稳定的队伍以及长期连续的科学积累。

"西部计划"的宗旨在于,通过对围绕中国西部环境和生态建设的基础性、战略性和前瞻性科学探索的组织和支持,推动地球系统科学的发展,并为西部地区环境和生态管理服务。

该计划的总体思路,是以陆地表层系统的物理、化学、生物、人文过程及其相互作用为主要研究对象,以各种时间和空间尺度上物质和能量传输过程的耦合与嵌套,以及这些过程在人类干预下从自然状态偏离的机理为核心,以中国西部特殊地理环境为"区域操作平台",资助、协调和集成相关领域的研究项目,从而提高我国解决西部环境、生态和可持续发展中重大科学问题的能力。

该计划的目标,试图回答三大基本科学问题:(1)西部的现代环境格局是如何形成的?(2)如何区分西部环境和生态的演化中自然和人文因素的作用?(3)在全球变化的背景下,西部环境和生态今后的发展趋势如何?在此基础上为西部环境和生态管理决策提供科学依据。围绕这些科学问题,西部计划从"西部环境系统的演化及未来趋势"、"水循环过程与水资源可持续利用"、"生态系统过程与调控"和"主要人类活动方式与环境"四大研究主题,分年度发布项目申请指南。通过"上下结合"的立项模式,前后共资助了64个研究项目。

经过近十年的努力,已经形成了围绕西部环境和生态领域重大科学问题开展交叉协同研究的平台,获取了大量的第一手数据,构建了科研数据共享平台,取得了丰硕的科研成果。特别是围绕以下四个综合性主题,形成了集成性的研究成果:(1)中国西部环境系统演化;(2)黄土高原生态环境效应;(3)内陆河流域水循环;(4)人类活动与环境相互作用。作为"西部计划"科研成果的总结,本丛书只收录了这四个综合集成主题的部分研究成果。其他成果已广泛发表于国内外学术期刊上。

作为国家自然科学基金委员会资助的资源环境领域中第一个重大研究计划,"西部计划"不仅培育了一支致力于中国西部环境和生态科学研究队伍,取得了丰硕的科研成果,也探索出了与这一新型科研组织形式相适应的管理模式。这要感谢"西部计划"的科学指导与评估专家组,他们是:孙鸿烈、陈宜瑜、周秀骥、程国栋、袁道先、任继周、田均良、童庆禧、蒋有绪、张宗祜、李秀彬。也要感谢"西部计划"的协调组和秘书组成员，包括：马福臣、柴育成、冷疏影、王爽等。在"西部计划"的实施规划制订过程中，黄鼎成、宋长青、王会军、李晓波、郭正堂、姚玉鹏等作出了突出的贡献。在此，谨向他们表示诚挚的谢意！

程国栋

国家自然科学基金委员会地球科学部主任

2010 年 8 月

前　言

　　本书作为"中国西部环境和生态科学"重大研究计划集成研究专著之一，旨在针对西部现代人类活动的环境效应，以国家自然科学基金委员会十年来在西部地区实施的相关研究项目的成果为主，吸收其他有关研究成果，总结该领域的研究进展和获得的主要认识。由于西部地区地域辽阔，人类活动的环境影响面非常广，尽管"西部计划"对研究的时空尺度和主题都做了限定，十年来的研究工作取得了一些新的资料和认识，但尚难做到全面的评估。本书作为"西部现代人类活动及其环境效应"研究的阶段性成果，期望对今后该领域的学术研究有一定的启迪作用。

　　人类活动深刻地改变着自然环境，土地利用、城市化、基础设施建设是这种作用的主要形式。我国近年来发生了许多重大的资源、生态和环境问题，如1998年长江和松花江流域的大洪水及2000年春季的沙尘暴。灾害发生后，西部脆弱生态区的耕地扩张和植被破坏成为政府、学术界和公众关注的焦点，"退耕还林还草"成为政府的主要政策取向。所有这些，无不与土地利用和土地覆被变化密切相关。把握土地利用/覆被变化过程、驱动因素及其环境影响的客观规律，无疑是保证生态建设取得良好效果的学术依据。

　　我国西部的发展，城市化是一种必然的表现形式。伴随大型能源、矿业基地及西部开发战略的实施，西部城市化进程正在加快。城市化主要表现在人口和经济活动在空间上的集聚，这在一定程度上缓解了因农业农地扩张对环境和生态的破坏，但也对城市及其周边的环境和资源造成了深刻的影响。了解区域资源禀赋和环境背景对城市发展的规模和布局的制约，认识区域城市化和工业化的不同模式对资源和环境的作用规律，是制订可持续的城市化和区域发展战略的基础。

　　基础设施建设涉及在不同的地质、地理环境中开展不同规模、不同类型的工程及其各样组合的工程建设行为，诸如铁路、公路、航空港的建设，矿产资源、化石能源开发的基础设施建设，水能资源开发与水利工程建设，长距离输油、气管道铺设，国防工程建设及跨流域调水工程、地下水开采、固体废弃物处置、地质地貌景观开发与文化遗址保护工程等。其中，大型工程建设由于规模大并在短时间尺度内进行，造成了对陆地表层系统的强烈扰动，其结果也必然反馈于工程建设及其运行过程之中。既有可能引起事与愿违的环境变化，乃至酿成工程灾害，又威胁工程的安全而造成经济损失与人员伤亡。因此，在基础设施建设过程中，只有掌握工程建设与环境相互作用的规律，才能保证工程设施的安全构筑与运行，进而实现工程建设与环境保护相协调，保障经济和社会的可持续发展。

基于上述认识，"西部计划"在实施方案中围绕"主要人类活动方式与环境"这一主题，将人类活动归纳为三大方面，即土地利用/覆被变化、城市化及重大工程建设。本书依据这一框架，分为三个主题篇。

第一篇——"土地利用/覆被变化及其环境效应"，共分三章：第 1 章全面论述了 20 世纪 80 年代中期以来西部地区土地覆被的变化过程；第 2 章分析了土地利用/覆被变化的影响因素；第 3 章以案例的形式评估了区域土地利用/覆被变化的资源、环境及生态效应。第二篇——"城市化过程及其环境效应"，共分四章：第 4 章和第 5 章分别从大城市与中小城市两个尺度展开；而第 6 章和第 7 章则分别针对西北和天山北坡城市带进行不同空间尺度区域城市化过程及其环境影响的案例分析。第三篇——"大型工程建设的环境效应"，以道路工程为主，共分四章：第 8 章全面论述了西部地区道路工程与环境的相互影响；第 9 章侧重西部高山峡谷区道路工程与灾害的关系与减灾技术；第 10 章分析了冻土环境对高原铁路工程的影响及其工程环境效应；第 11 章系统评估了青藏铁路和公路的生态影响与工程区的生态保护策略。由于是对相关研究项目成果的总结，本书重点展现近十年相关科学问题研究的进展和认识的提升，而对所涉及的学科领域知识的系统性和完整性照顾不周，敬请读者予以谅解。

本书各章由主笔和参加撰写人员共同完成。主笔分工如下：第 1 章：刘纪远；第 2 章：傅伯杰；第 3 章：蔡运龙；第 4 章：杨永春；第 5 章：李宇；第 6 章：董锁成；第 7 章：张小雷；第 8 章和第 9 章：崔鹏；第 10 章：马巍；第 11 章：张镱锂。主要撰写人员名单附于各章结尾处。第一篇由张镱锂负责统稿；第二篇由董锁成负责统稿；第三篇由崔鹏负责统稿。全书写作纲要和定稿的汇总编辑由李秀彬负责。

本书是数十名撰写人员的共同劳动成果，多次研讨，几经修稿。在全书写作纲要的制订过程和写作组织过程中得到了宋长青、冷疏影、王爽等专家学者的指导和帮助，在相关章节的多次研讨中邀请的与会专家也提出了不少中肯建议。这些指导和建议对本书的完成起到了重要作用。在此，对所有参与写作、指导和研讨的专家表示衷心感谢！

编者

2010 年 6 月

目 录

序
前言

第一篇 土地利用/覆被变化及其环境效应

第1章 西部土地利用/覆被现状与变化过程 (3)
1.1 土地利用/覆被现状与特征 (3)
  1.1.1 自然地理与社会经济概况 (3)
  1.1.2 土地利用/覆被现状与空间分布特征 (5)
  1.1.3 西部地区主要生态环境问题与生态整治 (8)
1.2 土地利用/覆被变化的现代过程 (10)
  1.2.1 国家资源环境遥感时空信息平台与信息重建方法 (10)
  1.2.2 土地利用/覆被变化时空信息表征与分析方法 (15)
  1.2.3 西部土地利用/覆被变化过程与动态特征 (18)
1.3 土地利用/覆被现代过程的时空变化模式 (22)
  1.3.1 土地利用/覆被现代过程时空模式研究方法 (22)
  1.3.2 西部土地利用/覆被变化时空格局 (26)
  1.3.3 西部土地利用现代过程空间区划与时空特征 (28)
参考文献 (32)

第2章 西部土地利用/覆被变化的驱动机制 (33)
2.1 土地利用/覆被变化驱动机制的概念模型和研究方法 (33)
  2.1.1 区域土地利用/覆被变化机制的概念模型 (34)
  2.1.2 土地利用/覆被变化驱动力的辨识 (37)
  2.1.3 土地利用/覆被变化驱动机制的分析方法 (37)
2.2 西部土地利用/覆被变化驱动因素分析 (39)
  2.2.1 人文驱动因素 (39)
  2.2.2 自然驱动因素 (42)
2.3 西部土地利用/覆被变化时空模式及其与人类活动的关系 (43)
  2.3.1 土地利用现代过程的时空模式 (43)
  2.3.2 西部土地利用现代过程与人类活动的关系 (45)
2.4 典型地区土地利用/覆被变化的驱动机制 (45)
  2.4.1 河西走廊土地利用变化的驱动力分析 (46)
  2.4.2 贵州省喀斯特山区耕地变化的驱动力分析 (49)

2.4.3 大渡河上游地区土地利用变化的驱动力分析……………………………(51)
　参考文献………………………………………………………………………………(53)
第3章　西部土地利用/覆被变化的环境和生态效应…………………………………(56)
　3.1 土地利用/覆被变化的水文效应………………………………………………(56)
　　　3.1.1 干旱区土地利用/覆被变化的水文效应……………………………………(56)
　　　3.1.2 半干旱区土地利用/覆被变化的水文效应…………………………………(57)
　3.2 土地利用/覆被变化的土壤侵蚀效应…………………………………………(59)
　　　3.2.1 土地利用/覆被变化土壤侵蚀效应的研究方法……………………………(59)
　　　3.2.2 典型区土地利用/覆被变化的土壤侵蚀效应研究…………………………(62)
　3.3 土地利用/覆被变化的生态效应………………………………………………(65)
　　　3.3.1 土地利用/覆被变化对生态系统结构的影响………………………………(65)
　　　3.3.2 土地利用/覆被变化对生态系统功能的影响………………………………(68)
　参考文献………………………………………………………………………………(72)

第二篇　城市化过程及其环境效应

第4章　西部大城市发展的环境效应……………………………………………………(77)
　4.1 引言………………………………………………………………………………(77)
　　　4.1.1 科学问题和背景简介………………………………………………………(77)
　　　4.1.2 材料方法与技术路线………………………………………………………(77)
　4.2 成都市空间重构和文化转型及其环境和生态效应……………………………(78)
　　　4.2.1 政策因素、都市空间重构及其环境生态效应……………………………(79)
　　　4.2.2 地方特色文化都市建设与城市中心区环境生态的耦合效应……………(83)
　4.3 重庆市经济增长和功能演化及其环境和生态效应……………………………(84)
　　　4.3.1 经济增长与城市环境污染发展阶段及污染造成的损失…………………(84)
　　　4.3.2 城市化进程和城市空间功能结构调整与环境污染………………………(85)
　　　4.3.3 城市空间结构演进和职能重构及其环境影响……………………………(87)
　4.4 兰州市城市转型及其环境和生态效应…………………………………………(90)
　　　4.4.1 城市发展转型与环境污染变化……………………………………………(91)
　　　4.4.2 城市发展对土地利用结构和景观格局的影响……………………………(94)
　　　4.4.3 环境问题的经济社会效应…………………………………………………(97)
　4.5 城市发展转型、对策与未来研究方向…………………………………………(98)
　参考文献………………………………………………………………………………(100)
第5章　西部中小城市发展的环境效应…………………………………………………(102)
　5.1 石羊河流域绿洲城市化与资源环境的关系……………………………………(102)
　　　5.1.1 科学问题和背景介绍………………………………………………………(102)
　　　5.1.2 方法与技术路线……………………………………………………………(103)
　　　5.1.3 结论与讨论…………………………………………………………………(104)
　5.2 西部小城镇发展模式及其资源环境效应………………………………………(107)

5.2.1　科学问题和背景介绍 ……………………………………………………… (107)
　　　5.2.2　材料方法和技术路线 ……………………………………………………… (108)
　　　5.2.3　结论和讨论 ………………………………………………………………… (109)
　参考文献 ……………………………………………………………………………………… (114)

第6章　西北地区城市化过程的环境效应 …………………………………………………… (115)
　6.1　引言 …………………………………………………………………………………… (115)
　6.2　城市化过程中经济增长与环境污染的关系 ………………………………………… (116)
　　　6.2.1　城市化与工业化的演变特征 ……………………………………………… (116)
　　　6.2.2　城市化过程中经济增长与环境质量的演变 ……………………………… (117)
　6.3　城市化过程对土地资源的影响 ……………………………………………………… (124)
　　　6.3.1　城市与土地利用的空间分布格局 ………………………………………… (124)
　　　6.3.2　土地城市化的类型与特征 ………………………………………………… (124)
　6.4　可持续发展的城市化对策 …………………………………………………………… (126)
　　　6.4.1　发展循环经济支撑的生态型城市是西北地区可持续发展的城市化模式
　　　　　　 ……………………………………………………………………………… (126)
　　　6.4.2　中心—边缘地域类型及边缘地域产业替代中心化战略 ………………… (127)
　参考文献 ……………………………………………………………………………………… (128)

第7章　天山北坡区域城市发展的环境效应 ………………………………………………… (129)
　7.1　引言 …………………………………………………………………………………… (129)
　7.2　天山北坡城市群发展的环境效应 …………………………………………………… (130)
　　　7.2.1　天山北坡城市发展概况 …………………………………………………… (130)
　　　7.2.2　城市化进程中面临的主要环境问题 ……………………………………… (130)
　　　7.2.3　城市化过程对生态环境的影响 …………………………………………… (132)
　　　7.2.4　城市化与生态环境交互胁迫的驱动机制 ………………………………… (134)
　7.3　乌鲁木齐城市发展的环境效应 ……………………………………………………… (135)
　　　7.3.1　城市发展与生态环境交互胁迫演变轨迹与特征 ………………………… (136)
　　　7.3.2　城市化的生态环境效应 …………………………………………………… (137)
　　　7.3.3　城市化与生态环境交互胁迫的驱动机制 ………………………………… (139)
　　　7.3.4　环境治理对策 ……………………………………………………………… (141)
　7.4　奎屯市城市发展的环境效应 ………………………………………………………… (142)
　　　7.4.1　研究区概况 ………………………………………………………………… (142)
　　　7.4.2　奎屯市生态环境特征 ……………………………………………………… (142)
　　　7.4.3　城市发展对生态环境的影响 ……………………………………………… (144)
　参考文献 ……………………………………………………………………………………… (147)

第三篇　大型工程建设的环境效应

第8章　西部道路工程与环境的相互影响 …………………………………………………… (151)
　8.1　山区道路工程建设的环境背景条件 ………………………………………………… (151)

8.1.1 地质环境条件 …………………………………………………………… (151)
   8.1.2 地貌条件 ………………………………………………………………… (153)
   8.1.3 气候、水文条件 ………………………………………………………… (154)
   8.1.4 生态环境条件 …………………………………………………………… (155)
  8.2 山区环境对道路工程的影响与道路灾害 ………………………………………… (156)
   8.2.1 西部山区环境对道路工程的影响 ……………………………………… (156)
   8.2.2 西部山区灾害对道路工程的影响 ……………………………………… (157)
   8.2.3 山区道路灾害分布规律与活动特点 …………………………………… (164)
  8.3 道路工程建设对环境的影响及其灾害效应 ……………………………………… (167)
   8.3.1 道路工程建设对地质环境的影响 ……………………………………… (168)
   8.3.2 道路工程建设对水环境的影响 ………………………………………… (169)
   8.3.3 道路工程建设对生态环境的影响 ……………………………………… (169)
   8.3.4 道路工程建设对灾害形成的影响 ……………………………………… (170)
  8.4 道路工程环境影响评价 ……………………………………………………………… (171)
   8.4.1 评价方法 ………………………………………………………………… (171)
   8.4.2 研究实例 ………………………………………………………………… (174)
  8.5 道路减灾的问题与对策 ……………………………………………………………… (178)
   8.5.1 山区道路灾害防治的特点和需求 ……………………………………… (178)
   8.5.2 山区道路灾害防治需要注意的科学技术问题 ………………………… (179)
   8.5.3 山区道路建设不同阶段的问题与对策 ………………………………… (180)
  参考文献 ……………………………………………………………………………………… (182)
第9章 高山峡谷区道路工程减灾原理与技术 ………………………………………………… (183)
  9.1 灾害多发区道路减灾选线原则 …………………………………………………… (183)
   9.1.1 灾害多发区道路减灾选线的一般原则 ………………………………… (183)
   9.1.2 滑坡区选线原则 ………………………………………………………… (184)
   9.1.3 泥石流区选(定)线原则 ………………………………………………… (184)
   9.1.4 横跨地貌单元长大干线减灾选线原则 ………………………………… (184)
  9.2 道路工程与环境协调的设计原理 ………………………………………………… (187)
   9.2.1 水环境平衡的隧道防排水设计原理 …………………………………… (187)
   9.2.2 路基支挡工程的收坡设计原理 ………………………………………… (191)
   9.2.3 路堑坡脚预加固的工程路径 …………………………………………… (194)
   9.2.4 工程弃方的开发性填垒原理 …………………………………………… (196)
  9.3 道路工程泥石流防治模式与技术 ………………………………………………… (197)
   9.3.1 防治模式 ………………………………………………………………… (197)
   9.3.2 防治技术 ………………………………………………………………… (201)
  9.4 道路边坡灾害防治技术 ……………………………………………………………… (203)
   9.4.1 滑坡(崩塌)防治技术 …………………………………………………… (203)
   9.4.2 溜砂坡加固技术 ………………………………………………………… (212)
  参考文献 ……………………………………………………………………………………… (214)

第 10 章 冻土环境对高原铁路工程的影响及其工程环境效应 (215)

10.1 青藏铁路沿线冻土环境变化的监测 (215)
10.1.1 北麓河工程作用对冻土环境影响监测 (216)
10.1.2 青藏铁路工程多年冻土变化监测 (221)

10.2 气候和工程作用下多年冻土变化及其未来趋势预测 (223)
10.2.1 青藏公路沿线多年冻土变化 (223)
10.2.2 未来不同气候情景下多年冻土变化预测 (224)

10.3 青藏铁路工程下多年冻土工程适宜性 (226)
10.3.1 工程适应性评价方法 (226)
10.3.2 系统模型化和状态预测 (227)
10.3.3 工程适应性分区图 (228)

10.4 环境效应评估研究 (229)
10.4.1 青藏公路工程对生态环境的影响 (230)
10.4.2 青藏铁路建设的环境影响 (230)
10.4.3 城镇建设对冻土环境和生态的影响 (230)
10.4.4 主要高寒生态系统与冻土环境的关系 (231)
10.4.5 青藏铁路工程建设对高寒生态系统的影响评价 (231)
10.4.6 青藏铁路工程施工方案的生态环境影响分析 (232)

参考文献 (234)

第 11 章 青藏铁路和公路的生态影响与工程区生态保护 (235)

11.1 铁路(公路)沿线生态现状与环境问题 (235)
11.1.1 生态环境现状 (235)
11.1.2 主要环境问题 (240)

11.2 工程对沿途植被的影响 (242)
11.2.1 青藏铁路(公路)沿线植被分布及变化特征 (242)
11.2.2 工程建设对植被的影响 (245)
11.2.3 工程未造成植被根本变化 (250)

11.3 工程对动物的影响 (252)
11.3.1 铁路(公路)沿线野生动物分布 (252)
11.3.2 工程对大型野生动物的影响 (254)
11.3.3 工程对小型野生动物的影响 (262)
11.3.4 野生动物日渐适应青藏铁路(公路)工程 (265)

11.4 工程区生态保护对策 (265)
11.4.1 工程区植被保护与恢复 (265)
11.4.2 工程区动物保护 (266)
11.4.3 工程区综合管理 (267)

参考文献 (269)

第一篇

土地利用/覆被变化及其环境效应

第一部

高土地活用を

第1章 西部土地利用/覆被现状与变化过程

本章以中国西部土地利用/覆被变化现代过程为研究对象,基于国家资源环境遥感信息平台构建的 20 世纪 80 年代末期、1995 年、2000 年及 2005 年 4 个时点土地利用/覆被变化时空数据,结合相关社会经济等人文数据,通过对研究对象"变化过程的空间格局"与"格局的变化过程"的分析,揭示西部地区土地利用/覆被变化现代过程的时空模式,为进一步研究土地利用/覆被变化的驱动机制及环境效应提供科学依据。

1.1 土地利用/覆被现状与特征

1.1.1 自然地理与社会经济概况

(1) 中国西部地域范围与界线

我国西部地区包括西北五省区(陕西、甘肃、青海、宁夏、新疆)、西南五省(区、市)(云南、贵州、四川、西藏、重庆)和广西、内蒙古共十二个省级行政区域,总面积约 675.46×10^4 km²,占国土总面积的 71%。我国西部地区与十多个国家接壤,陆地边境线长达 12 747 km。

(2) 自然地理概况

西部地区地域辽阔,自然条件复杂,地貌类型多样,生态环境较为脆弱,受人类影响较小的自然生态用地面积大、分布广。西部地区在自然环境上的显著特征是处于我国地貌的第三阶梯上,山地和高原所占比例较大,而气候要素年际变化较大,降水较少,面积较大的西北部地区,年降水量在 400 mm 以下,且季节差异明显,主要集中在夏季,同时伴随冰雪融化,往往极易造成河流的季节洪涝和干旱。伴随着全球气候变化,近年来气温的升高表现较为明显。人类长期以来对自然资源的掠夺性利用,导致西部生态环境质量普遍下降。而近年来,我国政府高度重视生态环境的保护和恢复,相继实施了防护林体系建设、退耕还林等重大生态建设工程,生态环境状况开始好转。

1) 地貌

我国西部地区地质地貌复杂,地形相差悬殊。我国是一个多山的国家,山地、高原约占总面积的 66%,平原约占 34%。其中,山地、高原主要集中在西部,且绝大部分海拔在 2000 m 以上。西部地区多为山地、丘陵和戈壁沙漠,地貌类型多样(图 1.1.1)。西北黄土高原有面积不等的沙漠、沙化地貌和黄土黏土荒漠地貌,西南的青藏高原和横断山区有寒冻风化地貌等。在各种地貌类型中山地所占比例最高,约占 49.7%,丘陵、台地、平原和高原也有一定分布,分别占总面积的 14.9%、1.7%、17.1% 和 16.6%。另外,难以利用的土地,如沙漠、戈壁、裸岩砾质地广泛分布。我国四大高原(内蒙古高原、青藏高原、黄土高原和云贵高原)均分布于西部地区;海拔高度大于 5000 m 的极高山几乎全部分布在西部,如阿尔金山脉、昆仑山脉、可可西里山脉、巴颜喀拉山脉、唐古拉山脉、喜马拉雅山脉、横断山脉等。此外,四大盆地——塔里木盆地、准噶尔盆地、柴达木盆地、四川盆地,也都分布在我国西部。西部是我国河流的主要发源地,长江、黄河、黑河、澜沧江、珠江等大江大河均发源于此;西部地区是我国后备耕地资源主要分布地区;西部有我国著名的四大沙漠——腾格里沙漠、巴丹吉林沙漠、塔克拉玛干沙漠、古尔班通古特沙漠;西南贵州、云南、广西、重庆等地区是峰林、溶洞、地下河等喀斯特地貌发育的典型地区,面积达 50 km^2;甘肃中部和东部、陕西北部及山西等地区还分布着全世界最典型的塬、梁、峁等黄土地貌(刘纪远等,2006)。

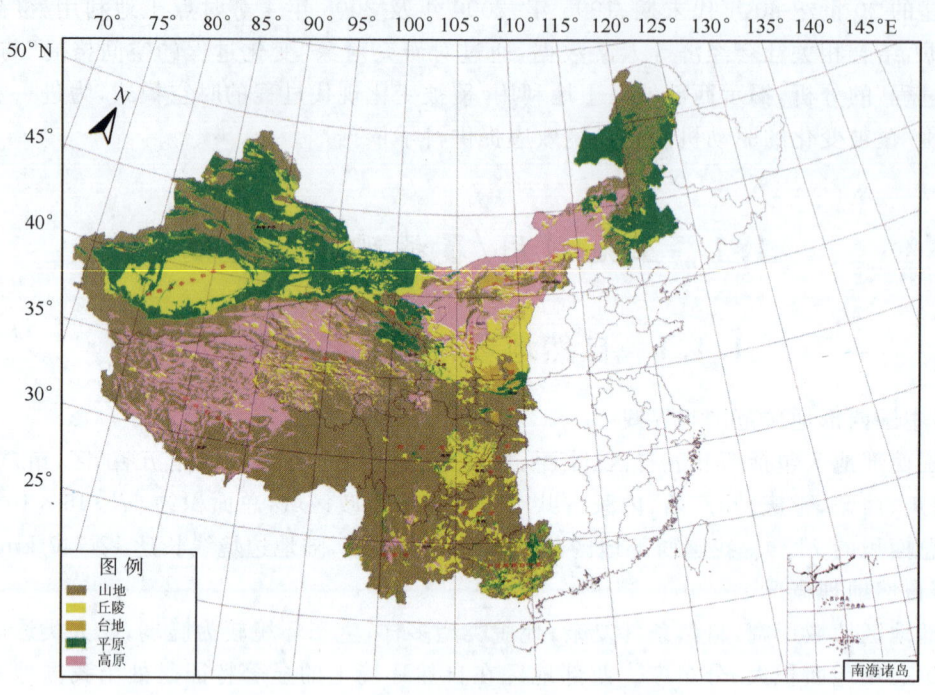

图 1.1.1　中国西部地貌类型分布图

2)气候

我国西部地区气候条件差异显著,以干旱和高寒气候为主。西北干旱少雨,西南温湿多雨,青藏高原寒冷少氧。西部跨越自北热带到寒温带的 7 个纬度气候带,同时存在水平分异和垂直分异的特征。除云贵高原外,西部大部分地区都属于干旱、半干旱区。西北地区年平均降水量在 400 mm 以下,一部分地区不足 250 mm。青海、新疆的草原有一半面积干旱缺水。水资源的短缺不仅使西部干旱地区资源开发和经济规模受到制约,而且也是农村产业结构单一的重要环境制约因素。

气候变率大,气候灾害严重。西部气候大陆性强,极端天气现象发生频繁且危害极大。西北地区的干旱、大风、寒潮,西南地区暴雨造成的洪涝、滑坡、泥石流,青藏高原的寒冻等灾害十分严重,往往造成重大的生态环境灾难。例如,我国干旱灾害主要发生在内蒙古、新疆、陕西;沙尘暴的源地在西北及内蒙古的沙漠和沙漠化土地边缘;黄河中上游是世界上水土流失最严重的地区等。

3) 土壤

在西部广阔的土地上,随着气候、母质、植被等成土条件的变化,土壤的分布具有地带性规律。经度地带性明显——随经度由东向西更替,在温带的内陆地区,从东向西分布的植被为草甸草原、典型草原、荒漠草原及荒漠,土壤为黑钙土—栗钙土—棕钙土—灰钙土—灰漠土—棕漠土。

(3) 西部社会经济发展概况

西部地区疆域辽阔,人口稀少。2007年西部十二省(区、市)总人口为36 298万人,占全国总人口的27.47%;其中城镇人口为13 415万人,占西部总人口的36.96%;乡村人口为22 883万人,占西部总人口的63.04%,比全国平均水平高出8个百分点。

长期以来,由于自然环境的限制,我国西部地区的经济发展相对落后,经济总量较小。2007年我国西部十二省(区、市)的国内生产总值总计为47 864.14亿元,只占全国GDP的19.18%,其中,第一产业占生产总值的15.97%,第二产业占46.32%,第三产业占37.71%。人均GDP除了内蒙古超过全国人均水平外,其他西部十一省(区、市)都低于全国水平,十二省(区、市)人均GDP为13 186元,而同期全国人均GDP为18 934元。贫困县西部区共325个,占全国的56.52%。

西部大开发战略实施以来,经济增长速度加快,高于前些年的增长速度。经济结构调整步伐加快,特色产业发展开始起步,财政收入逐年增长,经济效益逐步提高,人民生活不断改善。基础设施建设取得较大进展。五年间,西部地区固定资产投资年均增长20%以上,明显高于全国平均水平。陆续新开工60个重大建设工程,投资总规模约8500亿元。交通干线、水利枢纽、西电东送、西气东输、通信网络等重大基础设施建设进展顺利。柏油路到县、送电到乡、广播电视到村、人畜饮水、沼气利用、节水灌溉等农村基础设施建设逐步推进,农村生产生活条件得到改善。

生态环境保护和建设显著加强。西部开发10 a来退耕还林2.40亿亩[①],退牧还草6.80亿亩(科学时报,2010)。天然林保护、京津风沙源治理、三峡库区国土整治及水污染治理、江河源头生态保护等重点工程取得明显成效。西部大开发也带动了其他地区的发展。西部地区重点工程建设所需的设备、技术等,很多来自于东部和中部地区,有效地扩大了这些地区的市场空间,促进了产业结构调整,增加了就业岗位。同时,西部地区还输出大量能源、原材料等资源,保证了其他地区经济发展的需要。这些都有力地支持了东部和中部地区的经济发展,为保持国民经济较快增长发挥了重要作用。

1.1.2 土地利用/覆被现状与空间分布特征

(1) 土地利用/覆被现状结构

基于陆地卫星Landsat TM遥感影像解译的中国2000年土地利用现状空间数据分析(图1.1.2),2000年中国西部土地利用类型以草地、未利用土地和林地为主,分别占西部总土地面积的41.50%、29.10%和16.42%,三类土地总和约占87%,其中,高、中、低覆盖度草地面积几乎相差不大,占草地总面积比例都在30%左右;未利用土地主要以裸岩石砾地、沙地和戈壁为主,分别占未利用土地总面积的30.80%、29.25%、24.99%;林地内部主要是有

---

① 1亩=666.7 m²

林地和灌木林地,分别占林地总面积的 49.22% 和 31.74%。西部耕地总面积为 6718.39 万 hm², 占西部总土地面积的 9.99%, 且主要以旱地为主, 占耕地面积的 80.94%, 而水田只占 19.06%。西部地区的水域面积共 1653.01 万 hm², 占西部总面积的 2.46%, 其中主要以永久性冰川雪地和湖泊为主, 共占水域总面积的 73.15%, 滩地占 15.55%, 河流占 7.34%。城镇、工矿、居民用地面积为 351.74 万 hm², 只占西部总面积的 0.52%, 并且, 主要以农村居民点用地为主, 占城镇、工矿、居民用地面积的 75.45%, 城镇用地占 17.89%(图 1.1.3)。

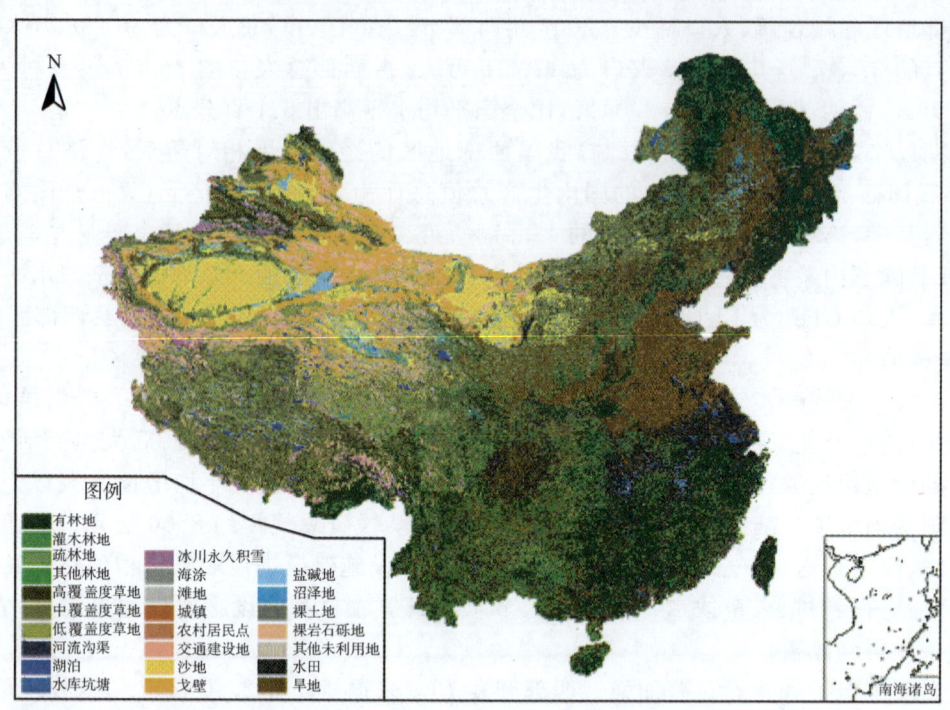

图 1.1.2 基于陆地卫星 TM 数据的中国 2000 年土地利用现状图

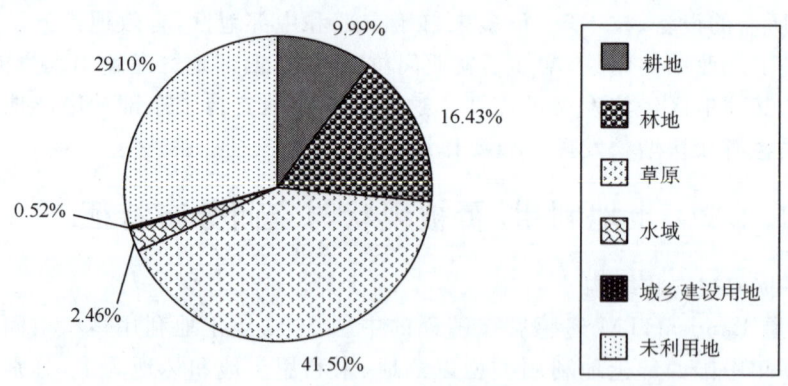

图 1.1.3 中国西部土地利用现状面积比例结构

(2) 土地利用/覆被的空间分布

我国西部地区中耕地最多的省份为四川, 耕地面积 1211.33 hm², 占西部耕地总面积的 18.03%; 其次是内蒙古、陕西、云南, 这些省(区、市)耕地面积占西部耕地总面积的百分比都达到10%以上,其余省(区、市)都在10%以下,西藏最少(表1.1.1)。而按照耕地占各省(区、市)土地总面积百分比计算,重庆最大,其次为宁夏、陕西、贵州。

林地最多的省(区、市)是云南,占西部林地总面积近20%,其次为四川、内蒙古、广西,占西部林地总面积的百分比都达到14%以上,林地最少的省区是宁夏,只占西部林地总面积的0.22%,重庆、陕西、甘肃、青海、新疆所占比例都较小(表1.1.1)。从林地占各省(区、市)土地总面积的百分比来看,广西、云南、贵州都占到60%以上,体现出西南部地区森林覆盖度高的特点。

草地最多的省区是西藏,达30.11%,其次为内蒙古(19.0%)、新疆(17.0%)、青海(13.5%),草地分布最少的有重庆、广西、宁夏、贵州(表1.1.1)。从各省(区、市)草地占土地总面积的百分比来看,最多的仍然是西藏,近70%,反映出西藏以草地畜牧业为主的土地利用特征,其次为青海、内蒙古、宁夏,最少的是广西、重庆、贵州和云南。

西部地区中,未利用土地最多的是新疆,达到51.34%,也就是说,超过半数的未利用土地分布在新疆,其次是内蒙古、青海、西藏和甘肃,这五个省(区、市)的未利用土地合计共占西部未利用土地的98.48%,广西、贵州和重庆未利用土地极少(表1.1.1)。从未利用土地占各自省(区、市)土地总面积百分比这一指标来看,新疆最多,约为61.35%,其次为甘肃、青海,都低于40%,广西、重庆、贵州和云南都不到1%。

水域主要分布在西藏、新疆和青海,三省区的水域总面积占西部水域的80.92%,且水域主要是冰川雪地和湖泊;贵州、重庆和宁夏水域较少(表1.1.1)。水域面积占各自省(区、市)土地总面积百分比中最多的仍然是西藏、青海和新疆,达到3%以上,陕西、四川、云南、甘肃、贵州五省(区、市)的水域占各省区土地总面积都不足1%。

表1.1.1 各省(区、市)市土地利用类型占西部相应类型面积的百分比 (单位:%)

	耕地	林地	草地	水域	城乡建设用地	未利用土地
内蒙古	16.9	14.83	18.99	8.85	31.94	16.06
广西	7.7	14.06	0.75	2.11	12.66	0
重庆	5.75	2.76	0.42	0.56	1.73	0
四川	18.03	14.97	6.21	2.3	8.5	0.9
贵州	7.4	8.45	1.14	0.25	1.71	0
云南	10.25	19.76	3.17	1.71	5.8	0.11
西藏	0.7	11.27	30.11	32.89	0.37	9.06
陕西	10.71	4.2	2.79	1.05	8.97	0.25
甘肃	9.76	3.45	5.01	1.69	10.13	7.97
青海	1.22	2.57	13.49	16.77	2.87	14.05
宁夏	2.76	0.22	0.85	0.57	2.88	0.26
新疆	8.82	3.45	17.07	31.26	12.43	51.34

(3)土地利用/覆被现状主要特征

1)土地利用/覆被类型丰富多样,土地生态环境脆弱,未利用、难利用土地比例大

我国的冰川、沙漠、戈壁、草原、林地等主要分布于西部地区。我国所有的土地利用/覆被类型在西部地区都有分布。各类型土地中,面积比例最高的是草地和未利用土地,分别占西部总土地面积的41.5%和29.0%,林地占16.4%。草地中,高、中、低覆盖度草地比例相差不大,都达到30%左右,未利用土地主要以裸岩石砾地、沙地和戈壁为主,盐碱地、沼泽地

和裸土也有少量分布;林地中以有林地为主,占全部林地面积的近一半,灌木林地面积占31.74%。西部耕地总面积为6718.39万hm^2,占西部总土地面积的10%,且主要以旱地为主,占耕地的80.94%,而水田仅占19.06%。城镇、工矿、居民点用地比例与全国和东部地区相差较大。西部地区土地覆被结构上以草地和未利用地为主,土地利用以牧业利用为主。

2)受气候、地质地貌等因素的影响,土地利用/覆被区域差异明显

由南向北植被分布由季雨林或雨林—亚热带季雨林—常绿阔叶林—常绿、落叶阔叶混交林—落叶、阔叶林—针阔混交林—针叶林逐渐过渡。由东向西植被由森林逐渐过渡为荒漠、冰川。西部内陆干旱区以未利用土地为主,包括新疆、甘肃河西走廊、青海西部柴达木盆地。新疆的未利用土地达51.34%,其中沙地占未利用土地面积的34.64%,戈壁、裸岩石砾地分别占28.80%和28.19%,西北部耕地利用反映出大面积荒漠背景下的绿洲灌溉农业特点,高山冰川与绿洲荒漠地带成为其分布格局的重要内容。青藏高原和我国中部青海、宁夏、内蒙古、陕西等地的草地面积广阔,青海省的土地利用现状中草地面积占52.65%,反映出东西土地利用/覆被过渡的特点。季风边缘区农耕地较为集中。包括乌鞘岭—贺兰山西麓一线以东的甘肃东部、宁夏、陕西等地,自东向西陕西、宁夏和甘肃耕地面积比例分别为34.98%、35.80%和16.21%,远高于西部的青海与新疆,而陕西、宁夏的未利用土地比例较小,不到10%。

3)土地资源退化,土地质量下降。存在土壤侵蚀、土地沙化、土地盐碱化等土地退化问题

我国是土地荒漠化大国,而西部地区是我国荒漠化的集中区,2000年西部地区未利用土地面积高达19500.54万hm^2,占该地区总面积的29%。其中超过半数的未利用土地分布在新疆,其次是内蒙古、青海、西藏和甘肃,这五个省区的未利用土地合计共占西部未利用土地的98.48%。荒漠化类型多样,风蚀、水蚀、盐渍化和冻融荒漠化均有存在。西北地区以风蚀荒漠化为主,沙漠广布;水土流失严重区主要分布于西南及西北黄土高原区、甘肃的南部地区;青藏高原则冰川冻融荒漠化较为严重;各个省区,尤其是西北地区,都存在程度不等的土地盐碱化现象。

4)农地资源丰富,人均耕地占有量较多,但耕地质量不高

西部耕地总面积为6718.39万hm^2,占西部总土地面积的10%,且主要以旱地为主,占耕地面积的80.94%,而水田只占19.06%。马克伟等(2000)的研究得到,西部地区共有优质高产旱涝保收田1.8亿亩,仅占耕地总面积的32%,低于全国40%的平均水平。其中,甘肃有1482万亩,青海有325万亩,宁夏有567万亩;西部地区大于25°坡耕地共计6810万亩,占西部地区耕地总量的12%,高于全国4%的平均水平。

5)土地开发利用程度低,土地生产力水平发挥不够,土地利用效率有待提高

西部地区与全国比较,土地利用率比全国低10%,农用地指数比全国低9.2%,垦殖率比全国低6.8%,耕地复种指数比全国低17.7%,森林覆盖率比全国低7.0%。

1.1.3 西部地区主要生态环境问题与生态整治

(1)西部地区主要生态环境问题

1)不合理的土地利用严重影响土地覆被状况,进而影响生态环境的状况

森林作为一种自然资源,不仅为人类的生产生活提供了重要原料,而且其生态功能如制

造氧气、防风固沙、蓄水保田、改善生态环境等对人类的生存与发展发挥着极其重要的作用。我国西部地区森林覆盖率为9.88%，低于全国平均水平6.67%，其中，青海森林覆盖率为0.3%，新疆为0.79%，宁夏为1.45%，甘肃为4.33%。直接提供林木产品的初级林业生产使得新疆在1949—1984年间森林面积减少0.55万 hm^2，四川岷江上游森林覆盖率由20世纪50年代的30%下降到现在的18%。

西部地区是我国的主要草原分布区，西部草场面积占全国草场面积的84.4%。然而，由于过分追求短期经济利益，西部各省区过度放牧、草地超载现象非常严重，致使草地退化不断加剧，草地质量不断下降，益草面积减少，而毒草面积增加。到目前为止，退化草场面积约331万 km^2，退化草地面积已占到了西部地区可利用草地总面积的23%。

2) 西部地区土地沙漠化、水土流失、湿地退缩等问题严重

经济的快速发展和各种不合理的人为活动，使得我国西部地区的植被遭到了大面积的破坏，从而导致土地荒漠化面积不断扩大，程度不断加重，危害日益加剧。西部地区土地荒漠化现象以盐渍化、沙漠化和石漠化为主。土壤盐渍化和沙化主要发生在西北部地区，石漠化现象主要发生在西南部地区，目前土壤盐渍化、沙化和石漠化仍呈加速扩展态势。西部1949—1998年累计开荒面积2429.4万 hm^2，沙化耕地面积达61.3万 hm^2，退化最为严重的区域处于受农业影响活动较大的农牧区。

西部水土流失面积达104.7万 km^2，水土流失率为15.15%，占全国水土流失总面积的58.01%，每年因上游水土流失进入黄河、长江的泥沙多达30亿 t，其中70%来自西部地区。长江上游每年土壤侵蚀量高达15亿 t，其中1/3的泥沙进入干流，2/3的粗砂、石砾淤积在支流河道和水库中，降低了河道行洪能力。

湿地特别是天然湿地具有蓄水调洪、调节气候、保持水土、净化水质、保护生物多样性等多种生态功能。西部地区拥有较大面积的天然湿地，然而受到自然和人类活动的影响，湿地面积日益减少。

3) 人类的高强度开发活动加剧了自然灾害发生的频率

由于植被遭到严重的破坏，导致水资源损失严重。西部地区在20世纪90年代旱灾发生频率比20世纪80年代增长了7.5%；森林稀少、泥沙淤积是洪水泛滥的根本原因，洪灾发生频率20世纪90年代比20世纪80年代增长了49%。

地质灾害产生的危害在西部地区不但普遍，而且危害严重。矿产资源开发、地下水位下降、陡坡耕作、大型工程缺乏水土流失控制措施等人为因素，是造成西部地质灾害频繁发生的重要原因。

(2) 西部开发政策与生态治理工程

自20世纪90年代中期以来，我国政府启动了退耕还林还草工程，以遏止水土流失和土地沙漠化加剧的趋势。2000年国家提出实施西部大开发战略，加快中西部地区发展。国务院制订了实施西部大开发的若干政策措施。例如，加快基础设施建设；加强生态环境保护和建设；巩固农业基础地位，调整工业结构，发展特色旅游业；发展科技教育和文化卫生事业。力争用5~10 a时间，使西部地区基础设施和生态环境建设取得突破性进展，西部开发有一个良好的开局。到21世纪中叶，要将西部地区建成一个经济繁荣、社会进步、生活安定、民族团结、山川秀美的新西部。为推进西部地区生态环境建设，对西部地区实施退耕还林还草重点生态治理工程。

根据生态系统的人口承载力、人口压力等指标建立退耕压力模型的分析结果,西部地区重点退耕区面积 14.15 万 km², 占全国重点退耕区面积的 81.77%, 其中一级区面积 1.61 万 km², 二级区面积 2.93 万 km², 三级区面积 9.60 万 km², 分别占西部退耕地区面积的 11.39%、20.72%、67.89%。此外,西部地区还有一般退耕面积 12.15 万 km², 占全国一般退耕区的 66.60%。重点退耕区和一般退耕区合计为 26.30 万 km², 占全国退耕区面积的 73.98%。由此可见,全国退耕还林的区域主要位于西部地区(图 1.1.4)。

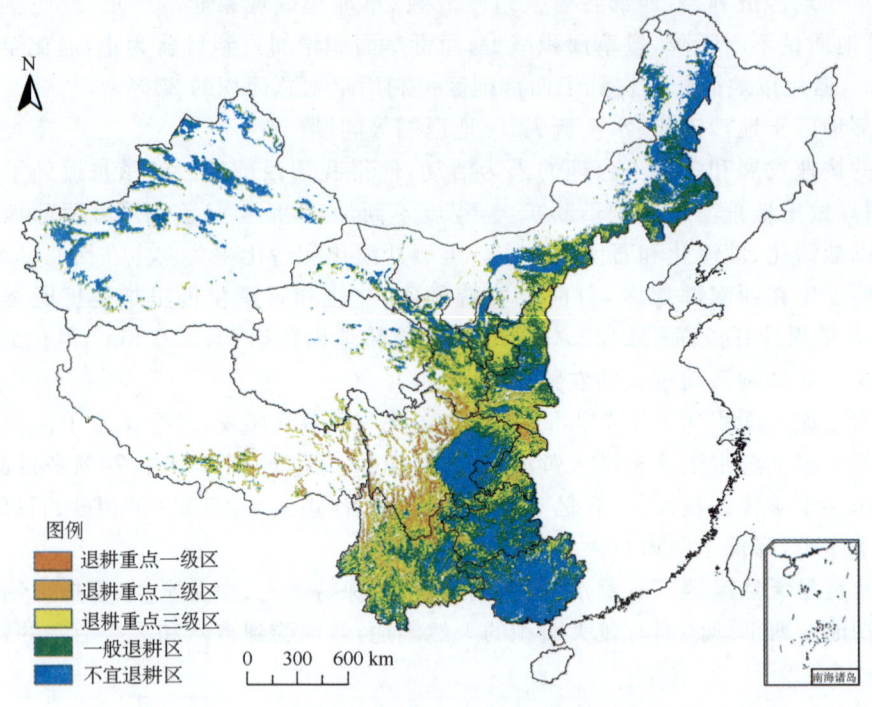

图 1.1.4　中国西部地区退耕还林的地域分布

从地区分布来看,重点退耕一级区主要位于四川、云南、重庆、甘肃等地区;重点退耕二级区主要位于云南、四川、陕西、内蒙古、甘肃、重庆、贵州等地;重点退耕三级区主要位于甘肃、陕西、云南、四川等地;一般退耕地区主要位于内蒙古、陕西、甘肃、云南、四川、贵州等地。退耕面积最大的省份依次为甘肃、陕西、云南、四川及内蒙古等地,其面积都在 3 万 km² 以上。

1.2　土地利用/覆被变化的现代过程

1.2.1　国家资源环境遥感时空信息平台与信息重建方法

(1)国家资源环境遥感时空信息平台建设

由于遥感和 GIS 技术的支持,以及在近年来我国开展土地利用调查与监测积累的数据基础和技术方法基础,使得恢复重建我国 20 世纪 80 年代的土地利用/覆被变化过程具备了可能。传统方法一直主要依靠调查、测绘来达到获取这些土地资源信息空间分布和数量结构数据信息的目的。遥感技术的发展使对地观测手段发生了根本性的变化,大量的具有空间特性的时间序列数据的获取成为可能,遥感图像判读分析成为专题信息提取的主要技术手段。

"九五"期间,在国家科技部组织和农业部、原林业部、中国气象局、国家测绘局、原国家环保局、水利部等部委的大力协助下,中国科学院承担并实施完成了全国范围的土地资源及其生态环境背景遥感调查与监测(刘纪远,1996;刘纪远等,2000;2002)。

遥感技术应用初期主要将遥感信息,特别是遥感影像作为专题制图的依据,结合野外考察来实现遥感影像专题内容分析,获得的专题数据也主要依靠手工面积量算的方法,即沿着遥感图像—人工判读—手工编绘—手工面积量算的方法流程,速度缓慢,数据精度因中间环节多而受到影响。后来,随着计算机技术的广泛应用,土地资源遥感调查的技术方法有所突破,基本上依照遥感图像—目视判读—手工编绘—数字化—数据库的程序开展,特别是在专题信息制图分析后的数据处理阶段,速度得到了显著的提高。20世纪90年代中期以来,有关土地资源与环境的大量遥感应用研究工作仍然采用目视判读的方法来进行各种专题信息的提取与分析,如何提高专题信息采集过程前期阶段的速度和精度成为迫切需要解决的问题。

在进行20世纪90年代中期土地利用调查过程中,利用1995—1996年及其前后的陆地卫星Landsat TM遥感数据为信息源,以全数字人机交互作业方法,建立了1:10万比例尺的全国土地利用数据库。其后,通过野外实地验证、动态采样更新和2000年度的全面更新,获取了2000年度的全国土地利用空间数据,初步构建了我国近年来的土地利用时空数据库,作为恢复重建20世纪80年代以来土地利用的主要数据基础。在上述数据库与信息重建方法基础上,对21世纪初5 a土地利用/覆被变化动态信息进行更新。

在全数字土地利用信息人机交互分析系统中,以分层管理方式建立20世纪80年代末期、1995年、2000年与2005年土地利用/覆被变化动态时空信息,基于此信息提取西部地区土地利用/覆被动态变化信息,分析西部土地利用/覆被变化现代过程与时空模式。

(2) 土地利用/覆被动态遥感信息提取方法

卫星遥感数据是进行土地利用/覆被变化信息提取的主要信息源,遥感数据的时相选择保证反映现势的遥感信息,大区域作业要求遥感影像相邻景之间具有最接近的时相。特别是对于土地利用/覆被变化专题信息获取,季相合适的遥感信息对于植被分类和反映土地利用特征尤为重要。这些信息只进行简单预处理,包括几何纠正、坐标拟合、投影转换等基本图像处理过程,实现区域内各景遥感图像的空间定位和镶嵌,形成覆被完整区域的遥感信息源。避免进行过多的图像增强处理,以免对专题分析造成不必要的影响。对于图像的波段组合可以针对研究内容和研究目的进行选择,通常情况下仍以符合常规目视判读要求的4、3、2波段假彩色合成图像对于土地利用/覆被变化信息提取更为方便。

在全数字人机交互判读系统中,由于对遥感图像和土地利用/覆被变化信息实行分层管理,可以很方便地将原有的遥感图像替换为更新后的遥感信息,实现不同时期土地利用/覆被变化特征的对比,掌握动态变化,并依靠更新后的遥感信息修订原有的图形结果,包括空间与属性特征,实现土地利用/覆被变化信息的更新。为保证更新后的遥感图像同原有遥感图像具有完全一致的投影坐标,可以采用与原有遥感图像处理过程中同样的参数,或进行两期图像数据的点对点纠正。

土地利用/覆被变化动态数据获取的目的之一,在于发现不同变化类型的面积及其空间分布,同时也是为了及时或定期实现土地利用/覆被变化数据的更新,以便反映土地利用/覆被变化状况。利用土地利用/覆被变化动态数据和本底数据的集成,形成动态监测后的土地利用/覆被变化数据层面,即更新时段的现状数据层面,从而实现本底数据库的更新。通过现状数据与本底数据的比较,计算并分析不同土地利用/覆被变化类型动态变化的数量及其分布特征,发现土地利用/覆被变化类型间的变化趋势,支持土地利用变化的驱动力研究。同时根据土地利用/覆被变化量及其空间分布,可以分析土地利用程度变化和土地利用动态度,为进一步的年度动态监测中的采样设计提供分区依据。以全数字人机交互方式实现全国区域的全要素监测,获取土地利用/覆被变化动态数据。通过对土地利用/覆被本底数据和遥感信息深加工数据进行信息复合识别,以单像元边界为操作和识别目标,进行动态图斑的圈定和属性界定,属性含动态变化的全部内容,包括原有属性和现有属性,构成完整的土地利用/覆被变化动态层面。

(3)土地利用/覆被动态信息获取技术流程

为了精准获取土地利用动态信息,采用如下技术标准与流程:

①定位精度,信息提取时,图斑界线勾绘的定位误差不超过1~2个像元。

②上图标准,最小上图图斑6×6像元,图斑最小短边宽4个像元。

③注记方式,采用动态编码,在一个编码中兼顾原来的土地利用类型、现在的土地利用类型和相互转变关系。

在土地利用分类系统中,在二级分类的基础上,耕地部分以3位编码方式反映了耕地所在区域的地形坡度和地貌形态,实际为2位和3位编码共存的方式,并且考虑到今后数据计算与使用的方便,数据更新时提取的动态图斑均采用如下6位编码方式(图1.2.1)。

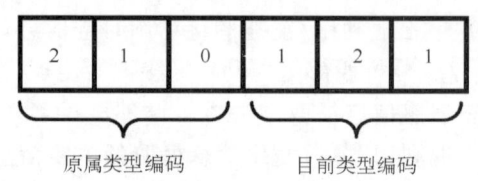

图1.2.1 土地利用/覆被动态信息编码示例

其中,前面3位代表原属土地利用类型编码,即较早出现的类型,示例中所示表示原来属于有林地(图1.2.1);后面3位编码表示目前应该属于的土地利用类型,即在新的信息源支持下应该划归的类型,示例所示表示后期该图斑所在区域属于山区旱地。

因为土地利用现状图中存在2位编码,在以6位表示动态时,需要在其后补"0",保证变化起始状态的土地利用编码均占满3位。"0"只会出现在6位编码当中的第3位和第6位。

④共用界线处理。由于动态信息是在本底数据基础上比较的结果,大量的动态图斑同原有类型具有共用界,在动态信息提取时不重新勾绘共用界,留待图形编辑时从本底数据层面提取,以便形成完整的动态图斑,并保证本底数据和动态数据之间共用界线的绝对吻合。

(4)空间信息提取的精度评价与野外验证

为了验证数据定性与定位的准确程度,通过外业考察的方式,将室内分析结果与地面实况进行比较。在开展土地利用类型验证的同时,利用 GPS 方法定点调查,对山地地区,特别是林地、灌木、草地、耕地等类型交错地区,以及城镇周边地区和新的开垦地给予足够重视,平原农区因通视距离较好,可适当少设调查点。调查点比例分别为 50%、30% 和 20%。外业期间的 GPS 定点调查应在调查路途中选择通视条件较好、地类交错的地点停车,并将 GPS 确定的验证点位置及其编号标于地形图或土地利用图上。通过在土地利用图上填图,标明并修正室内分析时的图斑定性或定位错误。同时,每一个验证点拍摄不少于 2 个方向的景观实况照片,并标明摄影方向角和注记必要的拍摄内容。

最终,在除西藏、台湾外的全部 30 个省(市、区)的范围内完成了外业调查与验证工作,累计行程 75 271 km,平均每省 2509 km。在外业考察的基础上,建立了分区域的遥感图像判读标志、实际考察路线图及其景观照片、实地验证的土地利用判读正确率、比较详细的外业记录簿等成果,为进行本底数据库修改、提高数据成果质量奠定了扎实的基础(图 1.2.2)。

外业考察与验证期间,在 30 个省(区、市)范围内,共计拍摄近万幅地面实况景观照片,同时利用 GPS 获得了各个照片拍摄点位的地理坐标,记录了所反映的主要土地类型、植被或作物生长状况、所处的地貌环境特点、拍摄方位角等相关内容(图 1.2.2)。

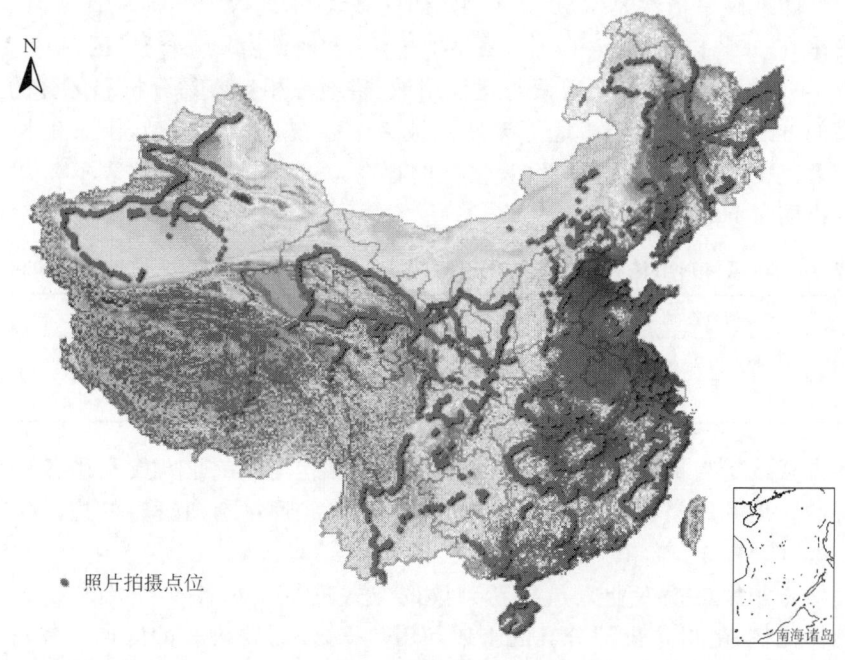

图 1.2.2　全国土地利用遥感调查实地景观照片分布图

利用 Arcview 等 GIS 软件,对全部照片进行了坐标恢复,实现了与遥感影像、土地利用数据、生态环境背景数据等具有准确坐标的空间数据的有机结合,可以在同一软硬件环境下交互查询、相互印证。在获取土地利用等专题信息时,不仅依靠判读标志,而且有地面实况景观照片所反映的现实情况,成为本底数据遥感判读修定时的有效参考依据,在相当大的程度上有助于提高土地利用数据分类获取的精度。

土地利用数据提取的准确程度将直接影响最终的各类土地面积数量,甚至在一定程度上影响不同土地利用类型的空间分布规律分析。为了评价采用全数字人机交互分析方法获取的各种土地利用类型的准确程度,利用野外验证和室内比较分析等方法,进行了图斑定性与编码、界线勾绘的定位准确程度及图形编辑等方面的系统评价。

经过外业实地验证,获取了 30 个省(区、市)的土地利用判读分析的比较结果。上海和天津等地因面积较小、类型相对简单等,抽到的图斑数量较少,没有发现错误。其他各省(区、市)土地利用数据判读分析的准确率在 63.98%~98.91%。其中有 5 个省(区、市)的整体准确率在 90% 以下,其他省(区、市)达到了 90% 以上的要求(表 1.2.1)。

表 1.2.1　全国数字土地利用数据提取的外业验证结果(未统计西藏和台湾)

	累计行程(km)	抽查图斑(个)	正确图斑(个)	正确率(%)	正确率最高的土地类型
全　国	75 271	13 300	12 326	92.92	建设用地

就全国而言,土地利用室内判读图斑总准确率(综合定性与定位两个方面)在 90% 以上的省(区、市)共计 25 个,占 83.33%。每一个开展外业调查的省(区、市)均涉及了耕地类型,耕地准确率在 95% 以上的省(区、市)共计 25 个,占 83.33%。城镇居民点和工矿建设用地的准确率最高,所涉及的 29 个省(区、市)中准确率在 90% 以上共计 27 个,占 93.10%;其余土地利用类型的准确率依次是水域、未利用土地、林地、草地等。林地检查共涉及 28 个省(区、市),准确率在 90% 以上的有 19 个,占 67.86%;草地涉及 26 个省(区、市),准确率在 90% 以上的有 14 个,占 53.85%。城镇与建设用地、耕地等相对容易分析和区分的土地利用类型具有较高的准确率,以林地、草地等天然植被为主要覆盖物的类型,由于生长季节不一致的影响和较大范围的相互过渡带等客观情况的存在,总体准确率较低(表 1.2.2)。这一结果为数据修定指明了问题所在。

表 1.2.2　各省(区、市)土地利用本底数据遥感判读外业分类验证结果(未统计西藏和台湾)

	抽查图斑(个)					准确率(%)					总合格率(%)
	耕地	林地	草地	建设	其他	耕地	林地	草地	建设	其他	
全国	5058	4104	1512	1714	912	94.94	90.13	88.16	96.32	95.72	92.92

采用制图方式分析与提取土地利用时空信息的精度包括:专业人员利用各种参考资料分析时所确定的土地利用类型的准确程度,以及类型确定后勾绘图斑时的边界位置准确程度等。

室内定性检查采用更换专业人员重新判读的方式进行。对各个省级成果以 10% 左右(县个数)的抽样比例,随机选出部分县的土地利用数据,作为要检查的区域。在每个抽样县内布设 3~4 条样线,原则上要求每条样线尽可能跨越相对更多的土地利用类型,样线穿过的所有图斑均作为被检查内容,进行图斑定性与界线定位等方面的检查,符合技术规范要求则视为合格。

实际上,全国各省(区、市)累计检查 231 个县,共计抽查图斑 46 828 个,抽样比例在 14.46%。包括所有土地利用类型的总体定性正确率为 98.72%,分省抽查的定性准确率最低为 96.53%,全面达到了设计要求。抽查图斑界线 89 654 条,99.45% 的图斑界线勾绘符合技术规范的要求,分省图斑界线勾绘的平均合格率最低为 98.23%。

分省土地利用类型统计表明,未利用土地的定性准确率最高,达 99.81%;其余依次是耕地(99.22%)、草地(98.49%)、林地(98.31%)、城乡居民点和交通建设用地(98.29%);水域定性准确率受耕地区较小的坑塘等遗漏较多的影响,定性准确率相对较低,但也达到97.41%。均能满足原定的90%以上的定性准确率的目标。

2005年土地利用现状更新在西部12个省(区、市)2000年土地利用现状基础上开展,更新过程中通过野外实地调查对更新成果进行了验证精度分析,2005年土地利用变化类型的判别具有95%以上的定性准确率。

1.2.2 土地利用/覆被变化时空信息表征与分析方法

(1) 土地利用/覆被变化信息分类系统与判读

基于设计的土地利用遥感时空信息平台,为全面掌握我国西部地区土地利用的现状与动态特征,考虑我国西部地区土地利用/覆被变化分类信息与标准的统一性。按照土地用途、经营特点、利用方式和覆被特征主要指标制订土地利用/覆被变化的分类系统,同时也考虑高分辨率遥感信息提取的可操作性,分类系统与具体含义见表1.2.3。

表1.2.3 土地利用/覆被遥感信息分类系统

一级类型		二级类型		含 义
编号	名称	编号	名称	
1	耕地	—	—	指种植农作物的土地,包括熟耕地、新开荒地、休闲地、轮歇地、草田轮作地;以种植农作物为主的农果、农桑、农林用地;耕种三年以上的滩地和滩涂
		11	水田	指有水源保证和灌溉设施,在一般年景能正常灌溉,用以种植水稻、莲藕等水生农作物的耕地,包括实行水稻和旱地作物轮种的耕地
		12	旱地	指无灌溉水源及设施,靠天然降水生长作物的耕地;有水源和浇灌设施,在一般年景下能正常灌溉的旱作物耕地;以菜为主的耕地,正常轮作的休闲地和轮歇地
2	林地	—	—	指生长乔木、灌木、竹类及沿海红树林地等林业用地
		21	有林地	指郁闭度>30%的天然林和人工林。包括用材林、经济林、防护林等成片林地
		22	灌木林	指郁闭度>40%、高度在2 m以下的矮林地和灌丛林地
		23	疏林地	指疏林地(郁闭度为10%~30%)
		24	其他林地	未成林造林地、迹地、苗圃及各类园地(果园、桑园、茶园、热作林园地等)
3	草地	—	—	指以生长草本植物为主,覆盖度在5%以上的各类草地,包括以牧为主的灌丛草地和郁闭度在10%以下的疏林草地
		31	高覆盖度草地	指覆盖度在>50%的天然草地、改良草地和割草地。此类草地一般水分条件较好,草被生长茂密
		32	中覆盖度草地	指覆盖度在20%~50%的天然草地和改良草地,此类草地一般水分不足,草被较稀疏
		33	低覆盖度草地	指覆盖度在5%~20%的天然草地。此类草地水分缺乏,草被稀疏,牧业利用条件差
4	水域	—	—	指天然陆地水域和水利设施用地
		41	河渠	指天然形成或人工开挖的河流及主干渠常年水位以下的土地,人工渠包括堤岸
		42	湖泊	指天然形成的积水区常年水位以下的土地
		43	水库坑塘	指人工修建的蓄水区常年水位以下的土地
		44	永久性冰川雪地	指常年被冰川和积雪所覆盖的土地
		45	滩涂	指沿海大潮高潮位与低潮位之间的潮侵地带
		46	滩地	指河、湖水域平水期水位与洪水期水位之间的土地

(续表)

一级类型		二级类型		含义
编号	名称	编号	名称	
5	城镇、工矿、居民用地	—	—	指城乡居民点及县镇以外的工矿、交通等用地
		51	城镇用地	指大、中、小城市及县镇以上建成区用地
		52	农村居民点	指农村居民点
		53	其他建设用地	指独立于城镇以外的厂矿、大型工业区、油田、盐场、采石场等用地,以及交通道路、机场及特殊用地
6	未利用土地	—	—	目前还未利用的土地,包括难利用的土地
		61	沙地	指地表为沙覆盖,植被覆盖度在5%以下的土地,包括沙漠,不包括水系中的沙滩
		62	戈壁	指地表以碎砾石为主,植被覆盖度在5%以下的土地
		63	盐碱地	指地表盐碱聚集,植被稀少,只能生长耐盐碱植物的土地
		64	沼泽地	指地势平坦低洼、排水不畅、长期潮湿、季节性积水或常积水、表层生长湿生植物的土地
		65	裸土地	指地表土质覆盖,植被覆盖度在5%以下的土地
		66	裸岩石砾地	指地表为岩石或石砾,其覆盖面积>50%的土地
		67	其他	指其他未利用土地,包括高寒荒漠、苔原等

判读标志是随着遥感技术的发展,特别是在资源环境等具体领域应用工作的开展,而逐步发展形成的。在利用专业人员的专家知识进行遥感影像为主要信息源支持的判读分析工作中,判读标志的建立对于提高分析结果的可靠性、客观性,以及保证不同专业人员对于遥感影像分析结果的一致性等,均具有特别重要的意义。

判读标志的建立过程,实际上主要是根据专业人员对于分析对象本身的了解程度,以及对于这些分析对象在各种遥感影像上的反映差异而确定的,主要目的在于提高判读分析的准确性。一般通过将遥感影像上的不同地物与这些地物的实际情况相比较来建立判读标志。主要在于发现不同地物的影像特征差异和归纳同类地物的影像特征一致性。在利用遥感影像为主要信息源的专题信息分析与提取过程中,一般包括数种,甚至数十种类型,需要针对每一种类型建立判读标志。

对于同一种类型,由于所处区域的外在环境条件不同,包括自然条件和人文条件等,如耕作方式的不同等,也会表现出不同的影像特征,一般判读标志都是在特定区域内有助于对遥感影像的专题信息的分类提取。

在同一地区的同一种目标地物,由于在土地利用分类信息提取时,地表植被、水体等的季节差异非常显著,因而表现出不同的影像特征,也是在建立判读标志时必需考虑的。而且,这种变化虽然对于利用单期遥感信息的分类造成很大的困难,但对于利用多时相遥感信息进行分类,却具有显著的积极意义,有助于通过了解植被的生长季节特点,提高分类精度。

(2)土地利用变化时空信息表征与空间分析方法

数据融合是一种集成性非常高的工作,包含了多源数据的采集和传输、元数据库的构建、数据的标准化及多元数据分析等处理过程。本项研究针对地理空间数据的特点,以数据级数据融合为出发点,设计了基于 1 km×1 km 结构栅格成分为基础的时空数据融合平台,能够实现多源地学数据在统一的结构框架下进行高效的数据级融合,以获取比单一数据源更丰富的有用信息。一般地,数据级数据融合是进行更高级融合的基础,特别是针对于复杂的陆地表层过程研究，不仅需要海量多源数据的支持，还需要在更高层次上对数据进行加工，综合各方面的信息达到分析的目的。这种需求要求对地学知识和地学数据进行更深入的整理和挖掘，在一致性的数据平台基础上深入进行数据融合和数据挖掘的工作。

本研究设计并实现的土地利用分类 1 km 栅格成分数据，经研究认为是进行区域尺度土地利用变化监测、预测及进行驱动分析的一种易于表现和进行有效空间数据融合的数据集成方式。一方面，1 km 格网数据便于操作和处理，能够集成海量的高精度数据，也便于与其他来源数据进行融合分析；另一方面，在保证面积精度的前提下保证了在对国家尺度和区域分析研究过程中的位置（空间）精度要求，而目前国际上基于 0.5°（经纬度）栅格的数据输入与输出处理是针对于全球尺度的科学问题，用在区域分析上则显得过于粗糙。此外，规则的 1 km×1 km 正方形栅格是本时空数据融合的基本单元，在针对不同尺度的地学问题，在各数据层面保持一致的情况下可以灵活地采用不同大小和形状的基本单元（刘明亮等，2001）。

遥感影像数据也可以看作是栅格数据。矢量是以点、线和面的集合来表达地理事物，而栅格则以相同大小的规则单元表达地物。比较而言，矢量表达方法对地物和地理现象的描述更为精确，包括地理位置和形状，而数据格式较为复杂，存储量较大，与其他数据的融合算法要求较高的处理速度和预处理过程，基本上包括地图的空间查询和叠加分析。而栅格表达方法对地物和地理现象的形状和行为描述较为粗糙，但是具有比矢量表达方式所无法比拟的优点：结构规则、简单，多源数据的融合处理非常简便，在全球尺度研究中，0.5°×0.5°（经纬度）、1 km×1 km 栅格数据等被广泛地应用在生物地球化学循环模型、全球大气环流模式等方面研究中。这些模型之所以选择栅格结构作为模型的输入变量和输出结果，就在于栅格简单、规则的数据结构和直观的显示结果（Turner 等，1995）。

基于结构栅格成分的 1 km×1 km 时空数据表达方式可以归结为具有如下几方面的优点：

①在保持面积信息不损失的情况下明显减少了数据存储量，并且满足区域分析的空间尺度要求。

②便于长时间序列的数据存储与变化分析，以及变化专题信息提取与结果显示。

③有利于区域土地利用变化环境背景与驱动力分析，获得地理事物与现象过程具有的空间分布特性与分异规律的驱动机制与变化格局，这正是地理学研究内容与其他学科研究内容的本质区别。结构栅格数据保留了地物状态与发展过程的宏观几何结构特性（一定程度上的综合）和数量特征，在如此规则的几何框架下进行数值分析，具有比使用原始矢量数据进行分析所无法比拟的快速与高效率。

④结构栅格平台可以实现与其他多源数据的有效融合，这是设计结构性栅格数据平台的初衷和主要目的。规则的框架结构是实现这种地理空间数据融合的基础。

⑤地理空间尺度的转换问题越来越多地受到地理学家们的重视。基于结构栅格成分的数据可以实现多方面的空间聚合，如最大值、最小值、中值、平均值、总和及均方差等多种途径，因此能够根据研究问题的需要实现从小尺度到大尺度的空间尺度转换，从而进行从区域到国家尺度、从国家尺度再到全球尺度的陆地表层过程分析研究。此外，1 km×1 km 结构栅格成分数据也可以作为解决 1 km 地面分辨率遥感影像混合像元分解问题的基础和验证数据。

1.2.3 西部土地利用/覆被变化过程与动态特征

基于土地利用/覆被变化遥感时空信息平台,建立了 20 世纪 80 年代末期以来全国 1:10 万比例尺的 6 个一级类型和 25 个二级类型土地利用数据库。首先利用 20 世纪 90 年代末期获取的陆地卫星 Landsat TM 影像,产生 2000 年全国土地利用数据;以 20 世纪 80 年代末期与 1995 年获取的陆地卫星 Landsat TM 影像为主要信息源,恢复重建 20 世纪 80 年代末与此 1995 年全国土地利用状况,并生成土地利用动态变化信息;以 2005 年陆地卫星 Landsat TM 影像为主要信息源与中巴卫星(CBERS)数据重建 21 世纪初 5 a 土地利用动态信息,并加以定性与集成(刘纪远等,2002;2009)。以上述土地利用本底和动态数据为基础,把全国土地利用数据进行 1 km 栅格化,创建了覆被全国的 1 km 栅格土地利用本底与动态成分数据时空信息平台。

应用中国 20 世纪 80 年代末、1995 年和 2000 年与 2005 年土地利用数据三个阶段土地利用变化空间 1 km 栅格信息,分析西部 20 世纪 90 年代以来的土地利用变化过程与空间分布特征,揭示西部土地利用/覆被变化时空特征与主要规律(图 1.2.3、1.2.4、1.2.5)。

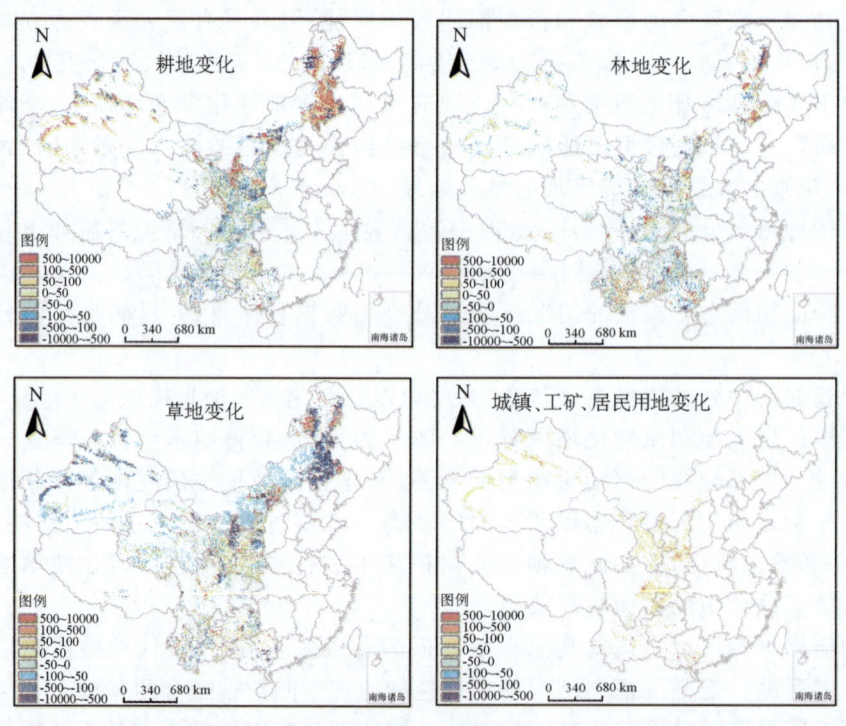

图 1.2.3　20 世纪 80 年代末期至 1995 年主要土地利用类型变化图

(数值表明 10 km×10 km 栅格内其净变化面积(单位:hm²),即根据变化图斑汇总的此类型增加面积与减少面积的差,下同)

第1章 西部土地利用/覆被现状与变化过程

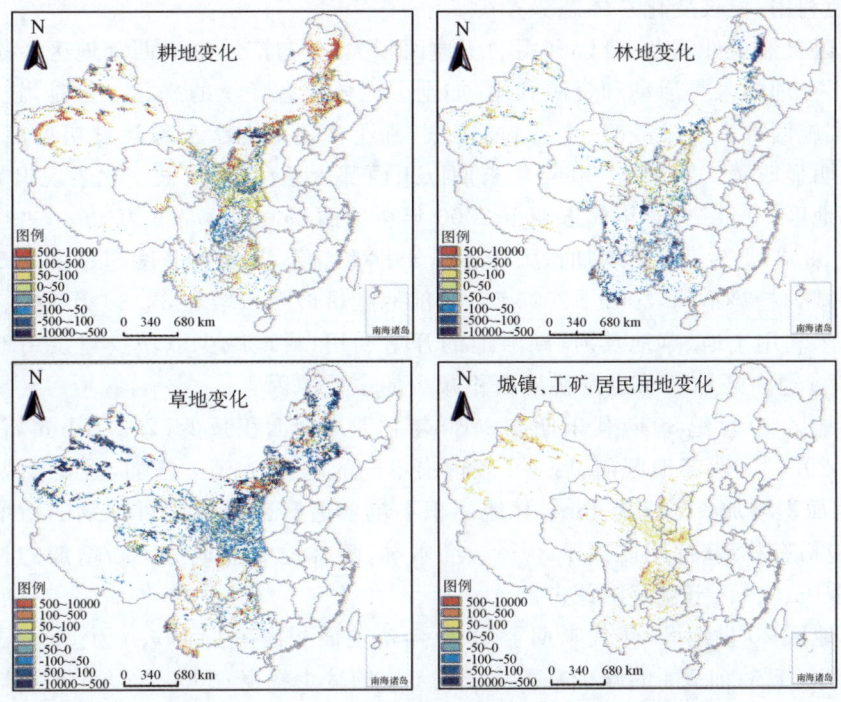

图 1.2.4　1995—2000 年主要土地利用类型变化图

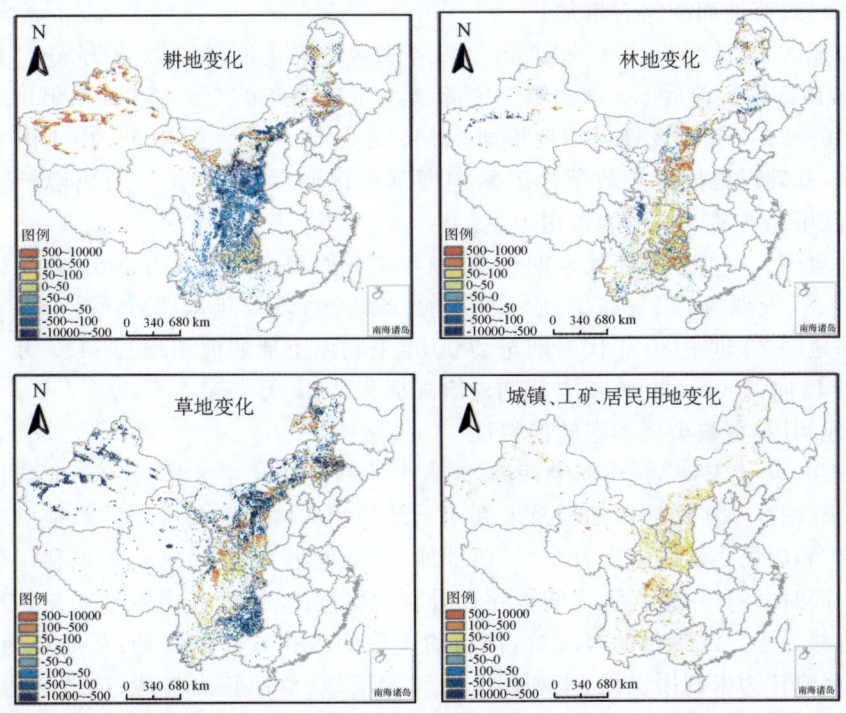

图 1.2.5　2000—2005 年主要土地利用类型变化图

(1) 土地利用/覆被变化总体态势

西部地区自然条件复杂,难以利用的土地面积大、分布广。由于西部地区生态环境比较脆弱,加之不合理的人类活动和资源利用,加剧了区域生态环境的恶化。但是,进入21世纪以来,国家实施西部大开发战略、生态脆弱区退耕还林还草生态工程建设初见成效,区域土地覆被状况明显改善。20世纪80年代末期以来西部土地利用/覆被变化表现出如下特点。

1) 西部地区20世纪80年代末期至2000年耕地面积增加177.6万hm^2,占全国耕地增加总面积的59.3%,后5a的增加量大于前5a的增加量,其增加速度超过了前5a;与全国耕地面积的减少趋势不同,2000—2005年,西部地区耕地面积增加32.38万hm^2。新增耕地主要来源于未利用土地、草地及河、湖滩地的开垦利用;耕地减少以城乡建设用地侵占耕地为主,而近5a退耕还林还草也是耕地面积减少的主要原因。

2) 西部地区20世纪80年代末期至2000年林业用地面积减少32.2万hm^2,占全国林地减少面积的29.6%,西部地区前、后5a表现出不同的趋势,前5a增加,后5a减少;2000—2005年林地面积增加41.08万hm^2,林地面积不包含遥感影像上不可识别的新增幼林地和林带,主要包括有林地(郁闭度大于30%)、灌木林、疏林地及迹地等。新增加的林地主要集中在贵州、重庆、陕西、宁夏及内蒙古。

3) 西部地区20世纪80年代末期至2000年草地面积净减少199.5万hm^2,占全国草地减少面积的58.1%,前5a的减少幅度大于后5a的减少幅度;2000—2005年草地面积减少102.29万hm^2,主要发生在内蒙古草原区、新疆绿洲区、黄土高原区,以及贵州、重庆。草地面积减少主要表现为部分草地被开垦为耕地。此外,近5a甘肃南部、陕西北部、四川盆地北缘退耕还草导致草地面积略有增加。

4) 西部地区20世纪80年代末期至2000年城乡建设用地增加32.2万hm^2,增加量仅为全国的1/5,西部地区前后5a增加幅度接近,后5a略高于前5a,后5a则出现了加速发展的趋势;2000—2005年城乡建设用地增加30.13万hm^2。21世纪初5a由于国家西部开发战略的实施,基础设施投资等政策性因素向西部地区倾斜,城乡建设用地增长速度明显加快,城乡建设用地增加以耕地的占用为主。

5) 西部地区20世纪80年代末期至2000年水域面积增加8.7万hm^2,占全国水域增加面积的57.1%,表现为前5a减少,后5a增加。2000—2005年水域面积减少1.81万hm^2。

6) 西部地区20世纪80年代末期至2000年未利用土地的面积增加11.7万hm^2,前5a减少,后5a增加;2000—2005年未利用地增加面积0.49万hm^2。

(2) 土地利用/覆被类型动态转换特征

20世纪80年代末期至2000年,西部地区土地利用变化主要体现为草地与林地的减少与耕地、水域、城乡工矿和居民用地及未利用土地的相应增加。其中,林、草地的减少与耕地和城镇、工矿和居民用地的扩展,驱动了西部地区20世纪80年代末期土地利用变化格局的重要特征。同时,各种用地类型之间也存在着较大幅度的转移,其中以草地与林地向其他用地类型的转移为主。从转移的幅度看,排名前十位的转移方向依次是:草地转为耕地、草地内部转移、草地转为未利用土地、未利用土地转为草地、草地转为林地、林地转为草地、耕地转为草地、林地内部转移、林地转为耕地及草地转为城乡工矿和居民用地。

20世纪80年代末期至2000年西部地区土地利用/覆被类型转换特征表现为耕地撂荒后转变为草地,占耕地面积减少的52%;耕地被城镇、工矿等建设用地占用,占耕地面积减少的 24%。林地主要以毁林开荒为主,占林地面积减少的 44%;林地砍伐后变为草地,占林地面积减少的 52%。草地减少主要以西部地区大面积开垦为主,占草地面积减少的 62%;其次草地转换为未利用地占草地面积减少的 23%,草地造林占草地面积减少的 11%。水域主要以转换为未利用地与湖泊围垦为主,分别占水域面积减少的 40% 与 31%。城乡工矿建设用地增加主要以占用耕地为主,占城镇建设用地增加面积的 80%。未利用地的减少主要以转换为草地为主,占未利用地减少的 64%(表 1.2.4)。

表 1.2.4　20 世纪 80 年代末期至 2000 年西部土地利用/覆被类型转换矩阵(单位:万 hm^2)

类型	耕地	林地	草地	水域	城镇、工矿和居民用地	未利用土地
耕地	6.67	15.19	56.27	3.67	26.05	7.76
林地	40.13	27.53	46.92	0.94	1.09	1.37
草地	224.70	40.19	168.78	11.43	3.86	82.92
水域	6.11	1.10	4.66	10.75	0.13	7.93
城镇、工矿和居民用地	0.14	0.03	0.02	0.04	0.46	0.00
未利用土地	15.50	1.69	55.69	12.63	1.34	14.93

20 世纪 90 年代西部地区土地利用动态特征表现为:从综合动态度角度分析,内蒙古东部动态度最大,新疆西部、四川盆地、云贵高原等地的动态度比较明显,青藏高原地区、内蒙古西部、新疆东部等地动态度最小。耕地的动态度特征为四川盆地、河套平原、呼伦贝尔高原、新疆垦区等地的动态度比较大。从林地的动态度看,云贵高原、四川盆地的动态度高于其他地区。草地的动态度表现为:北方草地的动态度高于南方草地的动态度。内蒙古草原区的动态度明显高于其他草原区,西藏草原区动态度最小。西部地区水域的动态度的分布相对比较均匀。城镇、工矿、居民用地的动态度相对较低。未利用地的动态度为内蒙古最大,其他地区次之。

21 世纪初 5 a 与 20 世纪相比较,西部地区土地利用/覆被类型转换具有明显差异,城乡建设用地快速增长占用耕地及退耕还林还草对于土地覆被状况的改善是这一时段的显著特征,具体表现为耕地转变为林地与草地,分别占耕地面积减少的 27% 和 48%,耕地被城镇、工矿等建设用地占用,占耕地面积较少的 17%。同时也存在毁林开荒现象,林地转变为耕地占林地面积减少的 40%,林地砍伐后变为草地的面积占林地减少面积的 52%。草地减少主要以大面积开垦为主,占草地面积减少的 49%;其次草地转换为未利用地占草地面积减少的 26%,草地造林占草地面积减少的 20%。水域主要以转换为未利用地为主,占水域减少面积的 63%。城镇、工矿等建设用地增加主要以占用耕地为主,占城乡建设用地增加面积的 61%。未利用地的减少主要以开垦为耕地与转换为草地为主,分别占未利用地减少面积的 42% 与 32%(表 1.2.5)。

近年来,西部地区已经逐步加大了退耕还林还草的力度,特别是 1999 年开始试点,2000 年国家出台有关退耕还林(草)政策以来,有关省(区、市)大力开展退耕还林还草工作。到 2010 年西部开发 10 a 来,退耕还林面积 2.4 亿亩,退牧还草面积 6.8 亿亩,森林覆盖率从 10.32% 提高到 17.05%(科学时报,2010)。受西部开发"生态退耕"政策的影响,西部地区林地面积显著增加,国家退耕还林还草政策成效明显,2000 年以来西部地区土地覆被状况明显改善,对区域生态环境产生积极的影响。

表 1.2.5　2000—2005 年我国西部土地利用/覆被类型转换矩阵　　（单位：万 hm²）

类型	耕地	林地	草地	水域	城镇工矿和居民用地	未利用土地
耕地	1.35	29.89	52.68	2.68	18.51	6.23
林地	12.33	63.11	16.04	0.58	1.38	0.62
草地	96.75	39.27	100.95	5.19	5.44	52.23
水域	2.55	0.42	4.95	12.91	0.43	14.03
城镇、工矿和居民用地	0.02	0.01	0.02	0.04	0.96	0.00
未利用土地	30.72	2.44	22.90	12.11	4.45	3.25

(3) 土地利用/覆被变化现代过程的主要特征

西部地区土地利用程度较低，生态环境问题复杂严重，既是我国土地利用开发的后备资源集中地区，又是我国生态环境保护的战略要地。通过对 20 世纪 80 年末期以来土地利用/覆被变化过程与转换特征分析，表明西部土地利用/覆被变化现代过程呈现如下动态特征：

1) 西部地区作为我国耕地后备资源较为集中的地区，20 世纪 90 年代仍表现为耕地大规模开垦，特别在内蒙古东北部与新疆地区尤为突出。随着生态保护意识的增强，2000 年之后开垦现象有所减缓。

2) 毁林与植树造林交错分布，在 20 世纪 90 年代前 5 a 毁林与植树造林局部发生，但在 20 世纪 90 年代后 5 a 主要毁林开荒现象严重，21 世纪初 5 a 在西部开发政策的驱动下西部地区植树造林显著，区域土地覆被状况改善明显。

3) 西部地区草地明显减少，呈现加剧态势，但是 21 世纪初 5 a 退耕还草工程导致西部地区草地面积呈现增加的趋势。

4) 西部地区城乡工矿建设用地增加，但是 20 世纪 90 年代前 5 a 增加显著，后 5 a 有所减缓，21 世纪初 5 a 呈加剧态势，主要发生在四川盆地、黄土高原与新疆西北部地区。

5) 西部地区水域变化不大，未利用地以耕地开垦与草地之间转换为主要特征。

1.3　土地利用/覆被现代过程的时空变化模式

1.3.1　土地利用/覆被现代过程时空模式研究方法

(1) 空间信息源与研究方法

依据中国科学院资源与环境科学数据中心的全国 1∶10 万土地利用数据库，包括中国西部地区 20 世纪 80 年代末期、1990 年、2000 年及最近更新的 2005 年 4 个时点土地利用/覆被变化时空数据，本节试图将西部土地利用/覆被的"空间格局"与"时间过程"特征进行集成研究，以揭示研究对象"变化过程的空间格局"与"空间格局的变化过程"。

(2) 数据处理与空间分析方法

本研究的具体操作过程为：首先，在全数字操作环境下，通过两期遥感影像对比，以本底年土地利用遥感判读图作为衬底参考底图，勾画向量动态图斑。然后，通过图形切割处理和面积平差计算，实现省、县系列制图和分类面积汇总。将符合设计要求的各省（区、市）土地利用数字图，切割成以县级单位为区域的图件。同时，以地图标准分幅的 1∶10 万地形图的理论面积为控制面积,获取各县面积。然后,将各县面积平差分解到县内所有土地利用地块。最后,分不同土地利用类型、分县计算土地面积,并逐步汇总出各省的耕地、林地、草地、水域、城镇及工矿和居民用地、未利用土地等6个方面25个类型的土地面积(图1.3.1)。

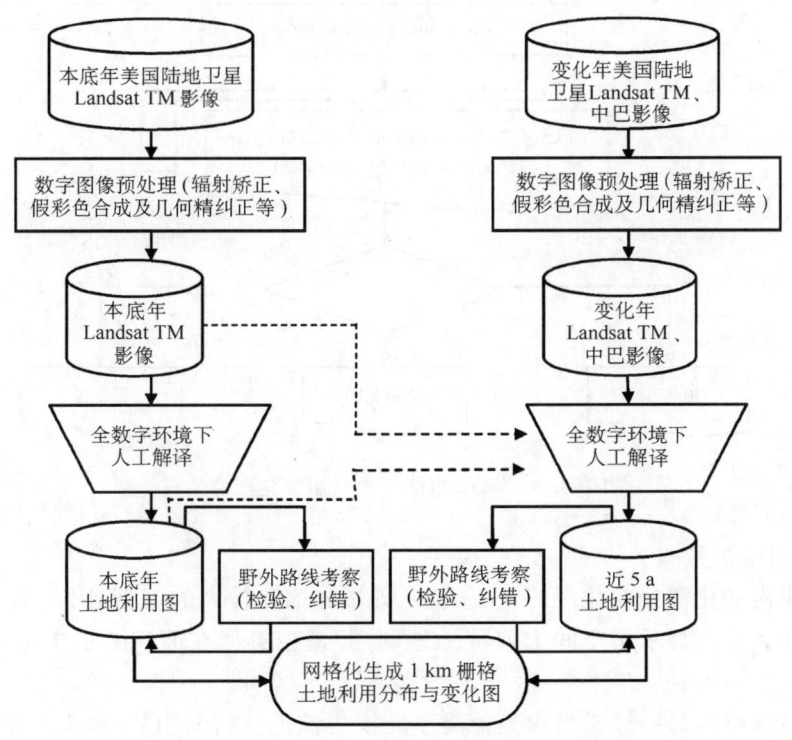

图1.3.1 中国土地利用变化监测工作流程概要图

根据前面的栅格化处理过程,形成了近10 a土地利用/覆被变化与转换的专题系列图,包括二级类土地利用/覆被类型的增加、减少、净变化及一级类之间的相互转化栅格图。

增加类型栅格图表示该栅格单元所覆盖的正方形(1 km×1 km)范围内,由其他类型(二级类)转换为此类型的总面积;减少类型栅格图表示此范围内此种类型转换为其他类型(二级类)的总面积数。通过这两种栅格图,可以揭示栅格内土地利用变化的动态程度和性质,并且通过他们直接进行数学的差运算就可以得到每个栅格每种土地利用类型的变化面积数,即净变化栅格图。

处于实际变化分析及减少数据量的需要,仅派生了一级土地利用/覆被类型之间的相互转换栅格图,即耕地、林地、草地、水域、城镇工矿居民地和未利用地内部及相互之间的转换。例如,耕地转换为林地栅格数据,表示1 km² 栅格内所有耕地类型转换为林地类型的图斑面积之总和。

为了在宏观上了解土地利用变化的分布规律,对前面所提取的共计111种结构性栅格图进行了处理,派生出土地利用扩张(变化后主体类型)图、土地利用收缩(变化前主体类型)图及土地利用/覆被主体变化度分布图,显示出对栅格数据操作的灵活性与结果的良好直观性(图1.3.2)。

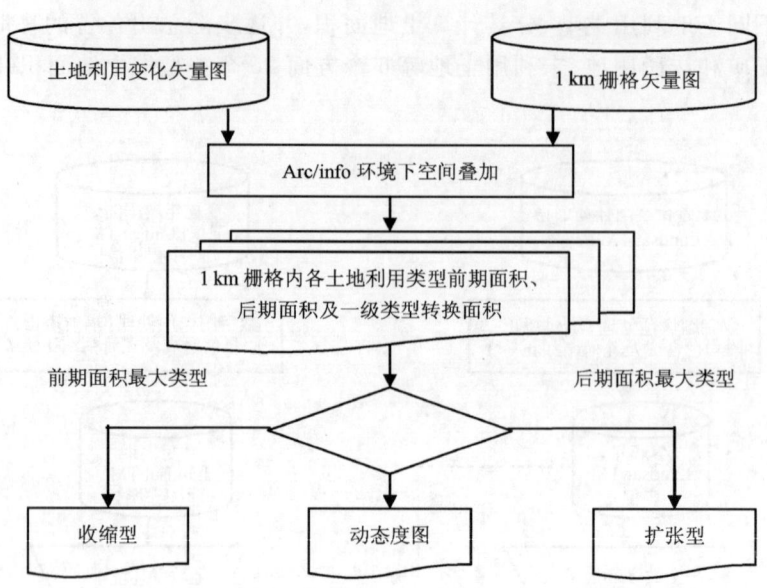

图 1.3.2　1 km 栅格土地利用变化图的生成

1）土地利用扩张图

表示栅格内变化部分变化后的主要类型,即增加面积最大的类型,因此也可以称为变化后主体类型图。此图显示了空间上何种土地利用/覆被类型在面积上扩大最为显著。操作过程为:

①计算各栅格内每一级类型由其他类型转换为该类型的面积数(式 1.3.1):

$$\left.\begin{array}{l}其他\to 耕=林\to 耕+草\to 耕+水\to 耕+建\to 耕+未\to 耕^{*}\\ 其他\to 林=耕\to 林+草\to 林+水\to 林+建\to 林+未\to 林\\ 其他\to 草=耕\to 草+林\to 草+水\to 草+建\to 草+未\to 草\\ 其他\to 水=耕\to 水+林\to 水+草\to 水+建\to 水+未\to 水\\ 其他\to 建=耕\to 建+林\to 建+草\to 建+水\to 建+未\to 建\\ 其他\to 未=耕\to 未+林\to 未+草\to 未+水\to 未+建\to 未\end{array}\right\} \quad (1.3.1)$$

(注:* 表示实际操作中没有采用,见后面的说明;"→"表示转换;耕:耕地;林:林地;草:草地;水:水域;建:城镇工矿居民用地;未:未利用地)

②在每个栅格中选择前述栅格当中值最大的类型作为该栅格值,即为变化后主体类型。从式(1.3.2)看出,没有包括一级类型内部的转换部分,即这里仅考虑出现一级类型之间转换的情形。

$$\left.\begin{array}{l}耕\to 其他=耕\to 林+耕\to 草+耕\to 水+耕\to 建+耕\to 未^{*}\\ 林\to 其他=林\to 耕+林\to 草+林\to 水+林\to 建+林\to 未\\ 草\to 其他=草\to 耕+草\to 林+草\to 水+草\to 建+草\to 未\\ 水\to 其他=水\to 耕+水\to 林+水\to 草+水\to 建+水\to 未\\ 建\to 其他=建\to 耕+建\to 林+建\to 草+建\to 水+建\to 未\\ 未\to 其他=未\to 耕+未\to 林+未\to 草+未\to 水+未\to 建\end{array}\right\} \quad (1.3.2)$$

(注:* 表示实际操作中没有采用,见后面的说明;"→"表示转换;耕:耕地;林:林地;草:草地;水:水域;建:城镇工矿居民用地;未:未利用地)

为了突出耕地中水田和旱地(为二级类型)的收缩与扩张状况,对耕地类型做了特殊的处理,即将每栅格内旱地与水田的增加及减少面积数分别与上述公式计算出的栅格内除耕地之外的扩张与收缩主体类型的变化面积数作对比,取面积数大者为该栅格的扩张与收缩类型。经过此过程,可以形成共7种扩张收缩类型:水田、旱地、林地、草地、水域、城镇工矿居民用地、未利用地。

2) 土地利用收缩图

表示栅格内变化部分变化前的主要类型,即减少面积最大的类型,因此也可以称为变化前主体类型图。此图显示了空间上何种土地利用/覆被类型在面积上收缩最为显著。操作过程同前。这里计算各栅格内由其他类型转换为每一级类型的面积数,取值最大的类型为土地利用收缩图的属性。

3) 土地利用/覆被主体变化度分布图

土地利用动态图斑的编码由变化前的土地利用类型(二级类型和耕地的三级类型)和变化后的土地利用类型所组成,理论上共计 31×30＝930 种变化类型。即使按照一级类型的划分,也有 30 种可能的变化类型。为简化类型划分,设计了主导型的变化类型划分方法,将其变化分为 9 种(表 1.3.1),按照栅格内属于表 1.3.1 所述动态类型的变化最大的类型,确定为该栅格的变化类型,即形成土地利用动态类型栅格。如果将最大变化面积数来定量刻画,则派生出土地利用/覆被主体变化度分布图,可以根据需要进行分级。

表 1.3.1 土地利用变化类型的划分与编码

变化前＼变化后	耕地	林地	草地及未利用地	水域	城镇、工矿、居民用地
耕地	1	2			
林地	5	—	6	3	4
草地及未利用地	7	8	—		
水域	9			—	

注:草地指以生长草本植物为主、覆盖度在 5% 以上的各类草地,包括以牧为主的灌丛草地和郁闭度在 10% 以下的疏林草地;本表包含了耕地内部的转换,是为了保留水田和旱地的相互转换信息。

表 1.3.1 中,1 型为耕地—耕地型,为水田与旱地之间的转换;2 型即退耕还林还草;3 型为水域(河渠、湖泊、水库坑塘、永久性冰川雪地、滩涂和滩地)的扩张,即其他类型土地利用转换为水域,其反面即为 9 型;4 型为城镇工矿居民用地的扩张;5 型即毁林开垦型;6 型为林地破坏转换为草地或迹地型;7 型为草地或荒地开垦耕地型,8 为草地或荒地的植树造林型。动态类型的划分主要目的是为了反映土地利用变化类型的空间格局。

(3) 土地利用动态度模型

土地利用变化速率的区域差异可以用如下的土地利用动态度模型来加以表述:

$$S = \left\{ \sum_{ij}^{n} (\Delta S_{i-j}/S_i) \right\} \times (1/t) \times 100\% \qquad (1.3.3)$$

式中:S_i 为监测开始时间第 i 类土地利用类型总面积;ΔS_{i-j} 由监测开始至监测结束时段内第 i 类土地利用类型转变为其他类土地利用类型面积总和;t 为时间段(单位为 a);S 为与 t 时段对应的研究样区土地利用变化速率。

计算土地利用动态度时,利用1km本底和动态成分数据,分别计算了一级土地利用类型的单一动态度和综合动态度,结果显示时综合到10km栅格上。

土地利用的动态度可定量描述区域土地利用变化的速度,它对土地利用变化的区域差异分析和未来土地利用趋势预测都具有积极的作用(刘纪远,1996;王秀兰等,1999;刘纪远等,2009)。

1.3.2 西部土地利用/覆被变化时空格局

(1)土地利用扩张与收缩特征

土地利用类型收缩是指原有利用方式下的土地面积,因为向其他类型的转变而导致的分布区域减小和面积减少;扩张则与其相反。由于一定区域内的土地总面积保持不变,一种土地利用类型面积的收缩意味着其他土地利用类型相等面积的扩大,因而采用不同土地利用类型变化面积在所有发生变化的土地面积中的比例,可以反映出区域主要的土地利用变化类型,而且有助于发现土地利用变化过程的主要趋势。

对20世纪90年代土地利用扩张与收缩图分析表明(图1.3.3~图1.3.5),10 a间贵州和云南以灌木林地收缩为主要趋势,占省收缩类型总面积的21.45%~43.68%;内蒙古和广西以高覆盖度草地收缩为主要趋势,相应比例在23.90%~34.38%;重庆和甘肃以中覆盖度草地收缩为主要趋势,占省(区、市)收缩类型总面积的21.76%~25.55%;宁夏、新疆和青海以低覆盖度草地收缩为主要趋势,低覆盖度草地收缩占省(区、市)收缩类型总面积的40.20%~47.72%;以沙地收缩为主要趋势的地区只有陕西,占省收缩类型总面积的36.33%。土地利用类型扩张区域,旱地的增加是主要趋势。以旱地扩大为主的省包括甘肃、宁夏、新疆和内蒙古,旱地扩张占各省(区、市)扩张类型总面积的21.67%~50.68%;以有林地扩大为主要趋势的省是广西;以灌木林地扩大为主要趋势的地区为重庆,面积比例为26.62%;以高覆盖度草地扩大为主要趋势的地区只有云南,高覆盖度草地扩大面积占全省扩张类型总面积的26.08%;以中覆盖度草地扩大为主要趋势的地区为贵州、四川,占21.44%~34.68%;以低覆盖度草地扩大为主要趋势的省为陕西,占38.30%。

(2)土地利用/覆被变化区域分异特征

西部土地利用/覆被变化区域分异特征表现为:四川盆地城乡建设用地显著扩张,主要占用优质耕地;内蒙古东部地区以林地和草地的开垦为显著特点;黄土高原区及秦岭山区草地开垦、退耕还林还草及撂荒并存;四川盆地周边山地、贵州及云南西部山区林地减少,云南中部地区以退耕还林还草和草地向林地的转换为主要特点;西北干旱与绿洲农业区传统绿洲边缘部分土地被开垦为耕地,同时部分绿洲内原有耕地撂荒;青藏高原区在此期间变化较小,主要表现为水域的微弱变化。

20世纪80年代末期到2000年西部地区耕地增加的省份主要有内蒙古、新疆、宁夏、甘肃、广西、贵州、青海与陕西省,其中增加最大的地区为内蒙古,耕地增加112.24万hm^2,其次为新疆与宁夏,耕地增加面积分别为39.27万hm^2与22.39万hm^2;耕地减少的省份主要有四川、重庆、云南与西藏,其中耕地减少最大的省份为四川,耕地减少5.47万hm^2,其次云南耕地减少4.60万hm^2。林地面积减少最大的省份为内蒙古,减少面积为10.49万,其次为四川和贵州林地分别减少8.84万hm^2与8.13万hm^2,除云南与甘肃林地分别减少4.64万hm^2与3.42万hm^2外,其他地区林地面积变化不大。草地面积大面积减少主要发生在内蒙古、新疆与宁夏,面积分别为120.43万 hm²、68.50万 hm²与23.67万 hm²。城镇建设用地四川与新疆增加面积最大,面积分别为6.67万 hm²与6.84万 hm²,其次为广西与陕西。未利用地变化陕西减少12.88万 hm²,内蒙古与新疆分别增加14.71万 hm²与12.49万 hm²。

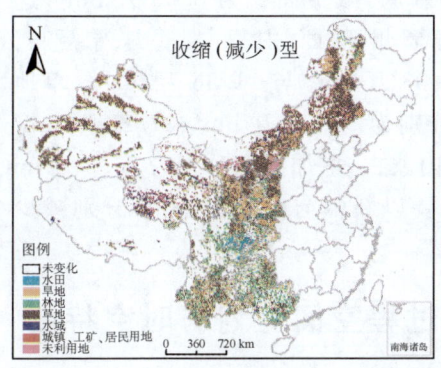
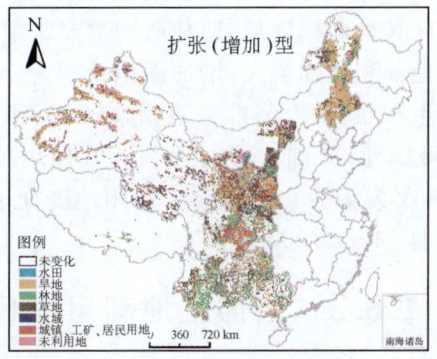

图1.3.3　20世纪80年代末期至1995年土地利用扩张与收缩图

(收缩型为10 km×10 km栅格内动态部分变化前类型中所占比重(水田、旱地、林地、草地、水域、未利用地及城镇工矿居民用地转为其他类型)最大的一种;扩张型为相应其他类型转为水田、旱地、林地、草地、水域、未利用地及城镇工矿居民用地中比重最大的一种类型,下同)

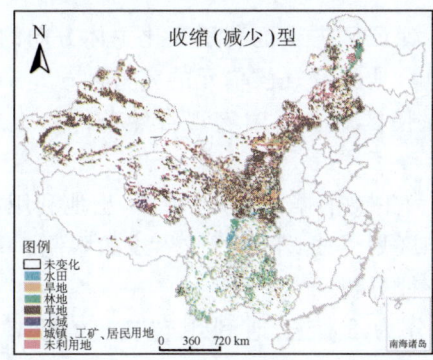
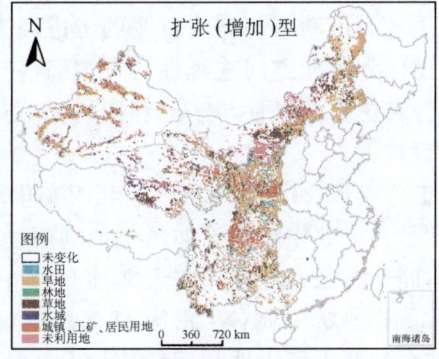

图1.3.4　1995—2000年土地利用扩张与收缩图

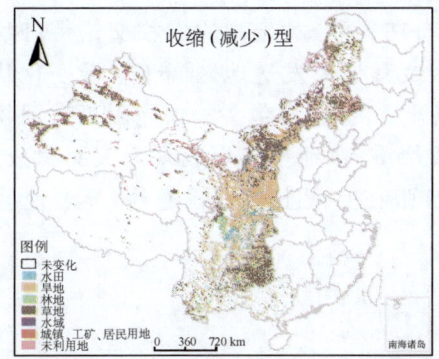
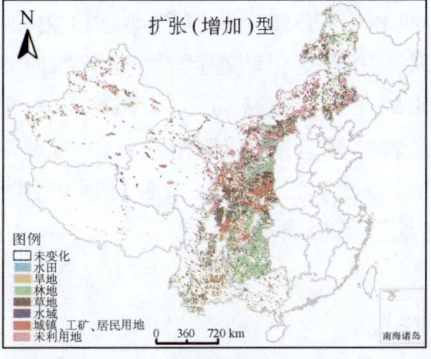

图1.3.5　21世纪初期5 a土地利用扩张与收缩图

2000—2005 年西部地区耕地增加的省(区、市)主要有新疆、内蒙古、贵州、青海,其中耕地增加的主要地区为新疆,耕地增加面积达 72.15 万 hm^2;受退耕还林还草的影响,大部分地区耕地面积减少,耕地面积减少的省(区、市)主要有陕西、四川、宁夏、重庆、云南、甘肃、广西与西藏地区,其中耕地减少最大的省份为陕西与四川,耕地减少面积分别为 19.22 万 hm^2 与 12.16 万 hm^2。林地面积减少最大的省份为新疆,减少面积为 3.63 万 hm^2,这一时段绝大部分地区林地面积增加,造林面积主要集中于贵州、陕西、内蒙古、重庆、宁夏与云南;贵州与陕西林地面积增加最大,增加面积分别为 12.03 万 hm^2 与 11.56 万 hm^2。草地大面积减少主要发生在新疆、内蒙古与贵州,减少面积分别为 51.86 万 hm^2、37.26 万 hm^2 与 13.94 万 hm^2。城镇建设用地增加主要发生在四川与内蒙古,增加面积分别为 5.85 万 hm^2 与 5.06 万 hm^2,其次为新疆与陕西。未利用地变化主要以新疆与内蒙古为主,分别减少 23.31 万 hm^2 与增加 26.61 万 hm^2。

1.3.3 西部土地利用现代过程空间区划与时空特征

(1)动态区划原则与方法

参照土地利用动态度的空间分异规律和 1 km 栅格地块内各种土地利用类型相互转化的信息,基于 10 km 大小的栅格空间信息进行西部土地利用动态区划。以中国自然区划、农业区划为借鉴,综合考虑土地利用动态区划涉及的人文、经济要素,确定动态区划的主要原则为:

①以土地利用动态类型为首要的考虑因素,保证区内土地利用变化主体方向的一致性;

②考虑区划单元空间连续性与宏观经济环境、地貌及气候单元的完整性;

③综合考虑自然条件与土地利用特点,尽量使区划单元内宏观自然条件与土地利用特点具有一致性。

区划工作是以 10 km 栅格土地利用变化图为主要依据,参考地貌图、土地利用本底图和气候资源图,在全数字环境下勾画土地利用动态区划界线,不受行政界线的限制。

(2)不同动态区土地利用与人文社会经济特征分析

根据上述区划原则,将我国西部地区划分为 8 个土地利用转换区(图 1.3.6～图 1.3.8),其名称及主要土地利用特征与人文社会状况分析见表 1.3.2。

(3)不同动态区土地利用变化的特征

我国西部地区土地利用变化具有显著的区域分异规律(表 1.3.3～表 1.3.5)。20 世纪 90 年代土地利用/覆被变化剧烈动态区主要分布在华北、黄土高原农牧交错带;四川盆地、西南山区属于中等变化动态区;而青藏高原地区及其他欠发达地区属于缓慢变化状态。土地利用变化的主要空间格局为:新疆绿洲大面积开垦耕地,而包头—大同附近黄河拐弯处和四川盆地区耕地显著减少;西南地区森林破坏较严重;草地整体上表现为大面积减少,主要位于西北地区;城镇工矿用地和农村居民用地扩张在空间上具有普遍性,显著地区位于陇中、四川盆地及新疆绿洲区。

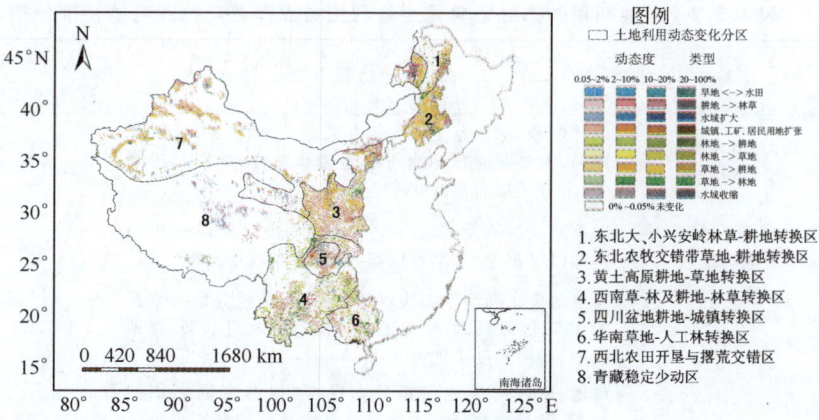

图 1.3.6　20 世纪 80 年代末期到 1995 年土地利用变化类型及动态区划图

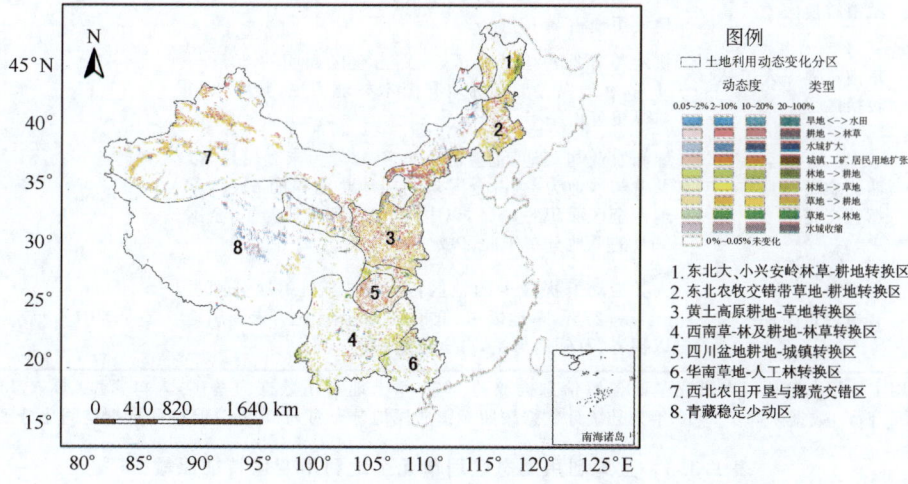

图 1.3.7　1995 年到 2000 年土地利用变化类型及动态区划图

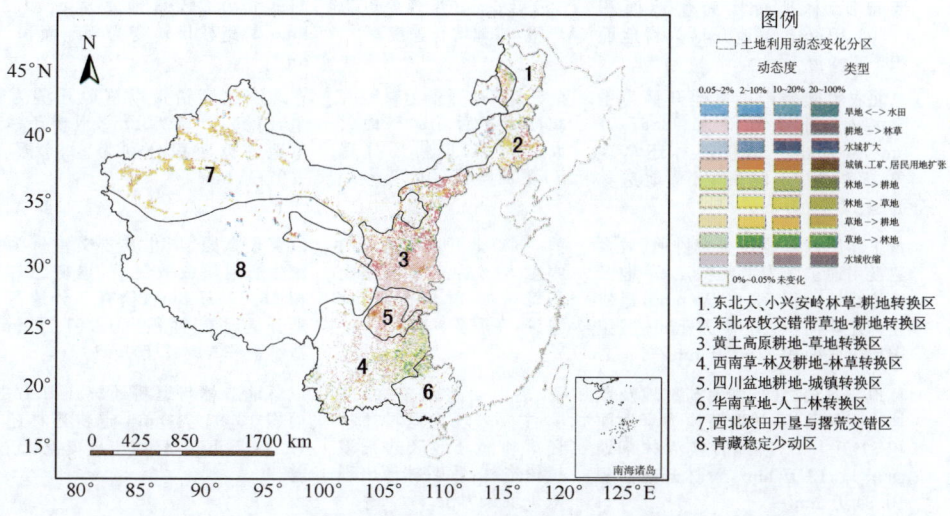

图 1.3.8　21 世纪初期 5 a 土地利用变化类型及动态区划图

表 1.3.2 土地利用动态区划单元土地利用特点概要与社会经济特征分析

区域代码	名称	2000年土地利用特点	人口密度（万人/km²）	GDP密度（百万元/km²）
1	东北大、小兴安岭林草—耕地转换区	以林地和草地为主，分别占区域总面积的68%和19%，主要覆盖有林地与高覆盖草地，耕地以旱田为主，占全区总面积的9%	0.06	2.96
2	东北农牧交错带草地—耕地转换区	以草地与林地为主，分别占全区面积的50%与23%，耕地以旱田为主，草地以高、中覆盖度草地为主	0.40	16.73
3	黄土高原草地—耕地转换区	典型的黄土高原生态脆弱带，耕地与草地分别占本区的32%和43%，其中耕地占全国总耕地的17%，草地以中、低覆盖度草地为主	1.32	59.53
4	西南林—草及林地—耕地转换区	林地、草地与旱地交错分布区，林地占全区面积的52%，以有林地与灌木为主。耕地和草地分别占该区的19%和26%，耕地以旱田为主	1.24	50.24
5	四川盆地耕地—城镇转换区	耕作密集区，本区土地利用约80%为农田，其中有40%的水田和60%的旱地，林地面积约占16%，城乡建设用地占2.19%	6.15	335.61
6	华南草地—人工林转换区	耕地与林地集中分布区，分别占全区面积的22%与65%，林地以人工有林地与灌木林地为主，其中水田与旱田各占一半	1.61	84.62
7	西北农田开垦与撂荒交错带	绿洲农业与草地、荒漠区。全区56%为未利用地，以戈壁与沙地为主，占全国未利用地总面积的61%，草地占全区面积的36%，以中、低覆盖度草地为主，全国30%的草地分布于此区域	0.09	6.87
8	青藏稳定少动区	人类活动干扰最少的地区，草地与未利用地分别占60%和27%，草地以中、低覆盖度草地为主，未利用地以裸岩、石砾地为主，占全区面积的15%	0.01	0.36

注：土地利用主要特点分析以本研究基于遥感信息提取的2000年土地利用数据为基础，人口密度（万人/km²）与地均GDP（百万元/km²）数据来源于2000年分县统计数据按照城镇居民地分布对人口与GDP空间数据空间化分区统计而来。

表 1.3.3 土地利用动态区划单元土地利用变化特征比较

区域代码	20世纪80年代末期至2000年	前、后5a比较	2000—2005年
1	以农—林交错地带林地开垦为主要特征，林地转换为耕地面积20.06万hm²，草地开垦为耕地面积16.34万hm²	前5a开垦速度小于5a，后5a开垦现象更为严重，耕地增长速度更大	以林—草相互转换为主，草地—耕地之间转换次之，草地造林面积2.78万hm²，林地砍伐转变为草地面积3.20万hm²
2	东北农牧交错带以草地开垦为主要特征，开垦面积为98.67万hm²，局部出现退耕还林还草现象，面积为13.95 hm²，草地造林面积12.76万hm²	前5a草地开垦为耕地的幅度大于后5a，耕地大面积增加，退耕还林后5a更加显著	东北农牧交错带以草地开垦为耕地为主，面积16.18万hm²，退耕还林还草与草地造林面积分别为3.96万hm²与9.97万hm²
3	黄土高原以草地开垦为耕地、城乡建设用地扩张为主要特点，草地开垦为耕地面积51.81万hm²，退耕还林还草面积21.87万hm²，城镇用地扩张面积7.50万hm²	前5a草地开垦为耕地的幅度大于后5a，耕地面积均增加，林地在前5a减少，在后5a增加	以黄土高原、华北农牧交错带为主的国家生态退耕成效显著，退耕还林还草面积46.97万hm²，仍有部分地区存在草地开垦现象，面积为12.91万hm²，草地造林面积11.87万hm²
4	林地与草地之间、耕地与林地及草地之间的转换，林地转换为草地面积31万hm²，耕地转换为林地面积11.13万hm²，毁林开荒面积10.54万hm²	前、后5a差别较大，前5a主要表现为退耕还林还草和部分地区的荒坡植树造林，后期林地出现减少现象为主	以草地造林与退耕还林还草为主，造林面积13.91万hm²，退耕还林还草面积12.34万hm²，区域土地覆盖状况明显改善

(续表)

区域代码	20世纪80年代末期至2000年	前、后5a比较	2000—2005年
5	以城乡建设用地扩张为主要特点,扩张面积7.89万 hm^2,除了以成都与重庆为核心的扩张区外,其他地方也形成了小的发展区域,其次旱田转换为水田1.02万 hm^2	两期土地利用变化方向与强度基本无变化,两期均表现出城乡建设用地增加与耕地减少	耕地面积减少9.27万 hm^2,城镇工矿居民地扩张面积6.60万 hm^2,其中城镇建设用地扩张占用耕地面积减少的68.31%,退耕还林还草占耕地减少面积的30.19%
6	以荒坡植树造林与毁林开荒为主,面积分别为6.78万 hm^2 与5.32万 hm^2,城镇用地扩张相对较快,面积为3.42万 hm^2	荒坡植树造林活动主要集中于前5a,后期以部分地区的林地砍伐为主要特点	以草地造林为主,经济林与幼林地增加明显;草地造林面积2.42万 hm^2,城镇工矿建设用地扩张面积1.22万 hm^2,耕地面积减少1.08万 hm^2
7	草地的开垦与耕地的撂荒(或还林还草或沙漠化)交错分布,面积分别为66.81万 hm^2 与30.61万 hm^2,草地开垦为耕地占全国耕地面积增加的22.31%	前后5a草地开垦为耕地面积相对一致,前5a耕地撂荒现象更为严重	以发展绿洲农业为主,大规模的草地开垦为耕地,耕地面积增加81.55万 hm^2,其中草地开垦面积60.12万 hm^2,耕地增加面积占全国的46.11%
8	土地利用少有变化,鲜见水域与其他用地变化	前、后5a均少有变化	水域略有扩张,鲜见林地变为草地现象

表1.3.4 1980年代末期到2000年土地利用动态区土地利用转换矩阵(单位:万 hm^2)

转换类型	旱地—水田	耕地—林草	其他—水域	其他—城镇	林地—耕地	林地—草地	草地—耕地	草地—林地	水域—其他
区域	1	2	3	4	5	6	7	8	9
1	0.08	0.17	0.00	0.05	20.06	1.16	16.34	0.92	0.01
2	2.93	13.95	0.97	0.49	4.02	1.30	98.67	12.76	3.28
3	0.61	21.87	3.70	7.50	1.66	6.05	51.81	5.62	4.35
4	1.15	11.13	1.83	4.60	10.54	31.00	3.20	15.74	0.23
5	1.02	0.53	0.21	7.89	0.80	0.28	0.11	0.16	0.14
6	0.00	0.72	0.82	3.42	5.32	1.62	0.97	6.78	0.15
7	1.03	30.61	19.08	8.51	1.56	3.98	66.81	4.64	6.38
8	0.00	0.04	2.49	0.30	0.28	1.62	0.80	1.57	4.50

表1.3.5 2000年到2005年土地利用动态区土地利用转换矩阵 (单位:万 hm^2)

转换类型	旱地—水田	耕地—林草	其他—水域	其他—城镇	林地—耕地	林地—草地	草地—耕地	草地—林地	水域—其他
区域	1	2	3	4	5	6	7	8	9
1	0.04	0.96	0.00	0.24	0.29	3.20	0.84	2.78	0.21
2	0.96	9.97	0.29	0.94	2.03	3.45	16.18	3.96	1.91
3	0.12	46.97	4.49	9.77	0.89	1.25	12.91	11.87	4.39
4	0.09	12.34	0.27	2.21	2.32	3.06	5.71	13.91	0.11
5	0.00	2.82	0.19	6.60		0.05	0.06	0.82	0.02
6	0.00	0.95	0.27	1.22	0.38	0.30	0.51	2.42	0.05
7	0.14	7.06	8.24	8.08	6.40	1.40	60.12	3.30	14.19
8	0.00	1.50	6.85	1.15	0.02	3.34	0.42	0.21	1.06

21世纪初5a西部地区土地利用/覆被变化综合分异特征主要表现为:四川盆地城镇工矿居民用地呈现显著扩张态势,占用的主要为优质耕地资源;华北山地、黄土高原区、秦岭山区及内蒙古农牧交错带以退耕还林还草和草地造林为主;内蒙古东部、西北干旱与传统绿洲

农业区绿洲边缘部分草地被开垦为耕地;青藏高原区土地利用变化很小,主要表现为局部地区水域面积的扩大。

(撰写人:刘纪远、匡文慧等)

参考文献

Turner B L II, Skole D, Sanderson S, et al. 1995. Land-use and Land-cover Change. Science/Research Plan. IHDP Report7/IGBP Report 35, Stockholm and Geneva.

科学时报. 2010. 生态环境保护:西部大开发后10年重头戏. 西部开发网(http://www.chinawest.gov.cn/web/NewsInfo.asp? NewsId=57973).

刘纪远. 1996. 国家资源环境遥感宏观调查与动态研究. 北京:中国科学技术出版社.

刘纪远,布和敖斯尔. 2000. 中国土地利用变化现代过程时空特征的研究——基于卫星遥感数据. 第四纪研究,20(3):229-239.

刘纪远,刘明亮,庄大方等. 2002. 中国近期土地利用变化的空间格局分析. 中国科学(D辑),32(12):1031-1040.

刘纪远,岳天祥,鞠洪波等. 2006. 中国西部生态系统综合评估. 北京:气象出版社.

刘纪远,张增祥,徐新良等. 2009. 21世纪初中国土地利用变化的空间格局与驱动力分析. 地理学报,64(12):1411-1420.

刘明亮,唐先明,刘纪远等. 2001. 基于1 km网格的空间数据尺度效应研究. 遥感学报,5(3):183-189.

马克伟,王世元,向洪宜等. 2000. 我国西部地区土地资源利用状况分析. 中国土地科学,14(2):1-3.

王秀兰,包玉海. 1999. 土地利用动态变化研究方法探讨. 地理科学进展,18(1):81-87.

第2章 西部土地利用/覆被变化的驱动机制

2.1 土地利用/覆被变化驱动机制的概念模型和研究方法

自人类产生以来,人类活动就通过不同的土地利用方式对自然生态系统施加影响,最早的土地利用方式是向自然生态系统直接索取,如采集、狩猎等。随着定居生活的开始,人类的土地利用方式发生转变,由直接索取转向森林砍伐、耕地开垦等,这种土地利用方式延续至今;18世纪后期,人类社会进入工业化发展阶段;随着城市化进程的加快,大量农业用地和自然生态系统被工业用地取代;工业化及其伴生的城市扩张带来了一系列环境问题,如温室气体排放、臭氧层空洞、城市热岛效应等(何蔓等,2005)。工业化后期,人口压力的增大,导致对资源的需求日益增加;受此影响,某些生态脆弱区生态状况每况愈下,典型的例子如干旱、半干旱区过度垦荒带来的水土流失,湖区围湖造田造成的水面缩小乃至消失,湿地开发造成濒危物种灭绝,煤炭开采造成大面积采空塌陷区等。

随着人口过度增长带来的资源短缺、生态退化、环境污染、生物多样性丧失等一系列全球性环境问题的日趋激化,全球变化研究逐渐成为国际上最活跃的研究领域之一;作为全球变化的主要诱因或驱动力,土地利用/覆被变化是人类活动引起全球变化的重要因素;人类为了自身的生存和发展对土地开发利用引起土地覆被的巨大变化;由此造成的环境影响从局地范围扩展到了全球(张丽彤等,2007)。20世纪80年代开始,国际社会开展了一系列跨学科、综合性的全球变化研究项目,如国际地圈生物圈计划(IGBP)、世界气候研究计划(WCRP)、国际全球变化中的人文因素计划(IHDP)和生物多样性计划(DIVERSITAS)(摆万奇等,1999;何蔓等,2005),统称"地球系统科学联盟(ESSP)。这四大计划中无不包含土地利用/覆被变化的影响,体现在:①土地覆被与大气的相互作用,包括生物地球化学、大气化学、水分与能量;②土地利用与生物多样性的关系;③土地利用变化与可持续发展问题,如土壤侵蚀、土壤养分保持、水资源利用、农业承载力;④土地利用对全球气候变化的响应,包括土地利用变化的敏感性等(摆万奇等,1999)。随着遥感与GIS技术的发展与应用,以遥感与GIS为手段,揭示土地利用/覆被变化时空变化规律,建立土地利用变化驱动力模型,成为国际上土地利用/覆被变化研究及全球变化研究的最新趋势(朱会义等,2001)。

土地利用/覆被变化研究是自然与人文过程交叉最为密切的问题,对土地利用/覆被变化的研究成为联系自然科学与社会科学的重要桥梁,是"可持续性科学"的前沿性项目(刘彦随等,2002);进行自然科学与社会科学的综合研究,成为全球变化研究的新方向;然而,由于跨学科研究的难度,目前成功的研究与应用相对较少。20世纪90年代以来,"国际地圈生物圈计划"(IGBP)和"国际全球环境变化人文因素计划"(IHDP)共同推动,于1995年拟定并发表了《土地利用/土地覆被变化科学研究计划(LUCC)》(IGBP/IHDP,1995),提出土地利用/覆被变化研究的三个重点：①土地利用的变化机制：即通过个例研究，分析引起土地利用变化的自然因素和社会因素，建立区域性的土地利用变化经验模型；②土地覆被的变化机制，即通过遥感手段，了解过去 20 a 土地覆被的时空变化过程，结合驱动因子，建立土地覆被时空变化和未来（10～20 a）土地覆被变化趋势的经验诊断模型；③区域和全球模型：即结合社会经济指标，建立宏观尺度上的土地利用/土地覆被变化动态模型，根据驱动因子的变化来推断土地覆被未来更长时间尺度（50～100 a）的变化趋势，为制订相应对策和全球环境变化研究服务（李秀彬，1996；陈佑启等，2001；Helmut 等，2001）。

  作为 LUCC 研究核心问题之一，驱动力研究对解释土地利用/覆被的时空变化起着关键作用，同时也是建立土地利用/覆被动态变化模型和进行预测的基础。土地利用作为人与土地相互作用的动态系统，其变化大体源于三个方面：①社会经济发展的不同阶段导致土地属性发生变化，进而引起土地利用方式发生变化，又称内生性变化或主动性变化；②自然或人为的原因引起的土地属性变化，并进而导致土地利用发生变化，又称外生性变化或被动性变化；③由于科学技术发展导致的土地利用变化，又称为技术性变化（李平等，2001）。土地利用/覆被变化驱动力系统作为一个动态的开放系统，系统内部驱动力之间相互耦合，并受系统外部因素影响（摆万奇等，2001），土地利用/覆被就是在这种内外动力联合作用下发生变化的。土地利用/覆被变化研究计划的出发点和基本目标是：通过对人类驱动力—土地利用/覆被变化—全球环境变化这一框架下的反馈过程与相互作用机制的认识，建立土地利用/覆被变化模型，预测未来土地利用/覆被变化，评估生态环境变化，寻求积极的人为干预措施（后立胜等，2004）；作为这一研究框架的起点，土地利用/覆被变化驱动力研究的重要性不言而喻。

  我国占全球陆地面积的 6.4%，土地利用/覆被类型多样，既有土地利用历史悠久、土地覆被变化剧烈的东部地区，又有大范围的农牧交错、农林交错、农渔交错等土地覆被敏感地区，还有人类干扰较小的青藏高原、内陆沙漠等地理单元；中国的土地利用/覆被变化研究将对全球变化研究具有重要作用（陈百明，1997），对于把握人类驱动力与土地覆被之间因果关系，提高土地覆被变化的模拟与预测水平，制定我国的土地利用相关政策具有重要的意义。

2.1.1 区域土地利用/覆被变化机制的概念模型

  土地利用/覆被变化驱动力是导致土地利用方式和目的发生变化的主要自然因素和社会经济因素（摆万奇等，2001）；土地利用/覆被驱动力分为自然驱动力和人文驱动力；自然驱动力相对稳定，具有累积性效应，包括气候、土壤、水文、地形等；人文驱动力相对活跃，包括政府政策、价值观念、人口变化、科技进步、经济增长等。针对土地利用/覆被驱动力的研究，包括土地利用变化原因、内部机制、基本过程等，核心是驱动力与土地利用/覆被变化之间的相互关系与反馈作用。驱动力相互作用引起土地利用变化，土地利用变化进一步引起土地覆被发生渐变或转换；土地覆被变化又通过影响环境再反馈到驱动力。此外，全球尺度上，土地覆被变化通过累积效应影响全球气候变化，气候变化又反馈到由土地覆被构成的自然系统（Turner 等，1993）；土地利用/覆被变化驱动力各因素之间复杂的关联性是驱动力研究最大的挑战（图 2.1.1）。

  从经济学的角度来看，可以将土地看作一种生产要素或经济资源，人类开发利用土地的最终动力是希望获得一定质与量的收益；随着土地收益增加，总效用增加，边际效用递减。

第 2 章　西部土地利用/覆被变化的驱动机制

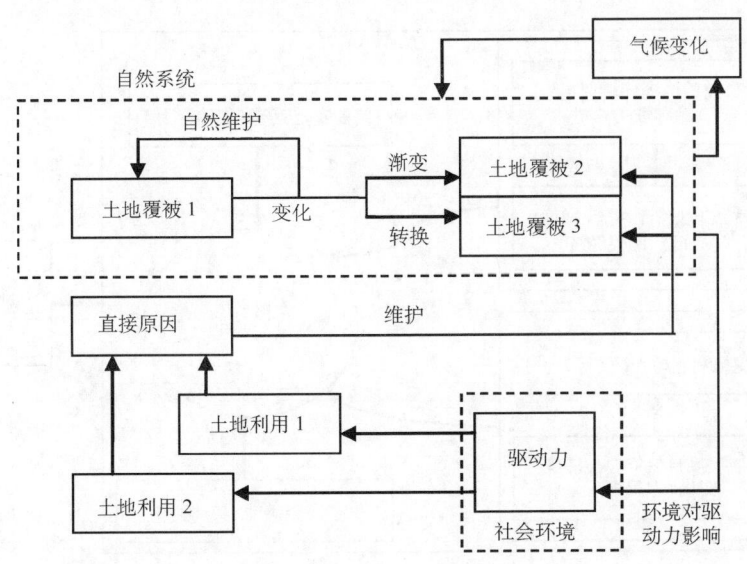

图 2.1.1　驱动力、土地利用和覆被之间的联系(Turner 等,1993)

然而与普通的生产要素或经济资源相比,土地资源作为生态环境的载体,具有外部性,要了解土地利用变化驱动力,需要从土地使用者个体行为和社会群体行为两个角度进行分析(李平等,2001)。个体行为驱动可分为生存型经济福利驱动和最优经济福利驱动(图 2.1.2),前者主要指经济发展水平低、传统的自然经济地区,土地利用以满足公众的基本生活需要,其目的多是获取直接的物质产出,常出现农业土地扩张的现象;后者指的是市场经济发达的地区,土地利用的目的主要是为了市场交换,受比较经济利益驱动,常出现非农用地挤占耕地的现象。社会行为驱动分为环境安全驱动和食物安全驱动两种:环境安全驱动是与人类环保意识的增强成正比的,土地利用变化对土地覆被所产生的负面效应也是环境安全驱动的主要因素;生态环境的外部性,使得承担环境改良的土地利用变化推动者是宏观主体(如政府或集体)。食物安全驱动强调土地的食物生产功效,粮食的供给直接关系到国家的安全,也决定了政府决策中保证一定的农业用地和基本的食物供给(表 2.1.1)。

表 2.1.1　不同类型土地利用变化驱动力的社会—自然指标特征(李平等,2001)

驱动力类型	人均GDP	人口自然增长率	贫困人口比例	耕地增加规模	城市化速度	非农建设占地	环境脆弱性	政府生态投资	人均商品粮率	单位面积耕地负载
生存型经济福利驱动	低	高	高	高	—	—	—	—	低	—
最优经济福利驱动	较高	—	—	低	高	高	—	—	—	—
生态安全与环境福利驱动	较高	—	—	—	—	—	高	高	—	—
粮食安全驱动	—	—	—	—	—	—	—	—	高	高

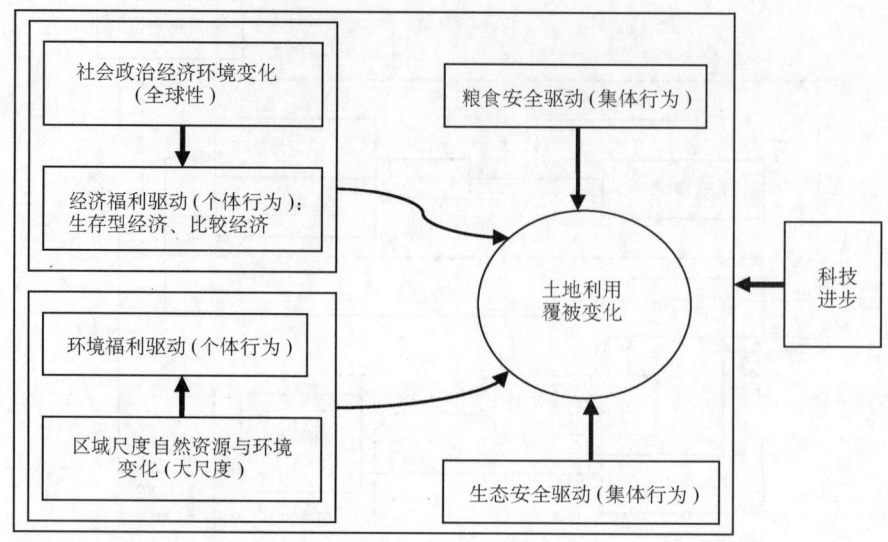

图 2.1.2 土地利用变化驱动力宏观分析的逻辑框架(李平等,2001)

巴洛维将土地利用、自然环境、决策者看成一个三重结构系统,即土地利用总是发生在自然系统、土地利用(经济系统)及决策者(体制系统)的三重框架中;三重框架相互关联,共同作用,构成了"土地利用—环境效应—体制响应"反馈环的作用机制(图 2.1.3)。其中,经济因素是土地利用首要驱动因素(巴洛维,1989)。由于土地资源的公共物品属性(外部性),难以实现市场化,单纯从经济学角度出发,不能全面刻画土地利用变化的机制,需要依赖于法律、法规及政策等体制因素加以补充分析。土地利用与自然环境之间存在着互为反馈作用,当土地利用超过自然资源的承载阈值时,体制系统也需要通过法律、法规、政策等管理手段调整土地利用系统(李秀彬,2002)。作为土地利用的主体,个人与公众的土地利用目标常常出现差异,土地的直接经营者往往关注土地利用立地的、直接的环境和资源效应;公共土地管理部门则往往更加注重土地利用系统在区域层次上的社会、经济及资源环境效应,个人和公众对土地的不同需要有必要通过政策法规来约束和协调。

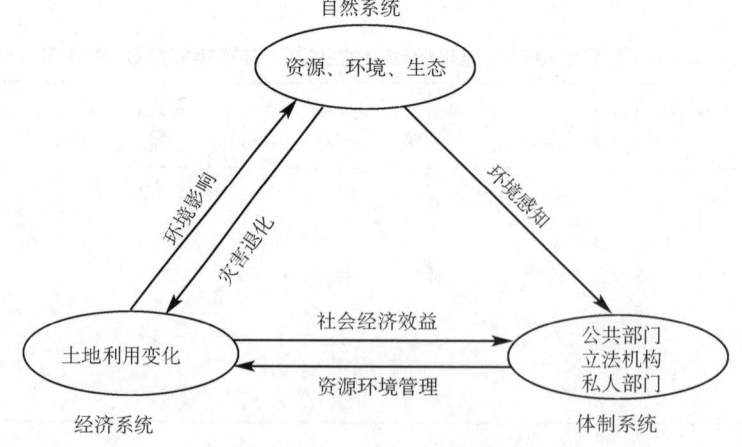

图 2.1.3 "土地利用—环境效应—体制响应"反馈机制(据 Platt(1996)修改)

2.1.2 土地利用/覆被变化驱动力的辨识

土地利用/覆被变化驱动力机制在于揭示土地利用变化原因、内部机制和基本过程;确定土地利用变化驱动力因子是研究的先决条件。随着时空尺度与范围的不同,驱动因子在系统中的状态与功能也不同;在自然条件复杂的地区(如高原、山地),各种自然因素影响较大;在自然因素限制较小的地区(如平原),经济发展、人口增长及政策等人文因素则起着主要影响作用。

自然驱动力是土地利用/覆被变化的基础条件,相对比较稳定,具有累积性效应,在某种程度上具有一定主导作用;从宏观角度分析,全球性与区域性的气候及自然环境的演变是土地利用/覆被变化的控制性因素(陈佑启等,2000a)。自然驱动力包括自然基础和外部环境两方面:自然基础对土地利用/覆被变化的起着直接作用;外部环境通过影响自然基础发生作用。自然基础要素可进一步划分为土壤类型、地形与地貌类型、水汽分布状况、动植物分布特征等;而外部环境要素主要指环境变化部分的内容,如全球变暖、灾害的影响等。与自然驱动力相比,短时间尺度上,人文驱动力尤其是社会经济驱动力更为活跃,也是土地利用/覆被变化最主要的驱动因素;关于人文驱动力的主导因素,目前的意见还不统一;Kasperson等(1995)认为,人文方面的驱动力主要有人口、技术水平、富裕程度、政治经济结构等;Ehrich等(1993)指出,人口、富裕程度和技术是研究人类驱动的主要方面;Turner等(1990)认为,人类驱动力应包括人口、收入、经济状况和文化等。IHDP将影响土地利用/覆被变化的人文因素及社会经济因素分为直接因素和间接因素,其中的直接因素包括土地产品的需求、对土地的投入、城市化程度、土地利用的集约化程度、土地权属、土地利用政策及对土地资源保护的态度等(李秀彬,2002);间接因素包括人口变化、技术发展、经济增长、政治与经济政策、富裕程度和价值取向;间接因素通过直接因素对土地利用/覆被发生作用。无论哪种理解,都包含了人口、技术进步、经济、富裕程度等几个因子;因此,当进行土地利用/覆被变化驱动力研究时,在全面选取人类社会经济驱动因子时至少应该包括人口、经济发展、技术水平、生活水平等几个主要方面。

2.1.3 土地利用/覆被变化驱动机制的分析方法

通过模型开发来提高对土地利用变化解释能力,是土地利用研究的基本途径。土地利用/覆被变化驱动力模型可大致分为两类,即经验诊断模型和概念机理模型。

(1) 经验诊断模型

经验诊断模型是基于大量的土地利用数据和社会经济数据,采用多元统计分析方法,分析每个因子对土地利用变化的贡献率,从而找出土地利用变化的原因,解释土地利用/覆被变化的过程。经验诊断模型可将问题简化,易于从复杂的土地利用系统中分离出主要的驱动因子,确定土地利用变化与驱动因子的定量关系;其不足之处是,在统计模型中通常难以找到一种统一的、对分析问题有利的方法来量化因变量,如植被退化可以有植物密度或者植被生物总量来量化,但是哪个更为合理则缺乏一个标准,不同的量化方法对模型的影响很大;另外,不同性质的驱动因子如何在量化时消除它们之间量纲的差别也是一个问题;在实际研究中,往往过分强调数理关系,对土地利用变化的内在机制分析欠缺,解释乏力;这类方法还对土地利用/覆被变化历史记录完整性要求较高,并且只对土地利用/覆被变化强烈的地区效果明显,限制了其适用性。尽管统计分析可以揭示土地利用/覆被变化与各因子之间的相关关系,但是通过统计方法所确定的土地利用/覆被的空间分布密切相关的某些因素,并不一定就是土地利用/土地覆被空间分布的直接原因,相关关系并不一定就是因果关系(陈佑启等,2000b)。

常用的经验性诊断分析方法包括:

1)主成分分析:主成分分析是土地利用/覆被变化驱动机制研究中应用最普遍的方法;它的基础原理是:通过样本分析,得出土地利用/覆被变化与驱动力各因子的相关系数矩阵、特征值、主成分贡献率与累计贡献率(张勃等,2006;居玲华等,2008;赵永华等,2006;郝兴明等,2007;李月臣等,2009)。由于影响土地利用变化的因素错综复杂,各种驱动因素不仅与土地利用变化之间存在相关关系,而且驱动因素内部之间可能具有复杂耦合关联,单纯的相关性分析可能存在一定的"噪音",影响分析的准确性和可靠性;主成分分析可以将若干个自变量压缩成几个独立成分,突出主要因素,减弱了自变量之间的相互干扰(龙花楼等,2001a;2001b;王良健等,1999)。

2)典型相关分析(Canonical Correlation Analysis,CCA):典型相关分析也是土地利用/覆被变化驱动机制研究中应用较多的方法,典型相关分析是一种经典的多元统计分析方法,与其他相关统计方法比较,典型相关分析适合于有多个自变量和多个标准变量、标准变量的各个变量之间具有较强相关性的问题。而区域内的各类土地在变化时相互转换,恰恰是这类问题。该方法能够把较多的变量压缩到少数几个典型变量,以其中一组作为目标变量,一组作为解释变量,通过变量间相关系数来综合描述变量间的关系;其实质是对主成分分析得到的综合变量进行相关分析(张明,1997;蒙吉军等,2004)。土地利用变化驱动机制研究中,由于不同土地利用类型之间相互影响和制约,典型相关分析自然成为土地利用特征与人为因素之间关系的最佳分析工具。

3)多元回归分析:多元回归分析方法常用于土地利用/覆被变化经验模型中。要求土地利用/覆被变化(因变量)与其驱动因子(自变量)之间存在着线性关系(对非线性的,可以用曲线按拟合)。通过对可能引起土地利用/覆被变化的各种驱动因子多变量分析建立分析模型(张惠远等,1999;史纪安等,2003;李志等,2006;谭灵芝等,2006)。

4)Logistic回归分析:Logistic回归分析是针对多元线性回归分析的不足而创立的,线性回归要求因变量是连续变量,而当因变量是离散型的分类变量时,线性回归就不适用;logistic回归模型能很好地解决这一问题(王济川等,2001)。多元logistic回归分析方法基于数据的抽样能为每个自变量产生回归系数。这些系数通过一定的权重运算法则被解释为生成特定土地利用类别的变化概率。近年来,Logistic回归分析在土地利用变化驱动机制研究中应用越来越广泛(祁元等,2005;摆万奇等,2004;谢花林等,2008)。

(2)概念机理模型

概念机理模型是基于一定理论对土地利用变化因果关系进行分析,通常建立在对土地利用主体的个人行为和社会群体行为进行解释。概念机理模型更能从理论上揭示土地利用变化机制,但在实际应用中,由于很多因素难以量化,实际的模拟需要做大量的简化,削弱了模型的实用价值。

1)经济理论概念模型:一些概念机理模型是建立在经济学理论基础上的,如杜能—里卡多模型(Generalized Thunen-Ricardo,GTR)就是建立在经济学理论中的地租理论基础之上的一种模型。该模型对传统的Thunen模型进行了扩展,在模型中运用了两种解释变量:区位差异(Thunen变量)和立地质量(Ricardo变量)(Konagaya等,1999)。GTR模型研究对象主要是城市土地,属于典型的经济模型,没有考虑土地利用对土地覆被和环境的影响,对农村地区不适用。1964年阿隆索(Alonso,1964)提出了以竞租(bid-rent)理论为依据的城市土地利用配置模型;这两个模型在当前分析土地利用变化时仍有一定借鉴意义,但因其所假设的模型外界条件过于理想化,而且主要是对土地利用格局的静态描述和解释,因此降低了它们在目前土地利用/覆被变化分析中的应用价值(倪绍祥,2005)。

国际应用系统分析研究所(IIASA)建立的世界粮食与农业系统全球模型(IIASA模型)(Fischer等,1988),是由经济学中一般均衡原理为基础的一系列国家模型所组成,该模型针对农业与其他经济部门之间的复杂关系进行了探索,包括人口及其在城乡间的迁移动态、经济社会因素、资本积累及影响供求关系及农业土地利用的市场条件。此外,还有人将作物模型与IIASA模型结合在一起,预测气候变化对世界粮食的供求、贸易等可能产生的影响(Fischer等,1994;Rosenzweig,1993),但由于只是把土地作为一种生产要素,无法预测土地利用变化的环境影响。

2)系统理论概念模型:Riebsame于1994年提出了"社会驱动力思想";以此理论为基础,在对美国大平原农业土地利用研究中,Riebsame等(1994)从土地利用系统的角度建立了一个综合自然因素和人类因素的农业土地利用变化概念模型,该模型包括人文驱动力(政策、经济、技术和社会文化等)、自然驱动力(气候、土壤和生物地化循环等)、土地利用决策过程和生态过程等4个部分。

2.2 西部土地利用/覆被变化驱动因素分析

2.2.1 人文驱动因素

(1)人口因素

人口问题是我国西部地区土地利用/覆被变化的主要驱动因子。2007年西部12省(区、市)总人口为3.63亿,占全国总人口的27.47%;以1990—2000年10 a人口增长来看,新疆人口增长27%,宁夏增长20.6%,西藏增长19.1%,青海增长16.1%,云南增长16%,甘肃增长14.5%;超过了同期全国人口增长率的10.9%。从人口素质来看,西部地区人口素质普遍较低,文盲率与半文盲率比例较高,尤其是女性文盲率更高。1998年西部地区15岁以上人口中,文盲、半文盲比例为24.99%,超过全国平均水平9%,女性文盲比例比男性文盲比例高16%;就业人口培训比例为3.33%,低于全国平均水平2%。

人口的快速增长导致对资源需求量的增加;长期毁林开荒,乱砍滥伐,导致森林面积下降。1949—1985年,秦岭森林覆盖率由36.5%下降到27%左右;商洛森林植被覆盖面积也由解放初的43万hm^2锐减到1971年的26.5万hm^2。西部12个省(区、市)的平均森林覆盖率只有9.06%,西北5省(区、市)森林覆盖率更低,只有3.34%,不足全国的1/4。西藏高原生态环境脆弱,天然条件下植被生长很困难,生长量不及同纬度其他地区的1/20,人为的采伐导致植被剧减,藏西北植被覆盖率不到1%,植被破坏使西藏高原大部分地区生态环境退化剧烈,拉鲁湿地已退化成荒草滩(国家林业局,2000),四川西南部山地亚热带常绿阔叶林破坏殆尽,森林覆盖率由20世纪50年代的20%~30%下降到了80年代的10%左右,同期云南省的森林覆盖率也由50%下降到20%。

植被覆盖率下降,降水量和冰川储量减少,水源涵养量和水土保持能力减弱,水土流失日益严重(傅伯杰等,1999);长江中上游地区森林面积锐减导致生态环境恶化。青海省作为长江和黄河的源头,其森林面积西部地区最小;随着人口的增长,森林破坏日益严重,越到近代破坏得越彻底,水土流失十分严重;青海全省水土流失面积占土地总面积的46%,年平均输沙量11 495万t,其中长江源头年平均输沙量1303万t,黄河源头年平均输沙量8814万t;近20 a来,注入黄河的水量减少了23.3%;黄河源头的玛多县境内过去有4077个湖泊,现在2000多个湖泊已干涸。

在草原地区,随着人口压力的增加,超载过牧现象越来越严重。以锡林郭勒草原白音锡勒牧场为例(刘纪远等,2006),该牧场总面积3730 hm^2,1950年建场时仅有职工20人,1962年达到5139人,12 a间增加了200倍以上,1982年达到了高峰,全牧场人口达到12 959人;2000年全场人口稍有回落,为10 210人,是建场开始时的510倍。对牧场来说,以牲畜为主的畜牧业生产是牧场主要的经济来源,人口增加,必然要多养牲畜;以牲畜总头数而言,建场开始时的1952年,各种牲畜总头数为1023头(只),而1999年达到了252 248头(只),是建场开始时的240倍左右。家畜数量的增加加重了草场的压力,使每头(只)家畜占有的草场面积大为减少;1950年,牧场每头(只)畜平均占有天然草地350 hm^2;2000年下降到1.5 hm^2,缩小了230倍。从内蒙古自治区全区来看,新中国成立初期每只羊单位占有草场4.1万 hm^2,此后20 a间,牲畜头数大量增长,1965年平均每只羊单位仅占有草场0.97 hm^2,已经超过天然草场负荷能力;从整个西部地区来看,天然草地平均超载20%~30%,荒漠和高寒地区季节牧场超载50%~120%,局部高达300%。1986年西部12省(区、市)共有羊11 664万只,1997年达到14 732万只,11 a间增加了3068万只。超载放牧导致草场大面积退化、沙化,许多低洼河谷地带的流沙在风力作用下已将周围的低山完全覆盖。长期超载放牧使牧草生长受到抑制,加之牲畜践踏,草场退化严重(李博,1997;贾树海等,1999)。

人口的过快增长还导致不合理的樵采与割草,以及矿产资源的过度开采,此外,啮齿类动物天敌的捕杀等也日趋严重;这都直接或间接地引起草原的退化与沙化(仲延凯,1992)。樵采主要是对一些中药材的挖采,如甘草、麻黄、知母、黄芪等,樵采严重破坏草地植被、土壤结构和地表结构。如甘肃省1994年因挖甘草破坏草场666.7 km^2,给畜牧业造成损失1000万元。发菜具有良好的固沙作用,但因其高营养价值和药用价值,搂发菜现象十分严重,内蒙古自治区每年因搂发菜破坏草地达1300万 hm^2,占草地面积的5%。啮齿类动物天敌的捕杀,使鼠类等害虫大量繁殖,加速了草场的退化;1996年北方11省(区、市)草地鼠害发生面积3931万 hm^2,占草地面积的78.7%(钟文勤,1989)。

人口的增长对粮食的需求量也随之增加,垦草种田越来越严重;解放以来为解决粮食问题,西部地区进行了多次开垦高潮;20世纪50—70年代,西北地区三次大规模开荒共开垦草地667万 hm^2,"文革"期间及90年代初期又有几次大的草原开垦高潮。1998年前后的10 a间,内蒙古东部33个旗县草地开垦面积达970 851 hm^2(国家统计局农村社会经济调查总队,2000)。

我国西部地区内陆河流众多,湿地广布;人口增长和经济发展对湿地的不利影响越来越大,主要包括:湿地过度放牧、湿地资源过度开发(动植物资源、矿产资源、泥炭资源、水资源、旅游资源等)、盲目侵占湿地(人为排干、围湖造田、围湖建筑)、污染物的乱排放等。其中尤以盲目开垦对湿地的影响最直接、最严重;以若尔盖湿地为例,若尔盖地区从20世纪50年代开始就用开沟排水的方式开发泥炭和开垦草地;仅20世纪70年代为扩大牧场疏干沼泽,总计开挖排水沟700余条,总长度达1000 km,累计不同程度疏干、改造沼泽20万 hm^2,占沼泽总面积的43.5%。造成了地表水面变浅,很多沼泽地表仅呈湿润状态,甚至干枯(杨永兴,1999)。围湖开垦导致蓄水调洪能力下降,破坏了物种栖息地,影响生物群落的多样性(杨彪,2004);以四川省的邛海湖为例,由于围湖造田、肆意侵占,原有的天然湖泊面积从20世纪50年代的47.1 hm^2 减少到90年代的26 km^2,减少了35.6%;照此速度,100 a 后邛海湖将可能从地球上消失。泸沽湖在历史上也曾出现过围湖造田、排干种粮的做法,致使湖面缩小、容量减少,调蓄洪水和环境自净的能力受到严重影响(王治安,1999)。

(2)政策因素

新中国成立初期,长期沿袭农业生产中种植业一枝独大的格局,片面实行"以粮为纲"政策;刚刚分得土地的农民生产积极性很高,生产关系的转变使得农民对农业生产热情高涨,对大办农业的理解过于夸大,整个西部地区兴起了大开荒的局面。1958—1960年由于自然灾害和人为因素的影响,国民经济进入了困难时期,在经济建设上急于求成,提出了"社会主义大生产运动";几千万农民大办"小高炉"、"小土窑"等,森林被大面积砍伐,草地被开垦。当时把粮食产量作为考核地方干部政绩的主要指标,各地区为达到粮食生产指标,不断毁林开荒,耕地面积迅速增长,致使森林面积减少,湖泊和草地遭到破坏,土地生产力下降,土壤退化,洪水、干旱现象频繁发生,给生态环境造成了极大损害。20世纪80年代南方集体林区多家经营,以及部分林区分林到户,农民过度砍伐森林,大面积开采造成森林资源过量消耗,出现"森林赤字"现象。"十年动乱"时期,过左地强调"以农为纲",许多不具备农业生产的林地和草地也被开垦成了耕地,滥垦荒地大大加速了土地退化。20世纪90年代初期,受市场经济影响,林产品、畜牧产品价格下跌,但粮食价格受国家保护,使得开荒种地比林业和畜牧业更有利可图,许多农民放弃林牧业转而从事农业,导致森林草场面积萎缩加剧。

从新中国成立后到20世纪70年代,一系列农业政策的共同点是重农业、重经济、轻生态建设,西部干旱荒漠区绿洲的大面积垦荒,开荒地缺乏防护林等有效保护措施,地表植被和土壤结构遭到严重破坏,风蚀严重,造成农田沙化。以河西走廊的黑河绿洲区为例,1961—1970年短短10 a 时间,耕地面积由1462 hm^2 猛增到4492 hm^2,直到90年代才回落到1887 hm^2;坡耕地过度开垦加剧了土壤侵蚀,造成养分流失、荒漠化等一系列问题。西部地区丘陵山地多,坡耕地比重很高;黄土高原1 567 000 hm^2 耕地面积中有80%的耕地属于坡耕地;尤其以陕西省最多,全省25°(坡度)以上坡耕地面积达102万 hm^2,占西部地区25°(坡度)以上坡耕地总面积的1/4。坡耕地是造成水土流失、土壤肥力退化的一个主要原因(傅伯杰等,1998;2002);以黄土高原为例,坡耕地侵蚀量占到黄河流域泥沙总量的50%~60%(吴发启等,1995);此外,一些不合理的农业措施如大水漫灌的灌溉方式造成一些不良生态后果,如土地盐渍化、土壤板结等,土壤盐分的不断积累又助长大水漫灌的方式,形成了恶性循环(王传胜等,2002);以宁夏为例,宁夏引黄灌区12县市,盐渍化耕地面积占耕地总面积的41.5%,尤其以银川北部地区为甚,盐渍化面积达到了64%。

随着生态环保意识的提高,中国林业建设逐步走上以木材生产为主向以生态建设为主的转变。国家实行了一系列林业工程,如天然林保护工程、退耕还林还草工程、三北防护林体系建设工程、环京津地区防沙治沙工程、野生动物保护及自然保护区建设工程、重点地区速生林建设工程。以退耕还林还草工程为例,该工程覆盖了中西部地区 24 个省市区 1108 个县,按照规划,到 2010 年完成退耕还林还草 530 多万 hm^2(其中坡耕地 350 多万 hm^2,沙化耕地 170 多万 hm^2),宜林荒山荒地造林种草 800 万 hm^2;工程区林草覆盖率增加 3.9%。伴随着退耕还林还草工程的开展,农业产业结构调整配套工程也得以实施,千方百计增加农民收入成了农村工作的中心任务和基本目标。在政策的指导和利益的驱动下,广大农民自发地由耕地向经济林用地转化,如贵州省北盘江花江河段是西南喀斯特地区生态环境治理和可持续发展示范区,土地退耕后种植成片花椒和砂仁等经济林木(白利妮,2004)。陕北神木县生态环境脆弱,农业生产成本较大,由于粮食价格持续走低,农作物播种面积下降,而园地种植面积持续上升(王晓峰等,2003);1991—2001 年,陕西全省有 42.68×10^5 hm^2 耕地转为园地,有 226.28 hm^2 耕地转向坑塘,有 835.16 hm^2 转为水库。

(3)经济因素

随着城市化进程的加快,资源的开发利用,非农人口快速增长,城镇面积逐年增加,交通用地不断增长,工矿用地增加。此外,经济利益的驱动使城镇周边大片良田丧失;以陕北农牧交错区为例(孟庆香等,2003),1970 年人口城市化率仅为 6.68%,而 2000 年增至 15.60%。与 1970 年相比,人口的增加导致 2000 年房屋施工面积增加了 91.89 hm^2,增加了 16.13 倍。与 1990 年相比,1996 年交通用地增加了 1125 hm^2,独立工矿用地增加了 1431 hm^2,两者增加总量达到 2556 hm^2。公路用地 6 a 间增加了 329.57 hm^2,尤其是榆阳区增加了 68.04 hm^2;6 a 间神木县增加铁路用地面积 135.12 hm^2,府谷县增加了 163.21 hm^2。随着陕北能源重化工基地建设的发展,特别是神府煤田的开发,水土流失更趋严重,其中 1985—1997 年神府煤田侵占榆林地区农田 1306 hm^2。

经济利益的推动促使农民自发地进行产业结构调整,并由此引起了土地利用的变化。以陕西省为例(李团胜,2004),改革开放之初,陕西省土地承包到户,当时种粮效益比较价值低于果园、苗圃与养殖等,为追逐最大的经济效益,广大农民积极推进多种经营;1981 年全省有 42.68×10^4 hm^2 的耕地转向园地,有 226.28 hm^2 的耕地转向坑塘,有 835.16 hm^2 的耕地转向水库;1991 年全省园地面积为 1.88×10^5 hm^2,2001 年园地面积增加为 6.09×10^5 hm^2。

经济效益在退耕还林工程处于重要的位置,把生态环境问题与经济问题的解决有机结合起来是退耕还林工程的一个主要特征;近几年,西部各省(区、市)将市场机制引入生态建设,鼓励企业和个人投资承包经营"四荒",并结合农村产业结构调整,形成多方投资生态建设发展生态产业的新态势;以新疆维吾尔自治区和青海省为例,新疆维吾尔自治区结合发展林果业启动退耕还林试点工程,用 5 a 时间发展林果 700 万亩,达到全区农民人均 1 亩林果,使农民每年林果收入占纯收入的三分之一;青海省 2000 年实施退耕还林 27 万亩,其中一半还草发展畜牧业。

2.2.2 自然驱动因素

大的空间尺度下,影响土地利用/覆被变化的自然驱动因素是气候因子,而气候因子中起关键作用的是气温和降水。1961—2000 年我国平均气温呈上升趋势,每年增加 0.026 ℃;日最低气温比日最高气温上升的幅度相对较大,日较差减小。秋、冬季日平均气温升高幅度两倍于春、夏季气温升高幅度,全国有暖冬的迹象(符淙斌等,1996)。

气温变暖对作物的生长有正、负两方面的影响。气候变暖使作物生长季开始日期提前,终止日期延后,生长季延长,作物产量有增大的可能。但对另一些作物如冬小麦来说,气候变暖使冬小麦播种期延迟,生长期缩短,对物质积累和籽粒产量有负面影响(邓根云,1993)。气候变暖使农业热量资源增加的同时,降水成了限制因子。相对于温度的变化,降水变化趋势格局要复杂得多,表现在变化幅度大、空间变异性大。全国1961—2000年40 a间,年降水量增加的区域主要位于大兴安岭山区和西北地区;而黄土高原和广西、云南降水有减少的趋势(符淙斌等,1996)。

气候变化对农作物的布局产生了显著的影响。积温是确定各类种植区界限的依据,气候变暖使得各类种植区北界向北推移,复种指数提高。研究表明,气候变暖使内蒙古地区玉米播种面积由20世纪90年代前占总面积的5%上升到了1998年的20%;而同期杂粮播种面积比例从50%下降到15%(邓根云,1993)。气候变暖,西南山地玉米种植向更高海拔发展;西北内陆地区依靠冰川融水灌溉的玉米产区,则可能因冰川退缩、水源减少而缩减。冬季升温3℃,冬小麦种植北界北推50~100 km;年平均气温升高1℃,西部棉区北缘将由现在的陕北、河西走廊和北疆地区北移200~400 km;河套、河西走廊地区一年二熟制显著增多;云南贵州边境高原区和贵州高原三熟制也明显增多(邓根云,1993)。考虑到降水这一限制因子,新疆未来夏季土壤水分可能明显增多,加之温度升高,有可能实现二熟制,而广西大部、川南及黔西南未来夏季土壤水分明显减少,三熟制较为困难。

随着沿海到内陆气候由湿润变为干旱,植被类型也呈现由森林带、疏林带转变为灌丛、草地和荒漠的趋势;随着海拔高度增加,温度降低,一般森林类型由复杂变为简单。从低纬山地到高纬山地,构成森林类型的垂直带谱的数量逐渐减少,同一垂直带的海拔高度逐渐降低(贺庆棠等,1993)。未来气候向暖湿变化,有可能造成从南向北分布的各种类型森林带向北推进,水平分布范围扩展,山地森林垂直带谱向上延伸。在温度增加2℃、降水增加10%的情况下,内蒙古大兴安岭地区落叶松北移,落叶松、针叶松面积减少;而阔叶针叶混交林面积或温带落叶阔叶林面积扩大,代替针叶林(贺庆棠等,1996)。

气候变化对草原面积影响不大,但在气候与人类干扰交互作用下,对草原影响很可能会加重;20世纪20年代末至30年代初,内蒙古发生过连续大旱,不少内陆湖泊干涸,流沙扩展,但草场并未大面积退化;但在1999—2001年,人口的增长,加之连续的干旱、高温,以及降水分布的不均(特别是强烈暴雨的发生),使得草原退化进程加剧(李克让等,2000)。

2.3 西部土地利用/覆被变化时空模式及其与人类活动的关系

2.3.1 土地利用现代过程的时空模式

西部地区地域广阔,自然资源丰富,人口密度较低,有较东部地区更广阔的发展空间。但西部地区气候干旱,热、水、土的配合有较大缺陷,生态环境十分脆弱,耕地只占全国的30%左右,且耕地质量总体较差,大于25°(坡度)坡地占西部地区耕地总量的15%左右,远高于全国4%的平均水平。耕地后备资源丰富，未利用土地比例为全国未利用土地面积的80%。可见，人地关系矛盾十分突出，面临着长江和黄河中上游地区的水土流失、西北干旱区的荒漠化和草地退化、西南和青藏高原的生物多样性减少及部分地区的环境污染等一系列的生态破坏及退化问题，西部地区对全国的生态环境具有十分重要的影响。同时受自然条件与社会经济发展条件的影响，长期以来我国东、西部之间经济发展形成了严重的梯度差异，所以西部地区面临着经济发展与生态环境改善的双重压力。

为了从根本上改变西部地区相对落后的面貌，显著地缩小地区发展差距，2000年国家做出了"西部大开发"重大战略决策，重点加大重大工程建设、资金投入、政策措施等多方面对西部大开发的扶持力度，同时大面积开展退耕还林还草政策，加强西部地区的生态环境整治。20世纪80年代末期以来，西部地区土地利用/覆被变化受社会经济发展、政策与气候变化等多重因素的影响，呈现多重变化速度与多重时空作用模式。总结西部地区土地利用/覆被变化时空模式，主要包括社会经济发展需求驱动下耕地开垦与城乡工矿用地大规模扩张模式和生态环境保护需求下的退耕还林还草模式，两种模式呈现不同时间过程与空间格局特征，是人类活动与生态环境变化相互作用的综合反映(图2.3.1)。

在时间过程上，我国西部地区土地利用/覆被变化时空模式在20世纪80年代至1995年期间，主要以北方农牧交错带与西北绿洲农业区受生产条件、经济利益和气候变化等方面的影响，耕地开垦现象最为突出，到2000年国家退耕还林还草政策的实施效果在局部上有所体现，2005年西部地区退耕还林还草在内蒙古高原中部、黄土高原、四川盆地与云贵高原

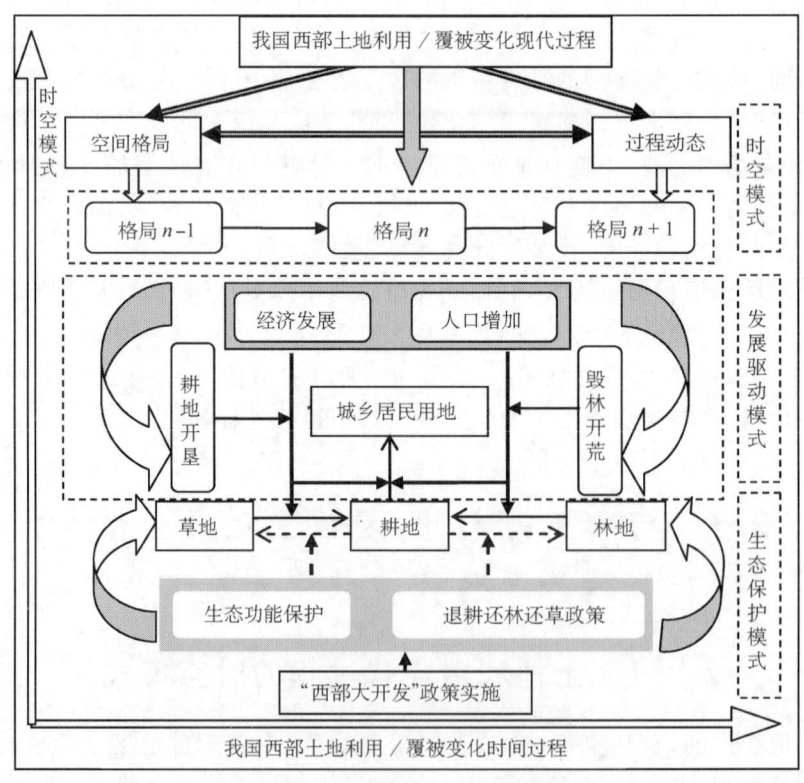

图 2.3.1　我国西部土地利用变化现代过程的时空模式

集中体现,并对区域土地覆被状况的改善起到了明显的作用。在空间格局上,耕地开垦主要集中于农牧交错带与西北绿洲农业区,退耕还林还草以中西部地区黄土高原为主。西部地区土地利用/覆被变化时空模式反映了时空耦合过程下的人类活动对土地利用利用现代过程作用的结果。

2.3.2 西部土地利用现代过程与人类活动的关系

(1) 西部地区土地利用现代过程与重大生态工程建设的关系

"西部大开发"政策实施以来,我国林地面积大规模增加,主要集中在中部地区的贵州、重庆、陕西、宁夏及内蒙古自治区中南部,其中大部分林地增加来源于退耕还林还草。2003年国家颁布了《退耕还林条例》,退耕还林进入全面依法实施的阶段。生态退耕减少的耕地主要是坡耕地和旱地,主要分布在坡度大于25°的丘陵山区,黄土高原、内蒙古高原农牧交错带退耕还林还草最为明显。1998年特大洪灾之后,我国中央政府启动了天然林保护工程,天然林的经营利用由木材生产转向森林保护、可持续经营和生态建设方面。2000年经国务院正式批准实施天然林资源保护工程是我国六大林业重点工程之一,实施范围包括以三峡库区为界的长江上游地区、以小浪底库区为界的黄河上中游地区和东北、内蒙古、新疆、海南重点国有林区等,覆盖我国17省(区、市)。受西部开发"生态退耕"政策的影响,我国中西部地区林地面积显著增加,国家退耕还林还草政策成效明显,对区域土地覆被状况的改善产生了积极的影响。

(2) 西部地区土地利用现代过程与社会经济发展之间的关系

20世纪90年代以来我国西部地区的土地利用变化显著,政策调控和经济驱动是导致土地利用变化的主要原因。20世纪90年代是中国由计划经济向市场经济全面转轨的重要时期。在90年代的初期,随着经济的高速增长和改革开放力度的加大,各类土地利用的转型均在区域经济发展高度优先的前提下进行。由于区域经济发展的不平衡和原有土地利用格局的区域差异,使我国的土地利用变化表现出明显的空间差异。集中体现在不同区域内的城市扩展大规模侵占耕地、牧草地大面积被开垦等不合理的土地利用现象,体现了区域经济发展对土地利用变化的驱动作用。至90年代中期,可持续发展的原则在政府决策中日益得到体现,中央政府制定了一系列保护自然资源和恢复重建生态环境的政策法规,实施了一系列资源保护和生态建设工程,取得了积极的效果,有效地扭转了土地不合理利用的发展势头。而随着国家"西部大开发"政策的实施,势必推动西部地区城市化的进程。在国家宏观政策的驱动下,固定资产投资增加及大规模的开发区兴建导致城乡与工矿建设用地大面积增加,2000年西部开发政策实施以来,在城市建设、土地管理、人口及劳动力流动、重大基础设施建设和重要产业布局等方面均出台了一系列鼓励政策,带动了城乡建设用地的增加。

2.4 典型地区土地利用/覆被变化的驱动机制

本节通过河西走廊(蒙吉军和李正国,2004)、贵州省喀斯特山区(张惠远等,1999)、大渡河上游(摆万奇等,2004)三个案例,分析西部典型地区土地利用/覆被变化的驱动机制。

2.4.1 河西走廊土地利用变化的驱动力分析

(1) 研究区域与方法

1) 研究区域:河西走廊位于 37°17′~42°48′N,93°23′~104°12′E,呈东南—西北走向,南至祁连山,东起乌鞘岭,西至星星峡与新疆交界,北部是马鬃山、龙首山和合黎山;东西延伸 1100 km,面积达 27.6 万 km^2,占甘肃省国土总面积的 60%。河西走廊为典型大陆性气候,冬季寒冷漫长,夏季炎热短暂,年均温在 5~10℃,气温日较差和年较差都较大。河西走廊属于西北内陆干旱区,气候干燥,降水稀少,是我国北方特强沙尘暴的多发区;年降水量在 36~200 mm,夏季降水量占全年的 50%~70%,属极端干旱区;区内分布有大量戈壁、荒漠等自然景观。近年来,由于自然资源开采过度,地下水位下降,河湖干涸,干旱加剧,沙尘暴频发,生态环境日趋恶化。

2) 数据来源:空间数据利用 1995 年和 2000 年两个时期的 Landsat-5 的 4、3、2(RGB)波段合成影像的解译结果。根据中国科学院资源环境数据库全国 1:10 万土地利用分类系统中的一级类型,分为耕地、林地、草地、水域、城乡建设用地和未利用土地。社会经济数据主要来源于《甘肃省统计年鉴》。

3) 研究方法:采用典型相关分析方法。考虑到各类土地斑块变化驱动力的不同及分析精度的要求,将标准变量组 Y 分为增量组 Y_1(土地斑块转出率)和减量组 Y_2(土地斑块转入率),自变量组 X(驱动/约束因子变化);分别对 Y_1 与 X、Y_2 与 X 进行典型相关分析,计算出各自的典型载荷,提取出典型相关系数最大的组合,进行结果检验。具体操作方法是:在自变量组各变量之间提出一个典型变量,在标准变量组各变量之间也提出一个典型变量,并使这一典型变量组合具有最大的相关;然后又在每一组变量中提出第二个典型变量,使得在与第一个典型变量不相关的变量中,这两个典型变量组合之间的相关是最大的;依此类推,直到两组变量间的相关被提取完毕为止。

(2) 土地利用类型变化

1995—2000 年河西走廊土地利用类型变化有以下特征:①空间分布特征表现为石羊河、黑河流域耕地增加,草地、未利用地减少;疏勒河流域林地增加、草地减少;从整个河西走廊来看,平原地区变化大,南、北两山变化小;②结构变化特征表现为草地、未利用地和水域减少,耕地、林地和城镇用地增加,生态环境有恶化的趋势;③区域差异明显,表现为东段的武威、金昌地区未利用地和草地减少,耕地和城镇用地增加;中段的张掖地区以草地和未利用地减少,耕地、林地增加;西段的酒泉、嘉峪关地区草地减少,林地、建设用地增加。

(3) 驱动力因子筛选

采用主成分分析法筛选驱动因子。标准变量组 Y 为研究区各景观类型斑块数目的变化,即 20 世纪 90 年代中期和 2000 年这两个时段各类景观斑块转出率和转入率;自变量组 X 为经济社会指标的变化。其中,Y 包括 12 类景观斑块转移率(耕地、林地、草地、建设用地、水域、未利用地);X 有 7 个经济社会条件变量。进行统计分析前,用 SPSS 软件对原始数据(共 17 个变量)进行主成分分析和因子旋转处理,最后有 7 个主因子进入了目标变量组(图 2.4.1,表 2.4.1)。

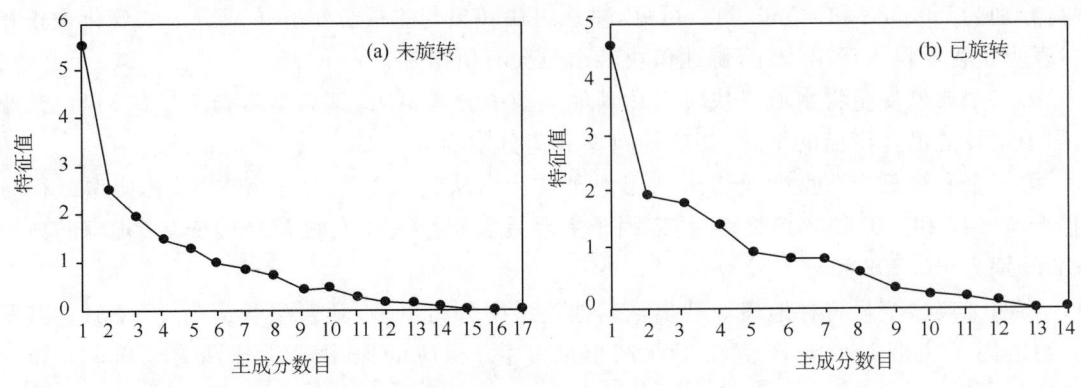

图 2.4.1　主成分因子特征值分布图(蒙吉军和李正国,2004)

表 2.4.1　各主成分名称以及内涵(蒙吉军和李正国,2004)

主成分	名称	内涵
主成分 1	农牧综合因子	总劳动力,化肥使用,农业产值,畜牧产量
主成分 2	农业投入因子	农业机械,播种面积
主成分 3	农业产出因子	人均产量,农业产量
主成分 4	林业产出因子	林业产值
主成分 5	渔业产出因子	渔业产值
主成分 6	收入因子	农民收入
主成分 7	工业产出因子	工业产值

采用研究区 20 个县中筛选的 7 个主因子为随机向量 X,景观类型变化为随机向量 Y,进行典型相关分析。

1)增量组 Y_1 与 X 的典型相关分析。运用 SPSS 软件中的子程序 CANCORR 直接对数据进行分析,得出典型载荷(表 2.4.2)。由于同一随机变量组内各典型变量之间的样本协方差为零,不同组不对应的典型变量间的样本协方差也为零,这使得分析变量组 Y_1 和变量组 X 之间的关系转化为只需要分析从两组中提取出的相对应的典型变量之间的关系。

表 2.4.2　典型相关分析所得的河西走廊各类斑块转出的典型载荷(蒙吉军和李正国,2004)

变量组	变量	典型变量 1	典型变量 2	典型变量 3	典型变量 4	典型变量 5	典型变量 6
Y_1	耕地转出	−0.804	−0.469	−0.2	0.233	0.113	−0.16
	林地转出	0.081	0.338	0.172	−0.834	0.193	0.341
	草地转出	0.245	0.598	0.331	0.587	0.064	−0.352
	水域转出	−0.067	−0.814	−0.258	0.113	0.487	−0.131
	城建用地转出	0.365	−0.525	0.337	−0.465	−0.307	0.409
	未利用地转出	0.55	−0.056	−0.547	0.102	−0.593	0.182
X	主成分 1	−0.538	−0.09	−0.325	−0.431	−0.588	−0.221
	主成分 2	0.44	0.227	−0.702	0.201	−0.054	−0.125
	主成分 3	−0.645	0.281	−0.064	0.534	0.33	−0.311
	主成分 4	0.201	0.006	0.161	−0.244	−0.116	−0.438
	主成分 5	0.113	0.742	0.608	0.111	−0.287	−0.237
	主成分 6	0.1	−0.387	−0.043	−0.393	0.534	−0.624
	主成分 7	−0.194	0.403	0.019	−0.512	0.401	0.449

第一个典型变量将耕地斑块转出从变化类型中分离出来,其典型载荷为 −0.804。自变量组中与之相对应的解释变量(即驱动/约束因子)主要是主成分 1 和主成分 3(相应的典型

载荷分别为-0.538和-0.645)。可见,耕地斑块转出与主成分1和主成分3的变化呈正相关,表明农牧业投入产出增加,耕地斑块转出也会有所增加。

第二个典型变量将水域斑块转出从其他类型中分离出来,其典型载荷为-0.814。其驱动因子主要是渔业产值的变化(相应的典型载荷分别为0.742)。

第三个和第五个典型变量将未利用地斑块转出从其他类型中分离出来,其典型载荷分别为-0.547和-0.593;其驱动/约束因子主要是农业投入和农牧综合的变化(相应的典型载荷分别为-0.702和-0.588)。

第四个典型变量将林地斑块转出从其他类型中分离出来,其典型载荷为-0.834。其驱动/约束因子主要是农业产值和工业产值的变化(相应的典型载荷分别为-0.534和-0.512)。

第六个典型变量将城建斑块转出从其他类型分离出来,其典型载荷为0.409;驱动/约束因子主要是收入因子的变化(相应的典型载荷为-0.624)。

2)减量组 Y_2 与 X 的典型相关分析。与增量组的计算方法一样,得出典型载荷(表2.4.3)。

表2.4.3 典型相关分析所得的河西走廊各类斑块转入的典型载荷(蒙吉军和李正国,2004)

变量组	变量	典型变量1	典型变量2	典型变量3	典型变量4	典型变量5	典型变量6
Y_2	耕地转入	-0.563	0.302	-0.589	0.333	0.019	-0.366
	林地转入	0.04	0.283	0.197	-0.33	0.819	-0.316
	草地转入	0.162	-0.1	0.127	-0.77	-0.48	0.352
	水域转入	-0.634	-0.533	0.39	0.32	-0.158	-0.153
	城建用地转入	0.252	-0.543	-0.747	-0.043	0.303	-0.037
	未利用地转入	0.492	-0.218	0.06	0.748	-0.222	0.312
X	主成分1	0.262	0.103	0.113	0.34	-0.818	0.104
	主成分2	-0.068	-0.097	-0.183	0.667	0.435	-0.091
	主成分3	-0.462	-0.32	-0.232	-0.495	-0.169	0.187
	主成分4	0.371	0.703	-0.335	-0.339	0.148	-0.077
	主成分5	-0.612	0.348	-0.308	0.168	-0.27	-0.523
	主成分6	0.193	-0.227	0.412	-0.227	0.002	-0.789
	主成分7	-0.405	0.459	0.723		0.136	0.212

第一个典型变量将水域斑块转入从变化类型中分离出来,其典型载荷为-0.634。驱动力/约束因子是渔业产出(相应典型载荷为-0.612)。可见,水域斑块转入与渔业产出的变化呈正相关,表明渔业产值变化大,水域斑块转入会有所增加。

第二个典型变量将城建斑块转入从其他类型中分离出来,其典型载荷为-0.543。驱动力/约束因子主要是林业产值的变化(相应的典型载荷分别为0.703)。

第三个典型变量将城建斑块转入从其他类型中分离出来,典型载荷为-0.747。其驱动力/约束因子主要是工业产值的变化(相应的典型载荷为-0.723)。

第四个典型变量将草地斑块转入从其他类型中分离出来,其典型载荷为-0.77。其驱动力/约束因子主要是农业投入的变化(相应的典型载荷分别为-0.667)。

第五个典型变量将林地斑块转入从其他类型中分离出来,其典型载荷为0.819。其驱动力/约束因子主要是农牧综合的变化(相应的典型载荷为-0.818)。

第六个典型变量将耕地斑块转入从其他类型中分离出来,典型载荷为-0.366。其驱动力/约束因子主要是农民收入变化(相应的典型载荷分别为-0.789)。

(4)结论

通过定量分析,提取出驱动河西走廊景观类型变化的经济社会因子包括:农牧综合因子(包括总劳动力、化肥使用、农业产值、畜牧产量)、农业投入因子(农业机械、播种面积)、农业产出因子(人均产量、农业产量)、林业产值、渔业产值、农民收入和工业产值。

主成分分析结果表明:①耕地面积变化主要是最优经济福利及粮食安全驱动作用下的结果;②草地、林地被开垦及耕地增加主要是生存型经济福利驱动的结果,最优经济福利驱动有时也起到一定的作用;③城镇用地增加主要是最优经济福利驱动的结果;④在生态环境脆弱及其外部影响强烈的地区,林地植被恢复重建和一些未利用地被充分利用,主要是环境安全驱动作用的结果。

2.4.2　贵州省喀斯特山区耕地变化的驱动力分析

(1)研究区域与方法

1)区域简介:贵州省位于 24°30′~29°13′N、103°31′~109°30′E,以山地为主,丘陵、盆地(包括河谷平地和岩溶洼地)为辅,高原、山地面积占全省国土总面积的 87%,其中,丘陵面积占 10%,盆地、河流阶地面积占 3%。研究区内峡谷交错分布,沟谷切割密度和深度较大;喀斯特地貌分布广泛,碳酸盐岩面积占全省总面积的 67.75%;气候类型属亚热带高原湿润季风气候。本节选取具代表性的织金(毕节地区)、普定(安顺市)、罗甸(黔南州)和独山(黔南州)四县进行研究。

2)资料来源:主要是县级国民经济统计年鉴和其他出版发行资料,时间跨度从 20 世纪 80 年代中期到 90 年代中期共 10 a 时间;选择年末耕地面积和其中的旱地面积反映土地利用结构及其变化;人文驱动因素选择了人口数、农业人口数量、粮食总产量、农业产值、人均收入。

3)研究方法:通过建立土地利用/覆被变化与人类驱动因素变化的时间序列,分析其变化的趋势、阶段性和突变点,通过定性分析与定量统计相结合,研究人类影响因素对土地利用变化的作用机制。对各县的时序资料做标准化处理,进行多元相关性分析。

(2)土地利用与人类驱动因素的变化特征

1)土地利用变化:研究区主要土地利用类型有:耕地(旱地和水田)、林地、灌丛、草地、城镇用地和未利用地;耕地变化是区域土地利用变化的核心类型,反映着社会经济发展的基本态势;采用耕地面积、耕地占土地总面积的比例、旱地面积及其占耕地的比例等来描述耕地的变化。

资料分析表明,10 a 时间里,四个县的耕地变化的特征主要表现为:①耕地面积逐年减少,除独山县耕地变化较小外,其余各县的耕地面积都在明显减少;独山县在 20 世纪 90 年代前期耕地面积变化较少,而 90 年代中期显著增加;普定县在 90 年代初期到中期经历了一段耕地面积急剧减少的时期,90 年代中期开始稳定下来,织金县和罗甸县则仍处于下降期;②旱地占耕地面积的比例略有增大,其中织金、罗甸和普定三县的耕地中有 50%以上为旱地,而独山县旱地面积占耕地的比例不足 20%。

2)人类驱动因素变化:①人口:人口数量和农业人口比重是反映人口压力和构成的重要因素,从数据来看,各县人口持续增加,其中增速最快的是织金县,年增长 10 000 人,最慢的罗甸县,年增长 3000 人;总人口中农业人口比重超过 90%,各年有波动;②粮食产量:10 a 来粮食总产量呈增长的趋势,有升降波动;织金县和普定县的粮食总产量年际变率大,而独山县和罗甸县变动平缓;③人均收入:四县均属于贫困地区,20 世纪 80 年代人均收入在 200 元左右,独山和罗甸稍高;90 年代仍不足 1000 元,尤其是普定还不到 500 元。

(3)土地利用变化与人类驱动因素的相关性分析

针对土地利用变化各指标与驱动因素指标的线性关系,计算相关系数如表 2.4.4 所示。

表 2.4.4 耕地变化指标与驱动因素的相关系数(张惠远等,1999)

耕地指标	总人口	人均粮食	农业人口比	人均产值	总产值	粮食总产	人口密度	农业人口数
人均耕地	−0.40	−0.58	0.36	−0.07	−0.13	−0.39	−0.83	−0.84
单位耕地粮食产量	0.39	0.21	0.24	0.34	0.44	0.86	0.45	0.37
单位耕地产值	0.27	0.12	0.15	0.95	0.99	0.46	0.44	0.38
耕地面积	−0.28	−0.64	0.37	−0.18	−0.20	−0.40	−0.64	−0.45
耕地比例	−0.30	−0.63	0.37	−0.17	−0.18	−0.41	−0.63	−0.46

分析结果表明:①人均耕地与人口密度和农业人口数的相关最大,与人均产值和总产值的相关性极小;②单位耕地产值反映了耕地质量及其开发利用程度,它与各驱动因素的相关性未超过 0.50,且差异较小;③单位耕地产值与人均产值相关系数为 0.95,与总产值相关系数为 0.99,与其他因素的相关性不大;④耕地面积和耕地比例与各因素的相关系数基本一致,都表现为与人均粮食和人口密度相关性较大;⑤人均产值和总产值与耕地指标的相关性普遍较小,表明农业总产值与耕地变化的联系较复杂。

将上述 8 个表征社会经济对土地利用影响的驱动因素看作一个整体,采用因子分析方法,计算它们在对耕地变化指标的驱动过程中的权重,结果表明:8 个驱动因素对耕地指标变化的相对重要性依次为:人均粮食、农业人口比、总人口、总产值、粮食总产、农业人口、人口密度及人均产值。

采用多元回归分析方法建立两组指标的定量关系。以 5 个耕地指标为因变量,分别与 8 个驱动因素指标建立回归方程如下:

$$Y = A \cdot X + B \tag{2.4.1}$$

式中:A 为回归系数矩阵;B 为方程常数项;$Y=(y_1,y_2,y_3,y_4,y_5)$,其中,y_1 为耕地面积,y_2 为耕地比例,y_3 为人均耕地,y_4 为单位耕地产值,y_5 为单位耕地粮食产量;$X=(x_1,x_2,x_3,x_4,x_5,x_6,x_7,x_8)$,其中,$x_1$ 为总人口数,x_2 为农业人口数,x_3 为粮食总产,x_4 为总产值,x_5 为人均产值,x_6 为农业人口比,x_7 为人均粮食,x_8 为人口密度。

$$A = \begin{bmatrix} -0.17 & 0.77 & 0.30 & -0.30 & 0.19 & -0.13 & -0.40 & -0.67 \\ -0.17 & 0.57 & 0.19 & 0.01 & 0.02 & -0.06 & -0.37 & -0.47 \\ -0.06 & -0.52 & -0.02 & -0.06 & 0.32 & 0.05 & -0.04 & -0.23 \\ 0.00 & -0.17 & 0.00 & 1.18 & -0.20 & 0.02 & 0.00 & 0.17 \\ 0.03 & 0.02 & 0.80 & 0.89 & -0.86 & 0.12 & -0.06 & 0.07 \end{bmatrix} \tag{2.4.2}$$

$$B = \begin{bmatrix} -0.57 \\ -0.50 \\ 0.01 \\ -0.01 \\ -0.10 \end{bmatrix} \tag{2.4.3}$$

拟合方程的复相关系数 $R=(0.84,0.80,0.91,0.98,0.91)$，回归方程均通过检验，对耕地指标的拟合较好。

(4)结论

多元方程回归系数表明，从总体看，耕地变化与农业人口数、粮食总产量、人均产值和农业人口比例成正比，与总人口、总产值、人均粮食和人口密度则成反比关系。回归系数的大小表示了土地变化指标对驱动因素的敏感性。可见研究区的敏感性具有如下特点：①耕地面积、耕地比例对农业人口数、人口密度和人均粮食更为敏感；②人均耕地对各因素的敏感性普遍不大，与农业人口数和人均产值的关系相对较明显；③单位耕地的农业总产值对农业人口数、农业总产值、人均产值及人口密度敏感，其他4个驱动因素关系很小。上述结论可概括为：表征耕地数量的指标对农业人口数和人口密度敏感，表征产出特征的指标对总产值和人均产值敏感。

2.4.3 大渡河上游地区土地利用变化的驱动力分析

(1)研究区域与方法

1)区域简介：研究区包括大渡河上游地区金川、壤塘和马尔康三县，面积 18 665 km²；属横断山区北端。地貌类型为高山峡谷，海拔高度 4000～5000 m。年均温 8～13℃，年降水量 660～770 mm。属温带季风气候。

2)数据来源：1967 年、1987 年、2000 年三期土地利用/覆被变化数据图和 1:25 万数字地面高程图；土地利用/土地覆被类型的划分采用中国科学院资源环境科学数据中心的分类标准。

3)驱动因素分析：采用 Logistic 逐步回归：

$$\log\left(\frac{P_i}{1-P_i}\right)=\beta_0+\beta_1 X_{1,i}+\beta_2 X_{2,i}+\cdots+\beta_n X_{n,i} \tag{2.4.4}$$

式中：P_i 表示空间上每个栅格可能出现某一土地利用/覆被类型 i 的概率，X 表示各候选驱动因素。

将 2000 年的土地覆被图及海拔、坡度、坡向、水系、道路交通、城镇和居民点分布等组成的空间数据，转换成 500 m×500 m 栅格图。随机抽取 50 000 个栅格，运用 Logistic 逐步回归对每一栅格可能出现某一土地利用/覆被类型的概率进行诊断，筛选出对土地覆被格局影响较显著的因素。

(2)结果分析

1)土地利用/覆被变化特征：遥感资料解译结果显示，1967 年研究区林地面积 891 590 hm²，占研究区总面积的 47.77%。草地面积 885 977 hm²，占研究区总面积的 47.47%。到 2000 年林地面积所占比例下降到 43.89%，草地面积所占比例上升为 50.53%。进一步分析表明，林地中有林地的变动幅度最大，从 1967 年的 30.92% 下降到 2000 年的 13.78%，下降幅度达到 17%；同时，灌木林地面积比例从 15.33% 增加到 17.49%，疏林地面积比例从 1.45% 增加到 2.67%，耕地面积比例从 1.91% 增加到 2.6%（表 2.4.5）。

表 2.4.5 大渡河上游地区 1967—2000 年主要土地利用/覆被类型转移矩阵(摆万奇等,2004)

(单位:hm²)

2000年 1967年	耕地	有林地	灌木林地	疏林地	其他林地	高覆盖草地	中覆盖草地	低覆盖草地	水域	建设用地	未利用地	总计
耕地	32 193	28	235	0	13	81	3046	27	0	90	0	35 712
有林地	3038	225 146	89 957	26 182	174 269	5928	51 827	528	169	28	0	577 071
灌木林地	1666	28 771	217 588	2064	11 660	848	22 415	987	143	34	0	286 176
疏林地	258	870	2697	21 624	552	0	1145	0	0	0	0	27 146
其他林地	44	0	116	0	1037	0	0	0	0	0	0	1197
高覆盖草地	2371	421	1814	0	0	71 058	4252	0	0	0	317	80 232
中覆盖草地	7073	1495	12 624	18	837	1899	692 196	0	9	25	0	716 177
低覆盖草地	1956	566	384	0	0	0	47 411	39 251	0	0	0	89 568
水域	0	0	0	0	0	0	0	0	3607	0	0	3607
建设用地	0	0	0	0	0	0	0	0	0	1034	0	1034
未利用地	0	0	0	0	0	0	222	0	0	0	48 438	48 660
总计	48 599	257 297	325 414	49 888	188 369	79 814	822 513	40 793	3927	1210	48 755	1 866 579

2)土地利用/覆被变化的主要驱动因素:以 2000 年的土地利用/覆被状况为基础,通过 Logistic 逐步回归的方法,确定的主要驱动因素及其定量关系见表 2.4.6。

表 2.4.6 Logistic 逐步回归结果(β值)(摆万奇等,2004)

驱动因子	土地利用/覆被类型	耕地	林地	草地	水域	建设用地	未利用地
海拔高度		−0.141	−0.148	0.166	−0.148	−0.223	0.711
坡度	<5°	0.868	−1.507	0.984	3.168		
	5°~15°	0.325	−0.807	0.614	1.606		
	15°~25°		0.350	−0.351		−7.946	−0.327
	>25°						−2.553
坡向	平地						1.556
	北坡	−0.441					
	东坡		−1.082	1.003			
	南坡	0.337	−1.641	1.486		1.608	−0.438
	西坡		−0.588	0.564			−0.763
最近距离	村级以上公路	−0.229	−0.015				0.112
	村级公路	−0.539	0.095	−0.061			
	城镇居民点		0.007	−0.009		−0.479	0.039
	河流	0.248	−0.270	0.177			−0.483
	湖岸线	0.045	0.010		−0.284		−0.049
β_0		1.658	6.651	−7.342	−1.213	2.772	−35.180
ROC 值*		0.873	0.794	0.782	0.844	0.978	0.927

注:* ROC 是"受试者工作特征"的缩写,广泛用于医学诊断性能的评价。这里用来对回归结果进行检验。该值大于 0.7 时,可以认为所确定的驱动因素具有较好的解释能力。

β 值是 Logistic 方程的解释变量系数,它确定了各土地利用/覆被类型与驱动因子的定量关系。不同驱动因子对各土地利用/覆被类型的影响程度可以用 β 系数以 e 为底的自然幂指数作为衡量指标。$\exp(\beta)$ 表示事件的发生频率与不发生频率之比。以上表为例,耕地的 Logistic 回归方程包括了 9 个解释变量,按 $\exp(\beta)$ 值大小排列依次为:坡度<5°的坡耕地($\exp(\beta)$值为 2.381)、南坡(1.4)、坡度在 5°～15°的坡地(1.385)、到河流的最近距离(1.281)、到湖岸线的最近距离(1.046)、海拔高度(0.869)、到村级以上公路的最近距离(0.795)、北坡(0.644)、到村级公路的最近距离(0.583)。即:耕地在坡度<5°的坡地上出现的概率要高于坡度在5°～15°之间的坡地出现的概率,同样,耕地在南坡出现的比例远高于在北坡出现的比率。

林地的 Logistic 回归方程包括了 12 个解释变量,按 $\exp(\beta)$ 值大小依次为:坡度>25°的坡地(1.419),到村级公路的最近距离(1.100),到湖岸线的最近距离(1.010),到城镇居民点的距离(1.007),到村级以上公路的最近距离(0.985),海拔高度(0.863),到河流的最近距离(0.764),西坡(0.556),坡度在 5°～15°的坡地(0.446),东坡(0.339),坡度<5°的坡地(0.222),南坡(0.194)。即:林地在>25°的坡地上出现的概率远高于在坡度<5°的坡地。居民点附近高于河流附近。

草地的 Logistic 回归方程包括 10 个变量,按 $\exp(\beta)$ 大小依次为:南坡(4.417),东坡(2.726),坡度<5°的坡地(2.676),坡度在5°～15°的坡地(1.848),西坡(1.757),到河流的最近距离(1.193),海拔高度(1.180),到城镇居民点最近距离(0.991),到村级公路的最近距离(0.941),坡度>25°的坡地(0.704)。草地在南坡的概率要高于东坡,而东坡草地概率又高于西坡。

(撰写人:傅伯杰、苏常红、蒙吉军、张惠远、摆万奇、刘纪远、匡文慧等)

参考文献

Alonso W. 1964. *Location and land use:Towards a general theory of land rent*. Cambridge, Mass:Harvard University Press.

Ehrlich P R, Daily G C. 1993. Population extinction and saving biodiversity. *Ambio*. **22**(2/3):64-68.

Fischer G, Frohberg K, Keyzer M A. et al. 1988. *Linked national models:A tool for international policy analysis*. Dordrecht:Kluwer Academic Publishers.

Fischer G, Frohberg K, Parry M L et al. 1994. Climate change and world food supply, demand and trade:Who benefits, who loses? *Global Environmental Change*. **4**(1):7-23.

Helmut J G, Eric F L. 2001. What drives tropical deforestation. LUCC Report Series. No. 4.

IGBP/IHDP. 1995. Land Use and Land Cover Change Science/Research Plan. IGBP Rep. (35) and HDP Rep. (7).

Kasperson J X, Kasperson R E, Turner II B L, Eds. 1995. *Regions at Risk, Comparisons of Threatened Environments*. Tokyo:United Nations Univ. Press.

Konagaya K, Morita H, Otsubo K. 1999. Chinese land use predicted by the GTR Model. Discussion paper in the 1999 Open Meeting of the Human Dimensions of Global Environmental Change Research Community, Tokyo.

Platt R H. 1996. *Land use and society:Geography, law, and public policy*. Washington D C:Island Press.

Riebsame W E, Meyer W B, Turner B L. 1994. Modeling land use and cover as part of global environmental change. *Climatic Change*. **28**:45-64.

Rosenzweig C. 1993. Modeling crop responses to environmental change. In:Solomon A M, Shugart H H eds. Vegetation Dynamics and Global Change. Chapman and Hall, New York:Rosenzweig C, Hillel D. Agriculture in a Greenhouse World. *National Geographic Research and Exploration*. **9**(20):208-221.

Turner B L, Clark W C, Kates R W, et al. 1990. *The earth as transformed by human action. Global and regional changes in the biosphere over the past 300 years*. Cambridge University Press (with Clark University). Cambridge, New York:Port Chester, Melbourne & Sydney.

Turner B L, Moss R H, Skole D L. 1993. Relating land use and global land cover change:A proposal for an IGBP/IHDP

Core Project. IGBP Rep. 24/ HDP Rep. 5. International Geosphere-Biosphere Programmed and the Human Dimensions of Global Environmental Change Program, Stockholm, Sweden.

巴洛维. 谷树忠等译. 1989. 土地资源经济学—不动产经济学. 北京:北京农业大学出版社.
白莉妮. 2004. 花江示范区土地利用变化的驱动力分析. 贵州师范大学学报(自然科学版),22(2):27-32.
摆万奇,柏书琴. 1999. 土地利用和覆盖变化在全球变化研究中的地位与作用. 地域研究与开发,18(4):13-16.
摆万奇,阎建忠,张镱锂. 2004. 大渡河上游地区土地利用/土地覆被变化与驱动力分析. 地理科学进展,23(1):71-78.
摆万奇,赵士洞. 2001. 土地利用变化驱动力系统分析. 资源科学,23(3):39-41.
陈百明. 1997. 试论中国土地利用和土地覆被变化及其人类驱动力研究. 自然资源,(2):31-36.
陈佑启,杨鹏. 2001. 国际上土地利用/覆被变化研究的新进展. 经济地理,21(1):95-100.
陈佑启,Peter H V. 2000a. 中国土地利用/土地覆被的多尺度空间分布特征分析. 地理科学,20(3):197-202.
陈佑启,Peter H V,徐斌. 2000b. 中国土地利用变化及其影响的空间建模分析. 地理科学进展,19(2):116-127.
邓根云. 1993. 气候变化对中国农业的影响. 北京:科学出版社.
符淙斌,严中伟. 1996. 全球变化与我国未来的生存环境. 北京:气象出版社.
傅伯杰,陈利顶,马克明. 1999. 黄土丘陵区小流域土地利用变化对生态环境的影响——以延安市羊圈沟流域为例. 地理学报,54(3):241-246.
傅伯杰,马克明,周华锋等. 1998. 黄土丘陵土地利用结构对土壤养分分布的影响. 科学通报,43(22):2444-2448.
傅伯杰,邱扬,王军等. 2002. 黄土丘陵小流域土地利用变化对水土流失的影响. 地理学报,57(6):717-722.
国家统计局农村社会经济调查总队. 2000. 新中国五十年农业统计资料. 北京:中国统计出版社.
国家林业局. 2001. 中国林业统计年鉴(2000). 北京:中国林业出版社.
郝兴明,李卫红,陈亚宁,赵瑞锋. 2007. 塔木里河干流土地利用-覆被变化的社会经济驱动力分析. 中国沙漠,27(3):405-411.
何蔓,张军岩. 2005. 全球土地利用与覆盖变化(LUCC)研究及其进展. 国土资源,(9):22-25.
贺庆棠,徐明. 1993. 气候变化对林业生产的影响. 北京:北京科学技术出版社,358-360.
贺庆棠,袁嘉祖等. 1996. 气候变化对中国森林的可能影响. 北京:气象出版社,290-299.
后立胜,蔡运龙. 2004. 土地利用/覆被变化研究的实质分析与进展评述. 地理科学进展,23(6):96-104.
贾树海,王春枝,孙振涛,李绍良,陈有君,靳存旺. 1999. 放牧强度和时期对内蒙古草原土壤压实效应的研究. 草地学报,7(3):217-222.
居玲华,石培基. 2008. 甘肃省土地利用结构动态演变及其驱动力分析. 广东土地科学,7(5):39-44.
李博. 1990. 中国北方草地退化及其防治措施. 中国农业科学,30(6):1-9.
李克让,陈育峰,黄玫等. 2000. 气象变化对土地覆被变化的影响及其反馈效应. 地理学报,55(增刊):57-63.
李平,李秀彬,刘学军. 2001. 我国现阶段土地利用变化驱动力的宏观分析. 地理研究,20(2):129-138.
李团胜. 2004. 陕西省土地利用动态变化分析. 地理研究,23(2):157-164.
李秀彬. 2002. 土地利用变化的解释. 地理科学进展,21(3):195-203
李秀彬. 1996. 全球环境变化研究的核心领域——土地利用/土地覆被变化的国际研究动向. 地理学报,51(6):553-558.
李月臣,刘春霞. 2009. 1987—2006年北方13省土地利用/覆盖变化驱动力分析. 干旱区地理,32(1):37-46.
李志,刘文兆,杨勤科等. 2006. 黄土沟壑区小流域土地利用变化及驱动力分析. 山地学报,24(1):27-32.
刘纪远,岳天祥,菊洪波等. 2006. 中国西部生态系统综合评估. 北京:气象出版社.
刘彦随,陈百明. 2002. 中国可持续发展问题与土地利用/覆被变化研究. 地理研究,21(3):324-330.
龙花楼. 2001a. 长江沿线样带土地利用变化与土地可持续利用. 中国科学院地理科学与资源研究所博士后出站报告.
龙花楼,李秀彬. 2001b. 长江沿线样带土地利用格局及其影响因子分析. 地理学报,56(4):123-129.
蒙吉军,李正国. 2004. 河西走廊景观类型变化的社会经济驱动力研究. 中国沙漠,24(1):56-62.
孟庆香,常庆瑞,李云平. 2003. 陕北农牧交错带耕地变化及驱动因子分析. 西北农林科技大学学报(自然科学版),31(3):131-135.
倪绍祥. 2005. 土地利用/覆被变化研究的几个问题. 自然资源学报,20(6):932-937.
祁元,王一谋,王建华,颜长珍. 2005. 宁夏土地利用时、空变化及其驱动机制. 冰川冻土,27(6):899-906.
史纪安,陈利顶,史俊通,傅伯杰,张淑荣. 2003. 榆林地区土地利用/覆被变化区域特征及其驱动机制分析. 地理科学,

23(4):493-498.

谭灵芝,纪明,塔西甫拉提·特依拜. 2006. 新疆于田绿洲-荒漠交错带土地利用/覆盖变化的社会驱动力研究. 地形研究与开发, **25**(1):97-110.

王传胜,尤飞,薛东前. 2002. 内蒙古沿黄地区水资源利用矛盾的主要动因及缓减对策. 自然资源学报, **18**(5):575-582.

王济川,郭志刚. 2001. Logistic 回归模型——方法与应用. 北京:高等教育出版社.

王良健,刘伟,包浩生. 1999. 梧州市土地利用变化的驱动力研究. 经济地理, **19**(4):168-176.

王晓峰,任志远,黄青. 2003. 农牧交错区县域土地利用变化及驱动力分析——以陕北神木县为例. 干旱区地理, **26**(4):402-407.

王治安. 1999. 悲壮的森林. 成都:四川人民出版社.

吴发启,赵晓光. 1995. 黄土高原沟壑区流域土壤侵蚀系统分析. 西北林学院学报, **10**(A01):1-7.

谢花林,李波. 2008. 基于 logistic 回归模型的农牧交错区土地利用变化驱动力分析——以内蒙古翁牛特旗为例. 地理研究, **27**(2):294-304.

杨彪. 2004. 人类活动对洱海湿地影响的初步研究. 四川林勘设计, **3**:8-12.

杨永兴. 1999. 若尔盖高原生态环境恶化与沼泽退化及其形成机制. 山地学报, **17**(4):318-322.

张勃,毛彦成,柳景峰. 2006. 黑河中游土地利用/覆盖变化驱动力的定量分析. 干旱区地理, **29**(5):726-730.

张惠远,赵昕奕,蔡运龙,殷静. 1999. 喀斯特山区土地利用变化的人类驱动机制研究——以贵州省为例. 地理研究, **18**(2):136-142.

张丽彤,丁文荣,周跃,张鲁. 2007. 土地利用/土地覆被变化研究进展. 环境科学导刊, **26**(5):7-10.

张明. 1997. 土地利用结构及其驱动因子的统计分析——以榆林地区为例. 地理科学进展, **16**(4):19-26.

赵永华,何兴元,胡远满,常禹. 2006. 岷江上游土地利用/覆被变化及其驱动力. 应用生态学报, **17**(5):862-866.

钟文勤,周庆强. 1989. 草地鼠害及其综合治理途径. 见:中国草地生态科学与草业发展. 北京:科学出版社,107-110.

中国西部开发信息百科青海卷编委会. 2003. 中国西部开发信息百科(青海卷). 西宁:青海人民出版社.

中国西部开发信息百科新疆卷编委会. 2003. 中国西部开发信息百科(新疆卷). 乌鲁木齐:新疆科学技术出版社.

仲延凯,包海青,孙维. 1992. 不同时期割草和割草间隔期间对羊草草原禾草生物量的影响. 见中国科学院内蒙古草原生态系统定位研究站编,草原生态研究(第4集). 北京:科学出版社.

朱会义,何书金,张明. 2001. 土地利用变化研究中的 GIS 空间分析方法及应用. 地理科学进展, **20**(2):104-110.

第 3 章　西部土地利用/覆被变化的环境和生态效应

土地利用/覆被变化通过改变环境过程和生态过程，进而对自然资源和生态环境产生影响。尤其在中国西部地区，生态环境脆弱，近几十年来人口快速增长，对土地资源的依赖程度较高，土地利用/覆被变化剧烈，这种影响的效应特别突出，因而成为近年来的研究热点和重点，并已取得一系列重要认识。本章主要从水文效应、土壤侵蚀效应、生态效应及对土地资源利用可持续性的影响几个方面，论述我国西部（或典型区）土地利用/覆被变化的资源环境效应研究进展。

3.1　土地利用/覆被变化的水文效应

土地利用/覆被变化是水文变化的主要驱动因素之一（李秀彬，2002）。土地利用/覆被变化通过改变地表植被截留量、土壤水分的入渗能力、近地表面的蒸散发等水文要素，进而影响产汇流过程、径流量变化、流域出口断面的流量过程及地下水的形成，影响流域洪涝灾害发生的频率和强度，显著改变区域水循环、水平衡乃至水质。土地利用/覆被变化对流域水文环境、水文过程、水文通量、水量平衡、水文化学及水生态系统都会产生十分重要的影响。研究土地利用/覆被变化及其水文效应，对于了解区域乃至全球水文水资源变化具有重要的意义，同时也可为区域水土资源优化配置和可持续发展提供科学依据。

3.1.1　干旱区土地利用/覆被变化的水文效应

西部干旱内陆河流域水土资源承受巨大的人口与社会发展压力，近年来干旱区生态过程和格局的水文机制研究已成为生态环境研究前沿和热点（赵文智和程国栋，2001）。

对绿洲土地利用/覆被变化生态效应的研究结果表明，近 50 a 土地利用/覆被变化使冲洪积扇绿洲区域地下水位呈下降趋势，但冲积平原区绿洲地下水位呈缓慢的上升趋势，且冲积平原绿洲地下水质趋于恶化（罗格平，2007）。

利用 1988 年和 2000 年 Landsat-5 的 4、3、2(RGB)波段合成影像解译结果，采用中国科学院资源环境科学数据库中的全国 1∶10 万土地资源利用分类系统，基于 GIS 对黑河流域土地利用/覆被变化生态环境效应的研究结果显示，1988—2000 年期间黑河流域土地利用结构变化表现出耕地、林地和城镇用地有明显增加，草地和水域都呈减少趋势；流域上游地区冰川退缩，地表径流中泥沙含量增加，林地水源涵养能力降低；流域下游地区河道断流加剧，湖泊干涸，地下水位下降，水质恶化（蒙吉军等，2005）。

选择年径流量、基流量、最大洪峰流量及流域典型的春季和秋季汛期流量为径流过程参量，基于降水和径流各参量的变化趋势分析和显著统计回归关系分析，对河西走廊中部的马营河流域 1967—2000 年土地利用/覆被变化对河流径流的影响进行探讨,研究结果表明:1967 年以来,由于流域土地利用/覆被变化,尤其是上游林草地大规模转为耕地,使得流域年均径流量减少 28.12%,基流量减少 35.32%,最大洪峰流量减少 35.77%,年内两个径流汛期的春季和秋季的平均季节流量分别减少了 36.05% 和 24.87%;由于 20 世纪 70 年代以后径流过程各参量与降水过程之间的关系减弱,80 年代以后降水对径流过程的影响已经十分微弱,而径流各参量与耕地面积之间存在显著的相关关系。20 世纪 70 年代以来,耕地面积增加引起的流量减少贡献率对于不同径流参量不同,但均在 60% 以上,其中对年径流量的影响贡献率在 77% 以上,最为显著。因此可以说,流域地表径流的持续减少主要是土地利用变化的结果。表明干旱内陆流域上游覆盖率较高的天然草地转为耕地,将会导致流域地表径流减少(王根绪等,2005)。

通过研究黑河流域张掖市 1981 年、1990 年、1996 年及 2003 年土地利用情况,分析得到其土地利用/覆被变化水文水资源效应,表现为随着绿洲农业不断发展,农田灌溉面积增大,地表耗水量大幅增加,黑河中游干流的径流量越来越多地消耗在张掖市,导致正义峡的下泄水量逐年减少,结果使灌溉期内水资源协调利用在中游内部及中游和下游之间难以实现,原有的水资源时空分布不均匀进一步加剧;区内的蒸发格局发生变化,土地利用/覆被变化强度较大的地区年蒸散量呈下降趋势,强度较小的地区年蒸散量变化趋势不太明显;土地利用/覆被变化还影响了黑河流域地表水、地下水的转换循环机制,渠系的高利用率和地下水开采率的提高,导致了地下水采补失衡,引起地下水位持续下降,进而使泉水溢出量减少,泉水资源量锐减,并且大量农药化肥的使用,造成十分严重的面源污染,在水资源大规模重复利用的过程中,造成水质不断恶化(孟宝等,2006)。

基于遥感和 GIS 技术及数理统计学方法,对和田河流域 1990—2005 年的土地利用变化分析表明,在 15 a 时间尺度上土地利用变化改变了流域内水量平衡、水盐平衡关系,并且土地利用变化对生态环境的影响与其水资源利用密切相关。具体表现为灌区引水改变了水文要素,引起水量分配的地域不平衡,通过灌水洗盐,大量盐分从土壤中排出进入自然水体,改变了水盐平衡,再加上对植被不合理利用,生态平衡遭受破坏,从而引起地表水、地下水的水量、水文特征、水质及流域土壤、植被、沙漠都发生了显著的不利变化(陈忠升等,2009)。

3.1.2 半干旱区土地利用/覆被变化的水文效应

分析流域水文变化是探究土地利用/覆被变化水文效应的基础。用 Mann-Kendall 趋势分析法和 Pettitt 变点检验法,分析拉萨河流域 1956—2003 年的径流变化特征结果为:流域径流年际变化波动较大,在 1970 年前后径流发生了较大的突变,呈现出明显的增加趋势,尤以近 20 a 来这种趋势最为明显,流域内气候变化趋势与径流变化趋势基本一致(蔺学东等,2007)。借助小波分析、小波神经网络模型和 GIS 空间分析方法研究黑河流域 60 a 来径流量变化结果为:莺落峡径流量变化周期约为 7 a 和 25 a,变化总体呈增加趋势;正义峡径流量变化周期约 6 a 和 27 a,变化总体呈减少趋势(王钧和蒙吉军,2008)。

半干旱黄土丘陵区是我国甚至全球水土流失最严重的地区之一,其土地格局发生了显著的变化,从而对土壤、水文和侵蚀特征产生重大影响(邱扬等,2002)。黄土高原水土保持措施使林草地、梯田、淤地坝等可有效拦截降水,减少地表径流和入黄泥沙,预测到 2050 年黄土高原完成了各项水土保持治理任务后,每年减少入黄泥沙 7 亿~8 亿 t,减少径流量 60

亿 m^3 以上(景可和郑粉莉,2004)。

基于 WIN-YIELD 软件,利用 1997—2002 年延安站的逐日气象数据和燕沟流域地貌、土壤及土地利用等资料,模拟分析了不同地形高程、坡度和坡向条件下坡耕地种植不同作物可能产生的水土流失量及其地形分异特征,研究结果表明:地形坡度是影响径流和泥沙产生的重要因素,产生径流和泥沙的模拟值随地形坡度的增大而增大,地形坡度 15°是坡耕地土壤侵蚀模数的相对质变点;地形高程和坡向对产生径流和泥沙的影响不大。此研究为黄土高原的生态退耕政策决策提供依据(徐勇等,2005)。

针对陕北黄土丘陵沟壑区 11 个水文站点的 6、7、8、9 月平均径流量、含沙量和侵蚀模数的数据,选择沟壑密度、地形起伏度、粗糙度等地形因子,进行地形因子与水土流失的相关性分析,结果表明:地形起伏度、高程变异系数与径流量呈显著相关,集水区面积的大小会显著改变径流量的变化,径流量与流域长度具有一定的正相关关系;地面切割的破碎程度、相邻单元高程的最大变化率等并不是径流量变化的主要影响因素;不同地形因子与水土流失的相关性不同,不同月份之间其相关程度也不一致(赵文武等,2003)。

在土壤侵蚀模型 LISEM(Limburg Soil Erosion Model)校正的基础上,模拟陕北黄土丘陵沟壑区大南沟小流域 5 种土地利用方案的水土流失效应,结果表明:25°、20°和 15°(坡度)退耕 3 种退耕方案可以降低洪峰流速、径流量约 40%~50%,并且流域出口的洪峰流速、径流总量和侵蚀总量的大小顺序为:1975 年＞1998 年＞25°退耕＞20°退耕＞15°退耕(傅伯杰等,2002)。

对甘肃省定西地区安家沟小流域不同土地利用类型水保效应动态变化研究的结果表明,不同土地利用类型的植被覆盖度、植被层次结构、土壤扰动等差异决定径流、侵蚀差异;1986—1999 年 14 a 总径流量及侵蚀量的高低顺序为:农耕坡地＞牧草地＞乔木林地＞草地＞灌木林地;不同土地利用类型的水土保持效应具有明显差异,苜蓿草地和油松林地在短期内具有一定的减水效应,但随时间间隔延长,总体减水效应逐步下降;沙棘林及针茅草地具有明显的减水减沙效应,灌木林和自然草地具有稳定有效的水土保持功能,但牧草地、乔木林地的大幅度增加,却有可能加剧土壤水分的消耗,进而导致新的水土流失风险(黄志霖等,2004a)。

土壤水是陆地水资源的重要组成部分,研究土壤水分与土地利用和地形的关系是理解和预测土壤水分变异的有效方法。对黄土丘陵小流域土壤水分空间格局及其影响因素研究,表明在农地、灌木林地、乔木林地、撂荒地和荒草地 5 种土地利用类型中,农地具有最高的 0~100 cm 土壤含水量,撂荒地居中,乔木林地、灌木林地和荒草地较小;在湿润时段(4 月 24 日至 6 月 23 日)和中等湿润时段(8 月 23 日至 9 月 18 日),土地利用是影响土壤水分变异的主要因素,对于相同的土地利用类型来说,坡向只在湿润或中等湿润时段对部分层次的土壤水分有明显的影响,坡位、相对高程、坡度及坡面曲率等 4 个环境因子的影响都不显著(黄奕龙等,2005)。

对黄土丘陵区不同土地利用方式降雨产流试验研究结果表明,草灌地产流时间远大于翻耕地和刈割地,承雨强度与初始产流时间均呈负相关关系;在相同的雨强条件下,不同土地利用方式产流过程明显不同,翻耕灌木地径流强度曲线波动最剧烈,峰值出现最早,平均产流强度大小关系为:翻耕灌木地＞翻耕草地＞刈割草地＞草地＞刈割灌木地＞灌木地,累计产流量上的大小关系为:翻耕地＞刈割地＞有植被覆盖地,表明良好的植被及其枯落物覆盖能有效地拦蓄径流,而对草灌地的破坏可引发黄土丘陵区严重的水土流失(赵鹏宇等,2009)。

对晋西陕北黄土高原土地利用变化的水分生态安全响应的研究表明,1989年各主要土地利用类型的水分亏缺都较大,缺水指数的类型主要是重度缺水,而1999年各主要土地利用类型的水分亏缺有所减轻。从研究区整体来看,不论是水分状况差的1989年,还是水分状况较好的1999年,土地利用类型水分生态安全指数逐渐降低的顺序均为林地、耕地、草地(梁小英等,2008)。

3.2 土地利用/覆被变化的土壤侵蚀效应

土壤侵蚀是最引人关注的主要环境问题之一,也是土地利用/覆被变化的重要生态环境效应。从对土地利用/覆被变化响应的角度探讨生态环境的反馈作用,认识综合人类活动因素和自然因素的土地利用/覆被变化所导致的土壤侵蚀现象及其机制,对土壤侵蚀治理和生态环境保护具有重要指导意义(蔡运龙,2001)。

土壤侵蚀的危害具体表现在破坏土壤表土层、土壤质量降低、淤塞河湖水库等方面。我国土壤侵蚀最为严重的地区均分布在西部。根据水利部1997年发表的《土壤侵蚀分类分级标准》,西北黄土区和西南石漠化区均属典型的水力侵蚀区(中华人民共和国水利部水土保持司,1997)。土壤侵蚀危害严重的地区通常都是贫困地区。《中国21世纪议程》指出:我国典型极贫困区域有两片,一片是"三西"(河西、定西、西海固)黄土高原干旱区,另一片是位于滇、桂、黔的喀斯特地貌区(国家计划委员会和国家科学技术委员会,1994)。前者是我国受沙漠化威胁最严重的地区,后者是石漠化最严重的地区。

西南喀斯特地区和西北黄土区由于生态系统易变、敏感度高,灾变承受能力低,环境容量小,是典型的生态环境脆弱地区。环境的脆弱性加上不合理的人为活动影响,致使这些地区生态环境严重恶化,出现了一系列重大的生态环境问题。同时,人口众多,人地矛盾尖锐,土地退化严重。因此,针对我国西部以土壤侵蚀和土地退化为主要特征的环境问题日益严峻,此方面的研究也受到了越来越多的关注。

3.2.1 土地利用/覆被变化土壤侵蚀效应的研究方法

土壤侵蚀的发生决定于气候因子特别是降雨和风的侵蚀力与土壤本身的抗蚀力。土地利用通过改变土壤的抗蚀力进而影响土壤侵蚀过程。本节重点介绍研究土地利用/覆被变化与土壤侵蚀过程关系的方法。

(1) 定点观测与野外测量

1) 设置试验小区作定点观测

美国林业局于1915年在犹他州开始了试验小区的定点观测,以后得到广泛推广(Loughran,1989)。测量土壤流失的试验小区常有两种类型,一种是筑了边界的试验小区,另一种是没有边界的试验小区,它们都能汇集地表径流和泥沙。由于试验小区面积较小,因此通常只能测量某一特定土地利用类型的土壤片状侵蚀和细沟侵蚀。试验小区分为"实验小区"和"观察小区"。在实验小区中,研究人员至少可以控制一种土壤侵蚀影响因素,如植被覆盖或土地利用等。观察小区则完全在自然条件下研究土壤流失。但由于试验小区没有统一的设计标准,观察时间长短不一,且实验结果的重复性不好,使得小区试验结果在解释土壤侵蚀的机理、过程、效应上存在一定困难。

2)其他野外测量技术

目前使用的技术主要有侵蚀针、捕沙器、纵断面测绘器、树根裸露分析、摄影和成土分析等,主要用于确定地表侵蚀/沉积的测量基准面。但这些测量方法都要求长时期持续观测,工作量相对较大,数据的精度难以把握。

(2)基于模型的定量研究

德国土壤学家早在1877年就开始对土壤侵蚀进行定量研究(Meyer,1984)。一个多世纪以来,国内外学者对土壤侵蚀规律进行了大量研究,并取得了丰硕成果。其中,涉及土地利用的土壤侵蚀定量与半定量模型就有很多,这些模型通常把土地利用/覆被作为影响土壤侵蚀的一个因子,计算不同土地利用方式下的土壤侵蚀量,还可根据允许土壤流失量来选择合理的土地利用方式。其中,应用最广泛的是美国通用土壤侵蚀方程式(USLE),以及在此基础上改进的RUSLE模型(修正的通用土壤侵蚀方程)(Wischmeier等,1965;朱启疆等,2002)。二者具有相同的基本结构:

$$A = R \times K \times LS \times C \times P \tag{3.2.1}$$

式中:A为预测的年平均土壤侵蚀量(t/hm^2);R为降水及径流因子($cm/(h \cdot a)$);K为标准小区下土壤侵蚀性因子(t小时);LS为无量纲的地形因子;C为无量纲的覆盖与管理因子,P为无量纲的水土保持措施(等高、梯田、淤积等)因子。

按照此公式,土地利用/覆被变化实质上就是改变了ULSE模型中的C值,从而影响了土壤的理化性质,改变了土壤的环境条件,使水土流失效应有了明显的差异。因为ULSE模型主要是预测农耕土壤侵蚀的半经验模型,不涉及土壤侵蚀的机理与侵蚀过程。为代替ULSE模型,美国农业部发布了基于侵蚀过程的预测模型WEPP(Water Erosion Prediction Project)(剖面版、流域版)(刘宝元和史培军,1998)。其中,WEPP的剖面模型版(profile version)可直接用于代替ULSE模型。流域版可以评价和指导资源管理系统,但只适合于田块尺度。WEPP模型包括了与土地利用/覆被有关的因子如地表覆盖及高度、作物残留与分解等,而且计算精度高。

其他国家也为评价土壤侵蚀的影响建立了一些涉及土地利用/覆被信息的土壤侵蚀模型。例如,英国Morgan等(1998)根据欧洲土壤侵蚀的成果,开发了用于描述田间和流域的土壤侵蚀预报模型(EURODEM—European Soil Erosion Model);荷兰科学家结合本国实际和研究成果,开发了LISEM(Limberg Soil Erosion Model)土壤侵蚀模型(De Roo,1996);我国刘宝元等(2001)借鉴美国USLE模型建立了中国土壤流失预报方程。这些模型提出后,迅速得到世界各国的应用。如李建牢和刘世德(1989)应用通用土壤流失方程式,通过确定方程式中各因子值,对罗玉沟流域坡面土壤侵蚀量进行了推算。

从理论上讲,如将这些静态、定量化的模型与动态的土地利用/覆被变化联系起来,可以得到二者之间的联系,但由于区域差异显著,很多模型都不能直接使用。即使在同一地区,各模型之间的结果也有很大的差异,模型的可移植性差。此外,目前基于模型的研究大都处在静态分析阶段,相对缺乏对于影响土壤侵蚀的自然与人为因素相互作用的整体分析和对于演变过程的长期观测及定量剖析。

(3) 基于 GIS 和 RS 的研究

遥感影像是流域尺度土地利用/覆被状况的主要信息源,GIS 为不同土地利用背景下土壤侵蚀空间分布规律研究和不同土壤侵蚀背景下土地利用的时空演变研究提供了技术支持。RS 和 GIS 在该领域研究中的应用,一方面体现在将 GIS 与土壤侵蚀分布模型相结合,如 Grass 模型和 Answers 模型的集成及 Grass 模型与 Agnps 模型的集成等(邹亚荣等,2002);另一方面就是最常见的将遥感解译获得的数字化土地利用/覆被图与已有的从遥感影像和地形图相结合得来的土壤侵蚀分布图数字化后进行叠加,从而能分析二者之间的相关关系。

我国学者在后一方面做了大量工作。傅伯杰等(1999)以陕西省延安市羊圈沟流域为例研究了土地利用变化对流域土地侵蚀的影响,发现该流域 1996 年与 1984 年相比,坡耕地减少了 43%,林地增加了 42%,草地增加了 5%,土壤侵蚀量减少了 24%。由于耕地、林地和牧草地的土壤侵蚀强度不同,所以土地利用结构变化也会导致土壤侵蚀的变化。喻权刚(1998)利用遥感信息对黄土丘陵区土地利用与土壤侵蚀的关系进行了研究,发现年土壤侵蚀量与平耕地所占比例成负相关,与坡耕地所占比例成正相关。傅伯杰等(1998)的研究表明,坡耕地—草地—林地土地利用结构具有较好的土壤养分保持能力,是黄土丘陵区梁峁坡地上较好的土地利用结构类型。

目前,此类研究大部分限于较小区域某一时期的统计相关分析,若能有多时相的土地利用与土壤侵蚀数据,将会获得更深入的认识。

(4) 基于土壤放射性同位素的土壤侵蚀示踪研究

利用放射性核素(如 ^{137}Cs、^{210}Pb、^{7}Be、^{226}Ra 和 ^{228}Ra 等)示踪土壤侵蚀,近年来在土地利用/覆被变化与土壤侵蚀关系研究中得到了广泛的运用。其中,^{7}Be 半衰期非常短,适合于示踪短期内某种土地利用方式下的土壤空间分配作用。^{137}Cs 和 ^{210}Pb 示踪技术在土壤侵蚀中的应用研究较为深入,可分别进行大约 45 a 和 100 a 以来某些时段内特定土地利用/覆被类型下的土壤侵蚀速率估算和空间分布研究。其中 ^{137}Cs 示踪操作简单,既能进行宏观大尺度研究,又能进行微观研究,因而用得最多,已在许多国家得到运用,世界大陆侵蚀委员会曾把这种方法推荐为 2000 年以前研究土壤侵蚀最优秀的方法之一(吴永红和寇权,1997)。

基于土壤放射性同位素的研究不受场地限制,简便迅速,更重要的是它提供了土壤侵蚀的多年平均值,能更好地反映一个地区的土壤侵蚀强度。^{137}Cs 示踪方法虽然比较成熟,但实际上也只能用以分析整个流域尺度上的土地利用/覆被变化与土壤侵蚀之间的联系,且多是针对当前土地利用/覆被现状得到的一个静态结果,并没有从机理上揭示土地利用/覆被变化与土壤侵蚀之间的关系。此外,^{137}Cs 的测定费用高,耗时多,因此研究区不宜过大,限制了其在大尺度上的应用。

(5) 基于湖泊(水库)沉积物的研究

1) 沙堰或水库泥沙沉积量的研究

在有沙堰或水库的地区,可根据泥沙淤积量,计算流域内的总侵蚀量或侵蚀模数。Hadley 等(1961)首先应用湖泊或小坝库存储的沉积物调查来测量相对小的、同质盆地的沉积物量。Wayne 等(2002)通过悉尼附近砂岩盆地水坝沉积物调查,表明土地利用是决定沉积物产出量的一个非常显著的因素。耕作盆地平均产沙量为 7.1 t/(hm²·a),而载畜的牧场和林地盆地平均产沙量分别为 3.3 t/(hm²·a) 和 3.1 t/(hm²·a)。载畜的牧场和林地盆地产出的沉积物类似,是因为林地盆地也有放牧行为。

2) 沉积物放射性同位素的示踪研究

湖泊(水库)作为一个小流域地表物质运移的汇,连续记录了较高分辨率的环境变化信息。随着稳定同位素技术的发展,用 ^{137}Cs 作为湖泊(水库)沉积与流域土壤侵蚀的示踪剂在近几十年里得到广泛应用。通过识别沉积物柱的 ^{137}Cs 峰值位置,研究湖泊、水库、湿地和洪积平原的沉积速率,已成为一个比较成熟的应用领域。Ritchie 等(1990)在其关于 ^{137}Cs 在侵蚀和沉积速率和模式中应用的总结性文献中指出, ^{137}Cs 示踪技术可用于确定沉积环境中自1954 年以来沉积物的沉积速率,为侵蚀速率和模式提供数据, ^{137}Cs 是研究整个景观中侵蚀和沉积循环的独特手段。土地利用是土壤侵蚀速率和湖泊(水库)沉积速率变化的主要影响因子,而土壤侵蚀产生的泥沙是沉积物的主要来源,将沉积速率与土地利用/覆被变化联系起来,进而研究土地利用/覆被变化对土壤侵蚀的影响,再将其与历史档案、遥感资料和实地考察相结合,可以揭示人为与自然因素在生态环境格局变化中所占的份额,阐明生态环境对人类活动的响应机制和耐受能力。

从当前的技术水平及其发展动向来看,用湖泊沉积物的方法来研究湖泊沉积速率与土地利用/覆被变化之间关系的技术已相对成熟,且是当前研究的一个新动向,因此该方法具有很大的应用和开发潜力。此外, ^{137}Cs 作为全球范围内沉降的一种核示踪元素,在沉积物及土壤中的分布及含量具有全球可对比性。 ^{137}Cs 示踪方法的深入研究和进一步运用,也在尝试寻求一个统一的土壤侵蚀标准。但该方法一般只适合闭合流域的集水盆地,在采样点的布设方面要求比较严格,其应用具有一定难度。

上述五种研究土地利用/覆被变化与土壤侵蚀关系的方法都各有其优缺点,具体选择应视研究区域和研究目的而定。随着各种研究方法日臻成熟,基于湖泊(水库)沉积物的研究显示出巨大的发展和应用潜力。水库和湖泊沉积物一方面能弥补历史和观测资料的不足,还可以借助放射性同位素和矿物磁性等指标来提取土壤侵蚀和堆积的信息,因此这种方法对缺乏水文泥沙观测数据的流域尺度上的研究特别适用。若能与其他方法结合起来,不仅可以揭示流域在土地利用/覆被变化周期内土壤侵蚀及沉积的变化,还可以探索侵蚀泥沙源地和泥沙搬运路线。

3.2.2 典型区土地利用/覆被变化的土壤侵蚀效应研究

如前所述,西北黄土高原丘陵沟壑区和西南喀斯特高原山地丘陵区是西部土壤侵蚀最为严重的地区,也是土地利用/覆被变化土壤侵蚀效应研究工作最为集中的地区。本节主要介绍在这两个地区的研究案例。

(1) 黄土高原丘陵沟壑区案例——基于实验区观测的研究

黄志霖等(2004b)在位于甘肃省定西地区安家沟小流域设置实验区,观测土地覆被变化的水土流失和水土保持效应。该实验区海拔高度 1900~2250 m,气候区划上为中温带半干旱区,水土保持区划上为黄土丘陵沟壑区第五副区。

1) 研究方法

以坡耕地为对照,通过自然降水条件下径流小区实验,连续 14 a 同步观测人工乔、灌、草植被和自然草地的系统、整体径流泥沙结果,揭示不同退耕类型减流、减沙效果差异及其时间(季节、年度)变化趋势。

①小区设置。小区分为5种类型:坡耕地(春小麦)、牧草地(紫花苜蓿)、灌木林地(沙棘)、乔木林地(油松)和自然草地(针茅)。各类型小区位于同一坡面,具有相同的坡向、坡位。坡耕地、牧草地小区按照当地传统的耕作方式进行管理。沙棘林、油松林初植密度为 1 m×1 m 和 3 m×2 m,林地无任何抚育管理。

②径流和泥沙测定。径流产生后,量算蓄流池径流总体积,搅拌均匀后重复取泥沙样,沙样烘干,计算次径流量、侵蚀量,观测期为1986年5月至1999年9月。

③降水量测定。通过径流实验小区的气象观测站记录降水情况。

2)主要发现

研究结果表明,不同土地覆被类型之间地表径流量和土壤侵蚀量具有明显差异。牧草地、乔木林地与坡耕地产流次数大致相当,但都高于灌木林和自然草地。坡耕地和牧草地侵蚀产生次数明显高于灌木林地、乔木林地和自然草地;与坡耕地比较,灌木林地和自然草地能够有效地减少径流、侵蚀产生次数。径流量、侵蚀量差异也反映出各类型不同的减流、减沙效果。14 a 总径流量及侵蚀量都是以农耕坡地为最高,依次为:农耕坡地>牧草地>乔木林地>草地>灌木林地。与农耕坡地相比较,牧草地、灌木林地、乔木林地和自然草地径流量分别降低了12%、66%、21%和44%,土壤侵蚀量分别减少了58%、95%、77%和92%。在半干旱丘陵沟壑区,乔木林地比灌木林地、天然草地有更高的土壤侵蚀强度及频率,这可能与半干旱气候下的油松林地不能形成良好的植被层次和枯落物层有关。

研究结果还表明,不同退耕类型在减流、减沙效应上表现出明显的年际变化特征。牧草地累积减流、减沙效应随年度增加逐步下降,乔木林地的累积减流效应逐渐下降而减沙效应则逐步增加,灌木林地累积减流、减沙效应持续提高,自然草地则为先增长后降低的过程。14 a 累积减流、减沙效应次序为:灌木林地>自然草地>乔木林地>牧草地。牧草地和乔木林地在短期具有较好的减流、减沙效应,而灌木林地和自然草地具有较好稳定持久的水土保持功能。这主要是因为,牧草地的水土保持效应受牧草的生长年限影响,随着草地质量、盖度的下降,牧草需要重新种植,如此势必影响植被的水土保持效应。灌木林冠层与林下层(草本、枯落物和地下根系)构成稳定的复合缓冲层和覆盖层,并随时间延长而快速增加,这些对雨水截留、径流吸持,减缓延长径流汇聚并增加渗透量,减少侵蚀有决定作用。乔木林地的覆盖度逐年增加,但林地的径流与牧草地和农耕坡地大致相当,减流效应随时间延长而逐步下降,而减沙效应有所提高,表明林冠对雨水截留效率和林地土壤的渗透率较低,增加了植被侵入的难度;油松人工林缺乏良好的灌草层次,凋落物残留少及分解缓慢,林地表面的紧密坚实及裸露,解释了仅有乔木层而无枯落物和良好草被时,林地的土壤侵蚀量相对较大的现象。

(2)喀斯特高原山地丘陵区案例——基于 GIS 和水库沉积物的研究

蔡运龙等执行的国家自然科学基金重点项目《西南喀斯特山区土地利用/覆被变化及其对土地资源利用可持续性的影响》,研究了不同尺度的土地利用/覆被变化及其对土壤侵蚀的影响。相对于我国其他地区,西南喀斯特地区的水土流失有其特殊性:土层浅薄,成土速度慢,土壤侵蚀导致石漠化,治理难度大;土地石漠化后,侵蚀模数降低,绝对侵蚀量小,允许侵蚀量低。位于贵州省关岭县喀斯特高原山地丘陵区的石板桥流域就是一个此类植被差、岩石裸露率高的典型喀斯特小流域,属于强度水土流失区。该研究探讨了典型小流域不同时期人为与自然干扰—土地变化—土壤侵蚀—石漠化之间的关系,得到一些与其他地区研究不尽相同的认识(吴秀芹等,2005;Wang等,2008)。

1)研究方法

①利用航空相片、地形图和其他相关图件,进行了20世纪60年代、70年代末、80年代末和21世纪初的土地覆被解译和计算机制图,基于GIS建立土地覆被数据库。结合小流域的自然条件、人口、社会、经济等方面动态的调查,研究小流域不同时期土地利用格局及其变化的主要驱动力。

②在石板桥水库最深处取得一根长24 cm、直径为6.5 cm的沉积物柱芯,切成25块的样品。测定其对放射性同位素^{137}Cs并定年,结合沉积物的粒度分析、有机质分析和矿物磁性参数分析,推断小流域内不同时期的土壤侵蚀状况及其变化过程。将野外观测实验、采样分析、土地统计模型和GIS相结合,从小流域土地利用结构和单一土地利用类型两个维度,研究土地利用类型及其变化对土壤侵蚀的影响。

2)主要发现

研究结果表明,从侵蚀强度来看,喀斯特山区土地利用/覆被与土壤侵蚀之间的关系与其他地区有所不同,各类型土壤侵蚀发生率比例依次为:草地＞林地＞旱地＞难利用地＞建筑用地＞水田。从植被覆盖度来看,除水田外,植被覆盖度与土壤侵蚀之间存在临界值(20%~60%),植被覆盖度高于60%时,土壤侵蚀得到一定的控制;小于20%时,土壤侵蚀发生的比例变小。可见,植被的覆盖度与土壤侵蚀的发生并非呈简单的反比关系,中覆盖度的旱耕地、林地和草地侵蚀发生的比例都大于高覆盖度的旱地、林地和草地;而当覆盖度降低时,侵蚀发生的比例反而减小。说明中覆盖度的土地利用/覆被类型发生土壤侵蚀风险最高;而土壤侵蚀强度与植被覆盖度呈近似正比关系。这一点与非喀斯特地区在水土保持效果上通常"林地＞草地＞旱地"的结论有所不同。这种差异是由喀斯特地区土壤侵蚀的特殊性决定的,喀斯特地区物理风化作用较弱,岩石碎屑较少,土壤是侵蚀物质的直接来源。因此,土壤的存在与否及土层厚度是决定土壤侵蚀发生及强弱的关键。喀斯特地区的植被类型与覆盖度主要取决于土壤状况,有土壤才发育植被。通常,土层越厚,土被的连续性越好,植被的覆盖度也相应越高。植被覆盖度低的地方,多半是没有可侵蚀物质的裸岩镶嵌其中。因此,植被覆盖度在一定程度上是和土被覆盖度相关的,只有一定土被覆盖度背景下,才有"植被覆盖度越高,土壤侵蚀越弱"的一般规律。当植被覆盖度低于这个临界值时,土壤侵蚀的发生和土壤侵蚀强度皆因侵蚀源的影响而降低,极端状况就是裸岩上基本没有土壤侵蚀发生。

研究还表明,坡度和海拔高度与土壤侵蚀关系并不是单一的正比关系,同样存在侵蚀临界坡度和临界海拔区间。临界坡度在15°~25°,临界海拔在1485~1505 m,超过临界坡度或海拔,侵蚀发生比例反而减小。这一现象发生的原因主要是因为坡度和海拔高度影响了土地利用类型,进而影响了土壤侵蚀的下垫面。在15°~25°间大量分布较易发生土壤侵蚀的草地、林地、耕地;当坡度继续增大时,由于草地、林地、耕地比重降低,受土壤条件限制的难利用地比重升高,因而土壤侵蚀发生的比例略有降低。

从水库沉积物中提取的土壤侵蚀信息反映了研究区40 a来侵蚀/沉积速率经历了"快(0.50 g/(cm²·a))—慢(0.4773 g/(cm²·a))—更快(0.5644 g/(cm²·a))"的变化过程。第一阶段(1962—1978年),陆源侵蚀速率居中,并先加剧后减弱;各参数反映人类干扰之初以细粒为主的自然选择性侵蚀过程。第二阶段(1978—1989年),延续前一阶段的低速侵蚀,但后期加剧,经历土壤侵蚀总量上的阈值;各参数指示陆源以表土侵蚀为主,并向粗骨化和贫瘠化发展。第三阶段(1989—2002年),侵蚀高速发展;各参数指示了人类干扰带来的地表碎屑物质及植物残体的增加。

人为扰动加速物质源的侵蚀,使侵蚀/沉积速率升高。一般先冲蚀富含有机物和次级磁性矿物的细粒物质,在降水量较大时,含原生磁性矿物的粗粒物质一同被侵蚀;随着侵蚀的进一步发展,陆源物质逐渐粗骨化、贫瘠化。

侵蚀速率与土地覆被逆向演替及其引发的石漠化面积扩展并非单一关系。1960—1978年和1978—1989年两阶段侵蚀速率都较低,但土地覆被的逆向演替却较1989—2001年期间明显。尤其在1978—1989年,侵蚀速率最低,但严重石漠化面积扩展速率却最大。1989—2001年期间,虽然侵蚀/沉积速率最高,却未带来更大的石漠化扩展,这与水土保持措施的滞后性及石漠化形成的滞后性有关。

水土保持工程措施在实施之初反而加速土壤侵蚀,因为土壤被翻动。因此工程措施在实施前应做好预防措施,或采取以静治动的方法,尽量减少表土的翻动。水保措施不仅要能够减缓侵蚀、改善环境,还要有助于解决当地人民的基本生存问题。

3.3 土地利用/覆被变化的生态效应

土地利用/覆被变化导致生物赖以生存的环境发生变化,生态系统必受影响,改变其结构和功能,并对人类的福利造成正面或负面的作用。广义的生态效应包括大气环境效应、土壤环境效应、水环境效应及生物多样性和生态系统服务效应等,狭义的生态效应仅指对与生物和生态系统有关的影响。这里主要关注狭义的生态效应,即土地利用/覆被变化造成生物生境的破坏从而引起生态系统结构和功能的变化。概括起来,土地利用/覆被变化的生态效应主要包括:

(1)土地利用/覆被变化对生态系统结构的影响。主要表现在生态系统结构、类型的变化,景观结构变化、生物多样性减少是这一变化的集中表现。

(2)土地利用/覆被变化对生态系统功能的影响。表现为对生态系统物质、能量循环的影响,主要包括生产功能、服务功能、生物防治功能、保护和改善环境质量功能、土壤形成及其改良功能、减缓干旱和洪涝灾害、净化空气和调节气候等。

3.3.1 土地利用/覆被变化对生态系统结构的影响

土地利用/覆被变化导致生物多样性的丧失,是对生态系统结构中生物部分最重要的影响;景观结构的改变和生境的破碎化,是对生态系统结构中非生物部分影响的最重要体现。生境多样性是生态系统多样性形成的基本条件,生物栖息地的破坏和片断化已成为影响生物多样性的重要因素。西部地区面积广阔,生境多样,生物多样性丰富,但近现代土地利用/覆被变化剧烈,对区域生态系统的结构产生了重要的影响。

(1)土地利用/覆被变化对生物多样性的影响

1)土地利用过度集约化对生物多样性的影响

李宇等(2008)研究了盆地约束下土地利用过度集约化导致生物多样性丧失的现象。研究表明,特殊河谷地形条件下,兰州市土地利用面积趋于稳定,进一步的发展在规模效应的趋势下造成土地利用过度集约化,造成河谷内黄河沿岸和交通线附近城市化土地比重上升,城市化景观趋于均匀分布,斑块数量上升则使河谷景观破碎度变大,造成局部小生境丧失,生态链缩短,系统变得单一趋同。因此接受外界刺激适应能力减弱,表现为树种减少,树叶稀少,绿化绩效低,各种鸟类的种类和个体数量都减少,害虫增多,生态系统容易遭到损坏。

2)土地覆被变化对土壤微生物种群的影响

张锋等(2006)研究了浅沟集水区不同土地覆被下和不同地形部位上土壤微生物的变化。研究表明,在15 a开垦裸露休闲地浅沟集水区,植被破坏加速侵蚀导致表层土壤微生物数量明显减少,不同地形部位表层土壤微生物总数减少29%～92%。微生物中的真菌减少幅度最大,细菌次之,放线菌减少幅度最小。同林地相比,开垦15 a的裸露休闲地土壤微生物总量仅是林地的1/4～1/3,其中以细菌和真菌下降明显,且侵蚀强度和侵蚀方式对土壤微生物总量有重要影响。在15 a裸露休闲地的梁坡,浅沟沟槽微生物总量最少,且浅沟出现后,由于浅沟侵蚀强度随坡长增加而增大,造成坡下部浅沟沟槽的微生物明显低于坡中部。林地砍伐明显减少了土壤微生物的多样性。在裸露农地上,微生物群落有明显变化,革兰氏阴性菌含量明显降低,真菌含量增加。随着侵蚀强度的增加,微生物代谢效率降低,但还可以维持碳氮转化在低水平上进行。总的氮素矿化和氨态氮的消耗速率可以解释裸露农地和林地微生物活性的差别,而不能用净氮素矿化速率估算。与不同演替阶段植被群落、林地和耕地相比,引起裸露地氮素净转化率较低的原因是土壤养分含量和微生物总量太少,也可能是微生物群落结构不同引起的。在140 a次生林地,土壤养分、微生物生物量、微生物多样性和微生物活性均发展到相对稳定的阶段。植被自然恢复6 a后,部分土壤性质出现了变化,与微生物活性相比,微生物群落结构不能单独作为判断土壤退化的指标。

3)居民区开发对重要虫媒病传播的影响

从自然环境变化对重要虫媒病传播的角度,研究了不同开发水平条件下自然村的媒虫多样性及丰度。选择云南省西双版纳的两个自然村,通过在野外用诱蚊灯采集蚊虫、捕捞小溪中幼虫进行鉴定,以及对居民疟疾感染情况进行调查,运用GPS对观测区重要目标进行定位,按GPS数据获取Quickbird卫星遥感图片,运用GIS技术对两个村环境的疟疾媒介微小按蚊的滋生环境进行比较,对可能影响出现疟疾媒介发生差异显著的原因进行了探讨,研究表明:各诱灯点调查期内诱集的微小按蚊总数与每平方公里内河流长度呈极显著正相关性,各诱灯点调查期微小按蚊总数与诱灯点距河流、水稻田最近距离具极显著负相关性;研究发现,疟疾媒介微小按蚊属优势种群,且微小按蚊的种群数量变动与环境改变,特别是水环境的改变关系密切,环境变化可诱使媒介种群数量继增,最终导致疟疾发生。此外还研究了居民区开发对疟疾、林区开发对莱姆病、水库库区开发对鼠疫等传染病暴发的影响,表明环境开发因素对这三种虫媒传病的媒介(蚊、蜱、鼠、蚤)的种群发生动态有明显影响(陆宝麟,2003;刘增加等,2004;王学忠等,2007;刘美德等,2008)。

(2)土地利用/覆被变化对景观结构与生境的影响

1)干旱区土地利用/覆被变化对绿洲景观格局和稳定性的影响

罗格平等(2005)研究了近20 a来干旱区绿洲土地利用/覆被变化对景观格局和景观稳定性的影响。以三工河流域为例,以遥感、GIS、地统计和多元统计分析等为主要技术手段,根据三工河流域1978年、1987年航片和1998年TM影像,利用景观生态学的研究方法,分析了土地利用/覆被变化对绿洲景观格局变化的影响,包括景观多样性与人类活动复杂多样性、景观斑块形状与绿洲扩张、斑块破碎化程度与人类活动的强度等。研究结果表明,绿洲景观多样性和均匀性在不同区域上存在较大差异,但在时间上差异不明显,总体呈现下降趋势,说明景观的异质性在下降。绿洲景观的多样性指数和均匀性指数分别由1978年的4.7818和0.8135下降到1987年的4.6687和0.8109,到1998年又回升至4.7195和0.8125。人类活动显著地改变了景观的多样性。例如,1987—1998年期间,在绿洲上部增加了一条宽度达60 m的高速公路,且与河流水系、干支渠廊道成正交,显著改变了整个绿洲的物质流、能量流网络结构体系,从而改变了绿洲景观斑块的格局,引起景观多样性指数上升。因此初步认识到:如果人类活动主要作用于景观斑块,则会导致景观多样性下降,如果人类活动对景观廊道进行强干扰,则有可能导致景观多样性上升。整个绿洲的景观斑块形状指数有所增加,说明景观内斑块总体形状朝越来越不规则和越来越复杂的趋势发展,但速率趋缓。在绿洲景观的变化与发展中,人类一方面在尽力扩张绿洲外围,使绿洲面积扩大,其结果使绿洲景观斑块形状的小规则性和复杂性增加,分维数也相应增加;另一方面也在尽量规划绿洲内部,其结果使绿洲景观斑块形状趋向规则,复杂性降低。近20 a来前者一直占优势,不过这种优势在后期逐渐减弱。人类活动强度较大的绿洲区域,景观的破碎化程度总体较高。总体看来,景观破碎化程度在人类活动强度较大的绿洲中部高于人类活动强度相对较弱的绿洲下部和上部。绿洲斑块密度和景观破碎化程度随时间呈下降的趋势。破碎化程度在人为斑块普遍高于自然斑块,且随时间呈现下降的趋势,但自然斑块的破碎化程度有上升的趋势。

2) 河西走廊土地利用/覆被变化对景观格局的影响

蒙吉军等的研究小组研究了河西走廊土地利用/覆被变化对景观格局等的影响。该研究选取河西走廊中西段的肃州绿洲,研究了1988—2000年县域尺度的土地利用/覆被变化、景观格局及其动态、景观生态效应及土地持续利用。结果表明:12 a间,景观的破碎度增加,表现在耕地、林地、草地、未利用地斑块的平均面积、周长都在减小。土地利用结构变化表现出耕地、水域明显增加,城镇用地和农村居民点也有增加,草地、林地和未利用地呈减少趋势,反映出区域城镇化进程的加快和生态环境恶化的趋势。

研究区景观的主要斑块类型为戈壁(沙地)、耕地、盐碱地和低覆盖草地,体现了景观的基质是戈壁沙地和农牧业绿洲。斑块特征指数表现为农村居民点、耕地和低覆盖草地斑块密度较大,耕地、戈壁、低覆盖草地和盐碱地斑块边缘密度较大,反映出农村居民点多而分散,草地退化和耕地碎片化。景观多样性指数(SHDI)表明景观异质性较高,景观中有一定的优势类型,以戈壁、耕地和盐碱地等景观类型占优势。景观空间构型指数蔓延度反映了聚集度适中,破碎度则反映绿洲景观总体受人类活动干扰较小,戈壁、耕地、沙地、盐碱地分离度较小,反映出绿洲景观类型占较大面积,斑块相对聚集,构成控制性生态景观。1988—2000年间,研究区各土地利用类型及景观格局指数均发生了重要变化,耕地、水域明显增加,城镇用地和农村居民点也逐步增加,草地、林地和未利用地呈减少趋势,尤其是高覆盖度草地全部消失。斑块破碎化程度在减小,异质性也在减小,但生态环境质量仍在下降。表现为大部分草地、林地被开垦,降低了绿洲维护生态平衡的能力,加大了干旱绿洲业已超负的水资源载荷。斑块优势度在减小,斑块类型趋于均匀分布,异质性的减小和均质化发展必然导致景观稳定性的降低。斑块同化引起边缘效应显著,相邻生态系统被边缘隔离、暴露在其他生态系统中的边缘比例减小。人类活动是引起肃州绿洲生态环境退化的主要原因,但12 a来,由于人类活动影响的减小,生态环境退化有所减缓(蒙吉军等,2004;蒙吉军和吴秀芹,2004)。

3)艾比湖流域土地利用/覆被变化对景观格局的影响

金海龙在西部计划基金项目《新疆艾比湖流域社会经济与生态系统可持续发展模式研究》中,通过对土地利用类型、土地荒漠化、植被的景观要素特征指数和景观异质性指数分析发现,艾比湖湖区绿洲过渡带是一个具有较高异质性特征的复杂景观生态系统。该景观生态系统较脆弱,且受人类活动干扰明显。在人类活动较为剧烈的湖区,极易造成湖区绿洲生态系统向荒漠化生态系统演化。因此指出,应加强该湖区土地利用类型的调整,特别是该区未利用土地的改良,对湖区绿洲过渡带景观格局调控具有重要的实践意义(李新琪等,2008)。

3.3.2 土地利用/覆被变化对生态系统功能的影响

土地利用/覆被变化是人类活动与自然界交互作用最为密切的环节,它除了影响区域生态系统能量流动和物质循环等基本功能外,还对气候调节、水源涵养、土壤形成、废物处理、食物生产、娱乐休闲等生态系统服务产生重要影响(石龙宇等,2008)。本节主要介绍西部土地利用/覆被变化对生态系统生产力和土壤质量影响方面的部分研究成果。

(1)土地利用/覆被变化对生态系统生产力的影响

1)青海省三江源地区土地覆被变化对生态系统生产力的影响

徐新良等(2008)在土地利用/覆被变化时空数据库群的支持下,探讨了在气候与土地利用变化双重作用下的陆地表层宏观生态过程机理。研究结果显示,气候波动和土地利用/覆被变化对农牧交错带碳循环过程皆有影响,并表现出明显的空间差异。

以青海省三江源地区为研究区,应用扩展到区域水平的遥感—过程耦合模型(GLOPEM-CEVSA),以空间插值的气象数据和1 km分辨率的AVHRR(先进高分辨率辐射仪)遥感反演的FPAR数据为模型的主要输入变量,模拟并分析了1988—2004年该区NPP(净初级生产力)时空格局及其控制机制。结果表明,该区植被呈自东南向西北逐渐降低的空间格局。NPP以森林为最高,其次为农田、草地和湿地,荒漠最低。NPP年际变化趋势在空间上呈现出明显的差异,西部地区表现为增加趋势,而中、东部表现为降低趋势。对三江源地区NPP的年际变化趋势的气候驱动力分析表明,整个区域植被生产力受气候变化主导,西部地区的暖湿化趋势造成了植被生产力在大范围内的明显增加趋势;但东、中部地区则主要受人类活动的影响,特别是长江、黄河等河流沿线,是人类居住活动密集的地区,放牧压力较大,草地退化严重,而暖干化趋势更加剧了这一过程。

2)农牧交错区土地覆被变化对生态系统生产力和碳循环的影响

在生态敏感的农牧过渡区,高志强等(2004)应用以遥感观测为基础的土地利用数据和高时空分辨率的气候数据驱动生态系统过程模型,估计土地利用和气候变化对农牧过渡区NPP、植被碳储量、土壤呼吸和碳储量及NEP(净生态系统生产力)的影响。结果显示,20世纪80—90年代农牧交错带由于气候变暖和降水减少导致NPP减少3.4%,土壤呼吸增加4.3%,每年NEP总量减少33.7×10^9 kg。尽管植被和土壤碳储量由于NPP仍然高于HR(土壤异氧呼吸)而有所增加,但NEP的下降表明,气候变化削弱了生态系统的碳吸收能力,降低了碳储量的增长速率。土地利用变化使所发生区域 NPP 增加 3.8%,植被碳增加 2.4%,每年 NEP 总量增加 0.59×10^9 kg。土地利用变化使生态系统碳吸收能力有所加强,但尚不足以扭转气候变化导致的下降趋势。土地利用变化对整个区域植被生产力和碳循环的影响比较小,但在它所发生地区,其影响大于气候变化的影响(高志强等,2004;王军邦等,2009)。

(2) 土地利用/覆被变化对土壤质量的影响

1) 岷江上游地区不同土地利用/覆被类型的土壤质量

刘国华等(2003a;2003b)分析对比了不同土地利用/覆被下的土壤质量。在四川卧龙自然保护区皮条河流域卧龙关镇,比较了同一坡面四种不同土地利用方式(灌丛、撂荒地、坡耕地和人工林)对土壤质量的影响,分析了理化性质和土壤水分的差异,运用土壤质量指数对不同土地利用方式的土壤质量进行了评价。结果显示,土壤质量从高到低依次为:灌丛>撂荒地>坡耕地>人工林。灌丛覆盖下的土壤质量之所以高,是因为灌丛有着肥力岛屿的作用,可以截流、维持和改善土壤的肥力,减少水分流失。通过比较不同坡位上的土壤质量,发现上坡位与坡脚的位置其养分含量高于中坡位和下坡位。坡脚的土壤质量高,是因为坡脚是坡面的汇,同时有着较缓的坡度,所以土壤养分易于积聚(刘世梁等,2003)。

在茂县大沟流域对比了灌丛、坡耕地、果园和人工林的土壤性质及其土壤质量综合指数,发现土壤质量从高到低依次为:灌丛>人工林>果园>坡耕地。同时发现,土壤养分和海拔高度有着较好的相关性,这与不同海拔高度土地覆被分布的差异和人类干扰的差异有较大的关系。分析了人工林种植对土壤质量的影响,发现土壤理化性质中,速效钾、pH 值与人工林树龄关系不大,其余的养分元素表现出随树龄的增加呈改善趋势。土壤有机质、总氮等主要养分含量的变化,在干旱河谷人工林种植区比湿润高山区更为强烈,因为土壤的初始养分含量都较低,植被的改善会很快影响土壤质量的变化。利用土壤综合质量指数法,计算出了不同阶段的土壤质量值。结果表明,随着林龄的增加,土壤质量有较大的改善(刘世梁等,2003)。

2) 贵州丘陵高原区不同土地利用/覆被类型的土壤质量

后立胜(2005)以贵州省猫跳河流域上游的丘陵高原为研究区,分析了不同类型小流域土地利用/覆被变化对土壤质量的影响。首先区分了非喀斯特、半喀斯特、喀斯特三种类型的景观区(小流域),再在每一种景观区中划分出耕地、灌丛、草地、撂荒地和林地 5 种主要土地利用类型。分别对三类景观区各自 5 种主要土地利用方式进行了土壤采样,测定了土壤样品的粒度、土壤容重、土壤水分、土壤孔隙度、土壤剪力、土壤机械组成、土壤干湿团聚体、土壤养分、土壤矿质全量、土壤胶体与黏土矿物等参数。分析了不同类型景观区和不同土地利用对土壤质量的影响。

研究结果显示,土壤质量指标除土壤剪力、2~1 mm 和 1~0.5 mm 土壤团聚体含量在各景观区之间没有显著差异外,其余各项指标均随喀斯特程度的加深而有显著变化:土壤容重增大,含水量减少,黏土含量降低,水稳性大团聚体数量减少,土壤结构变差,但由于土壤板结,抵抗物理破坏的能力反而有所提高;土壤养分总体情况变差,但由于典型喀斯特景观区特殊的生境条件,却导致了有机质等养分的局部积累;土壤矿质元素则主要表现为含硅量增加和含铝量下降的趋势。在非喀斯特景观区,粉粒、0.5~0.25 mm 水稳性团聚体、碱解氮、全磷、氧化铝、氧化钙、氧化钛等的含量在不同土地利用方式下差异性不显著,其他各项指标则均有比较明显的差异;在半喀斯特景观区,除1~0.5 mm的团聚体和矿质元素氧化硅、氧化铝、氧化锰、氧化钛在不同土地利用类型之间的含量差异性不显著之外,其他各项指标均存在比较明显的差异;在典型喀斯特景观区,矿质元素铁、铝、钛的氧化物含量在不同土地利用类型之间没有显著性差异,全磷、全钾和碱解氮等养分含量的差异较小,其他各项指标均在不同土地利用类型之间存在显著差异。

采用基于土壤管理评价框架(Soil Management Assessment Framework,SMAF)构建最小数据集(Minimum Data Set,MDS)进行土壤质量评价的方法(Andrews 等,2001;2002;2003;2004),对不同景观区不同土地利用/覆被对土壤质量的影响进行了评价。研究结果表明:

①土地利用/覆被对土壤质量退化的影响按从大到小排序,在非喀斯特景观区为:耕地＞灌丛地＞摞荒地＞草地＞林地,而且林地生长年限越长土壤质量退化程度越轻;在半喀斯特地区为:耕地＞摞荒地＞草地＞林地(本底)＞灌丛地;在典型喀斯特地区为:草地＞耕地＞摞荒地＞灌丛地＞林地(本底)。总体来看,非喀斯特区灌丛地对土壤质量退化影响比较严重。半喀斯特区和典型喀斯特区土地利用对土壤质量退化的影响作用的相似之处是,灌丛地土壤质量退化轻微,而草地、耕地和摞荒地退化均比较严重;但也有不同,典型喀斯特区的草地土壤质量退化最严重,而半喀斯特区灌丛地对土壤质量的具有优化作用。

②在非喀斯特景观区,生长年限较长的林地下土壤质量良好,其他各土地利用类型下的土壤质量均表现出退化特征,但是各土地利用相互之间在退化程度上的差异性却并不显著。而在半喀斯特区和典型喀斯特区,不同土地利用方式对土壤质量的影响强度存在显著的差异,林地和灌丛地不容易导致土壤质量的退化,而草地、摞荒地和耕地造成土壤质量的显著劣化。

3) 土地利用/覆被变化影响土壤质量的机理

①土壤结构破坏和土壤地球化学过程

后立胜等(2005)运用分形、地球化学和土壤学的研究方法,通过土地利用影响土壤质量的关键环节——土壤物理结构与土壤地球化学过程的系统研究,分析了喀斯特山区土地利用/覆被变化对土壤质量的影响机理。

a. 土壤结构退化是喀斯特山区土壤质量退化的关键环节之一。选择土壤结构体破坏率、土壤结构分形维,并构建土壤结构退化指数,以这三项指标解释土地利用对土壤结构退化的影响机理。研究结果表明:土壤结构体破坏率和土壤结构分形维分别从对土壤侵蚀状况和土壤抗侵蚀能力两个方面反映了土壤结构的稳定性,土壤结构退化指数则综合反映了土壤结构的退化状况。非喀斯特区发育的土壤抗蚀性较高,土壤侵蚀状况较低,而典型喀斯特区的土壤抗蚀能力较弱,土壤侵蚀比较严重。土地利用对土壤结构退化的影响,在半喀斯特区和典型喀斯特区非常显著,耕地、摞荒地和草地对于土壤结构的破坏性较强,而林地和灌丛地较弱;而在非喀斯特区土地利用对于土壤结构的影响没有显著差异。

b. 地球化学过程是影响喀斯特山区土壤质量退化的另一个关键性环节。选择硅铝率、硅铝铁率、地球化学迁移系数诸指标,并尝试运用地球化学蚀变指数,研究土地利用对土壤地球化学过程的影响机理。研究结果表明:地球化学蚀变指数和化学迁移系数可以有效地用来研究土壤地球化学过程,而硅铝率和硅铝铁率在土壤发育程度较低的喀斯特山区的应用效果较差。非喀斯特区的土壤发育程度较好,地球化学蚀变作用较强,土地利用方式对土壤地球化学蚀变的影响较大,但在各土地利用方式之间差异性并不明显。而在半喀斯特区和典型喀斯特区,土壤发育程度较低,化学蚀变作用较弱,土地利用方式对土壤地球化学蚀变的影响较小,但在各土地利用方式之间差异性却较明显。相对而言,非喀斯特区林地和耕地对土壤地球化学蚀变的影响高于灌丛地、草地和撂荒地,而在半喀斯特区和典型喀斯特区的情况刚好与之相反。元素的迁移能力在非喀斯特区、半喀斯特区和典型喀斯特区之间差异较大,但在后两区之间比较接近。在所有三类景观区,Ca、Mg元素迁移均强烈,大多数矿质元素的迁移能力较强,养分元素K、P也有较强的迁移能力。土地利用对土壤元素的地球化学迁移序列的影响较小,但对元素地球化学迁移能力的影响较大,并可造成相同背景条件下的土壤养分含量出现较大差异。研究还发现,地球化学蚀变指数和化学迁移系数均表现出与土壤养分中的K、P元素具有良好的负相关关系,与有机质也有一定的相关性,但与氮元素的相关程度较低。

可见,在非喀斯特景观区,土地利用主要通过对土壤地球化学过程的影响而引起土壤质量的改变;在半喀斯特景观区和典型喀斯特景观区,土地利用则主要通过对土壤结构的破坏影响土壤质量退化。

②土壤水分变化与植物生理生态效应

赵中秋等(2006;2007;2008)以典型喀斯特地区基本无退化的本底林地土壤和退化较为严重的草地土壤为研究对象,比较了不同土地利用下与植被生长和土壤退化密切相关的土壤持水能力、土壤供水能力、土壤导水能力等土壤水分特征。并采用盆栽模拟实验,通过称重法控制水分,研究林地和草地两种土地利用类型土壤在各自最大持水能力水分条件下(田间持水量的100%)的植物生长状况,测定指标包括生物量、分蘖数、叶长、叶宽、叶片水分特征(自然含水量、相对含水量、饱和亏缺)、叶绿素含量等,比较了不同土地利用类型下土壤植被生产力及生理生态特性。采用盆栽模拟实验,通过称重法控制水分,对林地和草地两种不同利用类型土壤进行的干旱胁迫处理,研究其植物生理生态效应,测定指标包括生物量、叶片水分特征(自然含水量、相对含水量、饱和亏缺)、膜脂过氧化(丙二醛含量)、渗透调节物质游离脯胺酸含量、抗氧化系统酶活性,比较了不同土地利用类型土壤干旱胁迫下的植物生理生态效应。

研究结果表明,与本底林地土壤相比较,草地土壤的自然含水量较低,持水能力明显下降,有效含水量较少,比林地土壤低一倍左右(分别为13.0%和29.8%);草地土壤的渗透性明显降低,这是加剧土壤侵蚀的重要因素。

在各自最大持水条件下,两种不同土地利用类型土壤上种植的植物——黑麦草(*Lolium perenne*)生物量差异显著,林地土壤生长的植物总生物量是草地土壤的3倍左右;林地土植物的叶片含水量、分蘖数、株高、叶长/叶宽等指标均明显高于草地土植株。说明退化草地土壤植被的生产力已显著降低,这又必然导致植被的进一步退化。

反映植物受干旱胁迫程度的叶绿素含量、丙二醛含量、脯胺酸含量、过氧化物酶活性等指标的分析结果显示,草地土植株尤其是持续干旱胁迫下的草地土植株受干旱胁迫危害程度较深,表明草地土对干旱胁迫的抗性明显弱于林地土壤。

水分特性的劣化对土壤退化的影响机制可以归纳为:a.土壤的持水能力降低;b.土壤入渗速率减小,渗透性或导水性减弱,使土壤侵蚀强度加大;c.土壤有效含水量降低,使土壤的植被生产力下降;d.土壤的抗旱性减弱。对植被生长受水分制约的喀斯特地区而言,土壤的水分性能退化对土壤退化起着关键性的影响。

(撰写人:蔡运龙、杨志成、陈睿山、王荣、严祥)

参考文献

Andrews S S and Carrol C R. 2001. Designing a decision tool for sustainable agroecosystem management: Soil quality assessment of a poultry litter management case study. *Ecol. Appl.*, **11**: 1573-1585.

Andrews S S, Karlen D L, and Mitchell J P. 2002. A comparison of soil quality indexing methods for vegetable production systems in northern California. *Agric. Ecosyst. Environ.*, **90**: 25-45.

Andrews S S, Flora C B, Mitchel J P l, and Karlen D L. 2003. Farmers' perceptions and acceptance of soil quality indices. *Geoderma*, **114**: 187-213.

Andrews S S, Karlen D L, Cambardella C A. 2004. The Soil Management Assessment Framework: A Quantitative Soil Quality Evaluation Method. *Soil Science Society of America Journal*, Madison, **68**(6): 1945-1962.

De Roo A P J. 1996. The LISEM project: an introduction. *Hydrological Processes*, **10**: 1021-1025.

Hadley R F, Schumm S A. 1961. Sediment sources and drainage basin characteristics in upper Cheyenne River basin. U. S. Geol. Surv. *Water-Supply Pap*, **1531**-B: 137-196.

Loughran R J. 1989. The measurement of soil erosion. *Progress in Physical Geography*, **13**: 216-233.

Meyer L D. 1984. Evaluation of the universal soil loss equation. *Journal of Soil and Water Conservation*, **39**: 99-104.

Morgan R P C, Quinton J N, Smith R E, et al. 1998. The European soil erosion model (EUROSEM): A dynamic approach for predicting sediment transport from fields and small catchments. *Earth Surface Processes and Landforms*, **23**: 527-544.

Ritchie J C, McHenry J R. 1990. Application of radioactive fallout ^{137}Cs for measuring soil erosion and sediment accumulation rates and patterns: A review. *Environ. Qual.*, **19**: 215-233.

Wang Hongya, Huo Yuying, Zeng Lingyun, Wu Xiouqin, Cai Yunlong. 2008. A 42-yr soil erosion record inferred from mineral magnetism of reservoir sediments in a small carbonate-rock catchment, Guizhou Plateau, Southwest China. *J. Paleolimnol.*, **40**: 897-921.

Wayne D E, Mahmoudzadeh A, Myers C, et al. 2002. Land use effects on sediment yields and soil loss rates in small basins of Triassic sandstone near Sydney, NSW, Australia. *Catena*, **49**: 271-287.

Wischmeier W H, Smith D D. 1965. Predicting rainfall erosion losses from Cropland East of the Rocky Mountains. Agric. Handbook No. 282. *Washington D. C, USDA*, 1965: 282.

蔡运龙. 2001. 土地利用/土地覆被变化研究：寻求新的综合途径. 地理研究, **20**(6): 645-652.

陈忠升, 陈亚宁, 李卫红等. 2009. 和田河流域土地利用变化及其生态环境效应分析. 干旱区资源与环境, **23**(3): 49-54.

傅伯杰, 陈利顶, 马克明. 1999. 黄土丘陵区小流域土地利用变化对生态环境的影响——以延安市羊圈沟流域为例. 地理学报, **54**(3): 241-246.

傅伯杰, 马克明, 周华峰等. 1998. 黄土丘陵区土地利用结构对土壤养分分布的影响. 科学通报, **43**(22): 2444-2448.

傅伯杰, 邱扬, 王军. 2002. 黄土丘陵小流域土地利用变化对水土流失的影响. 地理学报, **57**(6): 717-722.

高志强, 刘纪远等. 2004. 土地利用和气候变化对农牧过渡区生态系统生产力和碳循环的影响. 中国科学(D辑), **34**(10): 946-957.

国家计划委员会和国家科学技术委员会. 1994. 中国21世纪议程——中国21世纪人口、环境与发展白皮书. 北京: 中国环境科学出版社.

后立胜. 2005. 黔中喀斯特山区土地利用对土壤质量的影响及其机理研究. 北京大学城市与环境学院博士论文: 43-111.

黄奕龙, 陈利顶, 傅伯杰等. 2005. 黄土丘陵小流域土壤水分空间格局及其影响因素. 自然资源学报, **20**(4): 483-492.

黄志霖, 傅伯杰, 陈利顶. 2004a. 黄土丘陵沟壑区不同退耕类型径流、侵蚀效应及其时间变化特征. 水土保持学报, **18**(4): 37-41.

黄志霖, 陈利顶, 傅伯杰. 2004b. 黄土丘陵沟壑区不同土地利用类型水保效应动态变化研究. "土地变化科学与生态建设"学术研讨会论文集, 北京: 商务印书馆, 249-257.

景可, 郑粉莉. 2004. 黄土高原水土保持对地表水资源的影响. 水土保持研究, **11**(4): 11-13.

李健牢, 刘世德. 1989. 罗玉沟流域坡面土壤侵蚀的研究. 中国水土保持, (9): 36-40.

李新琪,马俊英,金海龙. 2008. 艾比湖流域核心区生态环境治理研究. 环境与可持续发展,(1):63-65.
李秀彬. 2002. 土地覆被变化的水文水资源效应研究——社会需求与科学问题. 见:中国地理学会自然地理专业委员会编. 土地覆被变化及其环境效应论文集. 北京:星球地图出版社,1-6.
李宇,齐晓明,董锁成等. 2008. 石羊河流域中下游绿洲地区耕地利用变化研究. 农业工程学报,24(4):117-121.
梁小英,陈正江,陈海. 2008. 区域土地利用变化的水分生态安全响应研究——以晋西陕北黄土高原为例. 西北大学学报(自然科学版),38(4):653-656.
蔺学东,张镱锂,姚治君等. 2007. 拉萨河流域近50年来径流变化趋势分析. 地理科学进展,26(3):58-66.
刘宝元,史培军. 1998. WEPP水蚀预报流域模型. 水土保持通报,18(5):6 12.
刘宝元,谢云,张科利. 2001. 土壤侵蚀预报模型. 北京:中国科学技术出版社.
刘国华,马克明,傅伯杰等. 2003a. 岷江干旱河谷主要灌丛类型地上生物量研究. 生态学报,23(9):1757-1764.
刘国华,张洁瑜,张育新等. 2003b. 岷江干旱河谷三种主要灌丛地上生物量的分布规律. 山地学报,21(1):24-32.
刘美德,王学忠,赵彤言等. 2008. 蚊虫群落与环境因素关系的地理信息系统分析. 中国公共卫生,24(1):32-34.
刘世梁,傅伯杰,吕一河等. 2003. 坡面土地利用方式与景观位置对土壤质量的影响. 生态学报,23(3):414-420.
刘增加,孙毅,石淑珍等. 2004. 腊子口林区莱姆病自然疫源地调查研究. 中国人兽共患病杂志,20(5):445-447.
罗格平,周成虎,陈曦. 2005. 从景观格局分析人为驱动的绿洲时空变化——以天山北坡三工河流域绿洲为例. 生态学报,25(9):2197-2205.
陆宝麟. 2003. 西部开发中的虫媒病传播问题. 寄生虫与医学昆虫学报,10(4):212-217.
罗格平. 2007. 国家自然科学基金资助项目"干旱区绿洲人为驱动的两种典型土地利用/土地覆被变化及其生态环境效应研究"(40471134)结题报告.
孟宝,张勃,张华等. 2006. 黑河中游张掖市土地利用/覆盖变化的水文水资源效应分析. 干旱区资源与环境,20(3):94-99.
蒙吉军,吴秀芹. 2004. 河西走廊中西段肃州区景观空间格局研究. 干旱区地理,27(2):179-185.
蒙吉军,吴秀芹,李正国. 2004. 河西走廊土地利用/覆盖变化的景观生态效应——以肃州绿洲为例. 生态学报,24(11):2535-2541.
蒙吉军,吴秀芹,李正国. 2005. 黑河流域LUCC(1988—2000)的生态环境效应研究. 水土保持研究,12(4):17-21.
邱扬,傅伯杰,王勇. 2002. 土壤侵蚀时空变异及其与环境因子的时空关系. 水土保持学报,16(1):108-111.
石龙宇,卢新,崔胜辉. 2008. 土地变化的生态效应研究进展. 中国土地科学,22(4):73-79.
王根绪,张钰,刘桂民等. 2005. 马营河流域1967—2000年土地利用变化对河流径流的影响. 中国科学D辑,35(7):671-681.
王钧,蒙吉军. 2008. 黑河流域近60年来径流量变化及影响因素. 地理科学,28(1):83-88.
王军邦,刘纪远等. 2009. 基于遥感-过程耦合模型的1988—2004年青海三江源区净初级生产力模拟. 植物生态学报,33(2):254-269.
王学忠,赵彤言,杜尊伟等. 2007. 环境变化与微小按蚊入侵房屋关系的研究. 寄生虫与医学昆虫学报,14(3):158-161.
吴永红,寇权. 1997. 陇东黄土高塬沟壑区土壤侵蚀^{137}Cs法研究. 水土保持通报,17(5):7-10.
吴秀芹,蔡运龙,蒙吉军. 2005. 喀斯特山区土壤侵蚀与土地利用关系研究——以贵州省关岭县石板桥流域为例. 水土保持研究,12(4):46-49.
徐新良,刘纪远,邵全琴等. 2008. 30年来青海三江源生态系统格局和空间结构动态变化. 地理研究,27(4):829-838.
徐勇,甘国辉,王志强. 2005. 基于WIN-YIELD软件的黄土丘陵区作物产量地形分异模拟. 农业工程学报,21(7):61-64.
喻权刚. 1998. 遥感信息研究黄土丘陵区土地利用与水土流失. 黄土高原水土保持实践与研究(二). 郑州:黄河水利出版社.
张锋,郑粉莉,安韶山,李渝珍. 2006. 子午岭地区林地破坏加速侵蚀对土壤养分流失和微生物的影响研究. 植物营养与肥料学报,12(6):826-833.
赵鹏宇,徐学选,李波等. 2009. 黄土丘陵区不同土地利用方式降雨产流试验研究. 中国水土保持,(1):55-57.
赵文武,傅伯杰,陈利顶. 2003. 陕北黄土丘陵沟壑区地形因子与水土流失的相关性分析. 水土保持学报,17(3):66-

69.

赵文智,程国栋. 2001. 干旱区生态水文过程研究若干问题评叙. 科学通报, **46**(22): 1851-1857.

赵中秋,后立胜,蔡运龙. 2006. 西南喀斯特地区土壤退化过程与机理探讨. 地学前缘, **13**(3): 185-189.

赵中秋,蔡运龙,白中科,付梅臣. 2007. 典型喀斯特地区不同土地利用类型土壤水分性能对植物生长及其生态特征的影响. 水土保持研究, **14**(6): 37-40.

赵中秋,蔡运龙,付梅臣,白中科. 2008. 典型喀斯特地区土壤退化机理探讨:不同土地利用类型土壤水分性能比较. 生态环境, **17**(1): 393-396.

中华人民共和国水利部水土保持司. 1997. 土壤侵蚀分类分级标准(SL190)-96). 北京,中国水利水电出版社.

朱启疆,帅艳民,陈雪等. 2002. 土壤侵蚀信息熵:单元地表可蚀性的综合度量指标. 水土保持学报, **16**(1): 50-53.

邹亚荣,张增祥,周全斌等. 2002. 基于GIS的土壤侵蚀与土地利用关系分析. 水土保持研究, **9**(1): 67-69.

第二篇

城市化过程及其环境效应

第4章 西部大城市发展的环境效应

4.1 引　　言

4.1.1 科学问题和背景简介

　　1978年以来的市场经济改革和随后的行政管理模式变革,迅速推动了中国西部大中城市的新型城市化和工业化进程,致使计划经济时期国家项目主导型的城市发展模式发生了根本性变化,也促使城市化过程与城市生态环境的相互作用方式和耦合机理发生变化。然而,此时期西部城市发展大致可分为两个阶段:(1)因为国家开放政策从东部到西部实施的渐进特征,西部城市在1978—1990年本质上依然延续了计划经济模式,大量国有企业陷入困境和乡镇企业缓慢发展使得城市化进程缓慢,对生态环境系统的影响依然延续了计划经济体系运行的惯性;(2)1990年以来,随着国家"西部大开发"战略和改革开放各项政策在西部地区的实施,西部大城市进入了快速发展阶段,建立在中国政治经济制度改革、市场经济体系建立和全球化进程的基础上的相对快速的工业化和城市化进程,对城市生态环境系统的影响重新强化。因此,1990年大致是中国西部真正加快城市化进程的分水岭。

　　本章试图从中国制度变革背景下的政治、经济、社会、文化诸系统的广泛而深刻的转型过程中,理解和解释中国西部城市化进程与生态环境系统的相互作用。由此,我们感兴趣的问题是:改革开放以来,中国西部大城市的工业化、城市化进程如何影响生态环境系统,而后者又如何反作用于前者?一系列的政策变化又是如何通过前者传导到后者,其过程、驱动力和效应又如何?研究时段为1978—2008年,但研究工作以1990—2008年为核心。

4.1.2 材料方法与技术路线

　　研究思路主要针对两条主线展开:①首先,辨识基于制度变迁背景下的政治经济系统转型推动下的城市化的新的模式、现象和机制;然后,讨论后者对城市生态环境系统的影响;②分析城市生态系统变化的相关效应,以及对城市社会经济发展和政府决策影响。

　　案例研究各有侧重。重庆、成都、兰州等三个城市不仅在西部地区地位最高和历史最为悠久,而且也反映了不同的典型地貌类型和发展历程。成都代表了西南地区平原上的城市类型,而重庆、兰州分别代表了两地河谷盆地、山地地貌的复杂地形条件的城市类型;成都市主要从政治文化转型角度研究平原大城市转型与生态环境变化,重庆市主要侧重山地重工业大城市城市化、功能演化与生态环境响应,而兰州市主要从黄土高原半干旱区河谷盆地型大城市转型角度研究城市化与生态环境系统响应。

　　鉴于城市化过程必然带来基于规模扩张和空间增长的城市产业结构与地域分工、土地利用结构、城市空间结构和城市生态景观结构的变化和调整,同时也促进了工业化、非农化和现代化进程,本章的主要研究内容和方法如下。

(1)利用实地访谈、年鉴、文献、政府网站等获取数据,采用统计分析、比较等方法说明经济、人口增长与城市环境污染的关系,并进一步阐明环境污染的社会、经济、生态效应。城市化与环境相互作用机理及环境效应研究主要采用了统计数据、社会调查方法、遥感手段、观测手段收集数据,并采用3S技术、统计分析、景观生态学等方法进行研究。例如,韩贵锋等(2005)利用空间统计分析方法(spatial statistics analysis),借助GIS工具分析重庆市大气污染物TSP、SO_2、NO_x浓度的空间分异特点;渠涛和杨永春(2005b)通过社会调查方法研究了兰州市环境污染的社会人文效应。

(2)采用统计分析、比较、文献综述等方法阐述城市产业、空间结构功能变化与生态环境响应之间的关系,如重庆、兰州。

(3)利用卫星影像资料,采用GIS技术、景观生态学方法、统计分析方法、转移矩阵方法等,研究相关年份的土地利用变化和景观特征,并分析其成因。如赵卫权和杨华(2008)在重庆分别采用1993年TM 5影像、2001年TM 7影像及2006年中巴资源卫星CBERS影像为基本数据源,选取了7、4、3这3个波段进行组合,而且利用TM 7的全色波段pan对2001年的影像进行了分辨率融合,并参考了重庆1:50 000地形图和1:200 000土地利用现状图研究了城市土地利用结构变化;郭澎涛等(2007)采用1995年和2000年的Landsat TM和ETM卫星照片,以及1995年及2000年1:10万比例尺的土地利用现状图、1996年1:60万土地利用现状图、1995年重庆市行政区划图、重庆市1:10万比例尺的数字化地形图,以及经济社会调查、资料查询等方法研究了城市景观变化;杨永春等(2005;2008a;2009)采用兰州市1949年、1976年、1990年、1995年、2000年、2001年的兰州市建成区的土地利用现状图和2004年分辨率为0.61 m的QUICKBIRD卫星影像图及相关地形图,并参考1954年、1978年、2003年的城市总体规划图,利用GIS和RS方法研究了河谷盆地的土地利用变化和景观格局动态变化;杨存建等(2008a)将TM 7与TM 4的差值定义为差值建筑覆盖指数(Different Building Index,DBI),分别从1987年和2000年的Landsat TM图像中提取了成都市及其周边城镇的空间信息,进行成都市扩展分析。

(4)利用兰州市2004年的QUICKBIRD卫星影像,结合大规模的访谈式社会调查方法,从建筑角度研究了城市建成区空间景观演变的驱动力及其过程(杨永春等,2008b;2009)。

(5)对城市功能演化与生态环境响应关系进行评述和讨论,并提出需要进一步研究的科学问题。

4.2 成都市空间重构和文化转型及其环境和生态效应

1980—1990年,地处川西平原的成都市环境污染,尤其是市区的河流污染相对较为严重,有学者就环境污染的现状、发展趋势、影响因素等进行了研究。然而,1990年以来,基于一种日益广泛的政治经济系统转型背景下的城市化现象,在中国西部平原条件下的中后期工业化进程中日益显现。本案例就从政治经济管理因素、空间重构和文化转型视角透视成都市的城市化进程与生态环境系统的耦合过程和机制。

4.2.1 政策因素、都市空间重构及其环境生态效应

下列因素共同推动了都市空间重构、郊区化的新城市化进程。

(1) 快速的人口集聚和城市化水平的提高。成都市 1976 年的非农业人口为 170.64 万人,而 2007 年户籍总人口增加到 1112.3 万人,常住人口为 1257.9 万人,人口城市化率也从 1978 年的 22%、1998 年 32.8% 上升到 2006 年的 61.5%。

(2) 制度变迁引致的日益加剧的城市间快速发展的压力[①],导致城市竞相采取了强烈的发展或增长导向的竞争性的系列化政策[②],出现了管理政策的系统化转型,例如,采取了土地利用有偿使用政策、旧城改造、新城扩建、基础设施建设、开发区建设、生态环境治理、农村土地使用流转的制度改革等系列化政策,降低环境污染,促进城乡一体化进程及产业空间结构调整等。

(3) 城市发展的推动力量由 1953—1976 年的中央政府和 1977—1995 年的市政府、企业、中央政府的组合迅速转变为 1996 年以来的市政府、区(县)政府、企业和其他力量的组合形式(杜肯堂等,2004),促使县域经济崛起、房地产业的蓬勃发展和卫星城建设。

(4) 充分利用尺度理论中的空间尺度效应,调整行政区划和规划管理引导方向。城市中心先由 3 城区调整为 5 城区,行政区划框架再由 1983 年的 5 区 12 县变为现今的 9 区 4 市 6 县[③]。然后,转变规划思路和导向,扩大了管制区范围,将城市总体分为 3 个规划管理层次,统一集中管理规划区范围内的一切建设用地和建设活动,并改变空间发展战略,调整城市功能结构与空间布局[④]。

(5) 利用市场经济机制和各种管理手段,采用新的产业布局政策,促进城市空间整合,推进城市化进程。20 世纪 90 年代以来,城市规划和土地有偿使用制度的实施迫使市中心地价高涨,并以国家高新技术开发区和经济技术开发区为龙头,利用各级开发区提升工业生产和管理技术水平,以及整合产业结构体系,可概括为两点:第一,利用成都市高新区、龙泉驿经济技术开发区和城南、城西的国家级高新技术开发区,以及府南河综合整治和"五路一桥"等重点工程,力图提升产业层次和技术水平,并形成两个城市副中心,引导城市"向东向南"扩张,构成了现代化特大城市的基本框架(胡俊初和郭佳,2002;李雷艳和周介铭,2005)。第

---

① 改革开放以来,在财政"分灶吃饭"的"包干制"、税收分税制和按比例分享制度,以及行政经济管理权限由中央大幅度下放到地方等政策的推动下,地方实际上已成为相当一级的利益主体和"自负发展责任"的经济实体,传统的纵向行政管理模式已逐步调整到以地方为利益主体,并进行相互竞争的"中央—地方"的行政管理模式(Wu,2002;2008;Zhu,2005),大都市空间范围内转变为"市辖区或县"模式。垂直纵向行政管理体制导致了各行政区之间横向联系与合作弱化,行政管理"碎化"等深层次管理弊端,对城市发展和生态环境演化造成了深远影响。

② 政策路径可概括为:以中国西南地区重要的商贸金融中心和交通信息枢纽、高新技术产业基地、建设具有地方特色文化的宜居城市和区域性中心城市为目标,规划和管理为核心实施手段,转变发展的战略思路,推进城乡一体化进程和产业结构调整以及城市空间结构与功能整合。

③ 1983 年 5 月,合并了温江地区,形成 5 区 12 县,总面积达到了 12 390 km²。城市中心建成区 1990 年将东城区、西城区和金牛区调整为青羊、金牛、锦江、武侯、成华 5 区,新都、温江 2002 年撤县建区,形成了目前的 9 区 4 市 6 县,即锦江区、青羊区、金牛区、武侯区、成华区、青白江区、龙泉驿区、温江区、新都区、都江堰市、彭州市、崇州市、邛崃市、双流县、郫县、新津县、金堂县、大邑县、浦江县。

④ 形成包括外环路内近 600 km² 中心城在内的 3681 km² 的新都市区;空间发展战略由 1980 年的"环状+放射"状路网格局、"众星拱月"、密集"圈层式"的单中心结构模式转向 21 世纪初期的疏密结合、"扇叶式"的多中心组团结构模式,形成 7 个卫星城镇和郫县等 6 个城镇组团,并按照国务院批复的要求和城市总规导向,利用开发区和基础设施建设等措施引导城市向东部、南部扩张(胡俊初和郭佳,2002;李雷艳和周介铭,2005);如五区各有功能分工。

二,通过产业迁移调整城市功能,如"三个集中"和"三大重点工程"(朱巍,2005)[①]。

(6)进行旧城改造和重点改造项目建设,尤其是影响很大的生态环境治理工程[②]。这些工程直接支持了城市生态环境的改善,也在一定程度上促进城市中心区的中产阶级化进程。

(7)利用土地制度改革,推进郊区化进程。推进土地适当流转[③]和向规模经营集中,针对具有比较优势的某些农林产业或经济作物,遵循样板引导、农户自愿的原则,较有力度地进行了土地使用权的流转,提倡"公司+农户"或"协会+农户"的形式,促进土地利用结构变化,如双流县、温江区、郫县等已进行了较为广泛的实施。

在前述因素尤其是政策因素的作用下,城市化进程加速并出现了下列转变。

(1)城市建成区面积迅速扩大和郊区化进程加速(图4.2.1)。

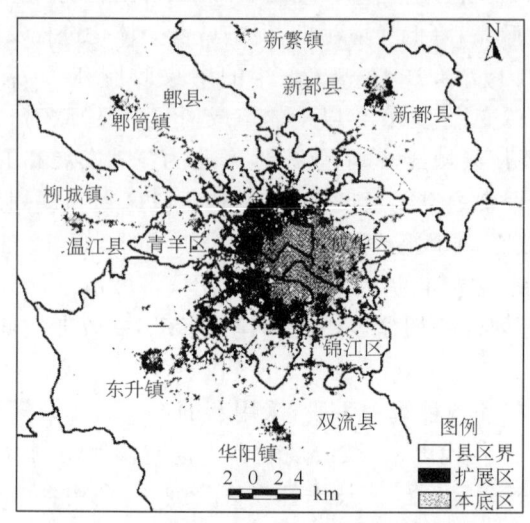

图4.2.1 1987—2000的成都市空间扩展(杨存建等,2008)

(2)城市空间功能调整,人口分布变化和多中心城市结构出现。目前,都市中心区制造业外迁趋势明显,商贸金融业和高科技产业加速集聚,一环以内逐渐以大型商贸金融和办公为主,逐步迁出居住人口和居住用地不断减少,现代化中央商务区(CBD)加速形成。同时,零售业在市区二环线附近也迅速集中,二、三环间修建了大量优质居住小区和大型商贸广场,提高了居民生活质量。虽然如此,中心市区人口比重依然居高不下,郊区化现象主要集中在近郊区。不过,龙泉驿区等郊区次级发展中心迅速崛起,多中心城市结构日趋显现。

---

① 2003年以来,执行了工业向园区、耕地向规模经营、农民向城镇的"三个集中"和农业产业化、农村扶贫开发、农村发展环境建设的"三大重点工程",以及以城乡一体化模式打破"城乡二元结构",如将全市116个各类开发区调整规范为21个工业集中发展区,主要工业布局在各类园区,重点建设6大工业基地,逐渐形成高新技术产业、现代制造业和区域特色产业三大工业经济区。"关停并转"了城市中心区的部分占地大、污染强的企业,如成华区的多数企业已外迁至清白江区,火车货运基地也在部分外迁。双流县、龙泉驿区等近郊区(县)接纳了核心区外迁企业,推进郊区工业化和都市农业。双流县承载了大量从核心区外迁的小型农业企业,80%的畜禽业为核心区外迁企业。郫县等加强了综合交通体系和基础设施建设,形成了以"农家乐"等为主的休闲特色产业。不过,郊区企业大都选择边缘区的城市放射状道路两侧布局,也促使城市开始轴向扩展。(朱巍,2005)

② 从2002年开始了大规模的旧城改造,三年拆迁改造危旧房410多万m²,还有道路畅通工程、水环境治理、沙河整治工程、东郊工业结构调整等(李雷艳和周介铭,2005),最为著名的就是府南河和沙河综合整治工程(杜肯堂等,2004),以及成都10大郊野公园的规划与建设。

③ 土地流转一方面在土地集中经营中获得规模效益,另一方面使农民在转让土地使用权获得租金、保证正常生活收入水平的同时,还促使农民转变为规模经营大户或农业产业公司的农业工人。

(3)土地利用空间专门化。土地利用空间重组遵循了一个日益增长的空间和功能的专业化的进程,受到相互作用的单位制度、城市土地市场的发展、住房私有化、现代化交通增长等诸多要素的影响,这种趋势主要体现在:一是城市围绕多部门和目标开发区来组织;二是受土地和住房改革、变化的社会结构、目标开发区创立的影响,出现了工业、服务业和住房等区域专业化现象[①];三是半城市化地区的增长,以及城市中心外围多中心的发展(Schneiderô等,2005)。

(4)城市扩张与空间模式发生了变化。1978—2002年,城市空间增长主要是沿7个增长走廊进行,城市化地区增加了350%,大量耕地转为建设用地:①1990年前,在城市边缘区附近进行"摊大饼式"扩张;②1990年后,主要是沿交通走廊、环路和较近的卫星城扩张;③1990年后期,在南部、西部地区进行填充(卫星城与主城区相互连接)。城市在北部和西部增长的分散化、小城镇或所有方向城市外围增长核心的大增长、西南部地区的密实化和填充化。空间扩张趋势延续了沿海城市的特征,虽然不同土地利用的动力的重要性与沿海城市有一些不同,如低水平的对外直接投资(Foreign Direct Investment,FDI)(Schneiderô等,2005)。空间化的簇群化(spatial clustering)、土地利用的专门化和半城市化地区的发展趋势被日益增长的私人部门及缺乏合作的、没有被规划进程内在化的公共机构的大规模投资所驱动。

(5)城市扩张方向及其分布。城市主要向南、西、西北三个方向扩张,并且土地转化很明显地出现在外围小城镇或卫星城[②]。

政策驱动下的城市郊区化、区域化和空间重构引致的生态环境效应包括:

(1)区域生态系统。以成都市区为中心的成都平原及其毗邻的岷江上游地区,这一西部唯一的一片独特的"森林—水田农业生态系统"受到影响:岷江上游地区森林覆盖率由1940年的39.5%下降到29.6%,侵蚀模数提高了15.1%,干旱河谷扩大,成都市区近60 a来降水量减少了25%,地下水位由1~3 m下降到10~20 m,都江堰供水区年缺水量达12亿 m³(石承苍和罗秀陵,1999)。

(2)成都平原大小城市因城市化和工业化引致的城市热岛效应非常显著,且城市规模越大,热岛效应越明显。成都市区的热岛温度分布具有多中心和昼夜变化特点,其范围、分布特点与城市建成区一致[③](许辉熙等,2007)。

(3)1990年以来,城市土地利用转换效应十分明显。在各种地类之间的转换中,耕地不断减少,耕地与建设和居民用地、耕地与林地、林地与草地及水体与耕地等之间的转换强度

[①] 如在成都近郊区或城市外围沿交通走廊发展的中高层的高密度居住区、低密度豪华地产、低密度乡村别墅的三种新的居住模式。

[②] 1987—2000年,成都市及其周边城镇绕城高速内的扩展面积达到11 132 hm²,扩展了1.3倍,其中三环内占59%,三环与绕城高速间占31%。绕城高速内年均城市扩展面积达到856 hm²,扩展强度指数1.7。三环内扩展倍数为0.9倍,空间扩展主要发生在城市西部、西北部和西南部,其次是南部和北部,主要为外延式扩展,而东部、东北部和东南部扩展较少,且多为内部填充式扩展(杨存建等,2008)。城市重心也由东向西偏移大约为2 km左右。在三环与绕城高速之间,城市扩展主要发生在西南部和西北部,主要沿道路而扩展,这与高新技术开发区的布局密切相关。东边为老工业区,环境较差,对投资和居住的吸引力不如西边,扩展较少(杨存建,2008b)。中心五城区的扩展倍数均在0.5以下。

[③] 成都市下午的热岛温度峰值区出现在城市东部的二环路附近,这与市区东部具有许多大型工厂(如热电厂)密切相关;夜间热岛温度峰值区出现在城市中心一环路以内,主要与夜间工业生产活动停止和城市中心建筑密度大、人口集中密切相关,白天热岛中心在城市东部,夜间向城市中部转移;多个热岛强度中心出现在一环路以内的城市中部,二环路东南侧和南侧附近则出现热岛强度次中心(许辉熙等,2007)。

较高(王淑兰等,2004;李雷艳和周介铭,2005;杨存建等,2008a)[①]。城市空间扩展和城郊农地流转的驱动因素是:人口增长、投资环境改善、城区老工业搬迁、居住环境要求提高、经济利益驱使、拆迁安置等(李雷艳和周介铭,2005),相关分析表明:1995—2000年,人口平均每增加1万人,建设和居民用地相应增加116 hm^2;第一产业从业人员平均每减少1万人,耕地面积相应减少284 hm^2;第三产业从业人口平均每增加1万人,建设和居民用地面积相应增加134 hm^2;第二、三产业产值每增加1亿元,建设和居民用地相应分别增加17 hm^2和16 hm^2;建设和居民用地每增加1 hm^2,工业国内生产总值增加0.276亿元;草地面积每增加1 hm^2,牧业国内生产总值增加0.002亿元,水体每增加1 hm^2,渔业国内生产总值增加0.004亿元;在耕地和林地减少的情况下,农业和林业国内生产总值均有所增加(杨存建等,2008a)。

(4)1990年以来,城市景观变化明显。龙泉驿区研究结果表明:1996—2004年,受人口增长、快速的工业化和城镇化、第三产业发展、特色农业发展等因素影响,区内9类景观类型的面积指数变大,景观破碎化程度加剧。平坝地区土地利用景观类型增加,林地、园地、水利设施在某些乡镇是新增加的景观类型。丘陵地区的景观类型数量没有变化,景观偏离程度变小,景观类型所占比例差异变大,耕地、园地和林地景观是区域内的主要景观类型,景观形状不规则化程度加剧。城市化水平较高地区受城市化和农业产业结构调整的影响,大量耕地景观转变为园地和居民点及工矿用地景观(王佑汉等,2007)。

(5)通过有效的管理模式和空间结构转型,城市环境污染得到有效控制,城市环境与经济发展协调程度提高。虽然在1980—1990年乡镇企业发展时期环境污染也有了一定程度的增强和局部性的扩散,但自1990年以来,大气和水污染基本得到控制,相关指标大致处于下降态势。不过,从污染源分析,近20 a来生活污水和废气排放量逐年提高,尤其是汽车尾气,已经成为环境污染的主要源头之一,如城市PM_{10}的组成成分中人为排放源主要有化石类燃料及油品燃烧、生物质或餐饮烹饪、冶金和建筑行业(王淑兰等,2004)[②]。总之,虽然总体上环境滞后于经济发展,属于协调发展类的环境滞后型,但环境与经济发展的协调程度逐步提高,如1990—1999年,城市环境与经济发展的协调程度类型可归类于协调发展类型(方一平和陈国阶,2000)。近年来,成都市先后夺得"国际人居领域最佳范例奖"、"联合国人居奖"、"中国最佳旅游城市"等多个奖项。

[①]1995—2000年,耕地减少了10 972 hm^2,林地减少2220 hm^2,草地增加8042 hm^2,建设和居民用地增加4830 hm^2,水体增加323 hm^2。耕地主要转变为建设用地、草地和林地,城镇、居民点和交通用地占用了大量耕地,以及因退耕还林还草、弃耕和"开发区圈地"所造成的耕地向草地的转换(杨存建等,2008a)。并且,因城市主要向成都平原耕地主要分布区的东部和南部扩展,市区耕地面积仅1998—2003年就减少了11 450 hm^2,并逐年加快。耕地减少和建成区面积扩张在时间、空间和数量上几乎都是相互伴生的(李雷艳和周介铭,2005),耕地保有量较多的市县城市化水平越低,这与城市化水平总体上由中心城区到近郊区、远郊区逐渐降低的趋势基本一致,如崇州市、彭州市、金堂县等(王淑兰等,2004)。成都西郊的研究结果也与前述变化趋势基本一致(梁红莲,2002)。

[②]成都市是计划经济时期国家重点建设城市,加之四川盆地风速小、静风频率高,导致城市的大气污染、水污染较为严重,并且在1980—1990年乡镇企业发展时期环境污染也有了一定程度的增强和局部性的扩散。1990年以来,大气污染和水污染基本得到控制,相关指标大致处于下降态势,如TSP、SO_2、BOD5在1990—1991年的平均值比1985—1989年分别下降了27.27%、22.7%和44.67%。2006年空气质量优良天数达300 d,城区基本实现功能区达标率100%,但酸雨威胁没有得到根本性控制。1996—2000年城区"三河"水质较1991—1995年变好,如府河和南河的综合污染指数分别下降了0.33和0.15。

4.2.2 地方特色文化都市建设与城市中心区环境生态的耦合效应

成都城市化的另一重要特征是：随着城市政策变化、城市空间重构的深入和生态环境的改善，基于市场经济体制的地方特色文化转向的都市建设日益显著。与近10余年来以上海、北京为代表的、以文化为导向的城市建设（Wu和Zhang，2008）类似，成都市也出现了特色地方文化建设取向与景观设计趋势，以"宜居之都，幸福之城"为建设目标，出现了以蜀地文化的传统文化导向的城市建设趋势，并与旅游产业发展和初步崛起的中产阶级化居住空间与消费空间形成相耦合，通过旧城改造手段客观上推进了类似西方"绅士化"运动的城市化进程，且两者相辅相成，互相促进。

(1)近10 a来，与旅游产业和休闲文化相耦合，成都市的文化转向规划和管理导向显著，城市中心区文化转向较为迅速①。

(2)1990年以来，整个城市中心区出现了突出历史文化特征、再现传统特色风貌演化趋势的下列生态景观效应，如城市街道的特色风貌逐步形成，建设了公园绿地系统和特色滨水地区，古代与现代相融合的新型建筑设计与建筑文化正在形成（胡俊初和郭佳，2002），营造了城市公共开敞空间且突出了休闲文化氛围的市民文化，塑造了浓厚的城市商业购物氛围和逐步具备了"购物天堂"般的商业购物环境（胡俊初和郭佳，2002）②。

(3)日益彰显的文化转向的城市建设，通过城市中心与外围地段商品房日益扩大的销售价格和结构差异，居民收入差距扩大的市场机制，以及日益强化的城市功能和空间结构调

---

①近10 a来，为了恢复和突出成都市的古城风貌，《成都市创建中国最佳旅游城市总体方案》和《成都市"十一五"时期文化发展规划纲要》提出了突出大熊猫生态文化、金沙古蜀文明、都江堰—青城山世界文化遗产三大旅游品牌，完成以文殊院、宽窄巷子和大慈寺为核心景点的"三大历史文化保护区"，以及武侯祠、文殊院、水井坊、院后花溪、十陵风景区和北郊风景区为代表的"六大旅游休闲商业区"的建设（舒科，2007）。中心城市设立了草堂—院后花溪和十陵两大历史文化风景区及北郊磨盘山自然—历史风景区等三片历史文化风景区保护区（胡俊初和郭佳，2002）。目前，以"三国文化"为主题的锦里和"中国都市第一禅林"为主题的文殊坊一期工程已对外正式开放。金牛区"一品天下"餐饮旅游区、武侯区春江花月休闲娱乐街、桐梓林欧洲风情街、紫衫路酒吧街、青华路古玩购物街、正科甲巷购物街也完成了基本规划和构造。同时，在更好传承文化和满足休憩娱乐的双重使命下，主题街区建设已大规模展开。对目前现存的位于城市的各个地段的市级以上的104处文物保护单位，如武侯祠、杜甫草堂、文殊院、大慈寺、宽窄巷子等，城市建设管理部门不仅对它们进行了重点维护，并规定相关区域新建建筑从外形上应与传统建筑形式相呼应，避免高层建筑，以突出整本环境的传统文化特征（胡俊初和郭佳，2002）。

②a.城市街道的特色风貌逐步形成。人民北路、人民南路、蜀都大道、东城根街、顺城街，以及东、南、西、北四条大街构成了中心城市的总体框架，各种风格的现代建筑群交相辉映在这些路面宽敞、设施完善、绿树成荫的街道空间中（胡俊初和郭佳，2002），如人民南路这条笔直的绿色长廊中就集聚了展览馆、主席像、锦城艺术宫、锦江宾馆、华西医大、火车南站等标志性建筑；b.公园绿地系统和特色滨水地区的形成。城市中的文化、南郊等公园及城郊新建的狮子山公园等10余个大型公园和游园等构成了城市生态绿地系统。经综合整治后的府南河串联保留了百花潭公园、望江楼、古城墙等10处传统建筑物，遵循了传统河道的自然蜿蜒，并利用现代技术使传统"水文化"加以突出，新建了合江亭、音乐广场等标志性建筑，让传统文化与现代建设并存，突显了现代城市特色，如将持续发展生态观与公园形式完美结合起来的"活水公园"和造型现代的开敞休闲文化广场——"音乐广场"（胡俊初和郭佳，2002）。c.古代与现代相融合的新型建筑设计与建筑文化正在形成。锦城艺术宫、锦江礼堂、市博物馆、府南河合江亭展览馆、诗书画院、散花楼、川剧艺术中心等完全仿古形式的文化建筑将传统建筑语汇和地域文化精神加以抽象成符号、图案，采用现代建筑创作方法和材料予以实现，突出了现代化的建筑语言创作和文化建筑创作的最新方式，与受保护的传统建筑相映衬。同时，借鉴国外对旧建筑的改造方式，完全保持旧建筑主体，将新建筑与旧建筑合为一体来进行设计，特别是紧靠传统文物古迹的地区，体量上与周围环境保持一致。新型现代建筑也开始打破传统建筑中两种空间形式的对立，经济合理地利用城市土地，丰富了城市空间，代表了现代化大都市积极向上的精神和对外来文化兼容，如成都艺术中心（胡俊初和郭佳，2002）。d.营造城市公共开敞空间，体现休闲文化氛围的市民文化。成都市的各种茶园、休闲文化广场、府南河滨河绿化带、重要建筑前广场、天桥底下空间利用、餐饮一条街、居住小区中心广场等构成了这种空间体系的组成元素，处于城市节点位置，居民步行或车行非常方便，并且尺度宜人、环境优美、绿化完善、空间开敞，不同年龄结构的人可参与其中，如中心广场和熊猫广场等。e.城市商业购物环境日益完善和现代化，体现了以街道组织线性序列（中国传统法则）的熙熙攘攘、连绵不断的商业氛围，塑造了浓厚的城市商业购物氛围和逐步具备了"购物天堂"般的商业购物环境（胡俊初和郭佳，2002）。

整,尤其是生态环境改善和旧城改造进程,引致了市区被拆迁户或低收入者的加速外迁(杨永春等,2009),促进了中心区及其邻近地区的中产阶级化进程,如2002年开始的大规模旧城改造,三年拆迁改造危旧房410多万 m^2,而安置房大多都在城市外围地区,导致大量住户外迁,仅府南河治理工程中两岸 4 km^2 危破房就涉及居民3万户共10万人(马晓玲,1998)。这样,以规划管理导向和市场机制为手段,城市中心区,尤其是"一环"内的地区正加速中产阶级化,以文化回归为特点的传统蜀地文化消费和欣赏的城市品牌和生态景观建设趋势日益显著。体现在建筑、景观、雕塑、消费文化诸领域的,具有鲜明蜀地地方特色的文化的日益突显的城市文化转向不仅是城市战略目标转型的要求和结果,更迎合和催化了城市中心区的中产阶级化进程[1]。因此,城市规划管理模式转型和市场机制不但促进了现代化、生态化、文化化的城市建设潮流,而且也引致了以中心区为核心的城市中产阶级化进程,两者共同促进了城市旅游和消费。

4.3 重庆市经济增长和功能演化及其环境和生态效应

重庆市是中国西部唯一的直辖市和人口超过1千万的特大城市,也是典型的山地重工业综合性城市[2],处于工业化中后期和快速城市化发展阶段。20世纪80—90年代,关于重庆市环境污染及其原因、污染的生态环境效应、土地利用结构变化等方面的研究取得了一些研究成果。2000年后,城市土地结构转化和景观生态结构变化的相关研究工作也取得了部分进展。重庆地区的城市化在人口和经济增长、空间扩张与功能整合、产业结构和分布调整及郊区化等方面都有突出的特征。

4.3.1 经济增长与城市环境污染发展阶段及污染造成的损失

1990—2006年,经济增长与污染物排放变化的相关性很强。当GDP每增加1亿元,废水排放量平均将增加11.10万t,废气排放量平均增加0.765亿标 m^3,固体废弃物将平均上升0.246万t。烟尘排放呈现正"U"型曲线,其排放量已过了最低点,即烟尘的排放也随着GDP的增长而增长。1996—2006年,空气质量指标和GDP的相关分析表明:当GDP每增加1000亿元,PM_{10} 和 SO_2 年日均值平均将分别减少 0.208 mg/m^3 和 0.443 mg/m^3,而 NO_2 则呈现出"M"型波动,这在一定程度上说明了影响重庆经济环境关系的因素的多样性和环境政策的不确定性(饶云聪和何小洲,2008)。总体来看,改革开放以来,尤其是进入20世纪90年代后,环境污染恶化趋势得到了逐步遏制,部分污染指标降幅较大,但一些指标仍不同

---

[1] 因为富裕人口的文化需求和消费结构具有高层次和类型丰富的特点,中产阶级社区往往设计现代、景观优雅,虽风格不同但传统蜀地文化的特色也还是较为明显,这种消费文化需求必然强化了城市中心区的景观建设和生态环境的文化转向。

[2] 处于青藏高原与长江中下游平原的过渡地带,是西南地区和长江上游最大的经济中心城市,其辖区分布在长江、嘉陵江和乌江沿岸,地形从南北两面向长江河谷倾斜,以丘陵和低山为主,幅员达8.24万 km^2,辖40个区县。其中,都市区总面积约5500 km^2,占全市面积的6.7%,其界在绮云山与明月山之间,长江与嘉陵江交汇处及其附近河谷地带,是全市经济最发达、城镇化水平最高的区域,包括渝中区、大渡口区、江北区、沙坪坝区、九龙坡区、南岸区、北碚区、渝北区、巴南区9个行政区。目前,人均国内生产总值和城镇化水平(80%以上)大致接近中国东部12省(区、市)人均国内生产总值水平。

程度超标,环境污染仍需大力关注(杨永春等,2006a;2006b;2007a;豆俊峰等,2001)①。

环境污染已对城市生态系统、社会经济造成了不可弥补的损失和影响,20世纪80—90年代尤其严重。90年代,重庆是中国酸雨危害最为严重的城市之一,处于中国第二大酸雨区——西南酸雨的中心地带,全市90%以上地区为酸性降水区,酸雨频率平均在70%以上,降水的pH年平均值约为4.6(豆俊峰等,2001)。酸雨使地下水pH值下降(曹云松等,1995)②,也对生态系统造成了一定的影响,如南山部分马尾松死亡,减少了松林和樟树林的净生产力,降低了池塘中浮游生物存量和物种数量等(冯宗炜,1998)。环境污染还恶化了饮用水源水质(豆俊峰等,2001)③。20世纪90年代每年因大气污染造成的直接经济损失达20多亿元(豆俊峰等,2001)。2002年,即使忽略如景观效果弱化、生态退化等因素的影响,环境污染造成的经济损失为89.95亿元,占当年GDP的比重为4.57%,占全市财政收入的37.54%,相当于每个城市居民分摊损失1246.79元/a(渠涛和杨永春,2005a)④。

4.3.2 城市化进程和城市空间功能结构调整与环境污染

客观上,山地地形、环境容量⑤、能源消费结构及其技术水平⑥、产业结构及其技术水平

---

①例如,计划经济时期城市大气污染已非常严重,1978—1990年呈继续恶化趋势,1980年被列为中国煤烟型污染最重的城市,SO_2和酸雨污染水平居全国第一位,颗粒物污染在南方城市中名列第一。然而,1990年中期后,大气主要指标均发生了明显下降(杨永春等,2006b),如SO_2浓度年均值在1970年和80年代中前期达到高峰后,从1989年开始大致下降了1/2~3/4;NO_x年均浓度在1980—1990年上升了大约1倍,2000—2003年下降到1981年的水平上;TSP值在1980年中初期达到高峰后,1988年开始大致下降了2/3左右;降尘量在1990年前期达到高峰,1993年开始大致降低了1/2左右(杨永春,2006b)。尽管如此,2000—2008重庆市TSP、PM_{10}、SO_2、NO_2等各项指标依然不同程度超出国家二级标准;计划经济时期水体污染也亦非常严重,1978—1999年呈继续恶化趋势,2000后大中河流水质才明显改善,大致稳定在2~3类水平上(杨永春等,2006a;2007a)。1981—1990年,每年几乎未经处理的废水排放在8亿t以上,长江、嘉陵江受到中度污染,且嘉陵江较长江严重;次级河流普遍受到了有机污染物的污染,局部地区还受到了酚、氰等有害物质的污染(重庆市地方志编纂委员会,1998;杨永春等,2006a)。1990—1999年,长江、嘉陵江重庆段平均水质总体上稳定在Ⅲ类水质,每年有8~11项指标超标,如大肠菌群(蒋良维和张大元,1996;豆俊峰等,2001)。2000—2003年,三江水质总体上稳定在Ⅱ类或Ⅲ类水平,水质较好(杨永春等,2006a)。2004—2006年,水质持续好转,如2006年,Ⅲ类水质断面有8个,大肠菌群和总磷指标超标,受检测的次级河流断面不满足水域功能要求进一步下降为47.1%(饶云聪和何小洲,2008)。1995年至今,城市固体废弃物产生量与1981—1994年相比整体上是增加的,但固体废弃物排放量逐渐降低(杨永春等,2007a);城市噪声污染则日益加剧,因为由于城市建设和改造力度大,以及重庆地形复杂,道路狭窄且斜坡弯多,车流量大,交通噪声污染十分突出,如1999年,暴露在60~70分贝范围内的面积和人口分别占网格总面积的24.8%和26.3%(豆俊峰等,2001)。

②1989年底,地下水pH值比1960—1970年下降了近1个pH值单位,年均下降0.045%,较典型酸化点pH值年下降高达0.062%~0.316%,平均值为0.204%,地下水酸化速率极快,浅层地下水酸化尤其明显,酸化速率最块(曹云松等,1995)。

③1997年,污染使长江、嘉陵江沿岸几十个取水口大多受到威胁,恶化了饮用水源水质(豆俊峰等,2001),如1990年末期,西部丘陵区出现了严重水质性缺水,发生了水荒。

④其中,大气引起的经济损失达40.51亿元,如果加上大气污染对人体健康的影响,其损失值更大。而噪音污染而造成的经济损失值约占总经济损失值的7%左右。在环境污染所造成的经济损失类型中,对人体健康造成的经济损失最大,占各城市环境污染经济损失的30%左右,其次是对种植业,其经济损失值约占环境污染经济总损失的26%(渠涛和杨永春,2005a)。

⑤自然条件成为限制性因子:重庆市区的平均风速与风力仅为1.3 m/s,平均静风频率为42%,静风与微风频率大于50%,且逆温天数所占比例全年达到80%,地形封闭性强,空气处于超稳定状态,大气污染物难以及时扩散,山地的天然阻隔虽然使大气污染物相互流动的可能性大为降低,各组团的环境容量极其有限。重庆山地条件复杂,地形特殊,适宜建设用地较少,工矿企业及居住区多沿江分布,尤其以横贯市区的长江、嘉陵江沿岸为最多。这样,整个城市无论遵循哪一种城市规划规范和原理,只要污染物的实际排放量超过了环境容量,大气环境污染就不能得到有效的解决,尤其在冬季大气污染异常严重。虽然,降雨量多能大大降低大气污染的影响,但酸雨危害却显著增强。

⑥虽然能源消费结构中原煤比重高达70%以上,并以高硫煤为主,煤电转换率仅约为29.3%(豆俊峰等,2001),这是环境污染的原因之一。

和管理等因素,共同导致重庆市环境污染居高不下,而以城市化进程加速、重工业为核心的产业结构及其空间布局,以及污染物治理水平低下是核心影响要素。而且,人口快速增长、空间集聚和生活水平提高导致生活污染量近20 a一直处于上升态势,如汽车尾气排放量近10余年持续增加,也越来越成为重要的因子。同时,体制、管理、社会经济等深层次原因导致污染物治理水平过低也不容忽视,如政府环保投入过低、管理不严、企业利润空间小等。

(1)传统产业技术进步和结构调整缓慢,即重庆市较为老化的重型产业结构[①]、产业链依旧污染严重、低下的污染物处理率是城市污染最根本的原因。例如,工业废水、工业废气、工业固体废弃物排放量都位于全国之首,而对应的去除量、排放达标量、综合利用率却落后于其他城市[②](饶云聪和何小洲,2008),2002—2003年的实证分析也证明了这一点(杨永春,2007a)。从治理的投入角度分析,2001—2003年,重庆市大气与水污染治理的年度运行费用之和占工业总产值的比例低于1%,低于全国目前投入环境保护的国内生产总值比例的1.3%。2002年,重庆市对城市环境投资为36.77亿元,仅占当年GDP的1.87%,远低于城市环境污染所造成的占当年GDP 4.57%的损失(杨永春,2007b)。2006年,重庆污染治理投入与全国平均水平比较仍有一定差距,在GDP高速增长且大于全国增长率的同时,用于污染治理的资金比例却远低于全国平均水平(饶云聪和何小洲,2008)。

(2)虽然近20 a来,城市空间功能结构在不断调整和优化,但城市环境功能定位不明确,工业空间布局仍不合理。例如,计划经济时期坚持的生产—居住一体化的政策及目前规划坚持的城市用地混合使用政策作用显著;城市功能空间布局依然较为混杂和多中心组团结构非常典型,并因山地地形和水系阻隔作用和以组团布局为宏观导向的规划管理导向而得到强化;工业企业分布于市区的各组团和松散地分布于各组团中心之周围的布局结构并没有得到根本性改观[③];布局分散且技术水平低下的乡镇企业对区域生态环境建设构成了较大压力。这样,企业依然广泛而零散分布于各地区,缺少规模大、专业化协

[①] 重庆在1980—1990年形成了机械、化工、冶金三大支柱产业和电子信息、建筑材料、食品加工、日用陶瓷四大优势产业,但重工业占工业经济中的60%,且机械制造和与之配套的冶金工业在重工业中占极大比例,消耗了大量能源和资源,产生了大量污染物;产业结构主要以污染较为严重的初级(乡镇企业位为主体)、中级产业结构为主体,技术水平低、"企业老化"、设备陈旧、改造速率慢、国有企业比例高等制约了环境改善(豆俊峰等,2001)。

[②] 虽然工业单位增加值的污染物排放量在逐步降低,但污染显然与工业增加值排放强度大或污染较为严重的产业链和处理率低有直接的关系(杨永春等,2007b),如主要工业单位增加值SO_2排放强度高于国控城市平均值(国家重点环境监测城市,共151个,下同)的3~4倍;烟尘排放强度超过5倍左右;粉尘排放强度超过30倍;2002—2003年生活污水处理率仅约为国控城市平均值的1/4~1/5;工业固体废物处置率1999—2003年仅相当于国控城市平均值的1/5~2/5;工业固体废弃物排放量大约是国控城市平均值的10倍以上,处置率大约低于其他城市的一半,导致工业固体废弃物储存量居高不下。从处理能力与设备闲置的角度分析(杨永春,2007b),重庆2002年与国控城市平均值大致相当,2003年则达到了3倍左右,但是污水处理量占处理能力的比例却低于国控城市平均值的1/2,出现了有处理设备不使用的现象。

[③] 因为虽然近20 a来一直坚持城市中心区(尤其是渝中区)工业企业外迁和实施了工业集中布局政策,如主城区污染严重的重庆钢铁三厂、重庆市沥青厂、重庆水泥厂、重庆消防器材厂等企业的搬迁或计划搬迁,但由于体制原因,所迁移企业的空间距离主要在郊区,以及乡镇企业又在各自郊区(县)发展迅速,依然是工业企业"遍地开花",并且因乡镇工业发展快、技术水平低、经营粗放、资源能源消耗大、污染治理能力薄弱,导致煤烟型大气污染存在由城市向郊区和乡村扩散的趋势,对区域生态环境建设构成了较大压力。这样,企业依然广泛而零散分布于各地区,缺少规模大、专业化协作较好的重点工业区,在城市中心区、风景游览区、城市上风向地区及城市饮用水源保护区内也布置了一些能耗高、污染重的企业。

作较好的重点工业区。而且,城市规模不断扩大,制造业生产和服务业规模增长迅速,技术水平提高程度有限,导致生产型污染物排放量虽然在近 20 a 来在不断减少,但仍维持较高水平。

(3) 由于城市化和工业化加速,城市依然处于产业和人口呈集聚发展态势和向心集中的发展阶段,尤其是都市区正处于工业化中期向后期发展的阶段。产业集聚将会带动大量外来人口的进入和现有农村人口向城市的转移,成为直辖市和人民生活水平提高使人们对城市的功能和形象有了更高的要求,对城市功能由满足基本生活需要向小康需求转变,更加注重人居环境质量,这必然导致建设用地的高需求(尤其是城市中心区)(何波等,2006),但山地地形导致城市的适宜用地十分有限,造成了城市建设密度过高、人口密集、城市绿化覆盖率低①,对污染物降解和容纳能力十分有限。

(4) 实证研究也证实了城市大气污染与山地组团空间结构与产业空间变迁趋势的相关性。城市污染物在东北—西南方向上分布最为分散,经济重心与污染重心相差较远。整体上 SO_2 的空间自相关性很强,属集中分布模式;TSP 空间自相关性较弱,属随机分布模式;NO_x 处于两者之间。大部分区、县的大气污染物之间相关性较弱。SO_2 和 TSP 都有明显消减,但 NO_x 浓度局部地区仍在增加,增幅达 164.2%,使其整体上几乎没有消减(韩贵锋等,2005)。同时,TSP、SO_2、NO_x 污染物浓度重心没有位于主城区范围内,均位于涪陵境内,且偏离几何中心。由于近几年主城区通过污染企业的迁、转、并、停等措施,加大了对大气污染的治理力度,污染浓度没有出现极端高值。而且,通过局部 Moran's I 指数计算,除个别区、县的 3 项污染物浓度与周围区、县有强的正或负相关外,大部分区、县间的影响较小。这种空间自相关特征与整个城市受地形起伏影响,污染物在空中扩散和迁移能力受到限制有关。除 SO_2 外,其余两项污染物空间相关性最强的区、县在地域上相对集中。主城区(都市发达经济圈)的 NO_x 浓度平均消减率相对于渝西经济走廊和三峡库区生态经济区稍高,但也仅有 12.1%;TSP 和 SO_2 浓度平均消减率比 NO_x 高,分别为 25.8%和 45.0%,与其他两个经济分区相当(韩贵锋等,2005)。

4.3.3 城市空间结构演进和职能重构及其环境影响

改革开放以来,受国家西部大开发政策、三峡工程建设和直辖效应的推动,城市发展加速。如 1994—2003 年,主城区建设用地面积由 175.8 km² 拓展到 300.9 km²,增长速度在 7%以上。而且,近 20 多年来,社会经济快速发展和规划管理导向都积极推进了城市空间结构转型和职能重构,如城市总体上以三大产业区进行总体布局和控制②,都市发达产业圈(都市区)大力发展高新技术产业和服务业,充分依托两个国家级开发区,建设"一区多园"的高新技术产业基地及北部新城,并突出"多中心、组团式"山水城市特色(杨永春,2003;

---

① 重庆都市区因地貌类型的复杂多样性导致城市空间利用受到制约,都市区内的适宜建设用地分布在缙云山、中梁山、明月山、铜锣山和东温泉山之间海拔 500 m 以下的宽缓丘陵地带,面积为 1398 km²,仅占都市总面积的 25%。2003 年,用城镇建设用地面积指标,中梁山与铜锣山之间 600 km² 范围内的城市中心地区(实际城镇建设用地约 229 km²)的人口密度约 16 000 人/km²,人均建设用地仅为 63 m²(何波等,2006)。1998 年建成区绿化覆盖率仅为 19.97%,人均公用绿地面积仅为 2.29 m²,且部分居住区和人口密集地区绿地很少(豆俊峰,2001)。

② 以都市发达产业圈为核心点,以沪蓉高速公路、长江沿岸为主干轴,带动东西两翼发展和网状发展态势(李庆,2003)。

何波等,2006;易峥,2004)①,主城区空间结构确立为"一城五片、多中心组团"(何波等,2006)。

在规划和管理的大力引导下,虽然目前城市用地主要集中分布在两山(中梁山、铜锣山)之间,两山以外分布较为分散,但是郊区化过程发展迅速。除北碚、两路、渔洞和西彭、陈家桥等个别工矿镇外,其他城镇规模较小,用地主要为居住用地。城乡之间差距明显,都市区的外围三区(北碚区、渝北区和巴南区)水平明显低于主城五区,但随着过江桥梁、穿山隧道的修建,北向扩展势头强劲,向东、向西的扩张速度加快,呈现跨越中梁山、铜锣山向东西两翼的发展趋势。不过,因为快速超前发展的交通网络不断打破山脉和江河的交通阻碍,单位制生活瓦解导致的工作居住的分离,核心区工业加快向外围地区转移和建设用地工业化,人口向核心区持续集聚导致的组团扩张,组团隔离带保护乏力,新区建设引导不力等因素的影响,近10 a来组团及组团式布局也出现了新变化②,如组团规模扩大,核心区内组团之间黏连趋势明显,组团之间的通勤量快速增加,城市外围出现了新组团等(易峥,2004)。

城市土地利用结构转变和景观变化很好地反映了城市空间重构的结果。1993—2006年,重庆主城区土地利用结构发生了较大转变(表4.3.1)③(赵卫权和杨华,2008)。2001—2006年城市建设用地增长速度比1993—2001年要快。这是因为重庆市直辖以来经

---

①从历史时期开始,尤其是民国时期和计划时期,重庆由于独特的地貌结构而形成了多中心组团结构,被认为是突出的城市以三大产业区进行总体布局和控制。其中,1980年的城市总体规划首次提出母城采用有机松散、分片集中的"多中心、组团式"城市结构;1990年的城市总规划继续沿用了此结构模式,在主城(大于过去的母城)内规划了12个组团,并提出组团间以河流、绿化和山体相分隔(易峥,2004),采取了划定城市建设空间和非建设空间,确立生态优先观念,加强交通对城市发展方向的适应与引导,采取有机疏散的式进行旧城更新和新区拓展,以及有利于行政区框架下的管理和协调有序发展的规划管理导向。城市发展主要方向应是向北部、跨越中梁山向西部及跨越铜锣山向东部发展,将都市区城镇空间分为主城和外围小城镇两个层次(何波等,2006)。

②组团规模扩大,界限不断变化;核心区内组团之间黏连趋势明显,组团隔离绿受到不断侵蚀,如观音桥、大石坝两组团间的绿地农山等已基本消失,组团的独立功能受到威胁和就地平衡生产生活的功能弱化,就近生产生活的工业型组团随着主体企业的搬迁而瓦解;组团功能迅速变化,组团中心得到强化;组团之间的通勤量快速增加,如2002年主城区居民出行在空间分布上已由以东西向客流为主转变为以南北向客流为主,最大流向为江北区—渝中半岛—南岸区,这说明跨越两江的通勤量增长迅速;城市外围出现了新组团,组团式城市结构范围在不断扩展,核心区外小城镇正成为新的城市组团,如西永大学城、茶园工业区;城市新拓展地区也出现了以北部新区为代表的无中心、非组团式沿交通十线蔓延的新城市扩张趋势(易峥,2004)。

③重庆主城区土地利用结构的转变:a. 1993—2001年,建设用地、耕地、未利用地分别净增加了78.69 km²、515.67 km²和20.77 km²,林地、水域分别减少了614.96 km²和0.17 km²。2001—2006年,建设用地增加了156.05 km²,耕地净减少了536.90 km²,林地净增加了451.91 km²;b. 建设用地主要由林地和耕地转换而来,1993—2001年转换量分别为40.78 km²和46.94 km²,分别占转入量的42.77%和49.23%;2001—2006年分别为14.97 km²和152.80 km²,分别占8.32%和84.89%,从而使城市用地在1993—2001年和2001—2006年分别增加了172.89 km²和180.01 km²;c. 1993—2001年,未利用地主要向耕地转换,其次是林地和城市建设用地,转换量分别为47.49 km²、5.29 km²和3.60 km²,分别占转出量的81.99%、9.14%和6.22%;2001—2006年,转向耕地、林地和城市建设用地分别为41.32 km²、37.81 km²和8.84 km²,分别占9.13%、39.06%和42.69%;d. 林地在1993—2001年总量减少,2001—2006年增加,主要向耕地、城市建设用地和未利用地转化,尤其是耕地;e. 水域主要转换为耕地和城市建设用地,1993—2001年转换量分别为582.36 km²和40.78 km²,占45.05%和34.86%,2001—2006年转换量分别为3.17 km²和3.40 km²,占32.7%和35.08%;f. 1993—2001年耕地总量增加,2001—2006年总量减少,2个时期耕地变化总量大体相等,即2006年耕地面积基本恢复到1993年水平。前期,主要转换成未利用地、城市建设用地和林地,分别为52.81 km²、46.94 km²和27.65 km²,分别占40.08%、35.62%和20.99%;后期,主要向林地、城市建设用地和水域转换,分别是455.30 km²和152.80 km²,占72.7%和24.39%(赵卫权和杨华,2008)。

济快速发展,在对基本农田和林地进行保护的前提下,充分利用了周围的未利用地。林地和耕地的变化速度也是 1993—2001 年大于 2001—2006 年,这是由于退耕还林政策及环境保护、城市绿化和城市发展对主城区边缘耕地的占用。1993—2001 年,水域面积高速度增加主要是部分水库、中心湖的建设,还有三峡蓄水量增加造成。显然,重庆直辖后的战略发展目标的变化、工业化和城市化的快速发展、人口急剧增长和基础设施建设的快速增长、产业结构转变和投资环境改善、三峡工程建设等社会、经济、政治因素构成了城市土地利用结构变化的主要驱动力。然而,城市化引起的城市建设用地需求增加因素的影响非常强烈,如 1993—2001 年城市建设用地年增长率为 10.43%,而耕地面积年增长率也同样高达 14.40%。2001—2006 年,城市建设用地的增长率更高,而耕地面积呈递减趋势,且年递减率非常高(赵卫权和杨华,2008)。

与此同时,1995—2000 年重庆市城市景观也发生了下列变化(郭澎涛等,2007):①景观格局与动态主要特征表现为以耕地(包括水田和旱地)和林地(包括有林地、灌木林地和其他林地)的变化为主。水田和旱地面积净减少了 9937.89 km², 分别为 466.23 km² 和 9471.66 km²;②景观破碎度趋向加深,斑块形状趋向复杂,景观多样性有所提高。重庆成为直辖市后,基础建设投资加大,建设用地迅速扩张,耕地、林地等景观类型受到建设用地的侵占和分割,使景观类型破碎度增加且整体形状变得较为复杂。2002 年城市景观类型有如下特征(彭月等,2008):分布不均,较多斑块呈零碎分布;耕地和林地的面积、周长和斑块数较大,依然为区内优势景观;丘陵旱地和灌木林对景观影响最大,边界褶皱程度较低;城乡用地(城镇用地除外)和水域斑块平均面积小,破碎化高。其他林地、大于 25°(坡度)的坡地旱地、河渠和城镇用地破碎化严重;虽然在局部存在有明显的城市扩张、耕地的绝对数量减少,但在整个景观水平上,城市景观仍未占据主导地位。

表 4.3.1 1993—2006 年重庆主城区土地利用转换矩阵(赵卫权和杨华,2008) (单位:km²)

1993 年＼2001 年	城市建设用地	未利用地	林地	水域	耕地
城市建设用地	77.7117	2.5496	0.9962	0.6213	12.4681
未利用地	3.6021	21.4841	5.2916	1.5408	47.4902
林地	40.7786	21.3954	286.9990	4.8095	582.3611
水域	4.0151	1.8894	0.4236	43.5453	5.1889
耕地	46.9382	52.8124	27.6507	4.3597	315.8742
2001 年＼2006 年	城市建设用地	未利用地	林地	水域	耕地
城市建设用地	149.1701	1.9221	13.7112	3.7383	4.4937
未利用地	8.8377	3.3432	37.8133	8.8195	41.3200
林地	14.9715	1.3846	263.5539	1.0537	40.4020
水域	3.3976	0.3504	2.7697	45.1843	3.1674
耕地	152.8035	8.3662	455.3049	9.8086	337.1093

4.4 兰州市城市转型及其环境和生态效应

1990年以来,在"西北商贸城"和"工业强市"城市发展战略、"退二进三"和用地置换、规划控制和引导、土地有偿使用和使用权拍卖政策、设立开发区等系列化政策的影响和作用下,兰州的城市化呈现出下列特点(杨永春等,2009)。

(1)人口快速增长,从1978年、1990年仅分别为128.47万人和150.67万人(非农业人口)上升到2008年的330万人(不含暂住人口),人口城市化率目前已超过了60%,城关区人口密度达到了3667人/km²。城市用地扩张迅速,河谷盆地的建成区面积从1978年的91 km² 发展为2008年的150 km²(图4.4.1)。

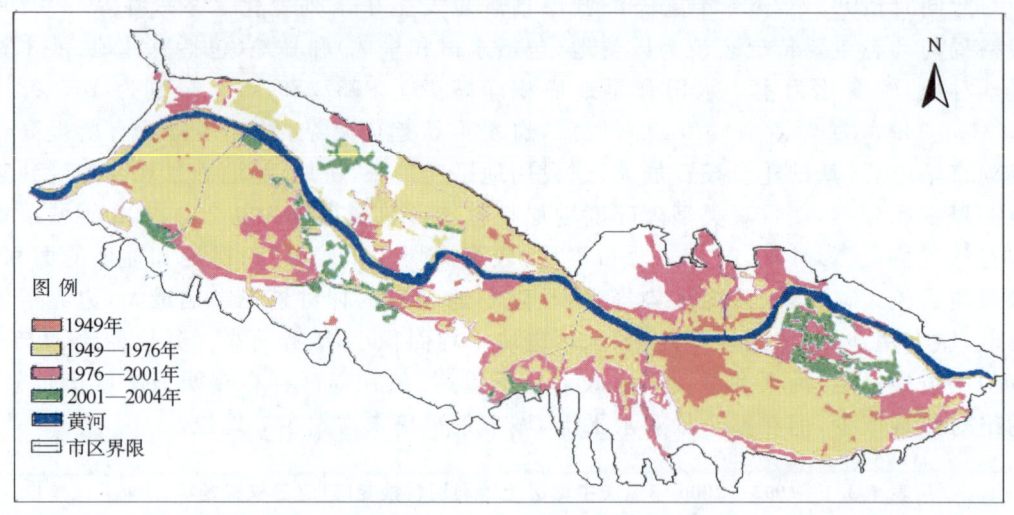

图4.4.1 兰州城市1949—2004年土地空间扩张

(2)在河谷内部郊区化进程的推动下,盆地内部的建设用地从宽裕逐步变为紧张。建成区大致从以二、三级阶地为中心的用地类型向滩地(如河漫滩)或更高级别的阶地,以及向丘陵或山地推进,甚至部分城市功能区"跳出"盆地而布局在外围地区。尤其是那些传统的工业区(如传统工业企业的加速外迁),甚至各类开发区和工业园区,还有部分别墅区等高档住宅区、大学城等。

(3)用地类型加速转换,主要工业用地向居住用地、公共用地等第三产业用地转换。而且,由于用地日趋紧张,地价提升较快,用地开发强度提高迅速。因此,城市内部土地变化过程在国家管理机构的控制下,受到市场越来越大的调节作用(尤其是房地产业),城市土地用途的市场化竞租过程强化。

兰州城市化进程的新特征深刻地影响了城市生态环境系统,如兰州市经济发展与河谷生态环境之间存在多侧面的互动作用,城市化通过人口增加,经济扩张和地域扩张,继而影响资源利用和能源消耗,不断向区域排放废物来影响环境质量,不同的密度和活动强度共同决定了城市的污染水平(范振军,2003)。

4.4.1 城市发展转型与环境污染变化

快速城市化和工业化产生了较为严重的城市环境污染问题,后者与城市的河谷盆地地形[①]、半干旱气候条件、偏重于重化工业资源指向型的产业结构、城市发展阶段、社会消费结构变迁等因素显著相关。转型期,因汽车尾气污染愈发严重,生活污染排放量和工业污染排放量大致相当,导致绿色议程环境问题日益严重,并与褐色环境问题叠加,具有强烈的类似东京环境问题的时空压缩特征(Peter 等,2003;杨永春等,2006a)。灰色议程环境问题在 20 世纪 70—90 年代达到高峰,2000 年后才逐步得到遏制,如人为因素对城市气温影响转折点在 1970 年代中后期(程胜龙和王乃昂,2004)。而外围地区,尤其是广大农村,至今还存在褐色环境问题,如榆中北山乡村还存在饮用水问题和垃圾污染问题。

(1)盆地内以重(化)工业集群为核心的产业结构是环境污染的主要原因

在转型期,受计划经济时期产业集群重工化特征的影响,工业产值占 GDP 比例虽缓慢降低到 50%左右,但占工业产值的比例高达 80%左右(杨永春,2003),仍以传统的高物耗、高污染的石油加工、冶金、机械工业为主体,而以电子仪器和仪表等为主体的技术密集、低污染产业占全市工业总产值还不到 10%[②]。企业技术水平低和产业结构不合理、耗能量大,导致了大气污染的硫化物、重金属为显著特征的大气污染结构。城市工业布局过于集中,尤其是工业性质导致了工业排污量高居不下,石油、化工、机械制造等成为最大污染源。

(2)外来投资结构与选址模式对环境的影响

外来投资主要集中于重化工业等主导产业部门,对生态环境产生一定的影响(杨永春等,2005)。城市支柱产业多为污染性工业,导致的城市环境污染已非常严重,已经对城市发展高新技术产业和留住人才等各方面问题的解决造成了巨大压力,而所吸引的外来资金恰恰也是主要投向化工原料及化学制品制造业、医药制造业、金属制品业、食品加工业等重污染工业,而且绝大多数布局于市区,这可能是导致环境污染问题难以从根本上解决的一个主要原因,因为目前河谷盆地内所能提供的建设用地已经非常有限,而市区仍然是投资环境极

[①]河谷盆地地形对城市大气环境污染的强化效应:近乎封闭的河谷盆地引致的静风天气和大气逆温常年存在,如每年逆温发生频率平均高达 81%(杜萍等,2001;姜大膀等,2001),加之气候干旱使得盆地内外对流作用很弱,湿沉降机会很少(姜大膀等,2001),这使盆地内环境容量小,城内污染物很难排放出去(杨永春等,2007b)。而且,盆地东部气流下沉,而在西部气流上升,局地环流加重了城市中心区污染,这也是城市大气污染特别严重的主要原因之一。由于盆地周围高山的屏障效应使城区低层大气风速非常小,高空 100 m 处的日平均风速一般不超过 1.0 m/s,大大限制了污染物的水平平流输送。夜间冷谷效应所产生的盆地夜间贴地逆温是盆地外(皋兰)的 2 倍以上,加剧了夜间污染物向外湍流扩散的抑制作用。白天盆地周围山峰的加热效应造成盆地上空大气的下沉运动加强和相对稳定的大气层结,抑制了污染物向外湍流扩散。气溶胶光学厚度在加热最强的 12:00 左右出现峰值,市区地表干燥且植被覆盖率很低,便于沉降的转换阻尼(transfer resistance)很大,使污染物干沉降过程减慢。这样,城区低空大气层温度递减率与 3 种主要空气污染物浓度呈显著负相关(张强,2001;杜萍等,2001;姜大膀等,2001;安兴琴等,2002)。

[②]城市 SO_2、烟尘、NO_x 排放量最大的三个行业分别是电力蒸汽热水、石油化工和机械加工制造业。因此,大气污染主要以工业污染为主,工业排放废气量占全市的 77.79%,烟尘占 68.67%,SO_2 占 62.80%,NO_x 占 52.96%,CO 占 43.52%(张存洁,2001)。而且,工业的能源利用以燃煤为主——燃煤和油类为主的工业占总能耗的 95%,而天然气等相对清洁能源仅占 3%(杨永春,2003)。同时,2002 年,工业用水重复率虽高达 85.6%,但其废水排放量仍有 5474 万 t,消耗和污染了紧缺的淡水资源;万元 GDP 能源消耗量为 8.4 t/万元,远大于 1.4 t/万元的全国平均水平(杨永春,2004)。1998 年,万元工业 GDP 的废气、废水、废渣排放量分别为 0.28 t、3.22 t 和 44.59 t,2002 年同等指标则下降为 2.34 t、11.22 t 和 0.28 t,但相对中国其他城市仍显过高,如 2002 年上海的废气为 0.91 t/万元、废水为 8.88 t/万元(杨永春和刘治国,2006a)。

为优越的区位,而且城市亟需大力吸引外来资金,推进工业化进程和产业结构转型,且引进外来资金十分困难,缺乏对外来资金的筛选。因此,在今后相当长一段时间,这将是一个十分棘手的问题(杨永春等,2005)①。

(3)经济发展与环境污染发展阶段

1)大气环境:转型期,虽然大气污染逐步在减轻,但依然十分严重②。随着人均GDP的增长,大气环境综合污染指数稳中有降,其余主要指标呈下降趋势(杨永春等,2007b)③。近30 a来,随着经济增长,工业废气排放量、工业粉尘、工业烟尘排放量符合库兹涅茨曲线规律,在人均GDP为1.1万元后工业废气排放量达到拐点逐渐开始下降,人均GDP为8000元左右时工业废气、粉尘排放量开始迅速下降。随着第二产业产值所占比例的增长,工业废气排放量呈现倒"U"字型曲线。随着城市总人口的增加,工业废气、废水排放量及工业烟尘排放量呈现倒"U"字型曲线,总人口达到180万之后,前两个指标开始下降;总人口达到150万之后,工业烟尘排放量开始下降。随着城市GDP、工业总产值、第二产业GDP所占比例的增加,工业烟尘排放量均呈现倒"U"字型曲线,分别在GDP达到100亿元、工业总产值达到150亿元、第二产业GDP比例为58%后,其排放量逐渐开始下降。因此,工业废气和工业烟尘排放量整体都随着城市经济、产业结构和人口的增长而呈下降趋势,但是否进一步降低还有待深入研究(杨永春等,2007b)。范振军(2003)也得到了基本相似的研究结论④。

2)水环境:计划经济后期,黄河兰州段水质污染已十分严重,1978—1999年有所好转,2000年后总体污染水平才呈明显下降趋势(王庆梅,2002)⑤。近15 a来,随着人均GDP增

---

①国内外外来投资在第一产业主要致力于生态农业发展,而且投资额稳步增长,其产品选择主要取决于市场需求。第二产业的外来投资项目主要集中于化工原料及化学制品制造业、医药制造业、金属制品业、食品加工业、电力、蒸汽、热水的生产和供应业等,而这些产业几乎都是兰州市的支柱产业,且投资额正逐年增高。在2002年以前石油加工业及炼焦业每年都能获得一定的投资额,直到2002年才获得了较多的资金,并且在2002年出现了近六年来获得合同投资金额最多的产业——橡胶制品业,总额超过12亿元。第三产业吸引合同投资在产业类型方面变化较大,所涉及产业类型也越来越广泛(杨永春等,2005)。

②1977年冬季的大气污染事件(比1952年伦敦"烟雾事件"还严重)和1978年6月西固的光化学烟雾事件(污染源是石油化工及炼制业排放的NO_x、CO_x等废气)(兰州市地方志编纂委员会,1997),1998年被评为全球十大污染城市之一(王式功等,1999)。1996—2000年,空气污染综合指数一般在6.21~7.63(王庆梅,2002),2001—2003年,四项大气综合污染指数大致在6.8~7.7(杨永春,2004)。

③近30 a来,随着人均GDP的增长,城市SO_2浓度大致呈下降趋势。1977年达到最高却促使市政府加强了对环境方面的治理与资金投入,随后5 a明显下降,其后20多年再逐渐下降,基本界于0.05~0.12 mg/m³;NO_x浓度值总体态势属倒"U"字型曲线,1980年为较高点,整体上逐年波动式下降;总悬浮颗粒物(TSP)浓度整体上呈微下降趋势,在0.6~1.2 mg/m³间变化,仍大致高于国家制定的二级标准的2倍。不过,因地处西北内陆地区,沙尘一直是其主要来源之一。但是,年降尘量整体上变化幅度不大,且历年变化趋势也趋于直线,比较稳定;大气环境综合污染指数呈上下浮动趋势,整体上略有下降,1992年为最低点,随后几年界于5~7之间。

④城市经济发展与大气污染物排放量的相关性,除工业废气排放量与工业总产值正相关外,其他环境质量指标均与经济发展指标负相关,其中工业烟尘排放量与GDP和人均GDP的相关系数大于−0.7,说明工业烟尘排放受总体经济发展影响不大,而是主要受到工业生产的影响。城市经济发展与大气污染物排放量的回归拟合曲线则表明,工业废气排放量和工业烟尘排放量随着经济发展呈下降趋势,这与近年来追求经济增长质量,采取严格措施控制工业废气尤其是烟尘排放有很大关系。总悬浮颗粒物(TSP)、SO_2和NO_x等三种主要污染物的年日均浓度与人均GDP的近似函数关系曲线不具有环境库兹涅茨曲线特征,近似于"U"形或"L"形,即近年来兰州市主要污染物排放量基本不变,存在上升趋势的可能(范振军,2003)。

⑤1978—1999年水体污染水平虽有好转,但依然十分严重,黄河水体主要污染物也大都超标,如1981—1983年为中度污染,1985年大肠菌群、化学耗氧量年平均值分别超标40.7倍和0.57倍,1998年丰水期间水质呈现重污染状态,地下水质受污染数量仍达78.4%(张俊华等,2003)。

长,工业废水排放量呈现比较明显的倒"U"字型规律(杨永春等,2006a),当人均 GDP 高于 8000 元时,工业废水排放量开始逐渐下降,这与城市加强工业污水治理、工业工艺和工业用水重复率的逐年提高等因素有关,如城市废水从 1999 年最高的 15 354 万 t 减少到 2001 年的 6365 万 t,但生活废水排放量在逐渐增大。2000 年生活污水排放量为 5694 万 t,而 2001 年增加到 5831 万 t,已接近工业废水排放量。范振军(2003)也得出了类似结论:城市 GDP 和人均 GDP 与工业废水排放量的变动曲线,其回归拟合系数 R^2 值分别达到 0.7202 和 0.706,曲线呈倒"U"形,表明兰州市工业废水排放量与经济发展之间的函数关系与实际值拟合较好,即工业废水排放量随着经济发展而趋向于迅速降低,存在较强的互动作用关系①。

3)固体废弃物:1986—2003 年期间,工业固体废弃物产生量和占地面积相对稳定,排放量稳定下降,生活垃圾产生量却稳步上升。1998—2003 年固体废物产生量基本稳定,然而工业固体危险废物处置率仅约为 40%,远低于其他城市(接近 100%);尾矿产生量处置率达到了 50%;其他废物产生量远低于国控城市平均值(杨永春等,2007a)。近 20 a 来,随着人均 GDP 的增加,工业固体废弃物产生量和排放量均为下降状态,后者更为显著。而且,随着城市总人口、GDP 总额、工业总产值的增加,工业固体废弃物排放量都处于快速下降状态(杨永春等,2007a)。工业固体废弃物排放量与国内生产总值和人均国内生产总值的相关系数分别为 -0.820 和 -0.829,与经济发展呈显著的负相关,说明工业固体废弃物污染主要来自于经济发展过程,受以重化工业为主体的经济结构影响较为深刻,两者的回归拟合系数在 0.8 以上,其近似函数曲线呈不完全的"U"形,能够说明两者存在较强的互动作用,经济发展过程中产生的工业固体废弃物排放量存在上升趋势(范振军,2003)。

4)噪声污染:近 10 余年来,交通噪声随着车辆的增加持续恶化,如 2001 年城市道路交通噪声均值为 69.6 分贝,在国内城市中排第 10 位,同北京的噪声均值持平,区域环境噪声排名全国第一,噪声均值为 60 分贝(杨永春,2004)。

(4)消费结构变化与城市污染趋势

根据范振军(2003)的研究,食品、衣着和医疗保健等三项与城市生活污水排放量的关联度分别为 0.8460、0.9236 和 0.6077。因此,衣物洗涤与家庭清洁过程中产生的污水是城市生活污水的最主要来源,这与衣物洗涤量上升、普遍使用耗水量高的洗衣机代替人工洗涤有关。同时,生活垃圾与食品消费、衣着消费、日用品消费及医疗保健消费之间的关联度分别为 0.7283、0.8001、0.9052、0.4890。因此,生活垃圾产生量与城市居民的日用品消费具有最强的关联度,即家庭日用品消费是生活垃圾的最主要来源。由于城市消费方式向多样化、高级化发展,日用品消费在城市居民消费支出中的比重上升,日益多样化的日用品消费产生的垃圾成为城市生活垃圾的最主要来源;食品支出和衣着支出的比重则存在下降趋势,所产生废弃物的比重也随之下降。日常饮食与烟尘产生量之间的关联

---

① 关于工业总产值与水污染物排放量的关系,化学耗氧量与工业总产值呈显著负相关,其相关系数高达 -0.921,回归拟合系数也高达 0.8554,但两者间的函数关系曲线呈"U"形,即化学耗氧量随着工业总产值增加而下降,但存在达到一定值后上升的趋势。酚类排放量与工业总产值正相关,其相关系数为 0.757,即随着经济发展而上升,这也说明石油化工工业在兰州市工业结构中的比重上升,并导致酚类排放量的上升,酚类排放量与工业总产值的回归拟合系数为 0.6135,其拟合曲线表明兰州市酚类排放量已出现微弱的下降趋势,酚类排放量与经济发展之间存在互动作用关系(范振军,2003)。

度高达0.9780,冬季采暖与烟尘产生量的关联度则仅为0.7953,这在一定程度上反映了燃料燃烧过程中产生的烟尘主要来源于居民日常饮食过程。另外,居民消费活动的多样性导致消费结构对生态环境产生多方面的影响。消费结构对生态环境的影响还包括居民使用交通工具造成的含有二氧化硫、铅化合物等污染物质的尾气污染,以及噪声污染、无线通讯和家用电器产生的电磁污染等。城市主干道基本属于东西向道路,集中了城市的大部分交通量。随着居民出行活动日益增多,汽车等交通工具的使用量急剧上升,尾气污染和交通噪声污染也成为城市环境污染的重要方面。城市居民消费结构的变动还表现在电视机、电脑、空调等家用电器和无线通讯设备的拥有量迅速上升,电视机和电脑均能产生强大的电磁辐射,对生物体和环境产生较大危害,冰箱、空调等制冷设备释放出的氯氟烃气体可对臭氧层产生破坏,而寻呼机和移动电话等无线通讯设备的大量使用则使城市环境受到电磁波的严重污染。

(5) 产业集聚、扩散与环境污染的空间变化

计划经济时期,多数企业都向河谷盆地集聚,河谷外围只是零散地分布了部分企业(杨永春,2003;2004)[①]。改革开放以来,虽然部分重工业企业在竞争中破产,如兰州柴油机厂和兰州驼铃客车厂,或者迁出河谷盆地,如兰州钢厂被酒泉钢铁集团兼并后迁到榆中县宛川河谷,兰州铝厂向西迁到河口镇,减轻了工业企业污染的压力,但是,石化工业却得到了规模性扩张,在城关区新建的布置于城市上风向的兰州第二热电厂等。而且,生活性污染等绿色环境问题日益加重,大气、水污染的结构性特征依然没有显著的改观。同时,企业外迁也导致环境污染市域化,因为企业扩散后因环境压力减轻而更加轻视污染物的治理,逐步加深了河谷盆地外围市域内部分地区的环境污染(杨永春,2004)。1990年后,部分乡村地区因乡镇企业、资源开发和城市企业外迁影响,城市化进程加速了环境污染的区域化进程,如部分溪流已被污染(杨永春等,2006a)。

(6) 环境与经济的整体协调关系

1998—2002年,城市环境建设一直落后于经济发展,为明显的经济发展超前型,即1998年属于中级协调发展环境滞后型,1999—2000年属于中级协调发展环境滞后增长型,而2002年出现了中级协调发展环境滞后衰退型,这反映了在加快发展经济时,环境出现了相对于经济发展的恶化迹象(渠涛和杨永春,2005b)。

4.4.2 城市发展对土地利用结构和景观格局的影响

计划经济时期,工业用地一直稳定在30%左右,其工业增加值占同期整个建成区工业增加值的比例高达35.28%;转型期,工业用地比例从20世纪70年代末期的大致30%下降到2001—2004年的20%~22%,其主导地位逐步被居住用地取代,这与改革开放后商贸服务、房地产等行业的较快发展有关。1980—2001年,居住用地面积增加值占同期建成区面积增加值的比例高达31.03%,且居住用地比例在2001年已超过工业用地和公

[①] 西固区集中分布了几乎所有的重工业和重污染企业,如热电厂、兰炼、兰化、铝厂和玻璃厂,使其为城市最大、最严重的污染区。而且因该区地处主城区上游,对城市水质有一定影响,加重了黄河干流兰州段水体污染程度,因为当河水自西向东穿城而过时,受沿途两岸工业、生活和垃圾等排污的影响,水体污染沿途加重。另外,其他各区也同时环绕城市中心分布了一些企业。

共用地,达到了23.62%,成为城市用地结构变化的主导推动力;商业用地比20世纪80年代净增了2.22%,突增到2001年的3.08%,显然与城市实施了大约10 a西部商贸城发展战略有关;20世纪70年代以前,交通用地和道路广场用地之和稳定在3%~5%,但80年代以来,由于城市加大了旧城改造和城市基础设施建设力度导致公共设施用地量逐年增加(保持在6%左右),道路广场和交通用地比例增长幅度较大,用地量年均增幅分别达到24.13%和24.07%,2001年已超过16%。1990年以来,重新开挖了南河道,建设了水上公园,水域面积有所增加(杨永春等,2005)。

据初步统计,近10 a来,工业用地转化为公共用地、商业用地、住宅用地的面积至少分别为16.32 hm²、17.96 hm²和44.51 hm²,且至少有2000 hm²的农用地转为非农用地(杨永春和杨晓娟,2009)。而且,采用转移矩阵法分析,建成区各用地类型发生了显著变化①(杨永春和杨晓娟,2009)(表4.4.1和表4.4.2)。不过,城市建设由以二级阶地为核心向滩地、高级别阶地(坪地、台地、山地)推进趋势明显,近20 a来,城市大规模开发建设重点在黄河滩地和三级阶地范围内,这必然导致盆地内农地比例持续降低,而绿地面积又没有大规模增加,两者比例之和大约为5%,必然引致城市生态环境未来的持续响应。

建筑视角的土地利用结构也证明了土地利用结构的变化趋势(杨永春等,2008b;2009):在各(功能)区内,各类建筑都呈现出快速更新态势,并以1980年以后,尤其是1990—2005年最为明显。1980年后明显以住宅建筑为核心,工业建筑大幅度减少,商务、教育、市政、医疗等建筑均有不同程度增加。显然,住宅建筑在空间上整体推动了兰州市土地利用集约度上升,是城市土地开发与强度提高的核心驱动力;商务、市政、教育、医疗居于其次,而工业建筑因年代构成老化,土地利用集约度最低②。

---

①1976—2001年,城市农用地被大量转化为建设用地。农用地总面积减少了6505.97 hm²,并有4772.97 hm²的农用地被转化为建设用地。其中,被转化为工业用地的数量最多(为1185.82 hm²),对外交通和道路广场位居其次,居住和公共设施用地紧随其后,其他各类型用地所占比例较小。在建设用地内部,各类用地之间转化也较为明显,尤其是由工业及公共设施用地转化为居住用地的面积较大,而工业用地却主要由农用地、水域和其他用地直接转化而来。市政和对外交通用地转化比例最小,但交通用地很大一部分由工业用地转化而来(达97.19 hm²)。此外,道路广场用地主要由居住用地转化而来。2001—2004年,居住用地在所有用地类型中面积最大,仅几年时间,居住用地就从2904.25 hm²迅速增至3756 hm²。在其用地来源中,由工业用地置换而来的用地最多(309.15 hm²),其次为道路广场和公共设施用地。居住用地和市政设施用地之间基本没有相互转化。公共设施用地主要由道路广场用地、对外交通用地转化而来,这与近几年道路广场和对外交通用地周围绿化、文化娱乐设施建设等有必然联系。工业仓储用地面积在2004年已出现负增长,主要被居住、公共设施等用地类型有效置换。而且,工业、仓储两类用地之间转化依旧频繁。转型期,城市土地利用结构变化的影响因素可概括为自然条件、规划管理与发展战略导引、体制环境与政策变化和社会经济条件与历史文化四大因素(杨永春和杨晓娟,2009)。

②在各类用途建筑中,住宅建筑更新最快,分布也最为均衡。住宅、工业、商务三类建筑明显是城市主导的建筑类型,三者比例之和超过了92%。分布广泛的工业建筑是兰州市更新最慢的建筑类型,空间分布也相对非均衡,但该类建筑在各功能区(包括城市中心区)也同步进行更新。近20 a来,商务、市政、教育、医疗等类型的建筑比例逐步增加,但前三者空间分布相对均衡,后者非均衡分布特征显著,表明城市此类服务功能得到强化。城市传统的住(宅)区与工作区融为一体的模式依然处于核心地位,但是住宅用地显示了向中心区、混合区较为强烈的集中趋势,中心区商务建筑并不十分突出,而工业用地目前空间分布依然较多;中心区和混合区工业建筑也在同步更新,但其主流趋势是向外围逐步迁移,可目前空间分布依然较为广泛,土地利用结构仍待优化,与西方国家城市有很大差异(杨永春等,2008a;2009)。

表 4.4.1　兰州市建成区 1976—2001 年土地利用转移矩阵　　　　（单位：hm²）

2001年 1976年	居住用地	公共设施用地	工业用地	仓储用地	对外交通用地	道路广场用地	市政公用用地	特殊用地	水域和其他用地	未利用地	总和
居住用地	1008.55	293.21	165.81	22.56	34.3	115.61	46.28	4.04	36.08	21.82	1748.26
公共设施用地	483.61	594.912	188.16	12.18	33.11	24.03	25.86	4.54	65.35	21.82	1453.57
工业用地	216.424	107.6	1661.79	28.85	97.19	6.2	22.59	27.38	38.03	137.15	2343.20
仓储用地	49.352	26.28	104.72	173.61		8.79	16.07	12.4	10.702		401.92
对外交通用地	23.132	20.02	18.57	9.49	143.21		1.55		1.66		217.63
道路广场用地	30.81	42.81	29.88	0	35.481	116.1	20.95		0.39	0	276.42
市政公用用地	23.151	12.36	16.23	0.04		64.22	107.99				223.99
特殊用地	92.73	83.98	57.18	10.9	11.04	12.64	8.49	147.68	7.53	3.12	435.29
水域和其他用地	319.1	53.93	140.75	14.06	2.56	0	5.74	1.46	49.28	255.87	842.75
未利用地	657.34	657.72	1185.82	257.14	836.601	861.9	263.25	53.13	2183.47	4470.4	11 426.73
总和	2904.20	1892.82	3568.91	528.83	1193.49	1200.7	511.49	254.3	2394.19	4920.8	19 369.78

表 4.4.2　兰州市建成区 2001—2004 年土地利用转移矩阵　　　　（单位：hm²）

2004年 2001年	居住用地	公共设施用地	工业用地	仓储用地	对外交通用地	道路广场用地	市政公用用地	特殊用地	水域和其他用地	未利用地	总和
居住用地	2410.4	259.47	96.84	22.41	0.04	0	2.56	6.72	51.31	54.51	2904.25
公共设施用地	264.63	1373.6	60.81	16.71	0	0	3.42	1.7	131.11	40.85	1892.82
工业用地	309.15	155.27	2894.66	88.84	0.03	0.03	17.22	2.33	45.35	55.99	3568.9
仓储用地	44.93	51.49	100.18	290.34	0.16		2.73	6.24	10.64	22.14	528.83
对外交通用地	10.64	272.07	107.97	0.57	784.08				0.14	18.03	1193.49
道路广场用地	267.17	262.61	134.77			536.15			0	0	1200.71
市政公用用地	70.77	20.12	30.5	8.19	0.04		374.02	0.02	1.49	6.32	511.49
特殊用地	3.7	9.68	6.04	0.01			0.06	5	0.18	5.55	254.29
水域和其他用地	122.26	70.61	28.54	3.29			0.55	0.78	1676.16	492.02	2394.2
未利用地	253.01	0		48.13	575.23	770.75	12.89	1.29	355.27	2904.27	4920.84
总和	3756.66	2474.92	3460.31	478.49	1359.58	1306.93	413.45	24.08	2271.65	3599.68	19 369.82

1976—2004年，景观格局及动态变化特征为（孟彩红，2008）：①各类建设用地面积均有增加，农用地快速减少，并主要向居住、工业和公共转化，近 10 a 来尤为突出；②景观斑块总数从 1976 年的 2106 个增加到 2004 年的 2325 个，且农业景观、居住景观和道路广场景观起伏较大，后者的斑块数目一直呈上升态势。水域景观和其他用地景观的斑块数目比较稳定；③景观形状有明显趋于不规则趋势，景观指数 PD、ED 值在增大，而平均斑块面积明显减小，

景观破碎化较为迅速、强烈①。

4.4.3 环境问题的经济社会效应

(1)城市环境污染的经济效应。2002年,城市因环境污染而造成的经济损失高达15.2亿元,占当年GDP的3.93%。其中,人体健康损失、大气污染损失、水污染损失、噪音污染损失、垃圾污染损失分别为4.18亿元、5.73亿元、1.07亿元、3.83亿元和0.39亿元(杨永春等,2005),这还不包括人才流失、景观效果弱化、生态退化等所造成的经济损失。

(2)影响郊区农业。由于城郊农作物一般引用黄河水进行灌溉,污染水体的有害物质进入农田土壤,增加了农作物的有害成分含量。表层土壤重金属,如铜、锌、铅含量的平均值分别是 28.17 mg/kg、120.99 mg/kg 和 52.59 mg/kg(张俊华等,2003),远超过国家规定的标准值。土壤重金属含量的增大也直接导致了农作物重金属含量增加。主要农作物污染物含量都有不同程度超标,如小麦中铜元素的含量为 10.1 mg/kg,超出正常标准 2.42倍,玉米中铅元素的含量为 0.690 mg/kg,超出正常标准 1.52 倍(祁斌等,2001)。

(3)城市环境污染的社会人文效应。城市环境污染还直接影响着普通市民的日常生活、生理心理、工作学习、休闲娱乐、居住工作地的选择、子女的去留和外来高新企业数量和效益及其城市企业正常的生产经营活动等(渠涛和杨永春,2005b)②。

---

① 2004年和1976年相比,景观特征趋于更加破碎化和多样化,斑块密度从1976年的10.57增加到2004年的12.38,而斑块平均面积则相应从 9.46 hm² 降低到 8.08 hm²,原因是农业用地的面积大量减少,其平均斑块面积减小。2004年景观边界密度增加,说明景观中的斑块趋于破碎化,而蔓延度减少,表明景观是具有多种要素的密集格局,同样说明景观的破碎化程度变大,同时说明景观中斑块类型在空间上的分布出现均衡化,景观中的某一类或某几类元素的优势度增高而且具有更好的连通性,而基质斑块的优势却越来越弱。散布与并列指数变小,说明与该景观类型相邻的其他类型减少。景观多样性略有上升,景观变化没有带来强烈的景观要素流失,因为 SHDI(香农多样性指数)、SHEI(香农均匀性指数)指数值 1976—2004 年间都有上升,表明景观结构在多样性方面维持较好。景观格局变化趋势具有明显的尺度依赖性。随着粒度的增加,斑块面积、斑块密度及边界密度等景观指数对粒度变化都表现出很强的敏感性,即对尺度变化具有明显的依赖性。各类型用地景观特征:1976—2004 年,农业用地的面积逐渐缩小,斑块数越来越多,平均斑块面积从1976年的 39.60 hm² 降到 2004 年的 12.45 hm²,最大斑块指数在 2004 年有明显下降,而斑块密度却有增加,说明其破碎度有明显变大趋势,斑块形状越来越不规则;2004 年的居住用地斑块数相对于其他用地类型来说处于较高的水平上,平均斑块面积从 1976 年的 2.13 hm² 增加到 2004 年的 8.6 hm²,这与大规模的居住区开发建设有直接的关系;工业用地斑块数有所下降,其最大斑块指数、边界密度、形状指数及斑块密度都是变小趋势,这与城市功能空间调整密切相关;公共用地景观面积由 1976 年的 1231.54 hm² 增加到 2004 年的 2856.46 hm²,显然是城市对公共基础设施和市政公用设施持续投入与建设,以及大专院校扩建和机关企事业单位办公场所增加的结果,斑块数变小,平均斑块面积变大、边界密度和斑块形状指数都有增加,但变化幅度不如农业景观和居住景观明显;水域景观面积从 1976 年的 1284.67 hm² 增加到 2004 年的 1424.21 hm²,这与部分河道淤塞、滩地被侵占及疏通河道(如雁滩南河道重新挖通)等因素有关,其斑块数、边界密度和斑块密度都有增加,但平均斑块面积在变小,景观破碎程度变大(孟彩红,2008)。

② 调查结果显示:20.4%和59.7%的市民认为污染十分严重或比较严重,有14.8%的市民认为污染严重。市民认为污染类型严重程度由重到轻的顺序是:大气污染(44.3%),垃圾污染(26.6%),噪音污染(16.5%),水污染(10.1%),其他污染(2.5%)。40.2%的受访者经常担心环境污染会影响自己的身体健康,55.1%的人偶尔担心。90%的受访市民认为环境污染会对自己的心情造成负面影响。受访市民认为环境污染会:使人产生烦躁心理(59.92%),造成心胸郁闷(41.96%),降低工作效率(32.87%),失眠(23.34%),诱发神经衰弱(13.98%)等症状。显然,环境污染对人们的购房、工作单位的选择、迁居行为等也有着一定的影响。据调查,71.2%的受访市民有过搬家的经历,其中有 29.5%的市民把原先住房周围的环境不好当作一个搬家的重要原因。32%的市民选择工作单位时把单位所在的周围环境当做一个重要的因素考虑。近49%的受访市民表示曾因工作单位周围的环境问题而打算离开此单位。另外,41.5%的市民曾经有过因为城市环境污染问题而打算离开兰州,在污染最为严重的西固区此比例更高。75.8%的市民不希望自己的子女留在兰州,其中有 37.4%的人把城市环境污染当作一个主要原因(渠涛和杨永春,2005b)。

(4)环境污染对企业的影响(渠涛和杨永春,2005b)。一方面,环境污染影响了企业,特别是外资企业和高新技术企业的数量和效益。1998—2002年,外来投资企业的数量一直呈现减少趋势[①]。另一方面,环境污染影响了企业正常的生产经营活动。68%和21%的受访企业分别认为城市环境污染一定、可能会影响企业的正常生产经营活动,仅有7%的企业认为没有影响[②]。

(5)产业结构转换效应。无论从外来资金的投入趋势和结构特点,还是环境污染的影响,污染严重的城市产业结构必然引致污染型企业的进一步集聚,而限制或抑制了清洁型、环保型和高科技产业的发展,因为污染严重的环境因素无法保障产品质量和提供高级别人才所需的人居环境(杨永春,2004;杨永春等,2005),这反过来也增加了城市环境问题解决的难度。

4.5 城市发展转型、对策与未来研究方向

中国的渐进式改革直接引致了城市发展的深刻转型,城市生态环境系统的变化与建立在政治经济制度改革基础上的经济发展和管理模式及其导向有关,也越来越与市场经济机制下的利益集团的博弈结果相关,如成都市的文化转向建设。改革开放以来,社会经济体制的系统性和渐进式改革,以及随之而来的运行机制及管理模式的改变,促进了城市的工业化和城市化进程。经济发展权的地方化和利益的中央—地方分享政策(如税收分享制度)所导致的"地方主义"的兴起必然导致地方之间愈演愈烈的竞争,如争夺资源、发展机会、产业投资和高级人才、各类市场等,这些都从不同侧面影响了地方政府对城市的发展战略和相关政策。城市随之发生了从计划时期向转型期的转型,如城市功能调整和空间重构、整区调整与空间扩张、产业升级和空间迁移、旧城改造和污染治理、开发区与新城建设等,这必然影响城市的工业化进程和城市化模式,并从不同角度影响城市生态环境系统。

显然,城市空间快速扩张和郊区化进程、城市空间功能整合和调整、开发区建设和工业企业外迁、房地产业的兴起和城市中心区改造等新的城市化趋势,从以下两个途径深刻地影响了城市的生态环境:一是通过市场机制和规划管理导向实现土地利用结构与覆被变化及用途转化,由此确定了城市景观格局、建设用地分布和污染物排放类型与空间分布;二是通过建设用地的用途控制和建设强度限制,确定了资本类型、使用方向和对生态环境作用的强度和模式。总体来看,转型期中国所采取的一系列方针政策在西部各城市具体化为地方发展政策,通过各具特色的工业化和城市化进程影响了各自的生态环境系统,而后者也反过来

[①] 从1998年的31家减少到2002年的25家。以仪器、仪表、电子、通讯设备制造业及医药工程等为代表的高新产业的数量也呈现出明显的下降,如1998年这些高新产业共有59家,2002年减少到53家,减少了10.17%(渠涛和杨永春,2005b)。

[②] 饮料、食品加工业,生物、医药制品业及一些精密机械制造业等与对环境污染特别敏感的行业一般都对城市环境污染的危害有着比较清醒的认识;而建材、金属冶炼及压延加工业等行业一般对城市环境污染危害认识模糊。企业认为环境污染一般会:影响工人的工作效率(67.8%),影响产品质量(49.3%),影响产品市场竞争力(33.6%),增加产品生产成本(19.7%),影响企业人才流动(6.6%),其他影响(5.9%)。环境污染对工人工作效率的影响主要表现为导致工人发病率的增加(如石化、橡胶塑料工业的工人发病率增加十分明显)和降低工人的工作积极性(在污染的环境下工作容易使工人产生疲劳、厌倦、注意力不集中等症状)。关于对产品质量的影响,企业经营者们的回答主要有:减少产品的使用寿命、降低产品的使用性能和增加产品的维护成本三个方面(渠涛和杨永春,2005b)。

从社会、经济、生态、产业等诸角度形成了反馈过程和作用机制。

城市发展转型所引致的相关生态环境效应十分显著,如重庆等城市的土地利用结构变化和景观格局变迁,十分突出的是农田的大量丧失和建设用地迅速增加。城市在向外围快速拓展时,经济活动和人口同时也依然向城市中心集聚,可概括为:组团布局和蔓延填充的城市化过程,人口、产业高度集聚和郊区化扩散的双重城市化进程,以居住、商业、公共用地为导向的和以农用地大幅度减少和绿地比例较低的土地利用转换过程,大中型企业外迁的空间重组过程等。这些城市化和工业化进程的特色直接导致了城市环境污染的褐色环境问题逐步解决的同时,灰色环境问题快速出现和强化,并在20世纪90年代后逐步与绿色环境问题相互重叠,致使城市环境问题迟迟难以得到根本性缓解(杨永春,2004;杨永春等,2006b;2009)。工业外迁和居住、商业、公共用地的增长不但导致了功能的空间整合,而且引致了中产阶级化和文化转向等社会、文化领域的新现象,这也导致了城市土地利用结构和景观的变化。总体来看,西部大城市的生态环境建设今后还应从区域尺度背景下进行空间规划和功能统筹,推进城乡一体化进程,如成都从成都平原及其毗邻的岷江上游地区、西安从大西安(西安—咸阳一体化)、兰州从兰州都市圈等,如成都市应建设岷江上游水源林涵养体系和生态屏障(石承苍和罗秀陵,1999)。科学划分环境功能区和环境容量评估,按功能要求进行工业布局,建立自然保护区、森林公园等生态保护区[①]。而且,重庆、兰州等河谷山地城市应继续维护和发展组团式布局结构,并应注意组团划分宜采用更大、更难逾越的地形地貌单元或强制性保护区域、特殊保护区域作为界线,同时要考虑居民出行方向、社会经济联系方向及组团功能特征(易峥,2004)。

就中国西部大城市的环境污染问题而言,其与当地的产业结构、发展阶段、能源结构、污染物治理水平、环境容量偏小等各种因素有关,不是短期内能解决的问题。例如,重庆等四城市的案例分析表明,近20a来,西部大城市的环境污染问题虽也得到了一定程度的遏制和缓解,但仍没有从根本上得到解决。大城市的环境污染问题得到缓解不但与整个城市转型过程密切相关,而且与政府所采取的减少环境污染政策有关,例如,成都市坚持城区、近郊、远郊"三位一体"统筹绿化,深入推进河道和水环境综合整治,全面实施雨污分流、燃煤整治和清洁能源改造,全面治理农村面源污染;重庆、兰州两市分别实施了"净空工程"和"蓝天工程",即以"绿化、气化、热化、阳光"为主要内容,重点治理冬季大气污染,加大了工业污染源和污染重点户的治理力度,对污染严重又无法治理达标的企业,采取关停并转迁措施,可概括为技术对策、产业对策、空间对策、管理对策四大政策领域;各城市均从都市区(圈)或城市区域的角度进行空间功能分区和管制(杨永春,2004),如进行生态功能分区,建立生态旅游保护区、水土保持区、水源涵养区等。然而,各主要污染指标的减缓趋势在2000年后却有些放慢,甚至一些指标大致稳定,且存在污染乡村化的趋势,这证明了前述政策作用的有限性或污染治理的复杂性。同时,生活性污染等绿色环境问题日益突出而治理没有得到足够重视,西部大城市环境问题已越来越具有灰色和绿色叠加的特征。今后,应制订科学的城市发展战略和严格的城市环境保护规划,尤其是城市空间布局规划和流域发展规划、集中供热、清洁能源、增加绿地面积和公共活动空间、防止污染区域性转移、严格执行相关污染治理的

[①] 兰州都市圈内已建立了兴隆山国家级自然保护区、吐鲁沟国家森林公园、石佛沟国家森林公园、松鸣岩国家森林公园、徐家山国家森林公园和刘家峡恐龙国家地质公园。

规范、标准和国家环境保护政策法规,继续进行产业结构升级、发展环保产业、实行清洁生产、引入清洁能源、提高能源利用率、建立发达的公共交通体系和谨慎对待私人小汽车的快速发展,如重庆市已开通了第一条城市轻轨客运线路,坚持开敞式和相对分散的组团式城市结构、提高大众的环保意识和强化环境监督制度等。

目前,相关研究工作主要集中在城市环境污染及其效应、土地利用结构变化、景观格局变化、影响要素与影响机制等领域,取得了相当大的进展。然而,交叉性、综合性研究,尤其是城市政治经济转型与生态环境系统变化相互作用与相互影响的研究进展十分有限,更多的则是不系统的零星的研究工作。因此,今后的研究工作应集中在以下领域。

(1)从经济、社会、心理、产业、自然、制度等综合性角度研究城市化对生态环境系统的作用,力图形成一个明确的系统性框架和有一定深度的机理性的研究成果,特别是考虑到西部地区的地理环境、发展层次和文化系统的多样性。

(2)从政治、经济、社会、文化等领域的政策转型角度,应继续深入讨论工业化、城市化进程与环境相互作用的内在机理,例如,政区变迁如何影响功能整合和生态系统变化?中国地方主义导致的发展速度的激烈竞争会引起什么样的生态环境后果?市场机制通过土地管理政策如何影响生态系统?

(3)深入研究生态环境变化对城市转型的系统性影响和作用,尤其是对人文环境和社会系统的影响。

(撰写人:杨永春、薛东前等)

参考文献

Peter J, Marcotullio, Sarah Rothenberg, Miri Nakahara. 2003. Globalization and urban environmental transitions: Comparison of New York's and Tokyo's experiences. *The Annals of Regional Science*, 37: 369-390.

Schneiderô Annemarie, Karen C Seto, Douglas R Webster. 2005. Urban growth in Chengdu, Western China: Application of remote sensing to assess planning and policy outcomes. *Environment and Planning B: Planning and Design*, 32, 323-345.

Wu F. 2002. China's changing urban governance in the transition towards a more market-oriented economy. *Urban Studies*, 39(7): 1071-1093.

Wu Fulong, Zhang Jangzhu. 2008. Planning the Chinese city governance and development in the midst of transiton. *Town Planning Review*, 79(2): 149-156.

Zhu J M. 2005. A aransitional institution for the emerging land market in urban China. *Urban Studies*, 42(8), 1369-1390.

安兴琴,陈玉春,吕世华. 2002. 中尺度模式对冬季兰州市低空风场和温度场的数值模拟. 高原气象,21(2):186-192.

曹云松,罗祥康,黄德辉. 1995. 中国地质灾害与防治学报. 5(3):43-48.

程胜龙,王乃昂. 2004. 近70年来兰州城市气温的变化. 干旱区地理,27(4):558-563.

重庆市地方志编纂委员会. 1998. 重庆市志(第七卷). 四川:重庆出版社,1998.

豆俊峰,邹振扬,黄天其. 2001. 重庆市可持续发展面临的问题及对策研究. 重庆建筑大学学报,23(1):1-5.

杜肯堂等. 2004. 成都市区域空间布局研究. 成都市"十一五"规划课题.

杜萍,陈长和,钱泽雨. 2001. 兰州冬季城乡边界层高度的比较分析. 兰州大学学报(自然科学版),37(2):152-154.

范振军. 2003. 河谷型大城市城市化与生态环境互动作用机理及调控对策研究——以兰州市为例. 兰州大学硕士论文.

方一平,陈国阶. 2000. 成都市城市环境与经济协调发展分析. 城市环境与城市生态,13(5):21-23.

冯宗炜. 1998. 重庆酸雨对陆地生态系统的影响和控制对策——中日酸雨合作研究总结. 环境和科学进展,6(5):2-8.

郭澎涛,武伟,刘洪斌. 2007. 重庆市景观格局与动态变化分析. 西南师范大学学报,9(5):119-124.

韩贵锋,王维升,王凯,俞路. 2005. 基于GIS的重庆市大气污染空间分异研究. 地理与地理信息科学,21(5):80-84.

何波,刘利,何杨. 2006. 重庆都市区城市空间发展战略思考. 北京规划建设,82-87.
胡俊初,郭佳. 2002. 成都市城市特色探寻. 四川建筑,9(1):6-9.
姜大膀,王式功,郎咸梅,尚可政,杨德保. 2001. 兰州市区低空大气温度层结特征及其与空气污染的关系. 兰州大学学报(自然科学版),37(4):133-139.
蒋良维,张大元. 1996. 重庆市环境质量状况与预测. 重庆环境科学,18(6):33-37.
兰州市地方志编纂委员会. 1997. 兰州市志. 兰州:兰州大学出版社.
李雷艳,周介铭. 2005. 成都市城市空间扩展与城郊农地城市流转驱动力分析. 城市建设,(9):60-61.
李庆. 2003. 论西部大开发中重庆产业布局调整及发展战略. 经济地理,23(5):677-680.
梁红莲. 2002. 基于RS和GIS的成都西郊土地利用动态监测. 成都理工大学硕士论文.
马晓玲. 1998. 城市可持续发展中水资源与水环境的研究——以成都府南河为例. 西南交通大学学报(社会科学版),18(4):77-80.
孟彩红. 2008. 基于GIS的兰州城市景观研究. 兰州大学博士论文.
彭月,王建力,魏虹. 2008. 重庆市土地利用景观格局现状及其破碎化分析. 西南大学学报(自然科学版),30(6):119-124.
祁斌,张志元,朱学义,马敏泉,丁旭. 2001. 生态环境与空气污染. 兰州:甘肃民族出版社.
渠涛,杨永春. 2005a. 城市环境污染的经济损失及其评估——以山城重庆为例. 兰州大学学报(自然科学版),41(3):14-18.
渠涛,杨永春. 2005b. 兰州市环境与经济协调关系和企业对环境问题的认知研究. 生态经济学报,3(4):282-286.
饶云聪,何小洲. 2008. 重庆经济增长与环境质量变佳的实证分析. 商场现代化,(5):301.
石承苍,罗秀陵. 1999. 成都平原及岷江上游生态环境的变化. 西南农业学报,1999,12(专辑):75-80.
舒科. 2007. 成都城市陆游主题街区的设计. 成都大学学报(社会科学版),(2):68-70.
王庆梅. 2002. "九五"期间兰州市环境质量状况及成因分析. 云南环境科学,21(2):34-37.
王式功,张镭,陈长河. 1999. 兰州地区大气研究的回顾与展望. 兰州大学学报(自然科学版),35(3):189-201.
王淑兰,钗发合,张远航等. 2004. 成都市大气颗粒物污染特征及其来源分析. 地理科学,24(4):488-492.
王佑汉,赵宏达,任茜. 2007. 成都平原土地利用景观格局变化及驱动因素分析——以成都市龙泉驿为例. 水土保持研究,14(6):204-207.
许辉熙,但高铭,何政伟等. 2007. 城市平原城市热岛效应的遥感分析. 环境科学与技术,30(8):21-23.
杨存建,徐育建,冯亮. 2008a. 基于遥感和GIS的成都市土地利用动态变化研究. 地域研究与开发,27(2):95-98.
杨存建,张果,陈军,邓丽丽,王小燕. 2008b. 基于遥感的成都市及其周边城镇的扩展. 地理研究,27(1):100-108.
杨永春,刘志国. 2007a. 近20年来中国西部河谷型城市固体废弃物污染变化趋势. 干旱区资源与环境,(12):47-56.
杨永春,刘志国. 2007b. 近30年来中国西部河谷型城市大气环境污染变化趋势与机制. 兰州大学学报(自然科学版),43(4):18-23.
杨永春,刘志国. 2006a. 近30年来中国西部河谷型城市水体污染变化与机制. 山地学报,24(1):33-53.
杨永春,刘志国. 2006b. 中国西部河谷型城市环境污染的机制与矛盾. 干旱区研究,23(2):364-374.
杨永春,乔林凰,侯利. 2008a. 土地利用强度的空间分布与行业驱动力研究——以兰州市为例. 城市规划,32(9):63-68.
杨永春,吴文鑫. 2005. 外来投资与西部城市发展的关系——以兰州为例. 地理研究,24(3):443-452.
杨永春,杨晓娟等. 2008b. 兰州城市建筑构成与空间分布研究. 人文地理,23(6):32-36.
杨永春,杨晓. 2009. 1949—2005年中国河谷盆地型大城市空间扩展与土地结构转型——以兰州市为例. 自然资源学报,24(1):37-50.
杨永春. 2003. 中国西部河谷型城市的发展和空间结构研究. 兰州:兰州大学出版社,2-3.
杨永春. 2004. 中国西部河谷型城市发展及其环境问题. 山地学报,22(1):40-47.
易峥. 2004. 重庆组团式城市结构的演变和发展. 规划师,20(9):33-36.
张存洁. 2001. 兰州市空气污染现状与防治对策. 甘肃环境研究与监测,14(4):251-252.
张俊华,巨天珍,任正武等. 2003. 黄河兰州市段水质污染状况分析. 环境管理,20(4),47-50.
张强. 2001. 地形和逆温层对兰州市污染物输送的影响. 中国环境科学,21(3):23-230.
赵卫权,杨华. 2008. 基于RS与GIS的重庆主城区土地利用及土地覆盖变化分析. 水土保持通报,28(1):110-114.
朱巍. 2005. 成都市城市交通与城市空间结构整体优化研究. 现代城市研究,(5):22-27.

第5章 西部中小城市发展的环境效应

5.1 石羊河流域绿洲城市化与资源环境的关系

5.1.1 科学问题和背景介绍

在占我国30%国土面积的干旱地区,绿洲城市是最重要的城市类型(赵松乔,1985)。改革开放以来,我国绿洲城市化进程按城市化速度可分为三个阶段,即1987年以前城市化速度与全国同步阶段、1988—2004年城市化速度慢于全国平均水平阶段和2004年以后城市化速度快于全国平均水平阶段(图5.1.1,图5.1.2)[①]。目前我国绿洲地区城市化正处于城市化程度不高,但城市化速度快于全国平均水平的关键历史时期,城市化与脆弱绿洲生态环境之间的作用强度日益加大,实践上需要绿洲城市化与生态环境互动作用关系的规律性认识和理论性指导。快速绿洲城市化的环境和生态效应如何?绿洲生态环境如何支撑和约束城市化进程?绿洲地区应选择何种城市化道路?这些问题已引起学术界广泛关注。

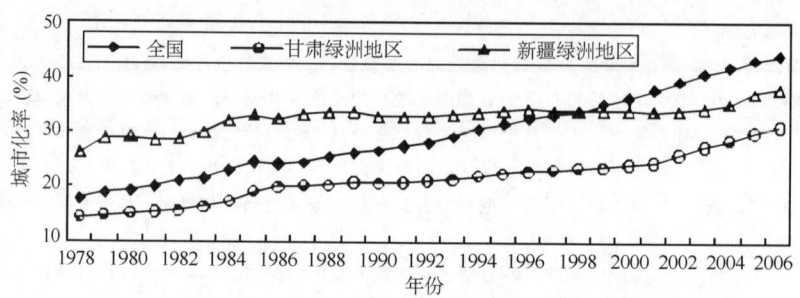

图 5.1.1 绿洲与全国城市化率变化趋势比较

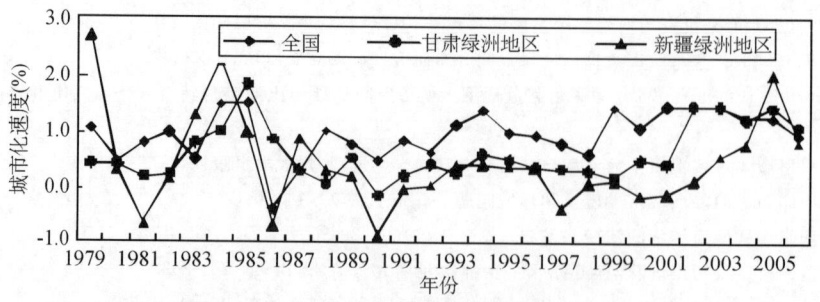

图 5.1.2 绿洲与全国城市化速度变化比较

---

① 城市化率以城镇人口比例计,以"三普"和"五普"数据为基础,为了消除统计口径差异,采用周一星教授的"修补"方案进行了调整(周一星和田帅,2006)。

石羊河流域绿洲是河西走廊祁连山北麓巨型绿洲带的重要组成部分,分布着武威、金昌、民勤等中小绿洲城市,地处第二条"亚欧大陆桥"上的咽喉要道,是西陇海—兰新经济带上重要的经济区和我国重要的工农业基地之一(高华君,1987)。目前石羊河流域正处于由农业绿洲向工业中心和城市化的快速转变阶段,绿洲城市发展迅速,流域中、上游绿洲扩大,下游却呈现沙进人退之势。

绿洲城市化和生态环境呈现出交互作用的复杂关系。一方面,绿洲城市化的集聚效应对于生态环境的改善具有积极的作用。合理的绿洲城市化可使众多的农村剩余劳动力转移到城市,从事非农产业,从而缓解绿洲地区人口、资源与环境之间的矛盾,改善生态环境。如金昌市城市产业结构升级,吸引了大量农村剩余劳动力,有力地带动了周边区域的社会经济发展(姚建华等,1998)。

另一方面,由于自然、历史、经济和政治等多方面的原因,目前绿洲城市化与生态环境之间面临许多矛盾和危机:

(1)城市化对农村剩余劳动力吸纳作用有限,大量农村人口和农牧业对水土资源的过度开发给生态环境造成了巨大压力。主要表现在:草场退化、沙漠化、盐碱化和城乡人居环境恶化,而绿洲湖泊湿地严重缩减已引起高度关注(秦大河等,2002;魏晓妹等,2006)。

(2)不合理的绿洲城市化破坏生态,致使流域下游缺水,尤其是许多地方超采地下水,造成干旱地区以地下水为支撑的天然植被不断退化,甚至消亡。尤为严重的是,2004年6月下旬亚洲最大的沙漠水库——民勤县红崖山水库首次完全干涸,库底全面裸露。民勤盆地在20世纪50年代以来曾经建成以沙枣林为主的防护林,到20世纪90年代,由于地下水位迅速下降,导致严重衰退(郑度,2006)。

(3)城市建成区在扩展过程中侵占大量优质农田,引起了土地利用/覆被的变化,进而产生一系列生态环境问题。所有这些又进一步严重制约着绿洲城市和区域社会经济的可持续发展。

新中国成立以来,尤其是近20 a来石羊河流域生态环境的急剧恶化,已引起党和国家领导人的高度重视。2001年6月新华社记者撰写的报道《河西走廊石羊河流域生态环境恶化》受到党和国家领导人的高度重视,时任国务院副总理的温家宝同志首次做出批示,要把石羊河流域生态综合治理提上议程;2004年8月,温总理在中国科学院提供的《甘肃民勤红崖山水库首次干涸可能成为"第二个罗布泊"》一文上做出如何使民勤不成为第二个罗布泊的批示。民勤绿洲濒临消失,迄今为止温总理连续11次做出批示。

本节以石羊河流域典型绿洲城市武威市凉州区为例,深入研究绿洲地区城市化与生态环境互动机理,综合评估城市化的生态效应,探讨可持续的绿洲城市化模式及调控对策,对解除石羊河流域水资源与生态环境危机、维护河西走廊的生态安全、促进绿洲文明的持续发展、倡导生态文明、统筹城乡发展,以及保障国家建设西陇海—兰新经济带和顺利实施西部大开发战略具有重要现实意义。

5.1.2 方法与技术路线

本节以地理学的人地关系地域系统理论、区域生态经济学理论等为基础;把理论分析与实证分析、GIS空间分析与时间序列计量分析、实地调研、城市居民与农户问卷调查相结合,应用系统分析模型、水足迹等方法和技术,以武威凉州区为案例区,多角度综合研究绿洲城市化与生态环境系统变化的时空特征、双系统因子关联及其动力机制。通过对城市空间扩展、人口集聚、结构调整、社会变迁等与生态环境水平、压力、抗逆能力等因子间的互动作用关系,以水土资源为重点,深入系统地研究绿洲城市化及其生态环境复杂巨系统的演化机理和功能状态,动态模拟未来20 a典型绿洲(武威凉州区)城市化及其环境演变情景;在总结历史经验、把握未来演进趋势基础上,揭示客观规律,提出具有创新性的可持续发展的绿洲城市化模式和调控对策。

本研究的数据主要来源于:①中国科学院资源与环境科学数据中心提供的1980年、1995年和2000年武威地区1:10万土地利用遥感数据;武威地区1:25万国家基础地理数据;②实地调研资料,包括武威凉州区社会经济基本情况问卷调查、凉州区城市化与生态环境问卷调查、武威绿洲和民勤绿洲水资源调查;③1978年以来武威统计年鉴和凉州区统计资料;④新中国成立以来石羊河流域水文资料。

5.1.3 结论与讨论

(1)绿洲城市化过程中环境与发展关系的阶段性特征

城市化包含着空间扩展、人口转移、产业升级和社会进步等多维内涵。脆弱生态环境背景下的绿洲城市化过程,伴随着影响绿洲生态系统稳定的关键因子——水资源在城乡之间、农业与非农产业之间的重新分配。水资源的重新分配过程又影响着城市化过程中的空间扩展、人口转移、产业升级和社会进步。绿洲城市化与生态环境互动作用的水要素是绿洲城市化系统与生态环境系统之间的作用介质,这种介质反映了城市化与生态环境之间的投入产出关系;绿洲城市化与生态环境互动作用的实质是绿洲生态经济系统的要素重组、结构变化、功能优化与效益提升。

城市化的过程主要表现在人口从农村向城镇集中,经济中心向非农产业转移的过程。人口在城镇的集中,非农产业的扩张,城镇生活用水和工业用水需求将加大,在供水总量基本稳定的条件下,通过节水措施和结构调整,压缩农业用水是保证非农用水的主要途径,而农业用水的低效率使得这种水资源的转移和用水结构的变化成为可能。绿洲城市化的过程也是人地争水的过程。绿洲脆弱生态系统的维持需要保证必要的生态用水,但人类活动(主要是农业)占用了过多的水资源量,而农业人口过多是农业过度开发的直接动因,通过城镇化将人口向城镇集中,转向第二、三产业,是缓解农业开发对绿洲生态系统过度干扰、减少农业生产用水量、保留足够生态用水的有效途径。

在不同的工业化阶段,自然资源和环境对社会经济发展的影响和作用程度是不同的,因而城市化与自然资源和环境的作用强度也是动态变化的(图5.1.3)。一般的,城市化的初期,城市化与生态环境的作用主要表现在对资源的消耗,此时环境污染问题尚不突出;在城市化的中后期,环境为主导因素,成为区域可持续发展面对的核心问题。

城市化对绿洲生态环境的正面效应主要通过结构、技术和社会形态的变迁实现区域生态经济系统功能优化,提高其可持续发展能力来实现。城市化对绿洲生态环境的负面效应是不合理的物质消耗、污染排放和结构变化,增加了对生产环境系统的压力,损害了生态环境系统自我修复功能的结果。城市化的生态环境压力呈先增加后减弱的趋势,城市化的中期阶段,生态环境压力最大;随着城市化水平的提高,生态环境保护能力逐渐提高。换言之,城市化的生态环境效应在初期以负面效应为主,在后期往往以正面效应为主。

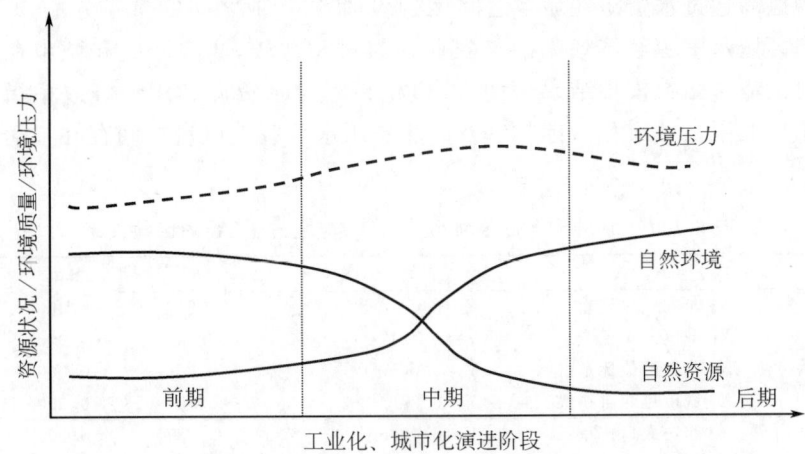

图 5.1.3　自然资源、环境与城市化、工业化的作用强度示意图

(2) 绿洲城市化与水资源利用

水是城市化与生态环境交互作用过程中最为活跃的因子。水资源总量与城镇规模休戚相关,水资源的空间分布格局制约绿洲城镇体系的形成与优化,用水结构影响城市产业发展格局与产业结构升级。水资源总量、质量和利用结构的变化对整个绿洲生态经济系统的发展具有至关重要的决定性作用,在城市化的过程中实现水资源的合理配置,改善水资源配置结构,提高水资源利用效率,对绿洲生态经济可持续发展具有重要意义。

产业结构变化是绿洲生态经济系统演化中的决定因素。绿洲地区刚刚经过从传统结构(农业主导)的生态经济系统向现代结构(非农为主导)的生态经济系统跃迁这个临界状态,今后要进一步发挥产业结构调整对整个生态经济系统协同进化的促进作用,一方面要进一步提高非农产业发展的质量和能力,另一方要在农业产值比重进一步降低的过程中,通过发展节水、高产、高效、优质农业,提高农业生产力,保证一定的农业产值比重,实现区域生态经济系统的良性循环。

用水结构刚性对产业结构的提升具有抑制和约束作用,农村和农业用水比重过大削弱了区域产业结构提升的能力,这是我国绿洲地区水资源利用效率低下、进而强调发展节水型农业和压缩绿洲农业用水的原因所在。产业结构的提升推动着绿洲用水结构的改善,绿洲地区在工业化和城市化初期阶段,的确需要将更多的水资源投入到城镇和工业领域。目前,绿洲生态经济系统内部已经建立起非农产业产值比重不断提高、产业结构逐渐提升的正反馈机制。从甘肃省内部来看,在典型的资源型城市(如嘉峪关、金昌、白银等地)随着产业结构的提升,城镇用水比重下降,出现了如发达国家在后工业化阶段城镇用水比重降低的现象;而在工业化程度较低的农业地区(如武威市、甘南州和临夏等地)随着产业结构的提升,城镇用水比重上升很快,在这些地区城市化和工业化的过程中,城镇用水的需求还很大,这是工业化和城市化初期阶段的规律性现象;在部分地区,随着城市化和工业化的进程,城镇用水比重在下降,农业用水比重在增加,总用水量也在增加,其原因在于城市化和工业化的过程中,这些地区农业仍然在扩张,存在"人进城而地不退"的现象。所以在实践中要根据城市类型、所处的发展阶段和面临的现实问题制订合理的生态经济发展战略。

1987 年以来,凉州区水资源经济效益、社会效益和生态经济效益均呈明显提高趋势。

城市化水平的提高通过水资源在城乡之间、农业与非农产业之间的重新分配,改善水资源利用结构而提高区域水资源经济效率。与农业和农村相比较,非农产业和城市在人口承载力方面具有绝对优势。函数模拟结果表明,城市化指标与水资源利用经济效率指标之间存在显著的指数函数关系。城市化指标与每万方非农用水承载人口量之间存在显著的幂函数关系,见表 5.1.1。

表 5.1.1 凉州区水资源利用效率(Y)与城市化(X)的函数关系

Y	X	$Y=f(X)$	R^2	Sig.	显著性
Y_1 单方水 GDP	X_1 非农人口比重	$Y=0.007e^{0.268X}$	0.917	0.000	高度显著
	X_2 城镇人口比重	$Y=0.1217e^{0.075X}$	0.949	0.000	高度显著
	X_3 非农产值比重	$Y=0.005e^{0.082X}$	0.869	0.000	高度显著
	X_4 城市化综合指数	$Y=0.2e^{0.028X}$	0.907	0.000	高度显著
Y_2 单方水非 农增加值	X_1 非农人口比重	$Y=0.438e^{0.175X}$	0.737	0.000	高度显著
	X_2 城镇人口比重	$Y=2.532e^{0.053X}$	0.885	0.000	高度显著
	X_3 非农产值比重	$Y=0.226e^{0.059X}$	0.862	0.000	高度显著
	X_4 城市化综合指数	$Y=3.568e^{0.02X}$	0.861	0.000	高度显著
Y_3 每万方非农用水 承载人口量	X_1 非农人口比重	$Y=752.108X^{-1.143}$	0.5	0.001	高度显著
	X_2 城镇人口比重	$Y=152.242X^{-0.526}$	0.596	0.000	高度显著
	X_3 非农产值比重	$Y=9849.70X^{-1.412}$	0.563	0.000	高度显著
	X_4 城市化综合指数	$Y=153.965X^{-0.438}$	0.655	0.000	高度显著

水资源对绿洲城市化的约束关系表现为简单对数函数关系,即随着城市化水平的提高,单位城市化率的提升所需要的用水量递增,单位供水量的提高对城市化率提高的贡献递减,见表 5.1.2。但发达国家的经验表明,工业化和城市化后期,由于产业结构的高度化、节水技术的普及等因素,在城市化率达到较高的稳定水平后,城市发展需水量会呈下降趋势,所以,水资源对绿洲城市化的对数函数约束关系是在工业化和城市化的初期和中期特定阶段所表现出来的特征。

表 5.1.2 绿洲城市化的水资源约束关系函数

Y	X	$Y=a\ln X+b$	R^2	Sig.	显著性
Y_1 城镇人口比重	X_1 总用水量	$Y=-445.679+40.653\ln X$	0.269	0.019	不显著
	X_2 非农业用水量	$Y=-144.791+19.648\ln X$	0.826	0.000	显著
	X_3 工业用水量	$Y=-145.797+21.577\ln X$	0.783	0.000	显著
	X_4 生活用水量	$Y=-105.147+16.342\ln X$	0.773	0.000	显著
Y_2 非农人口比重	X_1 总用水量	$Y=-72.427+7.789\ln X$	0.129	0.12	不显著
	X_2 非农业用水量	$Y=-29.620+5.470\ln X$	0.834	0.000	显著
	X_3 工业用水	$Y=-28.041+5.774\ln X$	0.731	0.000	显著
	X_4 生活用水	$Y=-19.709+4.690\ln X$	0.830	0.000	显著
Y_3 非农产值比重	X_1 总用水量	$Y=-358.651+36.420\ln X$	0.278	0.017	不显著
	X_2 非农业用水量	$Y=-79.783+16.532\ln X$	0.751	0.000	显著
	X_3 工业用水量	$Y=-84.641+18.658\ln X$	0.753	0.000	显著
	X_4 生活用水量	$Y=-44.261+13.481\ln X$	0.676	0.000	显著
Y_4 城市化综合指数	X_1 总用水量	$Y=-1290.745+115.739\ln X$	0.315	0.010	显著
	X_2 非农业用水量	$Y=-392.254+51.126\ln X$	0.806	0.000	显著
	X_3 工业用水量	$Y=-407.713+57.758\ln X$	0.809	0.000	显著
	X_4 生活用水量	$Y=-281.964+41.637\ln X$	0.724	0.000	显著

由水资源对城市化的约束度模型推理发现,水资源对绿洲城市的约束度与资本的经济产出弹性、水资源的经济产出弹性、城市化的人均产出弹性和人口增长率呈正向关系。1987—2006 年的 20 a 间,凉州区水资源对城市化的年均约束度为 0.1917,即每年因为水资源短缺而使城市化率少上升 0.1917 个百分点,每年因水资源短缺阻碍了约 2000 人进城,20 a 间共约 4 万人没有能够正常城市化。缓解水约束,要求打破传统的粗放型城市化模式,改变过去的生产要素投入方式和经济发展方式。

1972 年以前,石羊河上游天然来水量与下游来水量之间的线性关系较为稳定,但 1972 年以后,这种稳定的线性关系被彻底扰动,其主要原因是中游凉州区人口总量的绝对增长带来的对水资源利用量的增加、农业扩张对水资源的大量占用、粗放的工业化、城镇化带来的用水量增加。通过测算发现,1988—2003 年的 15 a 间中游凉州区粗放的城镇化模式带来的非农业用水的增加对下游来水量减少的平均贡献度为 8.9%。

(3) 不同城市化模式下的水土资源效应

情景分析表明,在常规城市化模式下,未来 20 a 内凉州区水资源供需矛盾将日益加剧,到 2025 年水资源供需缺口将达到 3.8×10^8 m^3/a,超过年供水量的 1/3。如果过量开采地下水以满足水需求,结果将导致下游民勤绿洲耕地每年退化 2 万~3 万亩,以这样的速度退化,30 a 后民勤绿洲将彻底消失。而快速集约型城市化通过提高水资源利用效率,可以使水资源供需矛盾得到缓解,生态环境得到较常规模式下的大幅度改善,是该地区"跨越式"的可持续发展模式。它既是符合绿洲地区城市化发展客观规律的战略构想,又受石羊河流域生态危机的现实驱动,是人地关系和谐发展的战略需要。凉州区在推进建成区建设的同时,应以建成区为中心大力发展重点城镇,力争在中远期建成为人口 30 万~50 万的中等城市;应加快农业人口向非农人口的转移速度,从而减轻农业对生态环境的压力;大力发展非农产业,尤其是发展以旅游业为龙头的第三产业,以政策推动发展节水型农业,压缩农业用水。在不久的将来把凉州区发展成为节水型、生态型的中等旅游城市。为此必须实施节水城市战略、生态城市战略、统筹城乡战略和转移发展战略。通过促进绿洲产业结构调整,增强城市化动力;加强水资源管理与节水技术推广,缓解水约束;完善城市功能,提高城市承载力;建立生态补偿机制,鼓励农民退耕进城;健全社会保障体系,降低社会风险。

2007 年,在《石羊河流域重点治理规划》的指导下,凉州区已把大力推进城镇化进程,建立节水型社会作为实现地区"超常规"发展的重要战略举措,并付诸实施,取得了初步进展。该模式对我国西北绿洲地区,尤其是流域绿洲地区实现生态经济可持续发展具有借鉴意义。

5.2 西部小城镇发展模式及其资源环境效应

5.2.1 科学问题和背景介绍

党的十五届三中全会通过的《中共中央关于农业和农村工作若干重大问题的决定》指出:"发展小城镇,是带动农村经济和社会发展的一个大战略"。小城镇发展是我国农村城镇化进程的主体和区域现代化进程的重要驱动力量。小城镇发展带动了周边广大农村社会经济的快速发展,同时对于加快我国城镇化进程也起到了重要的推动作用。近 20 a 来,西部县域城镇化(主要是建制镇的发展)在西部的东部边缘地区形成一条东北—西南走向的西部县域城镇化高速增长地带(图5.2.1),但同时小城镇社会经济快速发展与脆弱生态环境之间矛盾日益尖锐,尤其是在生态环境十分脆弱的陇中黄土高原丘陵沟壑区,这一矛盾更为突出,已经成为陇中黄土高原生态脆弱区城镇化和区域社会经济的可持续发展的主要制约因素之一。

定西地区小城镇数量多,同时是全国扶贫攻坚和西部大开发的难点及重点地区和全国水土流失最严重地区之一。本区既具有陇中黄土高原丘陵沟壑区生态环境脆弱的典型性,又具有国家级贫困地区经济发展的代表性。因此,系统总结西部地区小城镇发展与环境相互作用模式,深入分析定西地区小城镇发展与环境互动机理,可以为陇中黄土高原丘陵沟壑区及西部生态环境脆弱地区小城镇与环境协调发展提供理论借鉴。对于促进黄土高原生态脆弱区小城镇可持续发展和保护脆弱生态环境具有现实迫切性和未来战略性意义。

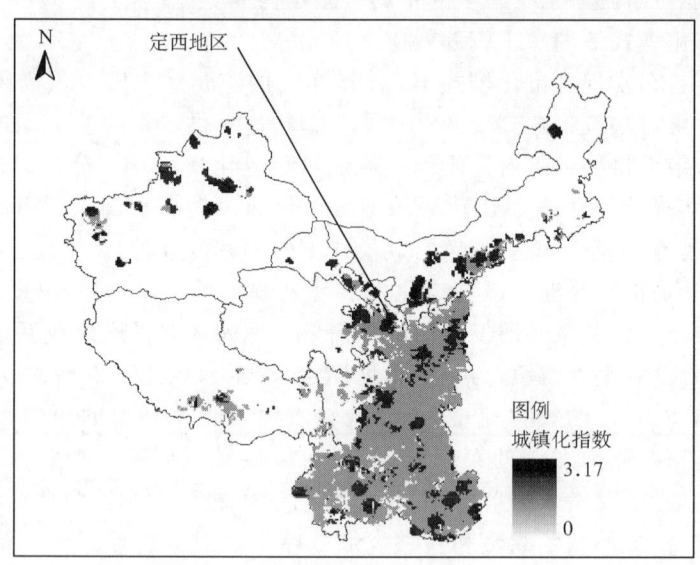

图5.2.1 西部县域城镇化指数空间分异(kriging法模拟值)现状图

5.2.2 材料方法和技术路线

基于文献资料,系统归纳总结了西部地区和我国小城镇经济发展与环境污染之间相互演进的模式和西部小城镇污染类型、等级。

基于土地利用遥感数据、土地利用详查数据、实地调研数据和定西地区168个小城镇主要社会经济数据,运用GIS空间统计方法,以乡镇为基本单元,划分了小城镇生态经济类型区和亚区;应用生态足迹模型,分析了小城镇发展与生态环境之间的关系;通过对42个主要建制镇经济与环境耦合关系定量分析,总结了定西地区小城镇经济与环境耦合关系的六种模式。为深入揭示不同生态经济类型区小城镇与环境相互作用机理提供了理论依据。

本研究的数据主要来源于:①中国科学院资源与环境科学数据中心提供的1980年、1995年和2000年定西地区1∶10万土地利用遥感数据;定西地区1∶25万国家基础地理数据;②实地调研资料,包括定西地区小城镇人居环境问卷调研资料,村镇基础设施问卷调研资料,农村入户调研资料,重点小城镇乡镇工业企业污染企业数量、行业、空间分布和"三废"排放资料;③1997年以来建设部全国村镇建设情况统计公报资料,全国小城镇首次抽样调查资料;④中国分市县人口统计资料等相关统计资料。

5.2.3 结论和讨论

(1)西部地区小城镇发展与环境相互作用的基本模式和演进特征

西部地区小城镇发展表现出来的4种基本模式为:经济环境协调模式(A)、环境滞后模式(B)、经济环境滞后模式(C)、经济滞后模式(D),见图5.2.2。

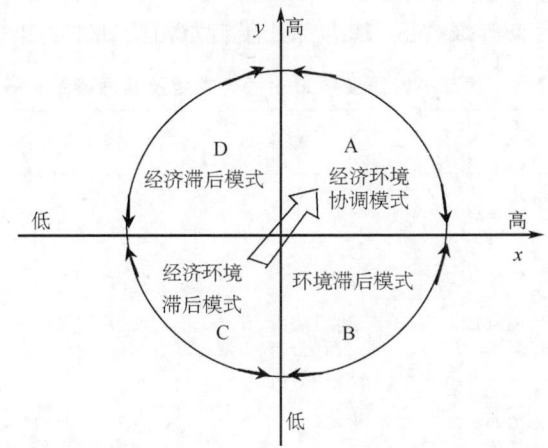

图 5.2.2 西部小城镇发展与环境相互作用模式内涵框图
(x—经济发展水平;y—环境保护强度)

1)模式 A 属于协调发展类型,是比较理想的小城镇发展与环境关系模式。经济发展水平高,对于环境保护投入强度高,因此经济与环境实现协调发展,小城镇走向可持续发展之路。

2)模式 B 属于不协调发展类型。小城镇发展只注重经济的发展,经济发展水平高,可以获得比较多的短期收益,但忽视环境保护,环境保护投入强度低,小城镇的发展是以牺牲环境为代价,在中长期发展中最终因为环境污染问题严重导致经济减缓或停止发展。

3)模式 C 属于极不协调类型。小城镇发展过程中由于经济结构不合理,经济发展水平低,既不能有效地发展经济,增加社会财富,又因环境保护投入很低或基本没有环保投入,环境破坏严重,这是一种最不可取的发展模式。

4)模式 D 属于不协调类型。小城镇发展为了注重环境保护,环境保护投入强度高,但不注重经济发展,经济发展水平很低或经济零增长。小城镇的发展最终由于经济贫困、过度开发自然资源,导致环境恶化。此种发展模式也是不可取的。

小城镇与环境相互作用模式的演进表现出渐进式和突变式特征。小城镇与环境发展模式的发展过程中,由于国家政策、政府行为等人为因素的干扰和自然生态环境变化,上述4种模式之间可以相互转化,其中人为因素的干扰对于小城镇与环境相互作用是主要驱动因素。小城镇的发展在国家政策指导下,政府正确决策,因地制宜发展特色小城镇经济和加强环境保护投入强度,实施跨越式发展战略,实现经济与环境友好型发展,可以使小城镇发展从相互作用模式 C 直接转变为相互作用模式 A,表现为小城镇与环境相互作用模式的"突变"。在政府正确决策下,小城镇与环境相互作用模式 B 和 D,调整经济发展和环境保护发展方向,在不牺牲环境的前提下,建立阶段性的发展目标,渐进地达到优化,追求长期经济收益,逐步实现模式 B 和 D 向模式 A 的转变,最终实现小城镇与环境协调发展,这种过程表现为小城镇与环境相互作用模式的"渐进"。

(2)西部地区小城镇工业污染的类型及结构等级

在我国,乡镇企业是小城镇环境污染的主要原因,乡镇企业行业结构的区域差异对于乡镇工业的污染负荷有着显著的影响。西部地区小城镇由于技术落后、资源利用率低、经济效益差,环境污染严重。尤其突出表现为乡镇企业废气、废水、固体废弃物、综合污染方面,西部地区没有轻污染和微污染等级省区,基本都处于特重污染和重污染等级省区,见表 5.2.1。

表 5.2.1 西部小城镇乡镇工业污染类型及其污染结构等级

污染结构等级 (产值排污系数值)	废气	废水	固体废弃物	综合
微污染(<0.2)	—	—	—	—
轻污染(0.2~1.0)	—	—	—	—
中污染(1.0~1.33)	宁夏、青海、陕西	四川	陕西	—
重污染(1.33~2.0)	四川、内蒙古、甘肃、新疆	宁夏、陕西、甘肃、广西、云南、内蒙古、新疆、贵州	四川、宁夏	四川、陕西、宁夏、青海
特重污染	云南、山西、广西、贵州	青海	青海、广西、甘肃、内蒙古、新疆、云南、贵州	甘肃、内蒙古、新疆、广西、云南、贵州

(3)定西地区小城镇生态经济类型及生态环境脆弱性驱动机制

定西市 168 个小城镇(含建制镇和乡)分别属于 7 个生态经济亚区:黄土丘陵沟壑农牧亚区、关川河城镇亚区、洮渭漳河城镇亚区、南屏山农牧亚区、岷县洮河城镇亚区、四棱子山农牧林亚区、凤凰咀山牧农林亚区。定西市小城镇生态环境脆弱性呈现由南部中高山地农牧(农林牧或牧农林)生态经济类型区—中部河谷川地城镇生态经济类型亚区—北部黄土丘陵沟壑(或山地)农牧生态经济类型亚区梯度升高特征。并且在不同小城镇生态经济类型区,土地利用变化引起的生态环境效应空间差异性很大,突出表现为小城镇发展较快的河谷川区,生态环境改善明显;小城镇发展缓慢的丘陵沟壑和丘陵山地区域,生态环境脆弱性加剧。定西地区小城镇生态环境脆弱性驱动因子主要由经济社会发展影响因子、人口承载因子、农业生产水平影响因子、土地利用结构影响因子、自然生态环境背景影响因子和粮食生产状况效应共同组成。20 世纪 90 年代中期以来,低经济水平下的人类活动干扰作用一直是小城镇生态环境脆弱性变化的主要驱动力。

(4)定西地区小城镇土地利用变化特征

定西地区土地利用变化的核心是耕地、草地、林地和农村居民用地。小城镇农村居民用地已成为土地利用景观之间转化中面积增长最快的要素。草地向耕地流转成为定西地区分布最广、面积最多的土地转化类型。典型相关分析表明,农村人口数量增长变化是各生态经济亚区小城镇农村居民用地扩展的最主要驱动因素。若不改变目前土地利用方式,从目前至 2015 年,定西地区耕地和农村居民用地将处于快速扩展态势,草地、林地将处于快速减少趋势(图 5.2.3),本区生态环境将面临着更严峻的形势。今后本区应将耕地保护的政策重心由严格控制小城镇建成区扩展用地转移到严格控制农村居民用地扩展占用耕地上来,加速小城镇发展,实现土地资源的集约化利用。

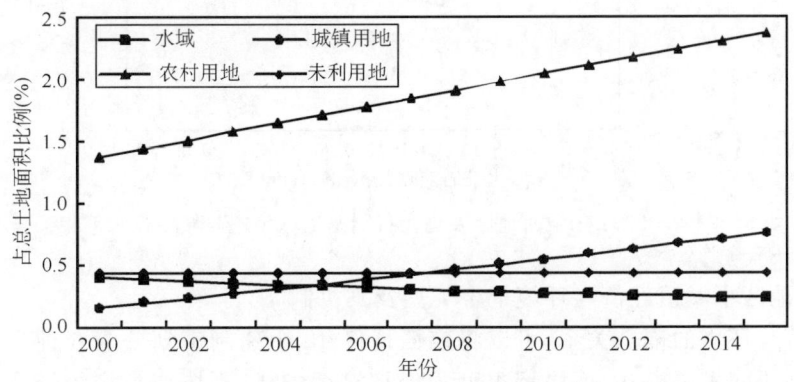

图 5.2.3　定西地区部分土地利用类型的模拟面积(2000—2015 年)

(5)定西地区小城镇生态足迹结构及对城镇化的影响效应

生态足迹与生态承载力的分析表明,定西市的发展现状是不可持续的。表现为人均生态承载力远低于全球平均水平,人均生态赤字呈现逐年增加趋势,人均生态足迹增长和生态承载力持续下降呈现明显的逆向两极分化特征。同时由于小城镇产业结构水平低,导致全市人均生态足迹与生物足迹显著相关($R^2=0.9879$),脆弱生态环境下不稳定的粮食作物、动物畜产品、水产品等生物足迹决定了本地区生态足迹轨迹处于剧烈波动不稳定的状态,生物生态足迹超过土地生态承载力阈值加剧了生态环境不良循环(图 5.2.4)。尤为突出的是定西市人均生物生态足迹及其他生态足迹与城镇化水平不相关。人均化石能源生态足迹与城镇化水平呈现线性显著相关($R^2=0.8169$,图 5.2.5)。因此,定西地区应充分利用后发优势,加快小城镇发展,促进城镇化进程,增加外部化石能源生态足迹流入,从而减轻生物足迹的压力。同时加快产业结构调整,促进传统产业的升级,提高能源利用效率和建立资源节约型社会生产、消费体系,实现社会经济持续发展和生态环境改善的双赢。

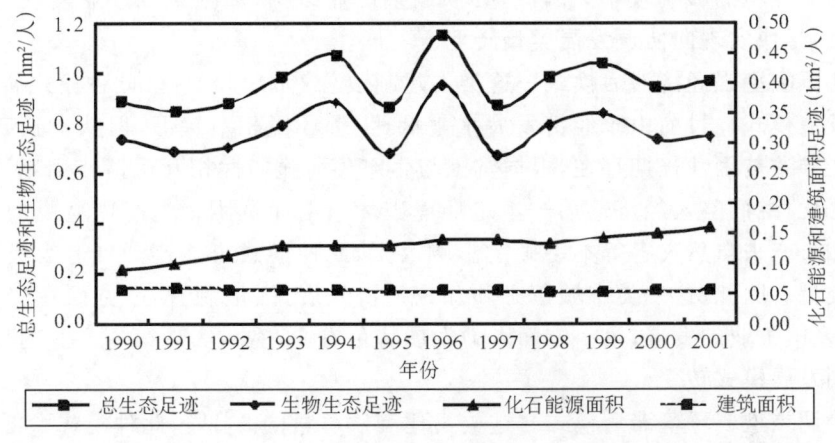

图 5.2.4　1990—2001 年定西地区不同生态足迹发展曲线图

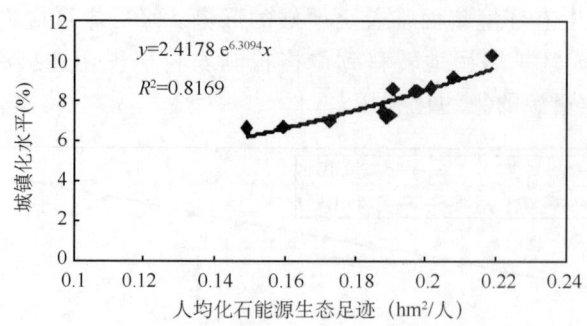

图 5.2.5　1990—2001 年定西地区人均化石能源生态足迹与城镇化水平相关分析图

(6) 定西地区小城镇经济与环境耦合类型及其机制

根据经济与环境的耦合关系,可以将定西地区 42 个建制镇划分为 6 种主要发展模式:协调类型较强协同发展模式、不协调类型强经济滞后模式、不协调类型弱经济滞后模式、不协调类型强环境滞后模式、不协调类型弱环境滞后模式、极不协调类型协同滞后模式。

1) 协调类型较强协同发展模式。这类占建制镇总量的 14.3%,包括经济发展水平相对较高的县城驻地城关镇和部分建制镇。这些小城镇除县城关镇外,基本为部级、省级和地级小城镇建设试点镇。固定资产投资、城市基础设施建设投资、第三产业增加值比较大,经济发展对环境保护的支撑作用比较强,生态环境保护效果比较明显,使生态环境与经济初步得到了协调发展。本类型环境因子得分较高,主要是经过退耕还林还草和小流域综合治理,生态环境背景改善,但乡镇工业污染因子得分较低,控制排放力度和环境治理投入还需增强。

此种模式是可取的发展模式,但由于定西地区整体经济社会发展水平较低,目前的发展模式还处于较低经济水平的协调发展模式。因此,按照目前发展模式,上述小城镇在未来发展中还应加快经济增长速度,加强基础设施建设和进一步改善人居环境,实现高经济发展水平协调发展的目标。

2) 不协调类型弱经济滞后模式。这类占建制镇总量的 9.5%,主要包括经济发展水平较低的县城驻地城关镇。此种模式属于可调控的不协调发展模式,此种模式由于经济水平低,经济活动对于环境的影响较小。因此,必须调整产业结构,加强第二产业发展,以此带动第三产业发展,尽快实现向协调发展类型转变。

3) 不协调类型强经济滞后模式。这类占建制镇总量的 14.3%。此种模式属于消极型的不可持续发展模式。目前由于经济发展水平低,生态环境相对较好,但从中长期分析,低经济水平可能导致贫困性长期存在,根据贫困与生态环境脆弱性相互反馈作用理论,潜在存在生态环境恶化,继而陷入经济落后—生态环境破坏—更加贫困—生态环境更加脆弱的循环可能性。加上未来自然灾害等不可确定影响因素,此种模式可能逐渐衰退为极不协调类型协同滞后类型。因此,这一类小城镇必须加快经济发展,因地制宜,一方面在保护环境的前提下,加快乡镇工业的发展;另一方面大力发展特色农业产业,实现第一产业内部结构调整,实现向协同发展模式转变。

4) 不协调类型弱环境滞后模式。这类占建制镇总量的 2.4%,此种模式为可调控不协调发展模式。由于经济发展较快,短期内经济收益很大,但由于农业产业结构调整造成的农业生态环境污染较严重,环境保护力度较小,在当前无公害、绿色化产品需求背景下,环境问题将会成为制约中药材特色经济的主要因素。因此在今后发展过程中,必须加强农业生态环境保护工作,保持经济快速高效增长。

5)不协调类型强环境滞后模式。这类占建制镇总量的33.3%。此种模式为不可持续发展模式。这种模式强调经济发展的重要性,但经济水平仍处于较低的增长水平。发展经济过程中乡镇工业污染和农业生态环境的负效应消减了经济增长效应,再加上自然生态环境脆弱的制约,低水平的经济发展和环境相互作用很容易使小城镇发展转向经济和环境极不协调发展类型。因此,此类型小城镇应加快产业结构调整,实现产业结构升级;在重视经济建设的同时,加强生态环境保护,实施生态环境保护战略。

6)极不协调类型协同滞后模式。这类占建制镇总量的26.2%。这些小城镇经济发展较落后,经济结构比较单一,主要以第一产业为主,经济产值较低,但对生态环境造成的破坏影响较大。小规模的乡镇工业"三废"达标排放率非常低,虽然总量较小,但脆弱的生态环境容量较小,一经破坏,难以恢复。由于农业开发历史悠久,水土流失严重,生态脆弱性较高。

此种模式为不可持续发展模式,最不可取。目前不管从经济发展角度还是从环境保护角度都不符合可持续发展的要求。此类型小城镇应采取跨越式发展战略,经济发展和生态环境保护同时并重,实现小城镇的可持续发展。

(7)定西地区小城镇经济发展与环境的协调性分析

定西市小城镇经济与环境系统相互作用协调性呈现波浪型增长变化(图5.2.6)。小城镇经济综合因子和环境综合因子呈现"U"字形的二次抛物线相关关系(图5.2.7)。说明小城镇生态环境质量变化是随经济粗放型增长先下降,然后随产业结构调整和经济发展逐步改善。因此,本区小城镇今后发展必须注重经济与生态环境协调发展。典型小城镇的经济因子和协调系数呈现线性显著相关关系($R^2=0.7022$),生态环境因子和协调系数相关性不显著(图5.2.7和图5.2.8)。因此,经济发展水平是决定小城镇经济与环境能否协调发展的主导因素。这也与环境库兹涅兹曲线所表现出的经济与环境污染变化规律相吻合。所以,小城镇可持续发展必须加快经济的发展,同时注重环境保护,实现高经济发展水平下的经济与环境协调发展。

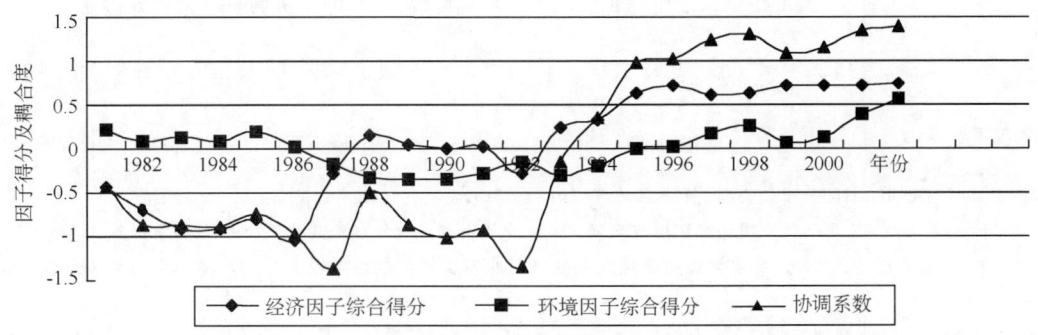

图 5.2.6　1980—2001 定西市典型小城镇经济与生态环境耦合分析

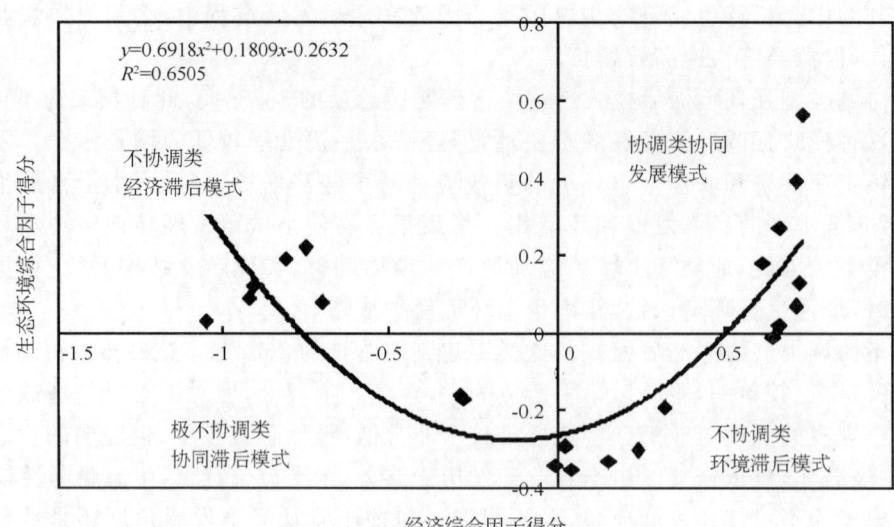

图 5.2.7　典型小城镇经济与生态环境耦合过程相关分析

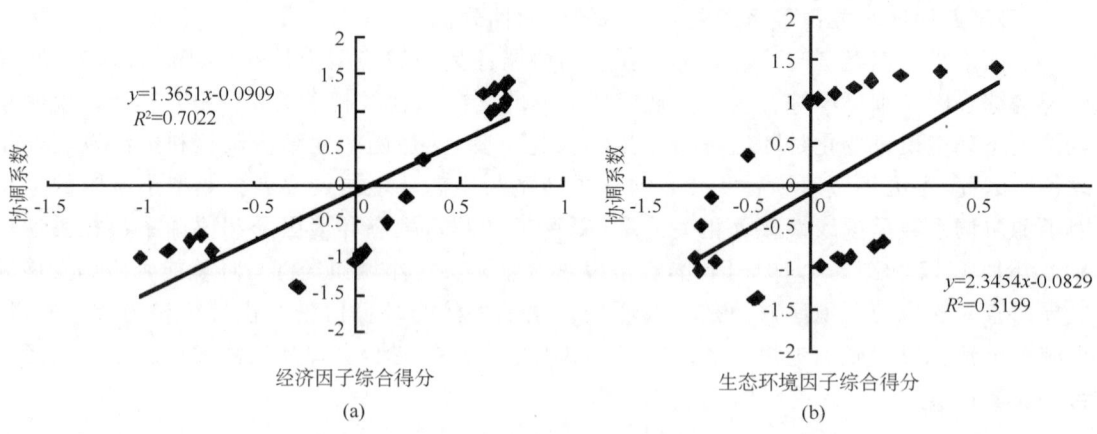

图 5.2.8　典型小城镇经济因子(a)、生态环境综合因子(b)与协调系数相关分析

（撰写人：李宇、李泽红等）

参考文献

高华君. 1987. 我国绿洲的分布和类型. 干旱区地理, **10**(4):23-29.
秦大河, 王绍武, 董光荣. 2002. 中国西部环境演变评估——中国西部环境特征及其演变. 北京:科学出版社.
魏晓妹, 唐绍忠, 马岚等. 2006. 石羊河流域绿洲农业发展对水资源转化的影响及其生态环境效应. 灌溉排水学报, **25**(4):28-32.
姚建华, 宋新宇. 1998. 绿洲工业与工业型绿洲——我国西欧新陆桥经济带建设探讨. 干旱区资源与环境, **12**(3):1-6.
赵松乔. 1985. 中国干旱地区自然地理. 北京:科学出版社.
郑度. 干旱区生态建设应当遵循地带性规律. 科学时报, 2006 年 9 月 11 日.
周一星, 田帅. 2006. 以"五普"数据为基础对我国分省城市化水平数据修补. 统计研究, (1):62-65.

第6章 西北地区城市化过程的环境效应

6.1 引 言

西北城市化与环境互动机理及综合效应研究项目运用生态学、环境经济学、区域与城市地理学等原理和方法,结合实地调研与遥感调查、GIS(Arc/Info)与系统动力学等现代信息技术和方法,形成具有综合优势的技术方法体系;把西部城市及其生态环境看作有机的城市经济—社会—环境系统,把城市化看作与生态环境相对应的动态过程;从西北城市化与生态环境的宏观层面、不同类型城市与其周围区域生态环境的中观层面、具体城市经济增长与环境污染的微观层面等多角度,把区域和城市地理学与生态和环境科学交叉融合,将现代信息技术与实地调研和定性分析等传统方法相结合;对西北地区近 50 a 城市化与生态环境作用机理和效应进行点、面结合,宏观、中观与微观结合,定性与定量结合的系统研究,在理论、方法及实证研究上创新突破,在点(典型案例)、面(西部宏观)研究,理论与实证研究,总结历史经验的基础上,揭示了城市化与环境互动作用的客观规律,评估了城市化的综合效应,提出未来西部城市化与生态环境相协调的调控对策。

首先,该研究充分利用中国科学院地理科学与资源研究所资源与环境地理信息系统国家重点实验室、中国科学院资源与环境信息数据库的已有数据和信息技术手段,收集、整理、分析国内外已有相关成果、西北及其相关地区生态环境与城市化的有关图文资料,包括水资源与水环境、耕地资源与环境、气象与气候、植被、主要污染物排放、沙漠化、水土流失、干旱、洪涝,以及社会经济(人口、消费、能源、矿产、工业化、城市化、产业结构等)等城市—生态环境要素的历史和现状特征信息资料,通过室内研究,结合实地典型调研和遥感调查的完善,建立西北地区近 50 a 城市社会经济与生态环境信息数据库。

其次,以西北城市经济—社会—环境复合巨系统相互之间及与外部环境之间不断进行的物质、能量及信息的输入、转换和输出关系为依据。综合分析各子系统及城市化与生态环境相关要素之间的关系,筛选西北城市化与生态环境相互作用的主要因子和次要因子及其相互作用特点;应用系统动力学软件,根据西北地区情况构建城市化—生态环境系统相互作用指标体系及相关分析的系统动力学模型,动态模拟不同发展阶段城市—生态环境系统相互作用轨迹,对过去 50 a 西北工业化、城市化与环境及生态系统的作用机理进行定性与定量相结合的研究,搞清相互作用机理和环境污染及生态恶化的症结;以西北城市化对生态环境的外部性为依据,在机理分析基础上,构建效应评估模型,综合评估西部城市化对生态环境正、负效应。

第三,选择西北典型城市,应用 GIS 等现代技术,结合实地调研、遥感调查和定量方法,综合分析典型城市主要生态环境要素演变特征,筛选主要生态环境因子,建立指标体系和模型,研究典型城市与生态环境的互动作用机理,评估典型城市对区域生态环境的影响效应。

第四,在西北地区近50 a城市化与生态环境互动作用机理和效应,以及典型城市与区域生态环境调查研究的基础上,由点及面,综合集成和抽象西北城市化与生态环境相互作用规律,以二者相互作用机理和规律为依据,以可持续发展为宗旨,紧紧围绕西部大开发的国家目标,借鉴国际经验,探索西北城市化与生态环境协调的可持续发展对策。

6.2 城市化过程中经济增长与环境污染的关系

6.2.1 城市化与工业化的演变特征

我国西北地区总体上处于工业化初期向中期过渡阶段,城市化滞后于工业化,目前整体上正在朝着城市化的加速发展阶段迈进,而工业化则处于缓慢波动状态;在空间上,城市化与工业化中心基本一致,表明二者互动关系十分紧密;城市化与环境相互作用遵循生命周期规律,见图6.2.1和图6.2.2。

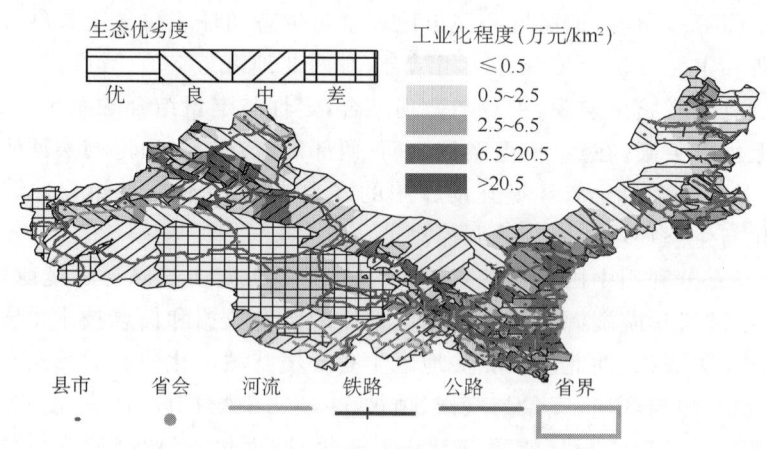

图 6.2.1 西北地区工业化的空间分异

从历史来看,城市与环境的相互作用遵循倒"U"型的演替的生命周期,在此过程中,城市与环境间的主导地位也随之发生了转换,转换序列为环境主导—动态平衡—城市主导。

40多年来,西北大城市的城市化水平整体滞后于经济发展水平。人口城市化仍处于向心城市化或向郊区化的过渡阶段,即仍处于人口集聚阶段。从人口密度变化率来看,郊区人口密度的增长大于城区,已出现郊区化的萌芽(如西安)。西北城市化所产生的生态环境问题还将不断出现。

据国外研究结果,当一个国家或地区在工业化和城镇化共同进入10%的水平后,城镇化应快于工业化的发展。2003年西北地区工业化水平为34%,而当年城市化水平为29.17%。根据国际经验,城市化水平达到30%即可进入城市化加速阶段。因此,西北地区城市化发展严重滞后于工业化水平,这对于本地区市场需求的扩张、社会经济的发展有着较大的制约作用。

由于长期计划经济体制和独特的城乡分割的户籍制度,以及乡镇企业"进厂不进城、离土不离乡"的发展模式,使中国的城市化严重滞后于工业化进程,西北地区也不例外。据统计资料显示,1952 年西北地区的工业化总值仅 4.8046 亿元,1970 年为 54.9366 亿元,2003 年上升为 2991.83 亿元,从 1970 年到 2003 年西北地区的工业产值增长了 53 倍(图 6.2.2)。而同一时期,西北地区的非农业人口由 20 世纪 70 年代初的 1302.89 万人到 2003 年底的 3412.44 万人,仅增加了 1.6 倍。西北地区的城市化远远滞后于其工业化进程。

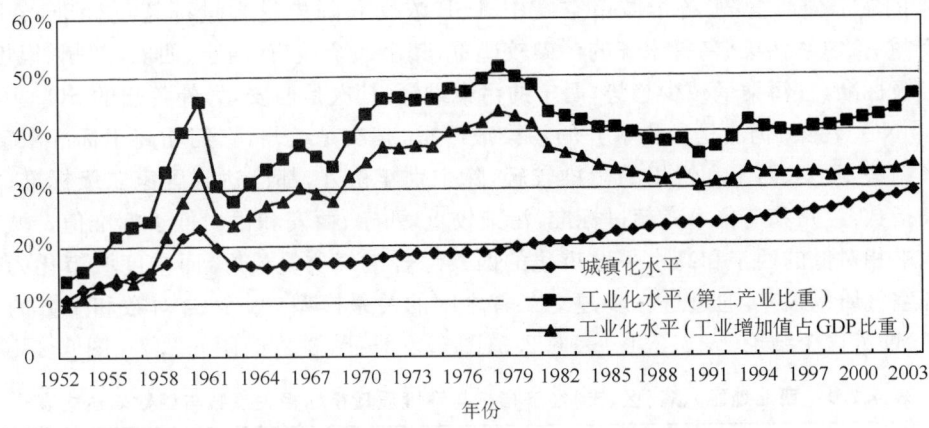

图 6.2.2 1952—2003 年西北地区工业化水平

6.2.2 城市化过程中经济增长与环境质量的演变

西北地区城市化与环境演化符合库兹涅茨法则(Gene M 等,1995)。西北六省(区、市)的环境库兹涅茨曲线尚未实现转折,或处于单调上升阶段,或处于总体上升阶段中的暂时下降阶段。

自 20 世纪 80 年代中期以来,西北地区大城市工业废物的排放量与人均 GDP 存在着倒"U"型的关系,目前,随着西北地区城市化推进,环境污染趋于下降,大城市已进入经济增长与环境污染的负相关阶段,污染程度呈逐年减小趋势。但是,环境污染下降是由于近年西北城市工业化落后于城市化、工业化不足而导致污染物下降,当然也有环境保护的效应,尚不能判断到了环境污染下降的拐点。目前的状况只是西北城市短期环境库兹涅茨曲线中的一个波动下降阶段。而中小城市则相反,环境污染在不断加剧。

西北地区典型城市的环境库兹涅茨曲线分析表明,在工业企业集中的城市地区,环境污染物排放与经济发展之间存在紧密联系,并受到工业化进程的深刻影响,在工业生产能力降低和工业结构落后等内在因素,以及环境污染防治政策等外在因素的共同影响下,环境污染排放量出现了下降的趋势。在西北大城市的工业结构调整或工业化进程更加深化的情况下,环境污染排放量将上升或在长时间序列环境库兹涅茨曲线上呈波动变化。

近 20 a 来,工业废气排放总量增加,但工业烟尘和粉尘排放处于下降趋势;工业废水下降,2000 年生活废水首次超过工业废水;工业固体废弃物产生量处于上升趋势;近十几年西北地区城市总体污染形势依然十分严峻。

2003 年西北地区共产生工业废水 11 亿 t,排放工业二氧化硫 323.3 万 t,产生工业固体废物 10 716 万 t。2003 年西北地区每万元第二产业 GDP 将产生 27.06 t 工业废水,排放 27.9 kg 工业 SO_2 和 2.64 t 的工业固体废物。与全国平均水平相比较,单位产值的工业废水

和 SO_2 排放量低于全国平均水平,工业固体废物产生量远高于全国平均水平,是全国平均值的 1.64 倍。1990—2003 年年平均增长率达 5.13%;工业固体废物处置量也呈现波动型快速增长,1990—2003 年年平均增长率达 12.14%;工业固体废弃物排放量持续下降,2003 年排放量比 1990 年减少了 551.6 万 t。

近十几年城市环境质量分析并与国家空气质量标准进行比较,发现西北地区城市总体污染形势依然十分严重:①各个城市空气中 TSP 浓度和降尘量含量都超过标准,悬降尘污染都很严重;②SO_2 污染:乌鲁木齐的污染较严重,其余四个城市(西宁、西安、兰州、银川)都接近国家二级标准,且污染呈减少趋势,西宁的污染最轻,其次是西安,另外兰州的 SO_2 污染治理最显著;③NO_X 污染:仍然是乌鲁木齐的污染最严重,其次是兰州,它们均高于标准限值,但污染呈下降趋势,西安、西宁和银川的污染较轻,除个别年份外,都已达到国家二级标准;④空气综合污染指数:兰州和乌鲁木齐超过标准,污染较重,西宁、西安和银川低于标准值。城市化和工业化水平相对低的西宁和高水平城市化的西安综合空气质量最好,而中度城市化的兰州和乌鲁木齐空气质量最差,通过进一步建立二者之间的关系模型——适合对数和平方的二次回归模型,验证了这个结论(表 6.2.1~表 6.2.3;图 6.2.3~图 6.2.6;图 6.2.7~图 6.2.10)。

表 6.2.1 西北地区六省(区、市)经济指标与环境质量指标相关系数与函数表达式表

省份(区、市)	经济指标	环境质量指标	相关系数	函数表达式	R^2	转折点***
甘肃	人均GDP	工业废水排放量	−0.776**	$y=-0.0019x^2+5.7788x+33932$	0.8219	1520
	人均工业总产值	工业废水排放量	−0.672**	$y=-0.0018x^2+6.3953x+33340$	0.6731	1776
	城镇人口人均GDP	工业废水排放量	−0.705**	$y=-0.0007x^2+5.6093x+27671$	0.6845	4007
内蒙古	人均GDP	工业烟尘排放量	−0.739**	$y=0.4859x^2-990.71x+729252$	0.5525	1019
	城镇人口人均GDP	工业烟尘排放量	−0.745**	$y=0.0524x^2-351.43x+745006$	0.5585	3353
	非农业人口人均GDP	工业烟尘排放量	−0.744**	$y=0.0373x^2-270.02x+728883$	0.5597	3620
青海	人均GDP	工业废水排放量	−0.898**	$y=0.0154x^2-17.882x+9219.1$	0.8709	581
	城镇人口人均GDP	工业废水排放量	−0.900**	$y=0.0024x^2-7.292x+9723.5$	0.8705	1519
	非农业人口人均GDP	工业废水排放量	−0.902**	$y=0.0011x^2-4.7643x+9172.1$	0.8737	2166
陕西	人均GDP	工业废水排放量	−0.867**	$y=-0.0271x^2-14.354x+42482$	0.7743	265
	城镇人口人均GDP	工业废水排放量	−0.822**	$y=-0.0001x^2-1.1476x+44351$	0.6785	5738
	非农业人口人均GDP	工业废水排放量	−0.875**	$y=-0.0025x^2-0.9246x+42115$	0.7747	185
	人均GDP	工业COD排放量	0.725**	$y=0.6595x^2-137.62x+74155$	0.5807	104
	非农业人口人均GDP	工业COD排放量	0.706**	$y=0.0509x^2-74.111x+92843$	0.5859	728

(续表)

省份(区、市)	经济指标	环境质量指标	相关系数	函数表达式	R^2	转折点***
新疆	非农业人口人均GDP	工业SO_2排放量	0.623	—	—	—
宁夏	人均GDP	工业废水排放量	0.651**	$y=0.0117x^2-1.5016x+7837.6$	0.4549	64
宁夏	人均GDP	工业COD排放量	0.850**	$y=1.0982x^2-386.74x+46399$	0.8739	176
宁夏	城镇人口人均GDP	工业COD排放量	0.856**	$y=0.3534x^2-265.41x+62332$	0.8879	376
宁夏	非农业人口人均GDP	工业COD排放量	0.837**	$y=0.1114x^2-158.83x+67489$	0.8661	713
宁夏	人均GDP	工业SO_2排放量	0.743**	$y=-1.2973x^2+871.95x+35668$	0.8985	336
宁夏	城镇人口人均GDP	工业SO_2排放量	0.731**	$y=-0.4467x^2+597.16x-18050$	0.8845	668
宁夏	非农业人口人均GDP	工业SO_2排放量	0.761**	$y=-0.1155x^2+281.62x+7949$	0.8862	1219

注:**表示在0.01水平显著,*表示在0.05水平显著,其他为0.1水平显著,***为库兹涅茨曲线转折点对应的经济指标值,单位:元/人。

表6.2.2 西北地区城市发展与空气质量关系模型表

指标			最佳回归模型	F检验值	R^2值
城市发展指标X	污染物含量Y				
综合城市发展指数	SO_2浓度	西安 兰州 西宁 银川 乌鲁木齐	$\ln Y=-2.400522-0.238390\ln^2 X$	877.31	0.9693
综合城市发展指数	NO_X浓度	西安 兰州 西宁 银川 乌鲁木齐	$\ln Y=-2.344287-0.441628\ln^2 X$	877.32	0.9430
综合城市发展指数	TSP浓度	西安 兰州 西宁 银川 乌鲁木齐	$\ln Y=-0.700495-0.08687\ln^2 X$	434.50	0.8913
综合城市发展指数	降尘量	西安	$\ln Y=3.094315+0.05235\ln^2 X$	5.33	0.9790
		兰州	$\ln Y=3.259190+0.05235\ln^2 X$	11.91	
		西宁	$\ln Y=3.087194+0.05235\ln^2 X$	6.41	
		银川	$\ln Y=3.434921+0.05235\ln^2 X$	13.68	
		乌鲁木齐	$\ln Y=3.237391+0.05235\ln^2 X$	8.70	
综合城市发展指数	空气污染综合指数	西安	$\ln Y=1.442833-0.08559\ln^2 X$	5.80	0.8159
		兰州	$\ln Y=1.635987-0.08559\ln^2 X$	11.93	
		西宁	$\ln Y=1.277231-0.08559\ln^2 X$	5.75	
		银川	$\ln Y=1.357138-0.08559\ln^2 X$	7.73	
		乌鲁木齐	$\ln Y=1.863342-0.08559\ln^2 X$	8.56	

表 6.2.3　西北地区典型城市经济指标与环境质量指标相关系数与函数表达式表

城市	经济指标	环境质量指标	相关系数	回归方程	R^2	转折点***
兰州	人均GDP	工业废水排放量	0.706*	$y=-0.0001x^2+2.5794x+9654.4$	0.8075	12897
	人均GDP	工业烟尘排放量	−0.666**	$y=-5E-08x^2+0.0007x+5.692$	0.5760	7000
	人均GDP	工业固体废弃物排放量	−0.829**	$y=1E-06x^2-0.0256x+148.42$	0.8423	12800
	人均GDP	SO_2排放量	−0.658*	$y=8E-11x^2-(2E-06x)+0.016$	0.5216	—
	非农业人口人均GDP	SO_2排放量	−0.660*	$y=7E-11x^2-(2E-06x)+0.0165$	0.5235	—
西安	人均GDP	工业烟尘排放量	−0.720**	$y=-0.0002x^2+1.4722x+74805$	0.6229	3680.5
	人均GDP	工业粉尘排放量	−0.753**	$y=-8E-06x^2-1.1132x+33301$	0.6475	—
	非农业人口人均GDP	工业烟尘排放量	−0.722**	$y=-0.0001x^2+0.9351x+75468$	0.6162	4675.5
	非农业人口人均GDP	工业粉尘排放量	−0.753**	$y=-2E-06x^2-0.9845x+33457$	0.6463	—
乌鲁木齐	人均GDP	工业烟尘排放量	−0.726**	$y=-0.0002x^2+1.472x+74040$	0.5960	3680
	非农业人口人均GDP	工业烟尘排放量	−0.729**	$y=-0.01x^2+6.4778x+75296$	0.5870	324
	人均GDP	工业粉尘排放量	−0.809**	$y=-1E-05x^2-1.2477x+33512$	0.6555	—
	非农业人口人均GDP	工业粉尘排放量	−0.804**	$y=-0.0002x^2-9.8031x+33447$	0.6466	—

注：**表示在0.01水平显著，*表示在0.05水平显著，***同表6.2.1。

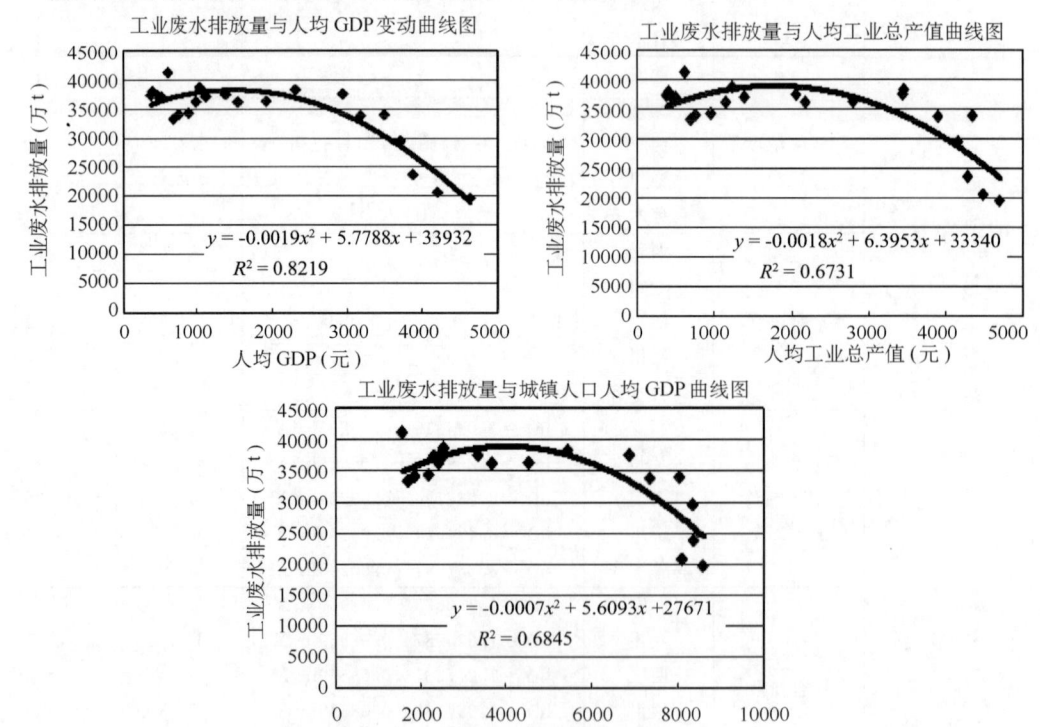

图 6.2.3　甘肃省环境库兹涅茨曲线分析

第6章 西北地区城市化过程的环境效应

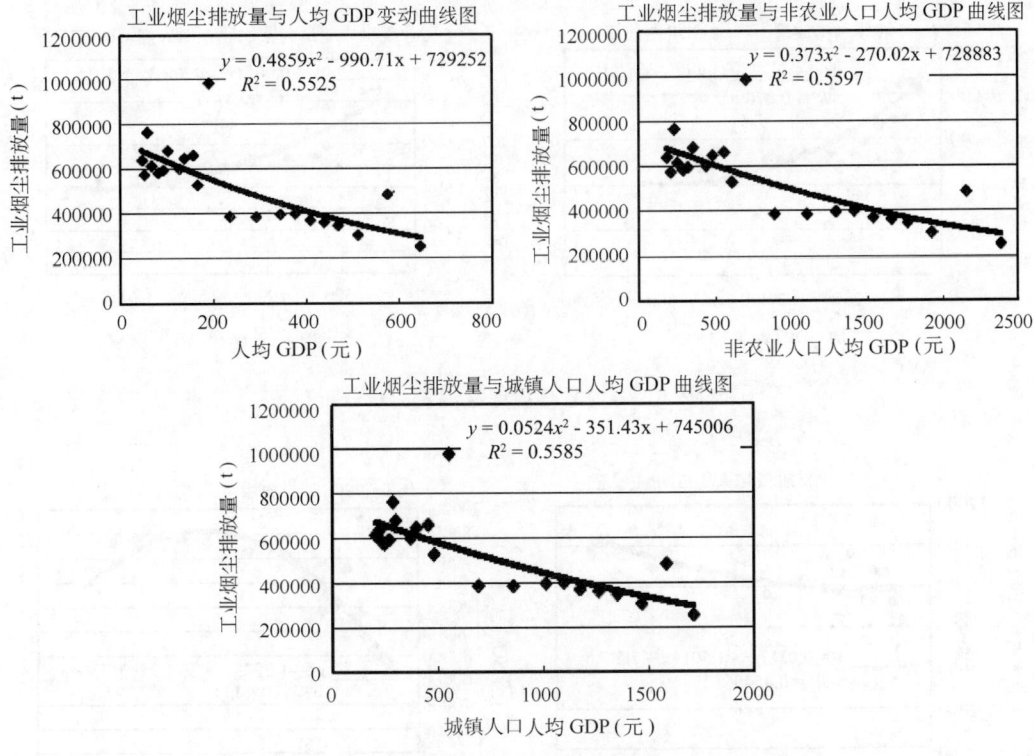

图 6.2.4 内蒙古自治区环境库兹涅茨曲线分析

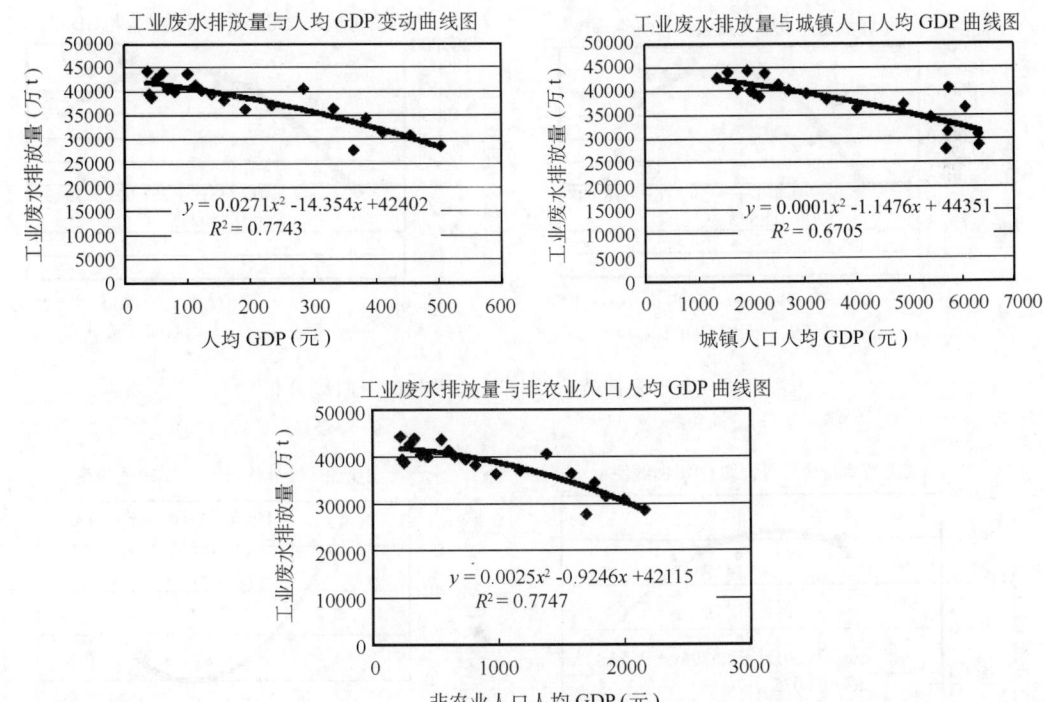

图 6.2.5 陕西省环境库兹涅茨曲线分析

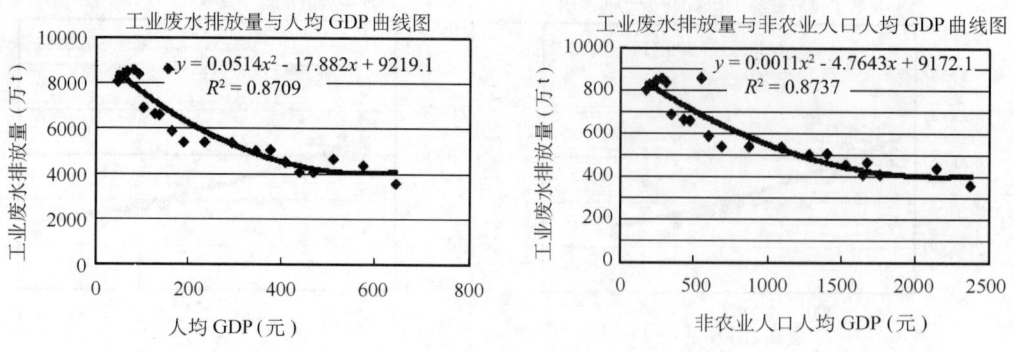

图 6.2.6 青海省环境库兹涅茨曲线分析

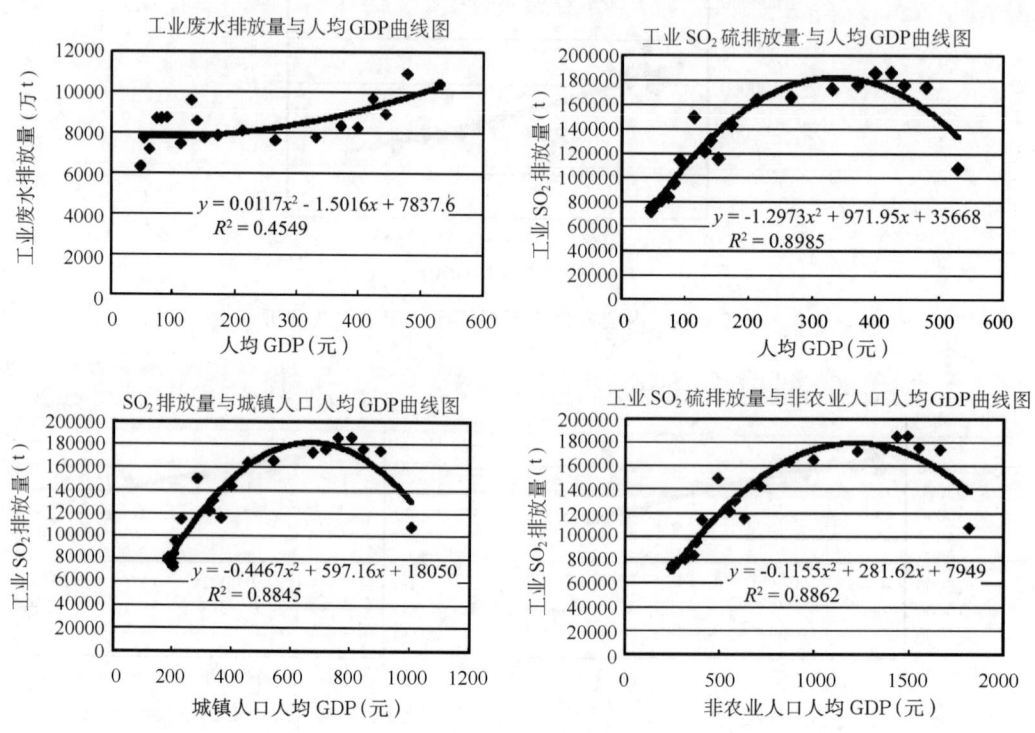

图 6.2.7 宁夏回族自治区环境库兹涅茨曲线分析

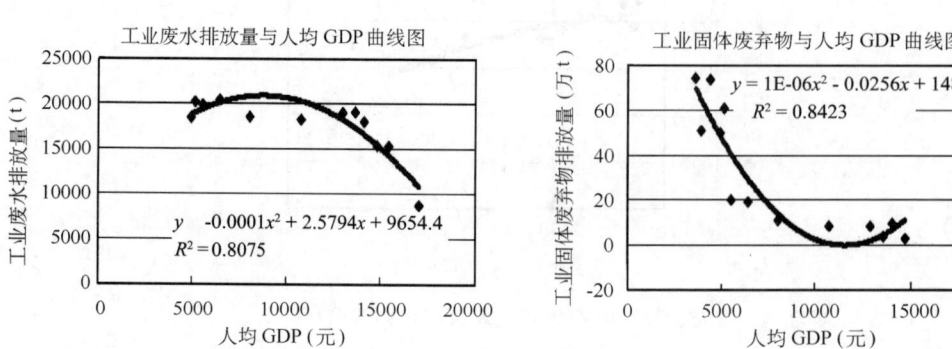

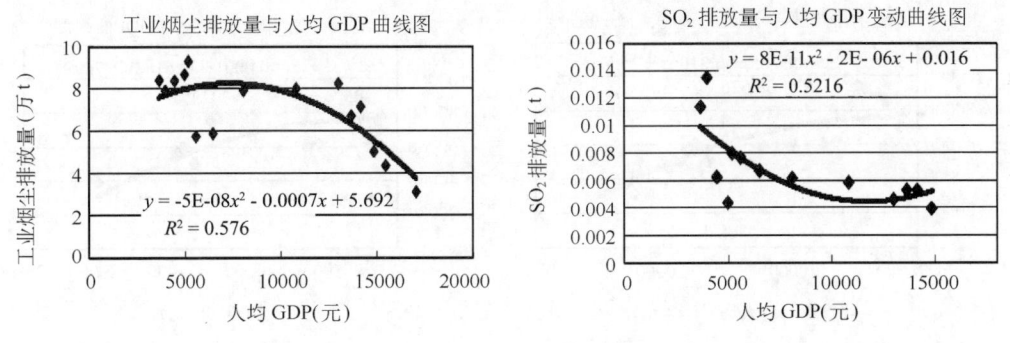

图 6.2.8 兰州市环境库兹涅茨曲线

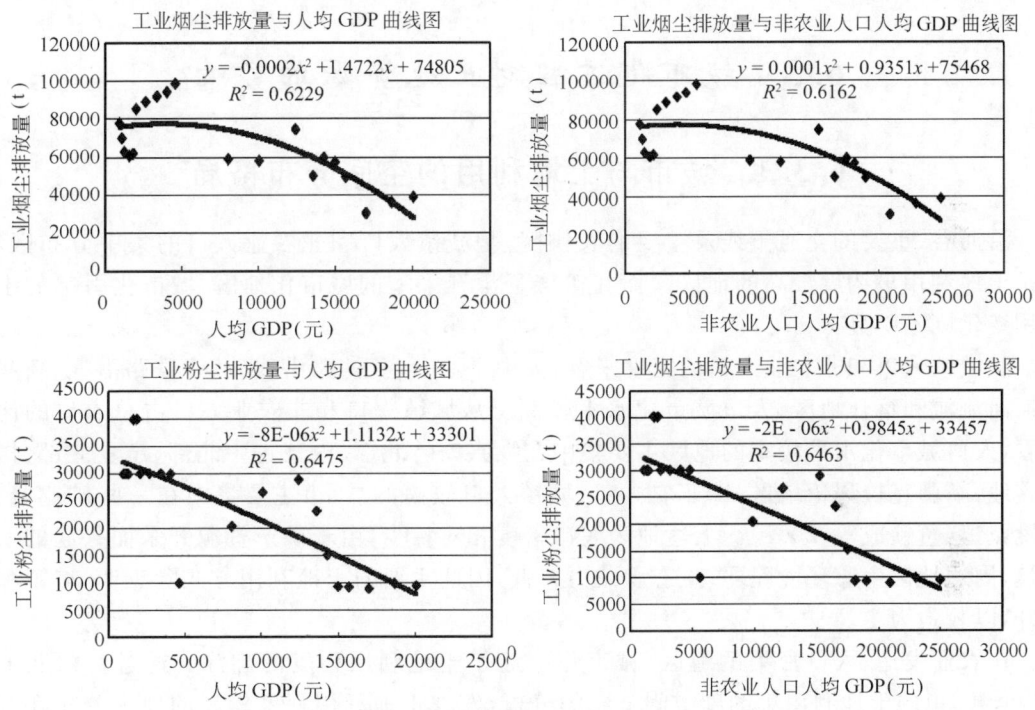

图 6.2.9 西安市环境库兹涅茨曲线

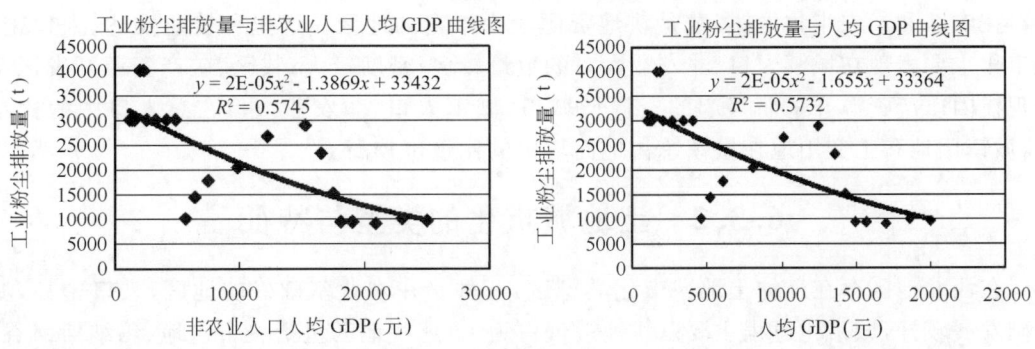

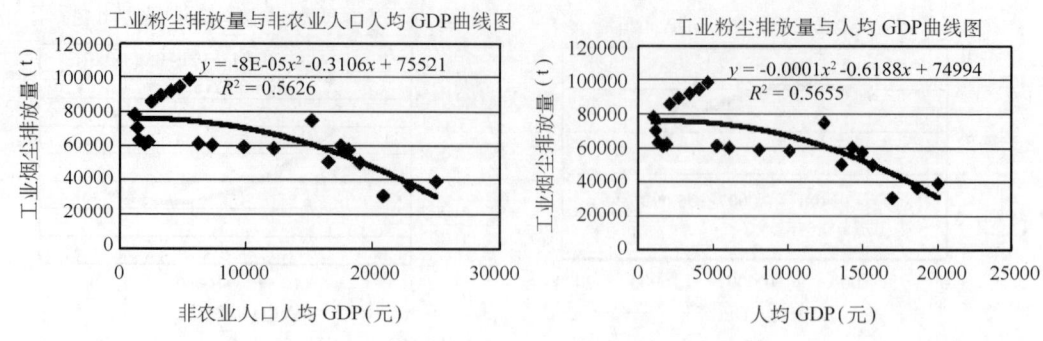

图 6.2.10 乌鲁木齐市环境库兹涅茨曲线分析

6.3 城市化过程对土地资源的影响

6.3.1 城市与土地利用的空间分布格局

沿河谷、重要的交通干线及主要的农耕区,是城镇人口和非农业人口的集中分布区域,也是土地利用集约度最高的地区。而在矿产资源开采型的城市化地区,城市化引起的土地利用变化则不明显。

从城镇人口和非农业人口的密度来看,关中平原、包兰铁路沿线、兰青铁路沿线、新疆玛纳斯河流域和喀什地区,人口城市化水平较高。从城镇人口和非农业人口占总人口的比重来看,人口城市化水平较高的地区主要集中在大兴安岭北部、内蒙古中北部、宁夏北部、格尔木盆地、新疆克拉玛依地区,即非农人口、城镇人口较高的县、市主要集中在一些矿业城镇、边境城镇(董锁成等,2005)。上述地区人口密度相对稀少,由于矿产资源开采而兴起的一批城镇,周边地区生态环境脆弱,生态承载力较低,因此主要的土地利用方式除工业、城镇和交通外,以牧地为主。

在农业发达、人口密集的地区,城市化引起了土地利用程度的加深。通过对西北地区409个县、市的土地利用集约度空间分布的分析,发现土地利用程度较高的地区分布在西北地区的东部和东南部,包括关中平原、黄土高原、内蒙古中南部、兰新铁路沿线、包兰铁路沿线及北疆地区。与人口的分布尤其是与城镇人口、非农业人口密度的空间分布相吻合,主要分布在农区和半农半牧区,多数是耕地资源较为丰富的地区。这里种植业发达、人口密集,城市化主要表现在城镇人口、非农业人口的数量较多,密度较大;牧区、矿产资源开发区主要表现在因矿产资源开采而兴起的资源型城市,城镇人口、非农业人口在总人口中的比重较高,城镇用地和工交用地在城镇总占地面积中的比重也较高。

6.3.2 土地城市化的类型与特征

在西北地区存在三种土地城市化类型区:一种是在农业基础好的地区,人口密集,城市基础发展较好,城市化过程主要以耕地被侵占为主,这些地区包括关中盆地、玛纳斯河谷地、黄河干流及湟水谷地等地区,是西北城市化发展的重点地区;第二种是农业基础较好,城市发展基础较弱的绿洲地区,城市化占用土地除耕地外,还包括其他用地,尤其是草地和未利用土地,如河西走廊、塔里木河等绿洲分布地区;第三种是在能源矿产资源富集地区,基于矿产资源开发或能源资源开发的城市化地区,土地城市化以草地和未利用土地的大量占用为显著特征,这些地区主要分布在内蒙古中东部、塔里木河北部、柴达木盆地、陕甘宁蒙交界处等地。

西北地区近 10 a 来土地城市化的特征表现在:

(1)土地城市化速度最高的地区分布在关中盆地、内蒙古中东部和新疆乌(鲁木齐)—克(拉玛依)公路沿线,此外是大兴安岭两侧、青海—甘肃沿黄谷地、塔里木河流域、兰新铁路沿线、西宁谷地等城市集中分布地区。

(2)耕地是西北地区城市扩张占用的主要土地利用类型。耕地城市化占各类城市化土地总和的 72%。6 省(区、市)一些重要的河流谷地、绿洲平原,均有一些相对集中成片的耕地转换为城乡居民点及工矿交通用地。草地是仅次于耕地的城市化土地类型,占各类城市化土地总和的 17%,从其分布趋势上看,除陕、甘两省外,在其余 4 省(区、市)与耕地的情况类似。其余土地类型合计对城市化的贡献只有 10%。

(3)新疆是西北地区土地城市化最大的地区,土地城市化面积占西北城市化土地总面积的 41%。天山南、北麓及玛纳斯河流域、塔里木河流域是其土地城市化发展的重要地区。

(4)新疆、陕西是全区耕地城市化最多的省(区、市),合计耕地转为城乡居民点及工矿交通用地数约占全区同类指标的 68%。主要集中在关中盆地及其周边的黄土高原、玛纳斯河谷地、塔里木河下游等地。

(5)新疆、内蒙古是全区草地城市化最多的地区,城市化草地约占西北地区的 68%。主要集中在大兴安岭两侧、青海—甘肃沿黄谷地和天山南、北麓。

(6)新疆、青海是未利用土地城市化的主要地区,未利用土地城市化约占西北地区的 81%。

(7)各省区土地城市化的类型略有差别,陕西、甘肃、新疆以耕地占绝大多数,内蒙古、宁夏其耕地、草地并重,青海以耕地和未利用地为主(表 6.3.1)。

表 6.3.1　西北地区各类土地资源对城市化的贡献　　　　(单位:%)

省(区、市)	项目	耕地	林地	草地	水域	未利用地	合计
内蒙古	转移比重	47.48	1.13	49.68	0.68	1.02	100.00
	占全区比重	5.17	4.28	22.50	9.91	1.00	7.85
陕西	转移比重	92.18	4.80	2.17	0.07	0.77	100.00
	占全区比重	29.70	53.69	2.91	3.06	2.23	23.21
甘肃	转移比重	89.10	0.83	7.01	0.22	2.84	100.00
	占全区比重	19.27	6.21	6.30	6.47	5.52	15.58
青海	转移比重	37.65	0.71	19.50	2.76	39.38	100.00
	占全区比重	2.71	1.78	5.83	26.58	25.41	5.18
宁夏	转移比重	49.70	0.67	38.24	0.43	10.96	100.00
	占全区比重	4.88	2.29	15.61	5.65	9.66	7.07
新疆	转移比重	67.06	1.60	19.74	0.63	10.97	100.00
	占全区比重	38.28	31.75	46.84	48.32	56.18	41.12
西北六省(区、市)	转移比重	72.04	2.07	17.32	0.54	8.03	100.00
	占全区比重	100.00	100.00	100.00	100.00	100.00	100.00

6.4 可持续发展的城市化对策

6.4.1 发展循环经济支撑的生态型城市是西北地区可持续发展的城市化模式

由于西北地区地质、地理条件差,生态环境脆弱,实现现代化和建设小康社会面临严峻的资源压力和环境制约,实施可持续发展面临着许多矛盾和问题。因此,在西北地区大力推进城市化和工业化的过程中,不能走其他地区"先污染、后治理"的老路,要严防因一味追求经济增长规模和速度而加剧人口、资源、环境之间的矛盾,必须以最小的资源环境代价发展经济,以最小的经济成本保护环境。城市化必须有坚实的产业体系来支撑。根据西北地区水资源强约束和生态环境脆弱的特点,以及生态环境与城市化之间敏感的互动作用关系,未来西北城市化必须以水资源和土地资源的可持续利用为前提,积极发展循环经济支撑的生态型城市,走可持续发展的城市化道路。

遵循生态经济学原理,按照区域生态环境容量、资源承载力和市场需求,优化城镇产业结构和产业布局,重点突破节水技术和体制创新,建立资源节约型、生态化的产业结构体系和资源节约型、生态化的社会消费体系,塑造包括生态农业、生态工业、生态型的第三产业的城镇生态经济体系;建设生态城市、生态村镇和生态社区。

循环经济最重要的原则是减量化、再利用和资源化。在西北地区推进城市化的过程中,要根据西北地区自身特点,依靠高新实用技术,重点突破若干特色循环产业,通过建设循环经济体系和循环产业生产绿色产品,延长产品生命周期,增大产品附加价值,提高产品的市场竞争力,培育新的经济增长点和新的消费热点,通过新的生产和消费增长,在一、二、三次产业中造就大批新的产业群落,延伸产业链条,增加产业和产品的技术含量,优化和提升产业结构,拉动社会经济整体快速发展。

根据企业、产业、区域和全社会各自内部及其相互之间工艺、技术、经济和资源与环境等客观的有机联系,规划并建立企业循环链、产业循环链、区域循环链和社会循环链。通过生态农业把生态环境与农业过程连接起来,通过农业产业化,把生物过程为主的农业与工业连接起来,通过生态工业把资源开发和加工过程为主的工业过程与资源再生循环的环保产业连接起来,再回到资源或环境系统,从而形成"资源—环境—产业—资源—环境"的大循环;通过绿色社会消费体系建设,促进资源节约、产品重复利用和资源再生循环,形成"资源—产品—消费—资源再生"大循环。从而从微观—中观—宏观层面全面推进循环经济体系和可持续发展的城市社会体系建设。

生态城市是随着人类文明的不断发展、对人与自然关系的认识不断升华而提出来的。生态城市不仅反映了人类谋求自身发展的意愿,体现了人类对人与自然关系更加丰富的规律的认识。生态城市的理念充分表达了以人为本的城市建设思想,也与中国古老的"天人合一"思想不谋而合。生态城市就是在城市规划和建设中要依靠和遵循生态规律,以人为本,达到生产清洁、生活文明,实现人类生产、生活、消费与环境的良性循环,同时城市系统也达到一种平衡、和谐的状态,在空间上表现为具有地域特色的一种美丽、和谐的城市景观。西北地区生态环境脆弱,水资源短缺,在西北地区建设生态城市可以在推进城市化进程的同时,改善生态环境。通过人口和产业向城市集聚,实现土地的集约化利用,缓解广大农村不合理农业生产对生态环境的压力。

按照区域中心城市、县城、建制镇、重点集市所在乡四个层次推进农村城镇化,建设生态型小城镇、生态村和生态社区;近期在每座城市分别建设独立的污水处理和垃圾处理设施,最终实现区域污水、垃圾集中处理,达标排放;通过绿色能源工程、生态城镇系统的良性循环,打破城乡"二元结构",大力发展乡镇企业,把加快农业产业化和加强小城镇建设有机结合起来,将生态脆弱区的农民和农村剩余劳动力转移出来向小城镇集中,减缓对农村生态环境的压力;增强区域生态支撑系统承载能力。

6.4.2 中心—边缘地域类型及边缘地域产业替代中心化战略

(1)中心城市带动周围腹地。中心城市是西北地区社会经济快速发展的火车头,也是有希望超越全国平均发展水平、赶上东部发达地区的驱动力量,其周围腹地多为发达的农业地域;主要生态经济矛盾是经济发达与环境污染并存;中心城市与周围腹地的中心—边缘关系表现为城乡关系、工农关系、传统社会与现代文明社会(城市为科技文化中心)、中心市场与周围辐射范围关系、城市环境污染源与污染扩散区域关系。

(2)协调矿业城市与周围地区的关系。表现为矿业城市作为区域中心与周围落后的农牧区的中心—边缘关系,以及矿业经济的生命周期与地区经济可持续性之间的矛盾。

(3)重点资源开发区带动其周围大面积边缘落后的老少边穷地区。如柴达木盆地、三峡水电开发区、陕甘宁油气开发区、塔里木盆地油气开发区等,它们是西部工业发展潜力大的地区,能源矿产资源开发区与周围贫困地区生态环境矛盾突出。

(4)关中平原、北疆垦区、银川平原和河套灌区等商品性农业生产基地,它们是西部食物安全保障的基础,突出矛盾是农业生产与生态环境的矛盾。作为农业中心地域,它们与周围落后的农牧过渡带之间也表现为中心—边缘关系。

(5)省区交界的生态脆弱、经济贫困的边缘地区。如陕甘宁接壤区、川甘青交界区,这些地区多是老少边穷、生态脆弱地区,多为江河上游甚至江河源区,生态与经济战略地位均很重要,是我国21世纪头20 a生态建设、扶贫攻坚和全面建设小康社会的重点和难点地区。对于这些地区要选择区域中心,依托生态旅游、生态农业、生态工业等生态产业替代传统的农业、林业、牧业和资源开发业,强化中心城市的辐射带动功能,带动周围边缘地区脱贫致富,同时达到社会经济发展和生态环境重建的双赢局面。

(6)边缘地域产业替代的中心化模式。根据脱贫致富,实现全面小康社会目标的需要,必须发挥边缘地区生态环境与旅游资源区域比较优势,实施增强区域中心城市辐射带动功能,依托生态产业替代传统产业,重点突破边缘地区的中心化,低谷隆起,分类引导,区域协调开发布局战略。西北边缘地区生产要素缺乏,在空间布局上要遵循"非均衡重点突破"原则,避免分散。选择条件较好的重点地区、重点产业集中投资,重点突破,并通过市场传导,形成中心—边缘地区的互动合作与协调发展。发展新型绿色生态旅游,生态产业,替代传统产业,实现跨越式、超常规发展,生态环境与社会经济关系达到生态效益与经济效益双赢,建设生态旅游城市建设,达到边缘地区中心化,实现区域可持续发展。

(7)集中力量建设一批西部生态产业带和生态产业基地。在具有相似特点和优势条件的大区域,如黄河上中游沿岸、陇海—兰新铁路沿线、西部"丝绸之路"沿线、黄土高原农牧区、长江上游沿岸地带、四川盆地、青藏高原牧农区、云贵高原旅游区等,集中建设一批生态产业带,使之成为发展生态产业的示范区和增长极。优先开发优势资源,建设一批生态产业基地。充分发挥"生态产业基地"的示范作用,促进生态产业和相关产业的发展,带动区域生态经济整体水平的提高。

(8)区域生产力宏观布局战略。以区域中心城市及其周围地区、资源富集的开发区、经济技术开发区、高新技术开发区等为战略重点,以中心城市、交通干线为依托,使区域经济布局沿"点—线—面"空间格局展开。促进西陇海—兰新线经济带、长江上游经济带、南(宁)贵(阳)昆(明)经济区、沿边境经济带的形成与发展,促进经济低谷地区的"隆起";广大老少边穷的农牧区仍然是国家重点扶持的对象,在这些地区要重点投向以农特产品生产和加工为主的农业产业化的龙头企业和重点基地建设,使重点基地和乡镇成为"增长中心",带动周边地区和相关产业的发展。

(9)依靠高新技术的后发优势战略。要积极依靠国内外先进科技的开发、引进和推广应用,发展技术含量高、起点高的产业群体,以高质量的系列优势产品获得市场竞争的胜利;依靠高新技术治理生态环境,发展社会事业,实现超常规发展。要以西部发达地区尤其是西安、成都、重庆等高科技园区的高科技产业、旅游业、环保产业、特色高效的农牧业产品加工业和其他技术含量高的新兴产业及绿色产业作为战略产业,着力培育为新的经济增长点,以战略产业壮大的后发优势和新的经济增长点,带动西部经济的超常规发展,缩小地区差距,实现区域协调发展。

(10)优势资源开发与资源储备战略。面对21世纪我国资源全面紧张的严重形势,"十一五"及其以后时期,国家应当进一步明确和提高西部尤其是西北地区作为21世纪全国能源矿产基地的战略地位。应用高新技术,大力开发西部优势的水能资源、油气资源、盐湖资源、有色金属资源、特色生物资源和特色旅游资源;通过与西亚、中亚和俄罗斯等国家和地区的国际合作,吸引国际能源矿产资源,进一步壮大西北地区作为全国能源矿产资源战略基地的实力,使之真正成为国家能源战略基地;对一些战略资源应及早开展资源储备,确保我国面对动荡的国际局势顺利推进全面建设小康社会和现代化进程。

(撰写人:董锁成、李泽红、李宇、王传胜等)

参考文献

Gene M, Grossman and Alan B. 1995. Krueger, Economic growth and the environment. *Quarterly Journal of Economics*, **110**(2):353-377.
董锁成,张小军,王传胜. 2005. 中国西部生态—经济区的主要特征与症结. 资源科学, 27(6):103-111.

第7章 天山北坡区域城市发展的环境效应

7.1 引 言

天山北坡指新疆维吾尔自治区东起木垒县,西至精河县,形成于天山北麓冲—洪积扇上的条带状绿洲带。天山北坡凭借其优越的区位条件、完备的基础设施和丰富的自然资源等优势,形成以北疆铁路、312国道与乌—奎、吐—乌—大高等级公路为轴线的独具干旱区特点的"临路型"城市群(方创琳,2005),是新疆经济最为发达、城镇分布最为密集的地区(图7.1.1)。具体包括乌鲁木齐市、克拉玛依市、石河子市、昌吉市、阜康市、呼图壁县、玛纳斯县、奇台县、吉木萨尔县、木垒县、奎屯市、乌苏市、沙湾县、博乐市、精河县和温泉县等16个市县,总面积16.95万 km^2,约占全新疆国土总面积的10.18%。

2007年,天山北坡区域总人口577.29万人,占全疆总人口的27.55%,其中非农业人口为535.08万人,占总人口的68%;其国内生产总值1966亿元,占全疆的55.8%,三类产业中第二产业占全疆国民生产总值的60.96%,第三产业占61.19%,工业总产值887亿元,占全疆的63%,人均国民生产总值为34 055元,远高于全疆16 950元的平均水平。天山北坡区域在西北具有自然地理单元上的相对独立性,在干旱区城市尤其是新疆城市发展中极具典型性,也是新疆城市化与生态环境之间相互作用表现较为明显的区域。

本章以地理学的人地关系地域系统理论为基础,综合应用GIS空间分析与时间序列数理统计分析,从三个案例——新疆天山北坡城市群、以乌鲁木齐为代表的大城市、以奎屯为代表的中小城市——多角度综合研究天山北坡区域绿洲城市化与环境的相互作用。在总结历史经验、把握未来演进趋势基础上,揭示客观规律,提出具有创新性的可持续发展的天山北坡区域城市化模式和调控对策。

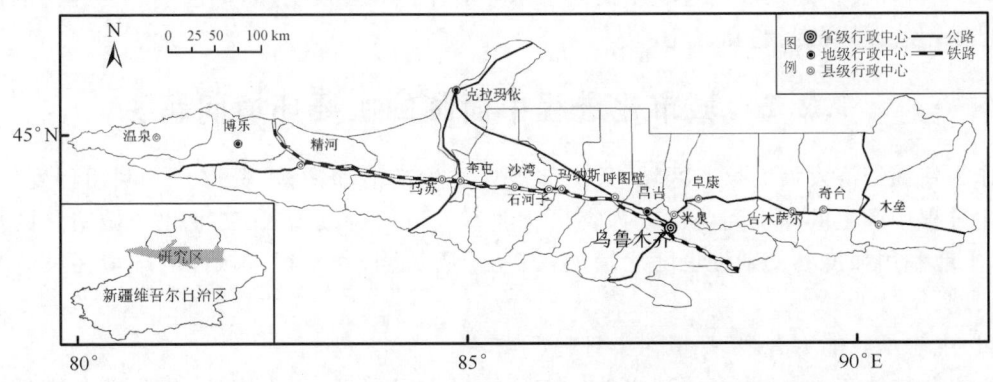

图 7.1.1 天山北坡城市分布示意图

本研究的数据主要来源于：①中国科学院资源与环境科学数据中心提供的1980年、1995年和2000年天山北坡地区1∶10万土地利用遥感数据；②实地调研和文献资料；③新疆统计年鉴和天山北坡区域相关地市历年经济社会、生态和环境统计资料。

7.2 天山北坡城市群发展的环境效应

7.2.1 天山北坡城市发展概况

从城市集中度和规模看，新疆多数城镇在空间分布上主要沿天山北坡呈带状和沿塔里木盆地呈环形分布，全疆21个设市城市中有12个分布在天山北坡。而且，天山北坡城市化水平远高于全疆其他区域，该区非农业人口占总人口的比重达68%（全疆为43%）。在全疆经济实力的对比中，天山北坡各县市均排名靠前，城镇体系较为完备，是全疆城市化水平和城镇体系水平最高的区域。近10 a来，随着经济的快速增长，天山北坡城镇用地扩展迅速，城市化过程明显（程维明，2002；雷军等，2005）。包括乌鲁木齐、昌吉、阜康在内的乌-昌都市圈已形成，石河子-玛纳斯-沙湾、奎屯-乌苏-独山子发展成为城镇群的态势明显，博乐市和阿拉山口口岸经济发展迅速，产业集聚度显著提高。这些城市间经济联系日益密切，有力地带动了天山北坡城镇化水平的提高。天山北坡交通、能源、工业、农业、商业、通讯、城市建设等基础设施较为发达，产业结构较为合理，投资环境优于其他地区，劳动者素质较高，各项产业发展速度较快，已成为新疆经济的龙头，成为一条特色鲜明的经济带。

天山北坡地处内陆干旱、半干旱地区，降水稀少，日照强烈，荒漠广布，植被覆盖率低，水土资源分布极不平衡，土地容易沙化和盐渍化，环境自净能力很低。另外，这一地区紧靠古尔班通古特沙漠，生态环境压力极大。同时，由于这一地区开发较早，工业较为集中，由此带来的环境污染问题也较为突出，如乌鲁木齐不仅是严重缺水城市，而且环境污染指数也排在全国大、中城市前列。长期以来，受气候变化和人类不合理的经济活动的影响，尤其是伴随天山北坡经济的快速发展和人口的增加，天山北坡的生态退化与环境污染已经相当严重，使自然环境遭受到严重损害，虽然局部有所改善，但整体趋向恶化，对西部大开发战略的实施和人居环境的改善、社会经济的可持续发展已构成严峻挑战。为了更好地进行天山北坡的开发，在经济社会快速发展的过程中搞好生态环境保护和建设工作，促进生态与经济的协调发展已是不容回避的问题和责任。

7.2.2 城市化进程中面临的主要环境问题

作为新疆经济发展的核心区域，天山北坡人类生产活动频繁，资源开发利用程度较高，城市化进程中产生的环境问题也较为突出。随着人口的持续增长、工业化和城镇化的快速发展，土地利用强度和复杂性也随之增加，人地矛盾加剧，并出现区域性的环境污染等生态环境问题。

（1）生态承载能力有限，环境污染日趋严重

天山北坡属于干旱荒漠区，其自然生态环境具有脆弱性、不稳定性、累积性及遭受破坏以后的不可逆转性，这就决定了天山北坡的自然生态环境承载能力较差。天山北坡以乌鲁

木齐为中心的中、小城市工矿企业分布较为集中,开发区发展速度较快,小城镇建设异军突起,加之城市面积日益扩大,城市人口不断增长,污染物排放逐年增加,使城市环境污染加剧,污染负荷较重,大气、水质、土壤均有不同程度的污染。人类活动给原本脆弱的生态环境带来很大的破坏且难以恢复,其结果就是减少人们的生产和生活空间,使环境承载能力进一步降低。

(2) 水资源开发过度,水环境破坏严重

天山北坡地表水资源量高出全疆平均水平,但人均水资源量仅为全疆的1/10,加之由于经济活动密集,水资源过度开发利用,使得水环境遭到破坏,出现了水质劣变、湖泊干涸、天然湖面萎缩、河道断流、地下水位下降等一系列问题,自然生态受到严重破坏,例如,西北最大的淡水湖泊艾比湖,面积从20世纪50年代的1200 km² 缩小到现在的500 km²。另外,众多水库、渠系的修建,改变了天山北坡地表原有的水源配置及其地貌格局,使天山北坡面临前所未有的土壤次生盐渍化、撂荒地和土地荒漠化。

同时,由于用水结构的不合理,生活用水和工业用水量不断上升,农业用水量缩减,污水灌溉面积增大,大量灌溉地转变为旱地或弃耕地,造成了严重的环境问题。随着城市工矿企业的发展和工矿业用水量的增加,城市各类污水排放量增多,污水排放直接或间接流入地表水体和地下水体。尤其是工业废水含有毒、有害物质很多,致使其水质严重污染和重富营养化,溶解氧的季节性不平衡,极大地制约了水库养殖能力的发挥。而且,灌区施用化肥、农药等水体污染日益加剧,水环境污染负荷不断加重,局部地区水质劣变趋势较为突出。

(3) 水土资源分布不平衡,土地退化严重

伴随人口的增长和城市的发展,天山北坡城市规模不断扩大,建设用地急剧增加,耕地大量被占用,草地严重退化,天山北坡每年春季都遭受风沙侵袭,流沙不断向农田推进,近2/3的耕地和500多万人受到荒漠化的危害和威胁。1990—2000年的10 a间,天山北坡城乡建设用地扩张的37.85%是占用草地,尤其是克拉玛依和奎屯市周围。大面积肥力较高的荒草地和灌木林地被开垦为耕地,数千万亩草场严重退化,平均产草量减少40%左右,单位面积载畜量下降。而且,地下水的超采加剧了地下水位的下降,使得自然植被衰败甚至死亡,从而形成土地的沙化与沙漠的扩张。随着水资源过度开采,古尔班通古特沙漠以南的奇台县县城十余公里处也出现长10 km、宽约4 km的活动沙丘,且移动速度快。灌区边缘荒漠植被破坏严重,风沙危害加剧,绿洲外围严重受到沙漠化威胁。沙漠化已严重制约了天山北坡国民经济的发展,直接威胁着人民的生产与生活。

(4) 环境容量有限,大部分城市环境质量较差

天山北坡是新疆人类活动最为剧烈的区域,密集的经济活动使区域大气环境与水环境受人为影响极大。天山北坡各城镇大气环境基本都属于典型的煤烟污染型环境,城镇区以烟煤为主要供热源,燃烧排放有害气体,TSP是主要污染物。各城镇冬季在冷高压的控制之下,加上盆、谷地效应,形成高约2000 m的逆温层,致使烟尘无法外排,造成严重的大气污染。随着工业和人口的增加,污染物呈上升趋势(图7.2.1),春、冬季污染最重,而夏、秋季较轻。2005年,天山北坡区域 SO_2 排放量为738.5 t/d,COD排放量为11 874.95 t/a,整体来说环境容量尚未超载。但是,工业较为发达、人口密度较大的县市环境质量相对较差,如乌鲁木齐、石河子、五家渠、奎屯等。其中乌鲁木齐市大气污染严重,1999—2000年的资料显示,乌鲁木齐的空气污染指数均在101以上。昌吉市的许多水泥厂,等标污染负荷比累计在

65%~80%,是造成大气粉尘污染的主要企业。

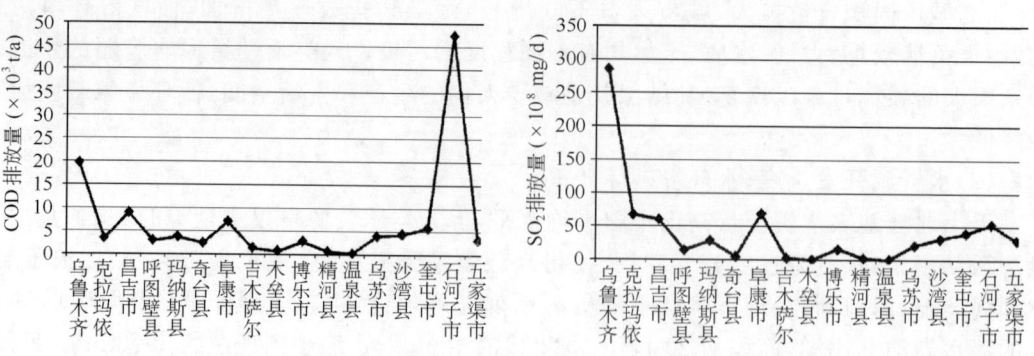

图 7.2.1　2005 年天山北坡主要城市 COD 和 SO_2 排放量

(5) 资源过度开发、利用效率较低,造成环境污染

天山北坡经济增长方式以大量消耗资源和粗放经营为特征的传统模式为主,多依赖于高投入和高物耗支撑经济的增长,致使资源消耗过快和低效利用与浪费,这种传统的经济增长模式与资源转换战略的结合,使其经济发展表现为典型的"高投入、高消耗、低产出、低效益"的特点,造成比较严重的资源浪费与环境污染。天山北坡产业的总体水平与企业技术含量普遍不高,对自然资源的综合利用水平相对较低,单位产值资源消耗量大,致使大量资源以"三废"的形式被浪费,造成较大的经济损失和资源浪费,也引致了生态破坏和环境污染。

7.2.3　城市化过程对生态环境的影响

城市化与环境之间存在着各种胁迫关系,城市化的过程会导致生态环境的恶化,生态环境的恶化会限制城市化进程。相反,适度的城市化过程有利于改善生态环境,生态环境的改善有利于加快城市化进程(方创琳等,2008)。已有的研究表明,天山北坡绿洲城镇的城市化过程引起了一系列生态环境问题,包括水危机问题、资源短缺问题、生态破坏问题和环境污染问题,造成了对城市发展的制约。从天山北坡发展的实际来看,生态环境主要是通过水资源对城市发展形成制约,而城市的发展对水资源、土壤、植被和环境造成了污染,也在一定程度上促使了自然灾害事件的产生。

(1) 城市化对水资源的影响

水是制约干旱区土地资源的开发程度和社会经济发展的关键因素,水资源的数量、质量和开发利用水平是制约工农业生产发展与城市建设的十分重要的条件。天山北坡地表水资源量约为 1.0×10^{10} m^3,地下水综合补给量为 5.0×10^9 m^3,水资源总量为 1.15×10^{10} m^3,人均拥有量为 2196 m^3,仅相当于全疆的 37%,水资源限制了城市人口规模和经济规模,城镇发展建设面临缺水的困扰和制约,乌鲁木齐和克拉玛依两市缺水尤为严重,乌鲁木齐市是全国 14 个重点缺水城市之一,地下水也已过度超采。而且,天山北坡生态用水比例仅在 15%左右,离国际水资源委员会和我国确定的干旱区生态用水比例(30%~40%)的指标还有很大的距离(王锋,2004)。

城市化对水资源的胁迫作用主要是由于经济活动密集,有限的水资源过度开发利用,使得天然水环境遭到破坏,湖泊干涸、河道断流、地下水位下降等问题越加严重。区域内玛纳斯河由于上游工业、农业的大规模开发利用,下游河道长期处于断流状态;随着克拉玛依石油工业的发展,水资源利用程度不断提高,白杨河引水量增加,每年进入艾里克湖的湖水大量减少,使得湖面萎缩,水位变浅,于 2000 年 6 月干涸。同时,由于天山北坡地下水水源地过于集中,井群展布过密,地下水开采过量,开发强度达 0.8 以上,引发地下水位持续下降,产生排泄带萎缩或疏干。玛纳斯县城西平均每年下降 0.17 m,安集海 1 号水源地年均下降 0.49~1.28 m,已形成玛纳斯县新户坪水库以北中心下降值为 14.35 m 的下降漏斗区和玛纳斯平原林场中心下降值为 11.56 m 的下降漏斗区等。由于玛纳斯河、白杨河流域和艾比湖生态环境恶化,天山北坡的湿地资源也有所减少,自然生态受到严重破坏。

(2)人口增长对生态环境造成压力

区域城市人口越多,则其赖以生存的空间和资源与能源就相对短缺,对环境的压力就越大,从而限制城市人口的增长。而且,在不同的阶段城市人口增长带来的环境压力是不同的(刘耀彬,2007)。从天山北坡城镇发展的实际看,随着城市化水平的不断提高,城市的集聚、扩散作用加强,城市发展层次的提升和规模的扩大吸引更多的人口向区域中心城市聚集,尤其是在乌—昌地区,城市人口增长较快,人口城市化带来的环境压力越来越大。1995 年乌—昌地区总人口为 293.02 万人,非农业人口为 172.46 万人,2007 年增长到 366.67 万人,非农业人口增长为 241.68 万人,总人口增长了 25%,而非农业人口增长了 40%,非农业人口的增长速度远高出总人口增长率,并且非农业人口的增长速度也要快于以往。这一区域也是天山北坡人口增长与生态环境问题反映最为明显的区域。同时,受城市经济发展阶段的影响,生态环境自净能力和环境治理投入的限制,生态环境面临的压力越来越大。

(3)经济发展对生态环境的胁迫

经济发展对生态环境的压力主要体现在城市的非农化生产过程中,通过城市物质生产对资源与能源消耗所排放的废弃物来实现(刘耀彬,2007)。伴随天山北坡城市规模的扩大和产业结构的调整,直接引致了各种资源能源消耗的增长和相关产业废弃物排放量的增长,目前城市发展与生态环境之间的相互制约作用比任何时候都明显。2007 年,天山北坡国内生产总值 1966 亿元,占全疆的 55.8%,经济发展速度明显加快。与此同时,水资源量、供电量、供水量都有大幅度的提高,与经济发展直接相关的环境污染因子指标增速加快,对区域环境造成的影响从表现形式、影响程度和范围上都有明显加深。虽然生态环境对天山北坡经济发展有一定的制约,但是在当前追求经济发展和城市化的前提下,生态环境建设被忽视,天山北坡经济发展与环境质量之间呈现出负相关关系,当这种制约达到一定阶段时会成为天山北坡城市进一步发展的瓶颈而必须面对。

(4)城市化引致的土地利用变化降低生态环境的稳定性

已有研究表明,1990—2005 年天山北坡耕地和沙地增长明显,而草地和林地是减少最为明显的用地类型,草地总面积减少 5875.96 km²,处在大幅减少的状态,林地总面积减少 254.91 km²,建设用地呈现增加的趋势,城镇用地面积增加了 171.29 km²,农村居民点及其他建设用地的面积增加了 251.18 km²。新增的 171.29 km² 城镇用地面积中,有 41.28% 来源于耕地,16.11% 来自林地,14.93% 来自草地(陶江,2009)。由于受到南部山地的限制,农业用地、城镇、农村居民点等建设用地向北部地势条件较好的地区扩张的趋势明显,北部大量的草地被转变为了耕地。城镇建设用地属于不可逆转的土地覆被类型,建设用地的扩张在一定程度上改变了干旱区景观的基质、廊道、斑块系统,这一变化在一定程度上影响到干旱区绿洲系统的稳定性,它在空间上是否合理发展可以在一定程度上引起绿洲系统的变化。而且,城市化引起的土地利用结构的变化造成了生物多样性的损失、耕地面积的持续增长加大了水资源的消耗量,造成城市供水日趋紧张,林地、草地面积的不断减少导致区域生态环境发生改变,在一定程度上又影响了城市的进一步发展。

7.2.4 城市化与生态环境交互胁迫的驱动机制

(1) 工业化是驱动城市化与生态环境交互胁迫的首要社会经济因素

天山北坡是目前新疆经济发展最快、实力最强的地区。考察天山北坡 GDP 的变化和建设用地的增长可以发现,GDP 增长越大,城乡建设用地增长越快,二者具有较强的相关性,GDP 增长是天山北坡建设用地增长的最主要驱动力。同时,随着中心城市乌鲁木齐经济的快速发展和人口的增长,区域发展的集聚扩散作用明显,工业化速度明显加快。天山北坡 1949—2006 年工业企业数量和工业总产值的增长同国民生产总值的增长趋势基本一致,1949 年天山北坡工业总产值占国民生产总值的 10.74%,此后由于能源开发的影响,如多个煤矿、钢铁企业和石化企业的建立,促使工业快速发展,工业总产值在国民生产总值中所占的比重逐步扩大,2007 年工业总产值占全疆国民生产总值的额度已经达到了 25%,占天山北坡国民生产总值的 45%,工业发展有力地带动了城市经济实力的增长。

天山北坡工业主要是依托资源优势发展起来的,如石油天然气开采业、煤炭采选业、石油化工及炼焦业等产业,都是消耗大、高污染的资源型产业。能矿资源开发相关的产业在城市的集中,排放出大量的有害气体和颗粒,改变了城市及郊区大气环境的组成,对人体、生物等产生不良影响。以乌—昌地区为例,大气中 SO_2 排放量日益增多,仅 2003 年就比 2002 年净增 12.1 万 t,烟尘、粉尘排放量都有不同程度的增加;大气污染导致水质酸化,酸雨污染面积逐渐扩大,不仅污染环境,腐蚀建筑物,还对人类健康产生潜在威胁,成为城市化进程的阻碍因素之一。同时,工业发展带动区域经济快速发展的同时导致城市需水量急剧增加,地下水处于严重超采状态,而且城市污水排放量增加造成了地下水的污染。

(2) 水资源开发强化了干旱区城市化与生态环境之间的交互胁迫关系

天山北坡城市大多发育在山前冲、洪积扇或冲、洪积平原上,这里既是泉集河溢出带,也是地下水开采的宜井带,城市开发建设引起了水资源的数量和利用方式变化,也间接地影响了绿洲脆弱生态系统(杜宏茹等,2006)。以乌鲁木齐为例,2003 年乌鲁木齐引用水量已经占可利用水量的 65.88%(乌鲁木齐市水资源公报编委会,2003),乌鲁木齐市对水资源的高度利用造成了下游米泉、五家渠城市用水紧张和争水现象,直接影响了下游城市发展(杜宏茹等,2006)。而且,绿洲河流多为内陆水系,污染物不能外泄,乌鲁木齐城市发展过程中产生的水污染长期积累,自净能力弱。由于生产、生活用水挤占了生态用水,以地下水为生存条件的绿洲与荒漠交错地段的天然植被日渐稀疏(杜宏茹等,2006)。在绿洲城市化进程中,流域水利化程度逐渐提高,地表水几乎全部被拦蓄引用,地下水也被大量开采,水资源开发强化了城市化与生态环境之间的交互胁迫关系。

(3) 人口增长对城市化与生态环境交互胁迫起到了重要的推动作用

天山北坡总人口从 1978 年的 338.38 万人增加到 2007 年的 577.29 人,29 a 间人口增长了近 200 万。而且,天山北坡 1990—2005 年间城镇人口和农村人口增长速度都较快,以乌鲁木齐为例,2002—2006 年间乌鲁木齐市的人口总数呈稳定的递增趋势,5 a 间共增加了

26.62万人,年增长率为3.03%,平均每年增加人口5.32万人。人口的增长带来了消费的持续增长,包括水资源、电力、交通等在内的消费增加对水资源、土地资源和空气资源等造成了较大的压力,对生态环境的变化起到了重要的推动作用。

(4)建设用地扩张进一步促进了城市化与生态环境之间的交互胁迫作用

1990—2005年的15 a间天山北坡建设用地始终呈增长态势,就增长速度和增长幅度而言,城镇用地要快于农村居民点用地,同期新疆建设用地扩展的总体态势是农村居民点用地增长大于城镇用地,这表明天山北坡地区城镇发展较为迅速,其中,乌鲁木齐、奎屯、石河子、昌吉等市的建设用地变化较大,天山北坡大、中城市的扩展速度明显快于全疆其他区域(张竞竞等,2007)。根据对天山北坡主要城市建成区扩展变化的研究也可以看出,包括乌鲁木齐、石河子、奎屯、昌吉等在内的区域中心城市建成区在1990—2000年扩展明显(图7.2.2)。城市建成区的扩张,包括工业区、人口、交通等各方面的外延和调整,使城市的影响范围进一步扩大,尤其是以石油石化、煤化工等产业为主的工业区的兴建扩散了城市环境污染的影响范围,从而加剧了城市对区域生态环境的影响。

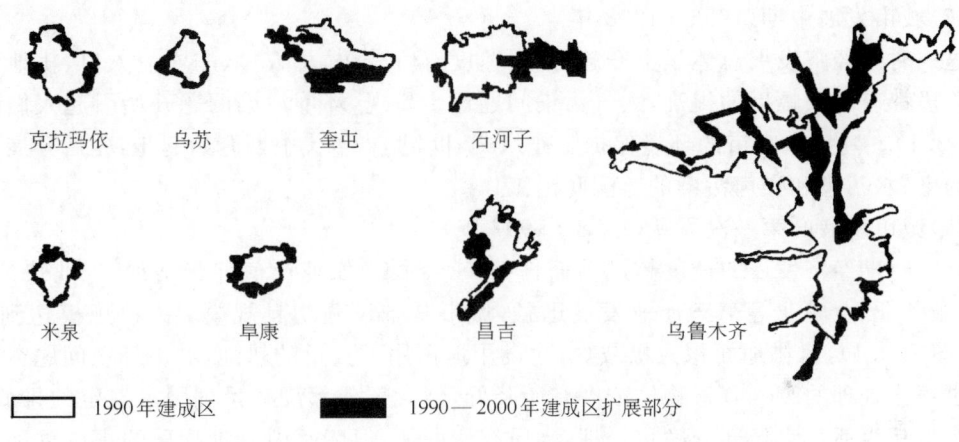

图7.2.2 天山北坡部分城市建成区扩展(1990—2000年)(张豫芳,2006年)

7.3 乌鲁木齐城市发展的环境效应

乌鲁木齐位于天山北麓、准噶尔盆地南缘,东南西三面环山,两侧山地间为柴窝堡—达板城谷地,北部为乌鲁木齐河与头屯河冲击平原,地势南高北低、起伏悬殊,兼具山地城市和平原城市的特点,属典型的干旱区绿洲城市。乌鲁木齐行政区总面积为14 200 km^2,但山地面积占总面积50%以上,北部冲积平原不及总面积的1/10,2008年城市建成区面积为261.88 km^2。乌鲁木齐下辖7区1县,总人口263万人,居住着汉族、维吾尔族、回族、哈萨克族等49个民族,少数民族人口占总人口的24.6%,非农业人口占总人口的73.94%。

乌鲁木齐市是新疆的政治、经济和文化中心,是新疆经济最发达的地区,其人均GDP、财政收入、社会消费品零售总额和居民人均可支配收入等主要经济指标居于中国西部十大城市前列。目前,以乌鲁木齐为中心的区域城市间联系日趋紧密,是新疆城市最为密集、城市化水平最高的区域。在城市快速发展的同时,也不可避免地出现了空气污染、城市水荒、工业"三废"超标排放等一系列环境问题。

7.3.1 城市发展与生态环境交互胁迫演变轨迹与特征

(1) 城市发展雏形(1949年以前)

1949年以前乌鲁木齐城市规模小,人口不足10万人,处于荒漠经济向绿洲经济转变的阶段,城市略显雏形,基本上是以农业为主,工业多为手工业,第三产业也处于萌芽和缓慢发展的阶段。此时乌鲁木齐的环境问题主要体现在灾害方面,如风沙、山洪、泥石流等一些自然灾害,污染问题尚不突出。

(2) 城市发展早期(1949—1956年)

这一时期城市有了初步的发展,人口规模扩大到20万人左右(图7.3.1),绿洲经济特征更明显,工业处于起步阶段,第二、三产业产值所占比例扩大,农业在国民经济中的地位下降。城市发展集中在老城区及其周围地带,饮用水和地下水水质好,城市可供水量大于需水量,人口压力较小,城市生态环境问题并不突出。

(3) 城市发展中期(1956—1978年)

这一时期经济发展总体呈上升趋势,但速度有所减缓,总人口、非农业人口、耕地面积较上一阶段都有较大幅度的提高,大气污染问题逐步呈现,环境污染问题开始引起人们的关注(图7.3.1)。乌鲁木齐市的环境保护工作从20世纪70年代中期开始起步,先后开展了大气烟尘污染、水污染和噪声污染的监测防治工作。

(4) 城市发展的第一次飞跃(1978—1992年)

这一时期经济发展的速度超过前面任何一个时期,农业产值稳步增加,工业快速发展,商业、服务业、金融业等第三产业发展迅猛,城市基础设施初具规模。人口规模达到136.6万人(图7.3.1),但耕地面积大幅减少,建设用地占用了大量的耕地,城市环境问题突出。全市经过净化处理的废气有害物质浓度有所降低,但大部分都没有达到国家规定的排放标准;工业废水和生活污水经部分净化处理,水质有所好转,但废水中有害物质的排放总量却有所增加。供水、需水矛盾尖锐,乌鲁木齐河流域每年超采地下水 $1×10^8 \sim 1.5×10^8$ m³,造成中下游、乌市至米泉一带地下水位不断下降,形成近300 km²的降落漏斗,近10余年间地下水位下降 4~14 m,平均每年下降 0.3~1.1 m。

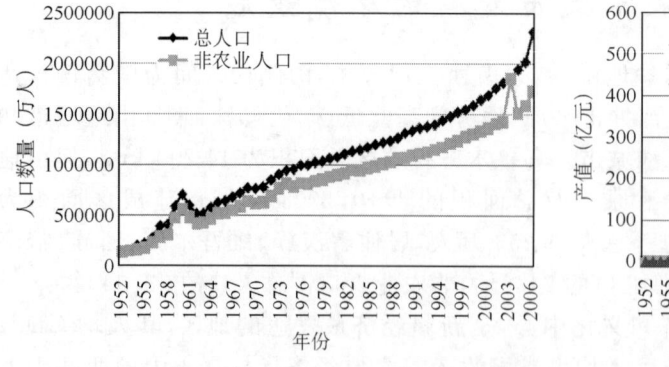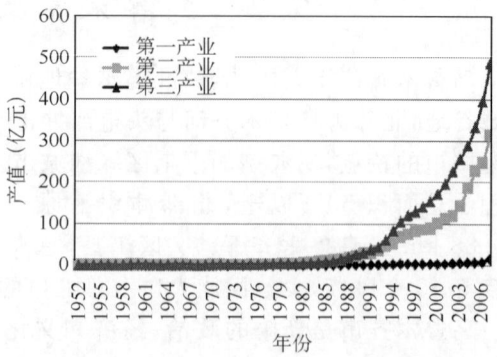

图7.3.1 乌鲁木齐市总人口、非农业人口及三类产业变动(1952—2007年)

(5) 城市发展的第二次飞跃(1992年至今)

这一阶段是乌鲁木齐城市进入发展最迅速的时期,人口和经济快速增长(图7.3.1),2008年城市规模扩大到236万人,三类产业内部比例更加合理,乌鲁木齐完全成为一个依靠第二产业和第三产业带动发展的大型城市,第一产业在GDP中所占比重不足10%,耕地面积呈缓慢减少趋势。环境问题成为制约城市发展一个重要因素,大气污染尤为严重,20世纪90年代后期乌鲁木齐空气污染一度排在世界第三位。城市的缺水问题已经成为一个不争的事实,水污染的加剧使水资源供需矛盾更加尖锐。2000年之后,乌鲁木齐市加大了对环境污染的治理力度,增加了环保投资,虽然环境质量有所改善,但是水污染问题仍然比较突出。

7.3.2 城市化的生态环境效应

(1) 水资源开发失控,水环境污染日趋严重

乌鲁木齐水体环境问题既有水污染问题又有水资源短缺问题,既有地表水污染又有严重的地下水污染,各种因素相互影响和转化。1978年以来,乌鲁木齐城市的供水量逐年上升,其中生活用水占了很大的比例。城市用水十分短缺,有资料表明,乌鲁木齐日缺水量达6.00×10^4 m³。乌鲁木齐河流域年净用水量相比最大可能净用水量多1.58×10^8 m³,除去污水净用水量3.70×10^7 m³,每年超采地下水1.21×10^8 m³。由于强度开采,地下水补给线被破坏,引起的水环境问题十分突出。

同时,乌鲁木齐地表、地下水环境的污染较为突出。从水质看,2007年乌鲁木齐市共监测地下水水井29眼,在参加评价的24个项目中,总硬度、总大肠菌群和硫酸盐的年均值均为地下水质量Ⅳ类标准,氨氮、硝酸盐氮、锰、溶解性总固体年均值达到Ⅲ类标准,根据综合评价,抽查的水井属于较差水质。作为乌鲁木齐重要的饮用水源保护区的乌拉泊水库2007年水质监测及评价结果表明总氮、总磷超标;水磨河沿河中下游有许多工业企业,大量工业污水排入河内,根据监测断面数据分析,沿河水质从上游至下游逐渐变差。水环境容量的变小导致水质性缺水,加剧了水资源的紧张程度。此外,乌鲁木齐市固体废弃物排放量大,处置利用率低,以堆存量为主,大量固体废弃物堆放和填埋不但加剧了城市用地的矛盾,而且由于雨雪的淋溶,有毒、有害物质渗入地下,对地下水形成潜在的危害(王宏伟等,2006)。

(2) "三废"排放量增长迅速,城市环境质量下降

乌鲁木齐在进行大规模经济建设的同时,排放大量废气、废水、固体废弃物,破坏了城市环境,降低了城市居民生存环境质量(朱磊等,2008)。从"三废"排放量看,2007年的废水排放量与2000年相比增长了1.32倍,废气的排放量增长了2.54倍,固体废弃物增长了2.5倍,工业SO_2排放增长了1.24倍,废气排放量和固体废弃物的产生量呈较快的上升趋势,随着城市的进一步扩张,大气污染明显增强(吴彦等,2008)(图7.3.2)。乌鲁木齐大气污染以降尘和悬浮物为主,其次是SO_2,再次是NO_x,主要来源于燃料排放的废气与粉尘。据2007年乌鲁木齐环境公报,乌鲁木齐SO_2、可吸入颗粒物仍然未达到国家二级标准,大气中主要污染物SO_2年平均值为0.088 mg/m³,超过国家二级标准0.47倍;空气中的可吸入颗粒物年平均浓度为0.137 mg/m³,也超过国家二级标准0.37倍,采暖季24 h均超过国家二级标准。大气污染以冬、春季最重,这与冬季寒冷取暖期长、煤耗量大有关,也与冬季逆温层的厚度与强度有关,使大气污染物的稀释和扩散受到严重影响。

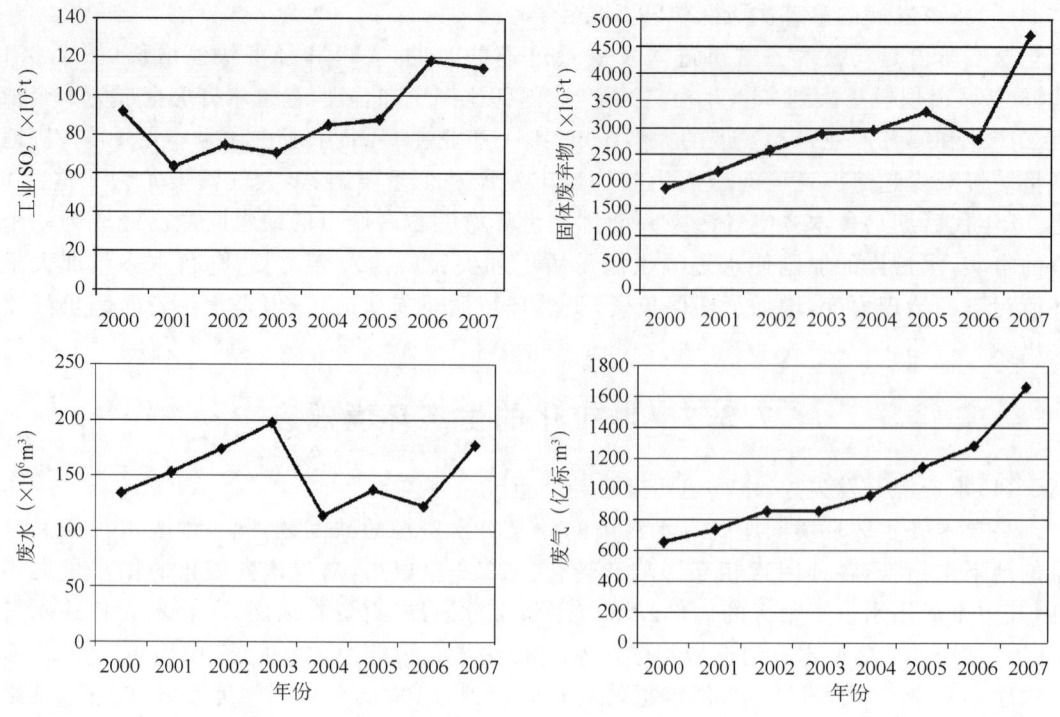

图 7.3.2　乌鲁木齐各种污染物排放量(2000—2007 年)

(3)环境污染空间分布范围不断扩大

从污染源分布看,与 1988 年相比,2000 年乌鲁木齐市废水和废气的污染源数量大幅度增加,而且污染源分布范围更广。1988 年污染源主要分布在城南的大十字及城北的三宫、迎宾路、乌奇公路附近,以及城市中心的西北路等,分布稀疏,而且一般都是在一些交通干线附近或者商业中心区、工厂附近(图 7.3.3)。2000 年废水和废气污染源变化很大,污染源分布密度明显加大,不仅在建成区内部,而且已经延伸到郊区。

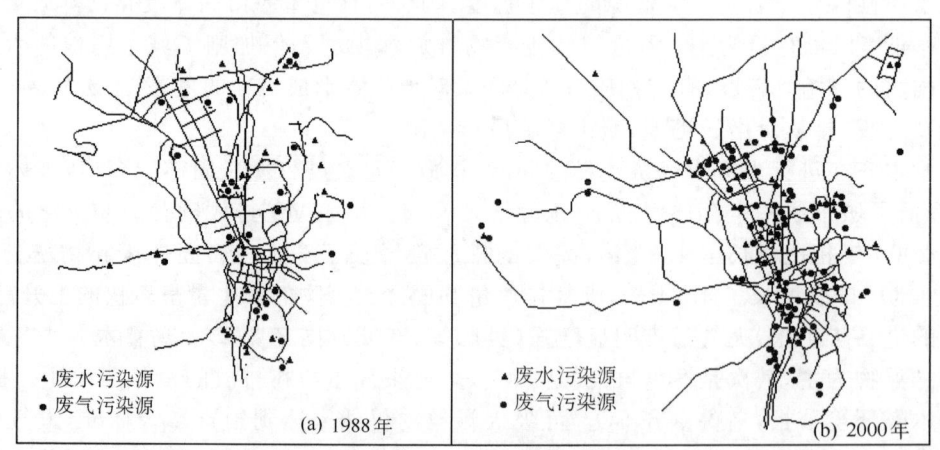

图 7.3.3　乌鲁木齐市主要污染源分布图(a)1988 年;(b)2000 年

头屯河区、天山区、东山区是工业废水污染源集中的区域,其中,天山区经济发展历史悠久,是乌鲁木齐市的金融、商业、工业、政治、文化中心,人口聚集密度大,对环境造成的压力也较大。头屯河区、东山区是钢铁、交通运输、煤炭机械等重污染源的集中地,每年排放的工业废水几乎占全市工业废水的50%左右,水磨沟区、沙依巴克区所占比例也都在10%以上(表7.3.1)。

表 7.3.1 乌鲁木齐市 2003 年工业"三废"空间分布

行政区划	主要城市功能	废水	废气	固体废弃物
天山区	政治、金融、商业、文化、工业	24.38%	9.97%	13.55%
沙依巴克区	工业、邮政、商业、文教、科研	11.94%	5.28%	21.53%
新市区	文化、科技、工业和民航	2.77%	3.40%	0.88%
水磨沟区	煤矿、建筑、材料	10.65%	3.30%	5.05%
头屯河区	钢铁、交通、运输	30.38%	36.59%	35.80%
达坂城区	石油、化工、煤炭	3.07%	9.91%	10.66%
东山区	煤炭、机械	15.65%	31.48%	12.51%
乌鲁木齐县	农业、工业	1.17%	0.07%	0.01%

头屯河区废气排放量最多,约占总量的36.59%,该区是钢铁、交通运输区,汽车尾气、钢铁冶炼是产生废气的主要来源;东山区废气排放量居第二位,达到31.48%,煤炭业的粉尘是废气的主要成分,其次是天山区和达坂城区,都接近10%。固体废弃物排放量大小依次为头屯河区、沙依巴克区、天山区、东山区、达坂城区、水磨沟区、新市区、乌鲁木齐县。总的来看,头屯河区、东山区、天山区、沙依巴克区都是属于工业污染比较严重的地区,乌鲁木齐县和新市区工业污染较小。

(4)"城市热岛"效应

城市气候是在区域气候的背景下,经城市化之后,在人类活动的影响下形成的一种局地气候。天山北坡城市扩展的过程中,区域土地覆被由自然植被和人工植被迅速地转化为各种建筑与道路用地,结果使土地覆盖的自然规律被破坏,取而代之形成了以城市用地为特征的自然—人工交织的地表覆盖类型。由于导热率和热容量均比郊区的土壤高,加之城市建筑物密集,吸热面和储热体多,人类活动排热增多,就导致"城市热岛"效应。城市下垫面的物理属性使乌鲁木齐市区及周边小城镇地区的温度明显高于郊区。

7.3.3 城市化与生态环境交互胁迫的驱动机制

(1)以资源型产业为主的工业发展对区域生态环境的影响

工业化是促使城市化进程的重要动因,影响乌鲁木齐城市环境质量的污染物主要来自工业,工业的快速发展明显加剧了区域的环境污染,包括大气污染、水污染和固体污染。乌鲁木齐的经济发展基本上是以大量消耗资源和粗放经营为特征的传统发展模式,并且由于乌鲁木齐工业化起点低,能源转化技术落后,乌鲁木齐市现有工业企业耗煤量一般都高出内地发达城市约30%。

从工业结构看,乌鲁木齐市占优势的产业基本上都是传统产业,技术含量低、产品附加值小,且属于高耗能、高耗水、高污染的行业,主要包括造纸及纸制品业,化学纤维制造业,水泥制造业,电力、煤气及水的生产供应,黑色金属冶炼及压延加工业等。这类产业一般污染比较严重,尤其在经济起步之初,因为清洁技术缺乏、环境意识淡薄,经济发展对环境污染物排放量产生深刻影响。工业产值与工业"三废"排放关系密切,尤其是工业废气,其随时间的变化与工业产值随时间变化趋势基本一致。乌鲁木齐市工业产值排在前五位的行业皆属于重度污染或者中度污染产业,其比重占工业的60%以上,其他行业有相当大一部分也是属于重污染和中污染之列,工业总体结构不合理,对环境的破坏作用极大。工业废气的排放量一直呈上升趋势,固体废弃物排放量在波动中有所增加,而废水排放量的变化是先增加后减少。

(2) 地形、气候及能源结构的影响

乌鲁木齐三面环山的地形和特殊的气象条件,对大气污染物的稀释、扩散十分不利。尤其是在冬季,由于逆温层的存在,严重削弱了大气自净能力,是造成冬季大气污染的重要原因。乌鲁木齐冬季受冷高压控制,加上盆、谷地效应,形成高约2000 m的逆温层,致使烟尘无法外排,造成严重的大气污染。

乌鲁木齐市空气污染一直是以煤烟沙尘型为主,这在很大程度上归因于能源的利用结构。乌鲁木齐的能源消费以煤炭为主,"九五"、"十五"期间,市区虽然推广使用天然气,但电厂、工业生产、采暖等依然消耗大量的煤炭,燃烧煤灰量很大,向空气中释放的SO_2总量增加,降低了空气环境质量。改革开放以来,乌鲁木齐市经济保持持续较快的发展速度,城市发展建设速度加快,交通运输行业发展迅速,机动车辆的数量呈现快速增长之势,机动汽车尾气污染突出,大量的能源消费带来的SO_2、NO_x的排放给环境造成巨大压力,再加上乌市本身特殊的地形条件和显著的干旱区气候特征,城市环境质量大幅度下降。

(3) 以基础设施和城市用地等为表征的城市规模扩展的影响

1949—2004年的55 a间,乌鲁木齐市建成区面积从12.4 km²扩展到173.26 km²,增加了160.86 km²,年平均扩展速率为4.91%(图7.3.4)。1975年以后,城市建设迅速恢复,短短几年内城市建成区面积就达到了136.7 km²,这一时期是城市建成区面积增长最快的时期,年均扩展速率达到了7.06%。1990年后建成区面积扩展速度较为缓慢,年均扩展面积为2.41 km²,年均扩展速率始终在1%左右(董雯等,2006)。伴随城市建成区的扩展,工业企业在全市广泛建立,虽然采取措施进行了工业企业搬迁和建设各类工业园区,但工业企业

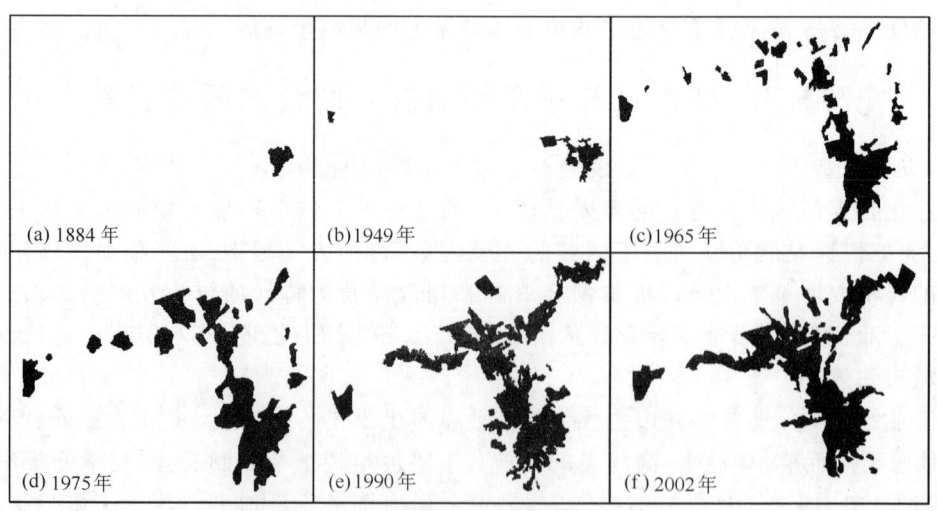

图7.3.4 乌鲁木齐城市建成区的变化

对城市环境的影响伴随着城市建成区的扩展逐步加大。同时,以交通为主的基础设施建设逐步发展,河滩公路、乌—奎高速、吐—乌—大公路及乌鲁木齐通往周围各县市干线公路的建设不仅拉大了城市发展的骨架,使乌鲁木齐与周边城市的联系日趋紧密,也引致了大气环境质量降低、水体污染、振动污染、噪音污染等生态环境问题。而且,随着城市系统的扩大,城市与区域之间的道路网系逐渐发达,这些四通八达的道路网将均质的景观单元分割成众多的岛状斑块,在一定程度上影响景观的连通性,阻碍生态系统间物质和能量的交换,导致物质和能量的时空分异。

7.3.4 环境治理对策

(1) 改善城市能源结构

积极开发和利用乌鲁木齐蕴藏的丰富的石油、天然气、风能、光热资源,改善能源结构。加大燃气的普及力度,减少煤炭的使用量;提高公交车辆及出租车压缩天然气使用比例,降低 CO、CO_2、SO_2 等污染物的排放量,减少燃用含铅汽油而造成的 NO_x、C_mH_n 及 Pb 的污染,改善汽车尾气排放污染现状。乌鲁木齐拥有 1.8 亿多吨不黏结煤,该煤具有高热值、高挥发性、低硫、低灰分的特点,推广使用可使烟尘排放减少 50%,SO_2 排放减少 40%,是改善城市能源结构过渡阶段的一种相对清洁的替代能源。同时,加大柴窝堡风力资源的开发利用程度,提高风能发电装机容量,为改善乌鲁木齐市大气环境质量发挥重要作用。

(2) 改革生产工艺和技术装备,合理规划布局工业区

积极采用符合国家环保技术标准的新工艺、新技术、新装备,加强生产工艺全过程控制,实现节能降耗、清洁生产。市区内不应再建设对大气环境有污染的项目,认真规划好头屯河工业区、米东区、东山石化区、卡子湾工业区的工作,积极推动开辟西山地区工业区的规划建设工作。对能耗高、污染重、效益低和布局不合理的厂矿企业实施退二转三、出城进郊、易地改造和关、停、并、转、迁的综合治理措施。真正体现出"预防为主、防治结合、综合治理"的原则。

(3) 调整三次产业和工业内部结构

调整三次产业内部结构,尤其是工业内部的产业结构,淘汰或改造污染严重的产业和产品。充分利用区域的丰富农业资源,发挥以农牧产品为原料的轻工业优势,并同时发展非农牧产品为原料的轻工业,加大纺织、食品工业支柱的力度。重工业要在重点发展采掘业的前提下,保持以石油、湖盐等资源为基础的化工工业的主导格局,淘汰一些工艺落后、设备陈旧、耗水量大、经济效益低下的工业企业,特别是大耗水、大运量、重污染的工业。发展工艺先进、多品种、耗水少、污染轻、易于治理、经济效益好的技术密集型工业企业。

(4) 发挥政府职能,完善环境保护相关法规

严格实行环境影响评价制度"三同时"规定,并依法征收"环境损害补偿费"和"资源利用补偿费",加大环保投入力度。同时,对投资决策行为进行严格追踪,督查和反馈评价;降低决策失误的可能性,为乌鲁木齐经济的发展创造良好的生态环境。以改善环境质量为核心,推进城市的协调发展。从城市产业结构、布局和建设等方面完善和落实城市环境规划,加快城市环境基础设施建设,加强各类污染源的综合整治,严格依法管理城市环境,建立公众参与环保和污染监督的机制,建设社会、经济与环境协调发展的环保模范城市。

7.4 奎屯市城市发展的环境效应

7.4.1 研究区概况

奎屯市是新疆维吾尔自治区伊犁哈萨克自治州的直属市,位于天山北麓准噶尔盆地西南缘,天山北坡山前冲积扇缘地带,奎屯河东岸,经纬度范围为84°47′~85°18′E,44°19′~44°49′N,海拔高度在450~530 m,属北温带大陆性干旱气候,夏热冬寒,昼夜温差较大,四季较为分明。奎屯市行政区面积1109.89 km²,建成区面积为40 km²,辖5个街道办事处和1个乡,总人口14.83万人,由汉族、哈萨克族、维吾尔族、回族、蒙古族等30个民族构成,其中汉族人口占全市总人口的92.87%,非农业人口占总人口的95.7%。2007年,奎屯市实现国民生产总值40.16亿元,三类产业的比重为4.4:50.5:45.1,1998年以后第二、三产业增长速度逐步加快(图7.4.1),2007年人均国民生产总值为27 373元,远高于全疆16 950元的平均水平。

奎屯市自1978年以来总人口和非农业人口增长速度较快,增长率分别为4.07%和5.19%,而同期全疆总人口和非农业人口增长率为3.52%和1.85%,乌鲁木齐为2.86%和2.54%,非农业人口占总人口的比重高达96%(图7.4.1)。奎屯市地处312国道乌鲁木齐—伊宁段和217国道独山子—阿勒泰段十字交汇处,高速公路、铁路横贯辖区,奎屯火车站是北疆铁路从中国西部入境的第一个区段编组站,地理位置优越,是北疆西部的交通枢纽。凭借其优越的交通位置,奎屯市逐渐发展成为了天山北坡"金三角"区域(奎屯、乌苏和独山子)的中心位置,是新疆城镇体系规划中重点培育的城市之一,伴随其物流的发展和交通区位的进一步优化,集聚和辐射能力迅速增长,成为了天山北坡重要的区域中心城市。

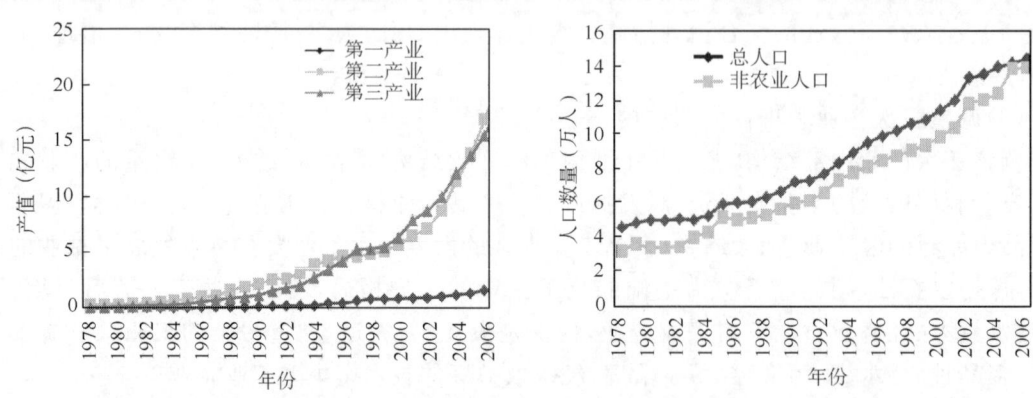

图7.4.1 奎屯市三次产业产值、总人口和非农人口变动(1978—2007年)

7.4.2 奎屯市生态环境特征

(1)生态环境质量较差

奎屯市地处山前冲积、洪积倾斜平原的前部和部分湖积沼泽平原之上,地势西南高、东北低,西南表层以戈壁为主,由西南向东北地层逐渐变厚,东北部地区是本市的农耕地区域,总体植被以荒漠灌木林和人工平原林为主,南部地区属砾部植被,覆盖度很小。由于地处亚欧大陆腹地,干旱少雨,降水量较小,年降水量为年蒸发量的 1/10,属典型的大陆性干旱气候,自然生态环境较为脆弱。通过对奎屯市生物丰度指数、植被覆盖指数、水网密度指数、土地退化指数、污染负荷指数分析结果得出,奎屯市生态环境质量为较差。由于奎屯市工业的发展能源消耗不断增长,污染加重,对生态平衡造成极大的危害,是城市化可持续发展的重要制约因素。

根据天山北坡生态环境的特点,按照综合性、主导性和实用性的原则,选择具有代表性的 15 个指标进行综合评价的结果,奎屯市水资源紧张,环境恶化严重,导致生态环境综合指数不高,综合得分排在天山北坡经济带各县(市)倒数第二位,处于中等级别,其中,资源条件在 17 个县(市)中排名最末位,生态条件排在第 13 位,生态压力排在第 9 位,生态威胁要素排在第 4 位,生态环境不容乐观(表 7.4.1 和表 7.4.2)。

表 7.4.1　生态环境综合指数评价标准和类型

等级	分级				
	Ⅰ	Ⅱ	Ⅲ	Ⅳ	Ⅴ
标准	≥0.600	0.450～0.599	0.300～0.449	0.150～0.299	≤0.149

注:Ⅰ、Ⅱ、Ⅲ、Ⅳ、Ⅴ 分别代表优、良、中、差、劣。

表 7.4.2　天山北坡经济带各县(市)生态环境综合指数

区域	综合		资源条件要素		生态条件要素		生态压力要素		生态威胁要素	
	得分	等级	得分	排名	得分	排名	得分	排名	得分	排名
温泉县	0.6449	优	0.8685	1	0.7741	1	0.3851	7	0.5476	13
乌苏市	0.5640	良	0.6833	2	0.4608	3	0.3338	10	0.8746	7
沙湾县	0.5346	良	0.5531	3	0.3969	7	0.4510	5	0.8116	10
精河县	0.4663	良	0.3897	7	0.5384	2	0.3606	8	0.6819	12
博乐市	0.4527	良	0.2928	10	0.4287	4	0.4111	6	0.8178	9
克拉玛依	0.4374	中	0.0437	15	0.3778	8	0.5372	2	1.0000	1
呼图壁县	0.4250	中	0.3681	8	0.3698	9	0.3101	12	0.7788	11
玛纳斯县	0.3961	中	0.5197	6	0.4042	6	0.2297	13	0.4572	15
石河子市	0.3949	中	0.0735	14	0.3536	10	0.4797	4	0.8395	8
乌鲁木齐	0.3918	中	0.0200	16	0.1419	15	0.6308	1	0.9188	2
昌吉市	0.3866	中	0.1908	12	0.3440	11	0.3149	11	0.8843	6
米泉市	0.3828	中	0.1256	13	0.1216	16	0.5302	3	0.8850	5
阜康市	0.3697	中	0.2445	11	0.3211	12	0.2146	14	0.8959	3
吉木萨尔	0.3489	中	0.3594	9	0.4089	5	0.1980	15	0.5099	14
奇台县	0.3400	中	0.5510	4	0.2623	14	0.1654	17	0.3746	16
奎屯市	0.3281	中	0.0122	17	0.2769	13	0.3430	9	0.8925	4
木垒县	0.2429	差	0.5401	5	0.0984	17	0.1973	16	0.0000	17

(2)环境承载力较差

根据对天山北坡各个主要城市环境承载力的评价,奎屯市受经济活动的影响,区域大气环境与水环境受人为影响极大。由于奎屯市工业较为发达,人口密度相对密集,环境质量较差,环境承载力在天山北坡各个城市中处于 5 级,承载力较差,见表 7.4.3。

表 7.4.3　天山北坡各县(市)环境容量评价

区域	大气环境				水环境			
	SO_2 排放量 (0.1 t/d)	大气环境容量	大气环境承载力	等级	COD 排放量 (t/a)	水环境容量	水环境承载力	等级
乌鲁木齐	2858.46	282.08	0.0134	4	19763.06	36480	−0.46	5
克拉玛依	677.22	166.05	−0.5922	5	3420.13	18048	−0.81	5
昌吉市	607.42	160.13	−0.6207	5	8976.55	12648	−0.29	5
呼图壁县	150.60	103.95	−0.8551	5	3077.48	10896	−0.72	5
玛纳斯县	292.87	104.92	−0.7209	5	3857.13	18864	−0.80	5
奇台县	53.18	138.15	−0.9615	5	2492.12	18168	−0.86	5
阜康市	694.93	164.91	−0.5786	5	7176.43	9912	−0.28	5
吉木萨尔	34.88	96.65	−0.9639	5	1487.94	9840	−0.85	5
木垒县	9.30	123.51	−0.9925	5	853.21	7680	−0.89	5
博乐市	165.69	158.43	−0.8954	5	2892.46	16512	−0.82	5
精河县	33.88	113.22	−0.9701	5	727.94	24168	−0.97	5
温泉县	12.70	82.14	−0.9845	5	316.16	30648	−0.99	5
乌苏市	227.64	173.51	−0.8688	5	4049.12	44952	−0.91	5
沙湾县	322.56	120.58	−0.7325	5	4449.13	20472	−0.78	5
奎屯市	404.38	59.47	−0.3200	5	5774.26	9264	−0.38	5
石河子市	538.80	38.26	0.4081	4	47521.93	4896	8.71	1
五家渠市	300.48	47.60	−0.3687	5	3203.17	6504	−0.51	5

注：环境承载力分级：5 为无超载(≤0)，4 为轻度超载(0～1)，3 为中度超载(1～2)，2 为重度超载(2～3)，1 为极超载(＞3)。

(3) 水资源相对贫乏

由于人口的增长、农业、工业的规模扩大和经济发展的需要，奎屯市用水量不断增加，加之受地方和兵团用水体制的影响，农业用水、工业用水、居民用水等多方面用水紧缺，有限的水资源难以满足生产生活和生态环境保护双重需要，使城市缺水和用水矛盾日趋突出。有数据显示，奎屯市原有地下水量为 1.7 亿 m^3，实际开发利用了 1.2 亿 m^3，目前还有开发潜力的水资源已所剩无几。奎屯河流域出现了典型的资源性缺水现象：河流中下游断流，奎屯市区地下水位持续下降，流域下游地区环境恶化，尾闾湖泊艾比湖大面积萎缩，沙漠南移，土地沙化加剧。与此同时，水资源的使用存在严重的浪费，农业灌溉水耗较大，管理体制不健全，灌溉技术落后，农业用水方式粗放，渠道输水损失较大，加剧了用水紧缺的情况。如果考虑水质污染和水体质量下降而引起的水质性缺水，以及用水浪费等实际因素，缺水形势更是严峻。随着奎屯市人口的日益增长及城市经济的快速发展，水资源需求量不断增加（图 7.4.2），已经成为制约奎屯城市发展的重要因素。

7.4.3　城市发展对生态环境的影响

(1) 人口城市化对生态环境的胁迫

奎屯市处在乌苏、独山子沙湾县的包围中，城市扩展范围有限，2000 年建成区面积为 23 km^2，2007 年增长为 40 km^2。但奎屯市人口增长速度较快，总人口从 1978 年的 46 582 人增长到 2007 年的 148 265 人，增长了 3.18 倍之多，并以非农业人口的增长为主，其增长率高出全疆平均近 4%。人口数量、人口密度和生活质量的增长都造成了一定的生态环境压力。

第 7 章 天山北坡区域城市发展的环境效应

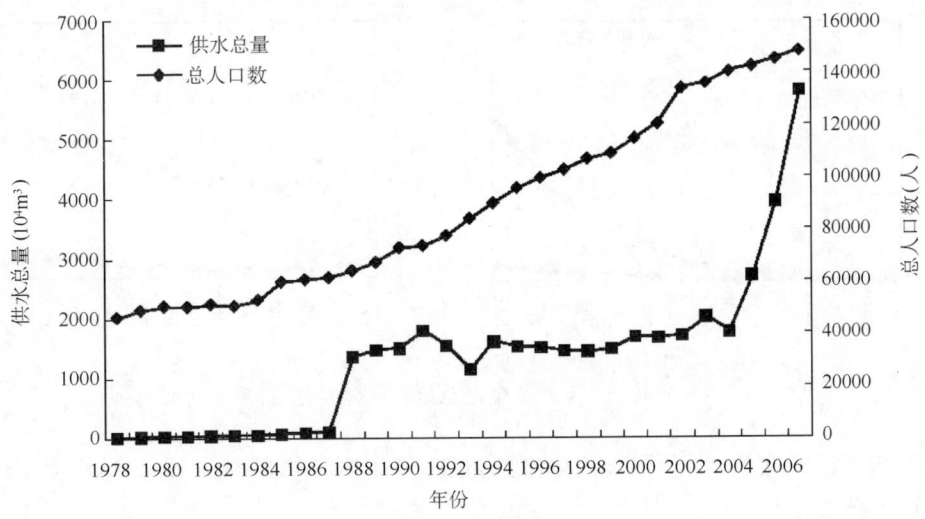

图 7.4.2 奎屯市总人口增长和供水总量变化(1978—2007 年)

而消费水平和消费结构的变化,使得资源消耗量和排污量都迅速增长,1978 年奎屯市供水量为 31 万 m³,而 2007 年增长到了 5812 m³。同时,由于环保投入和环境基础设施建设的滞后性,也对生态环境的变化造成了一定影响,例如,2007 年奎屯市生活污水处理率为 72%,2000 年以后处理能力提高较慢,但还是不能满足排污处理的要求。

(2) 经济发展对生态环境的胁迫

经济发展对与生态环境的胁迫可以从两方面考察,一是经济总量的变化,二是产业结构的影响。奎屯市国民生产总值从 1978 年的 3670 万元增长到 2000 年的 128 344 万元,2000 年以后增长速度加快,2007 年增长到了 401 569 万元。经济的快速发展促进了城市用地规模和人口的增长,工业企业从 1992 年的 72 个增长到了 652 个,企业可用能耗和水耗等指标随之增长,企业各类排污指标也迅速增长,增加了生态环境的压力。从产业结构上看,奎屯市自 1978 年以来第二产业始终占国民生产总值的绝对份额,1978 年三类产业比例为 6.3:76.9:16.8,2000 年为 3.9:44:49.1,2002 年后第二产业产值逐步上升,2007 年三类产业比例为 4.4:50.5:45.19(图 7.4.3),可以看出,虽然第二产业在三类产业中所占比例出现过下降,但第二产业始终是奎屯市经济发展的主导力量。工业企业的性质决定了奎屯市经济发展为高能耗型,逐年增长的"三废"排放量和其他污染物促使了区域内包括水环境、大气环境等在内的生态环境,增大了生态环境的压力。当然,随着经济的发展会带来较多的环保投资,可以通过外力和政策引导及情节生产技术的推广使污染状况得到控制。但从奎屯市经济发展和生态环境演变的态势看,总体上生态环境在不断下降。

(3) 城市交通扩张对生态环境的胁迫

奎屯市地处 312 国道乌鲁木齐—伊宁段和 217 国道独山子—阿勒泰段十字交汇处,高速公路、铁路横贯辖区,奎屯火车站是北疆铁路从中国西部入境的第一个区段编组站,地理位置优越,是北疆西部的交通枢纽。奎屯市便利的交通位置也带来一系列生态环境的变化,天山北坡各中、小城市中交通对城市生态环境的影响在奎屯市表现得更为明显,随着奎屯市对外交通和过境交通的不断完善,区域内道路网逐渐密集,分割了区域景观,阻碍了生态系

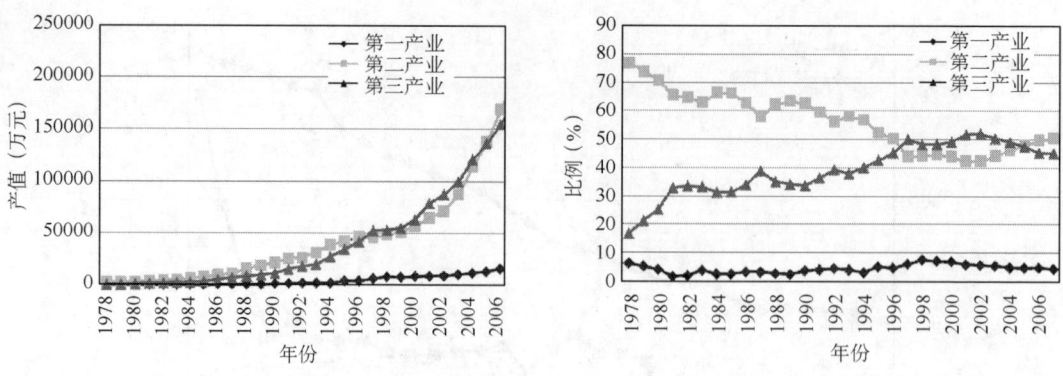

图 7.4.3 奎屯市三类产业生产总值和比例变化(1978—2007 年)

统间物质和能量的交换,汽车尾气污染增强,也带来了区域内的噪音污染、大气污染、土壤污染及景观破坏等。

(4) 水体污染有所加重

根据 2007 年奎屯市环境质量状况报告,2007 年奎屯河上游老龙口断面、奎屯河大桥断面达到 II 类水质标准,下游黄沟水库入水口断面达到 III 类水质标准,影响其水质类别的主要因子为化学耗氧量和总磷;泉沟水库 2007 年水质达到 III 类水质标准,综合营养状态指数为 56.23,处于轻度富营养状态。随河流流程的增长,河水碱性物质的浓度增大,使泉沟水库的碱性更高。泉沟水库有工业废水和生活污水的排入,再加上该水库本身又进行渔业养殖,使水质监测出现超标。饮用水水源水质全年达标率为 75%。2007 年全市城市污水排放总量为 1228 万 t,比上年增加 5.1%,其中,工业废水排放量为 351 万 t,废水达标排放量为 138 万 t,生活污水排放量 877 万 t。废水中化学耗氧量排放总量 2646 t,其中工业化学耗氧量排放量为 1712 t,生活化学耗氧量排放量 934 t。

奎屯市地表水的共同特征是偏碱性,表现为碱性超标,这一特征与本地区的土壤特性较一致,土壤以盐土和灰漠土为主,而且与气候干旱有关。河流出山带有大量的泥沙,悬浮物含量很高,加上近年来农业生产中大量施用化肥,使水体的氨、氯等出现超标。奎屯市处于奎屯河扇形地下方,地下水下游,位置低,在其地下水上游有独山子炼油厂及乙烯工程,它们的工业及生活废水极易污染下游的地下水,超出奎屯河自净能力。这表明,奎屯市水质污染的状况有所增加,而废水处理能力和处理量尚不足,区域水环境和水质处在下降态势。

(5) 能源与资源消耗量加大,污染物排放逐年增长

奎屯市经济发展主要依赖于工业和交通运输业,工业占国民生产总值的 50% 以上,工业中高能耗、高物耗、高污染的企业较多,引起了区域性的环境污染。2007 年工业企业能源消费中原煤达到了 143 068 t,相较 2005 年增长了近 50%,2007 年能源消费量为 124 018 t 标准煤,相较 2005 年增长了 16%。能源消耗量增大和燃煤在能源消耗中所占份额较大是空气污染逐渐加重的关键因素,资源和能源的大量消耗加大了单位面积的污染负荷。

2007 年奎屯市"三废"排放逐年增长,尤其是工业废水排放量增长加快。奎屯市工业及民用能源消耗以煤炭为主,2007 年煤炭消耗总量为 26.14 万 t,其中工业消耗 16 万 t,生活消耗 10.14 万 t。主要污染物为烟尘、SO_2,全年全市烟尘排放量为 995 t,SO_2 排放量为 933 t,工业粉尘排放量是 2.95 t。随着工业和人口数量的增加,污染物呈上升趋势,春、冬季

污染最重,而夏、秋季较轻。2007 年,奎屯市环境空气质量达到一、二级(优、良)的天数为 317 d,占统计天数的 87.1%,三级(轻度污染)占 9.8%,四、五级(重污染)占 3.1%,空气质量状况较好。从时间变化看,工业 SO_2 的排放量自 2001 年后有了明显的下降,从 2000 年的 3701 t 降低到 2007 年的 1969 t,同期工业烟尘排放量较为稳定,工业烟尘的去除能力在逐年上升。2000 年以来工业废水排放量逐步增长,尤其是 2004 年后上升趋势明显,而 2007 年工业废水达标量占总排放量的 72%(图 7.4.4)。

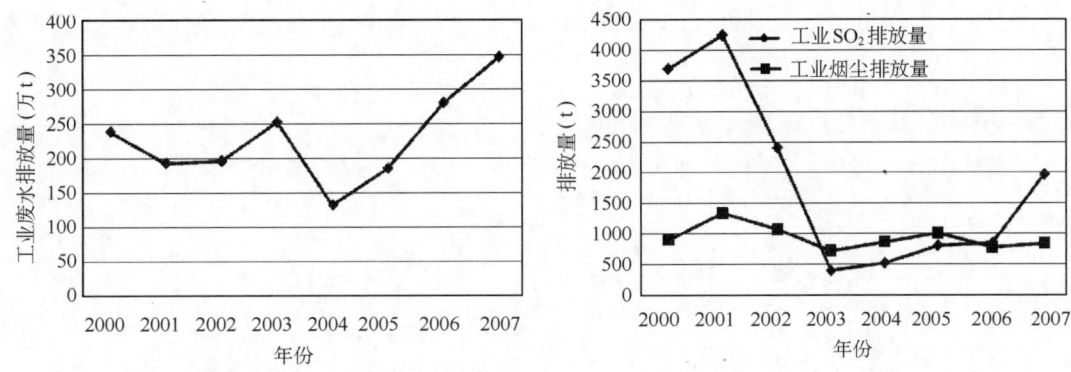

图 7.4.4 奎屯市工业废水、工业 SO_2、工业烟尘排放量(2000—2007 年)

奎屯市固体废弃物主要是工业固体废物和城市生活垃圾。全市工业固体废弃物主要由炉渣、粉煤灰、化工废渣和食品制造业产生的废渣等组成,全市工业企业产生的工业固体废物总量为 4.8 万 t,其中炉渣产生量为 1.34 万 t,粉煤灰产生量为 0.05 万 t,综合利用总量为 1.37 万 t。

(撰写人:张小雷、杨德刚、董文等)

参考文献

程维明. 2002. 天山北麓经济发展与绿洲扩张. 地理学报, 57(5):562-568.
董雯,张小雷,王斌等. 2006. 乌鲁木齐城市用地扩展及其空间分异研究. 中国科学(D 辑), 36(z1):148-156.
杜宏茹,张小雷,王斌. 2006. 现代绿洲城市发展与水资源开发利用的相互适应性研究. 科学通报, 51(s1):156-161.
方创琳,鲍超,乔标等. 2008. 城市化过程与生态环境过程. 北京:科学出版社,56.
方创琳. 2005. 中国城市群结构体系的组成与空间分异格局. 地理学报, 60(5):827-840.
雷军,吴世新,张雪艳等. 2005. 新疆天山北坡经济带城乡建设用地动态变化的时空特征. 干旱区地理, 28(4):554-559.
刘耀彬. 2007. 城市化与生态环境耦合机制及调控研究. 北京:经济科学出版社,48.
陶江. 2009. 天山北坡经济带土地利用变化及可持续利用研究. 南京师范大学学位论文.
王锋. 2004. 新疆天山北坡经济带生态环境保护思路探讨. 新疆环境保护,4(26):10-14.
王宏伟,张小雷,魏山峰等. 2006. 乌鲁木齐市经济发展与生态环境交互耦合的规律性分析. 中国科学(D 辑), 36(z1):140-147.
乌鲁木齐市水资源公报编委会. 2003. 乌鲁木齐市水资源公报.
吴彦,王健,刘晖等. 2008. 乌鲁木齐大气污染物的空间分布及地面风场效应. 中国沙漠, 28(5):986-991.
张竞竞,杨德刚,张豫芳等. 2007. 基于 GIS 与分形理论的天山北坡城乡空间演变综合研究. 资源科学,6(29):84-89.
张豫芳,杨德刚,张小雷等. 2006. 天山北坡绿洲城市空间形态时空特征分析. 地理科学进展, 25(6):138-147.
朱磊,罗格平,许文强. 2008. 干旱区绿洲生态环境效应分析——以乌鲁木齐市为例. 干旱区资源与环境,22(3):13-19.

第三篇

大型工程建设的
环境效应

第8章 西部道路工程与环境的相互影响

中国西部广大山区蕴藏着丰富的矿产、水能、土壤、森林、草原和动、植物等资源,是支撑国家发展的资源宝库。同时,该区地质构造活跃,出露岩性复杂,地形高差显著,地质灾害发育,工程地质环境对道路工程制约严重,道路工程对环境影响较大。随着国家西部大开发战略的实施及其向深度的拓展,西部重大工程建设的规模和强度不断增加,认识西部环境与工程建设的相互作用机制,对于保障工程建设安全,保护西部环境与生态、维系西部可持续发展具有重大的理论和实际意义。

8.1 山区道路工程建设的环境背景条件

道路工程系指铁路和公路工程,是国家交通大动脉之一。西部山区的铁路、公路,长数百公里至数千公里,途经地区的地质环境十分复杂,地貌多种多样,气候、水文环境变化较大,生态环境复杂多样。复杂的环境条件一方面给道路工程建设本身带来困难,另一方面也孕育了地表环节灾害,进而危害和威胁道路工程与交通运输。

8.1.1 地质环境条件

地质构造和地层岩性是影响西部山区道路工程建设的地质环境条件。

我国大陆构造活动十分复杂,但总体上呈现东西有别、南北分区的格局(图 8.1.1)(中国科学院青藏高原综合科学考察队,1982)。对于西部地区地质构造,属印度洋板块与欧亚板块相互碰撞汇聚形成的青藏高原隆起区,属特提斯—喜马拉雅构造域。此构造域向东、东南扩散挤压,与太平洋板块西侧近南—北向的隆起带——横断构造相接,在青海东南部、甘肃南部、四川西北部和陕西西部形成青藏"歹"字型构造。其中以青藏高原(称为世界屋脊,我国地势第一阶梯)为中心,向北、东、东南扩散,与近东—西、北西、近南—北和北东方向的老构造相挤压,形成环高原构造带,并保留原有的地势阶梯(第二阶梯)(图 8.1.2)(邓万明,2003)。由于受印度洋板块向北推挤和欧亚板块阻抗的夹持作用,加之内部块体相对滑动,形成了一系列近东西、北西西至北西和北东东至北东的逆冲、逆掩或逆平移性质的巨大断裂带。如位于青藏高原地区南缘的喜马拉雅断裂带及北缘的昆仑断裂带、阿尔金断裂带和祁连断裂带,以及东缘的一系列近南北向和北西向断裂带、青藏高原内部的可可西里—红河断裂带等。新疆地区新生代构造的最大特色是再生高山与大型压陷盆地相间分布,盆地和山脉间存在活动断裂带。

西部山区构造运动强烈,断裂发育,以纵向构造和"歹"字形构造最为突出。大规模活动性强的断裂,影响到区域地壳运动、地震活动、斜坡岩体稳定和地貌发育,基本控制了我国崩塌、滑坡、泥石流的发育和区域分布特点。断裂构造的破碎带可长达几公里至数十公里,沿

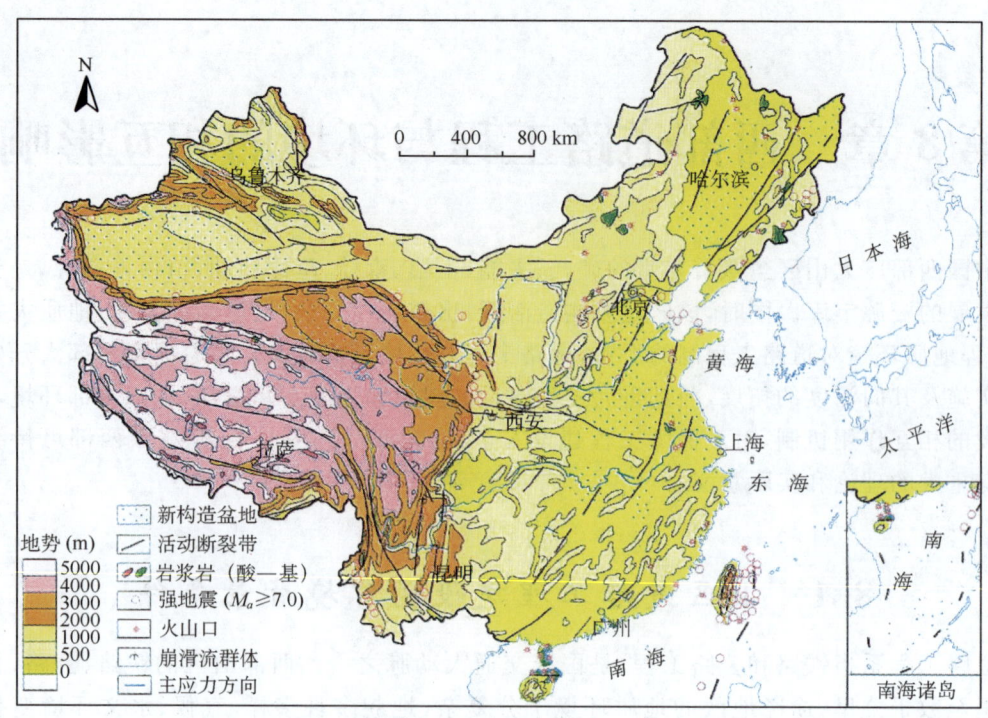

图 8.1.1　中国大地构造图（中国科学院青藏高原综合科学考察队，1982）

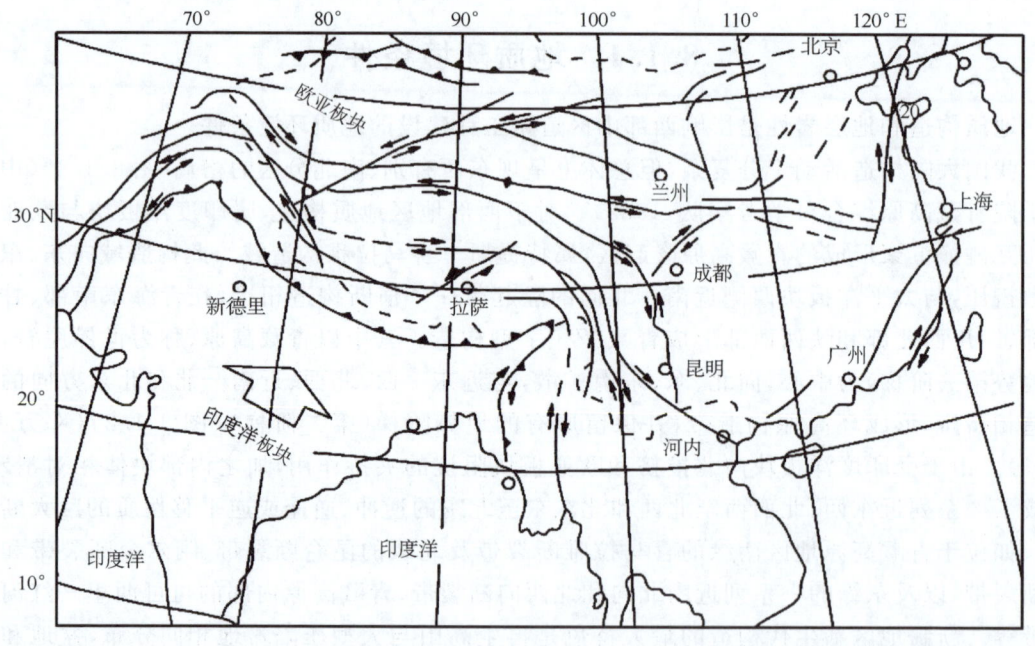

图 8.1.2　西部大地构造板块活动略图（邓万明，2003）

断裂带上软弱构造面发育，岩石破碎，形成了构造角砾岩、破裂岩和糜棱岩等动力变质岩，有利于加速风化，形成带状深厚风化壳，为崩塌、滑坡、泥石流发育提供极为有利的条件，是灾害发生的控制因素。同时，也成为山区长大公路、铁路干线设计的重要制约因素。例如，金沙江断裂带、安宁—小江河断裂带、波密易贡断裂带等,成为我国泥石流、滑坡最为发育的地区(图8.1.2)。其中,小江河深大断裂带从金沙江边巧家县城附近起,至宜良县境内,断裂破碎带宽1500~2000 m,有松散厚层的构造角砾层,岩体破碎,泥石流、滑坡非常发育,仅泥石流沟就有120多条。构造活动区发育的地表灾害和高地应力使得西部山区道路工程在路基、桥梁和隧道设计与施工中面临多重困难。

中国西部地区各个时代的地层发育齐全,岩性十分复杂,总体可归并为以下五大类地层和岩性。

(1)土质类:由中、晚更新世黄土、成都黏土、昔格达组河湖相弱成岩粉沙质沉积物和全新世各种成因的碎石土组成。黄土主要分布在陕西渭河以北、山西、宁夏、内蒙古黄河以南、甘肃、青海东部等地区。成都黏土(含雅安砾石土)主要分布在成都平原低丘地形、邛崃到雅安的堆积台地上。碎石土广泛分布在西部山区,厚度0.5~5.0 m不等,最厚者达10 m以上,其成因较复杂,主要有坡崩积、风化残积、冲积、洪积、冰碛、风积和劳泥石流堆积等。以上土层若分布在坡度30°以上的山坡上则极易形成滑坡。

(2)半成岩类:半成岩系指晚第三系以来形成的介于岩、土之间的地层,外表上像岩石,工程性能像土,这种似岩非岩、似土非土的地层称为半成岩地层。由于地层成岩时间短,胶结不好,遇水以后力学强度极易降低,工程性能差,由它组成的高陡岸坡极易发生滑坡崩塌。此类地层主要分布在黄河上游的共和组湖相地层(N_{1-2})和四川省西南部的昔格达组地层(N_2)。

(3)软岩类:主要由第三系、白垩系、侏罗系的泥质砂岩、泥岩、页岩、煤系地层、三叠系以前的变质砂岩、板岩、千枚岩和片岩组成,主要分布在川中、滇中、甘南三大红层分布区,其余软岩零星分布在陕南、藏东、黔西和横断山区。如岷江流域和陇南嘉陵江流域千枚岩分布很多。软岩的工程性能也较差,分布在山坡上也易形成滑坡。

(4)半坚硬岩类:主要由侏罗系以前的砂岩、石灰岩,中厚层板岩、大理岩、玄武岩、白云岩、白云质灰岩、火山碎屑岩等组成。石灰岩、白云岩、白云质灰岩、大理岩主要分布在广西西北部、贵州中部和南部、云南东部和西部、四川北部、陕南秦岭等地区,工程性能较好,强度较高,但应注意软弱结构面和泥化夹层的展布。

(5)坚硬岩类:包括各种岩浆岩、厚层钙质、矽质、铁质砂岩。主要零星分布在滇北经安宁河流域到甘南的横断山区和藏东昌都地区,岩体致密、坚硬、易碎,工程性能高,但由此类地层构成的高陡山体,强风化后容易发生崩塌,如2008年5月12日四川省汶川大地震,震中区花岗岩组成的高陡山体,基本都发生了崩塌。未成岩土、半成岩、软岩及软岩、硬岩相间区域,滑坡、泥石流等地表灾害发育,道路工程条件差,如软土仍然是解决比较困难的道基工程问题。

上述特殊的地质环境条件,不仅制约着山区道路设计和工程建设,而且使得西部地区以崩塌、滑坡、泥石流发育,具有暴发规模大、形成机理复杂、对道路危害严重、防治难度高等特点,构成了影响和制约西部山区道路工程建设的地质环境基本格局。

8.1.2 地貌条件

西部山区道路大多依山傍水而建,或盘山绕行,或临崖靠洞,道路坡长弯急,穿洞过栈,由于直接暴露在自然环境中,所经地区的地形、地貌差异很大,地形、地貌条件对道路工程建设的影响较大且不可避免。

由于受印度洋板块和亚欧板块在喜马拉雅地区的强烈碰撞,西部地区形成一系列挤压山脉和山间盆地。伴随青藏高原第四纪期间的快速隆升,在中国西部地区塑造出地势西高东低、北高南低及青藏高原东缘的高山峡谷等地貌格局。东西地势起伏之大也为其他各区所罕见,相对高差达4000余米,形成两大地貌阶梯。川西滇西山地自北而南的走向清晰地反映了山脊线、高原面和谷地海拔沿同一方向递降的特点。以横断山为典型发育区的高山峡谷内,河流下切强烈,山坡陡峻,各种侵蚀作用强烈。

西部地区独特地形、地貌主要表现在以下五个方面:①宏观地貌格局深受大地构造制约,构造背景对西南区地貌格局的决定性作用是导致其多山地和高原,平原面积狭小;②岩石性质强烈影响地貌发育,喀斯特地貌和红色丘陵广泛分布,喀斯特地貌在西南区的分布极其普遍,较为集中的为滇东地区、贵州、四川盆地南缘和广西,川中和渝西为典型的红色砂岩丘陵发育区;③流水的深切割塑造了独特的峡谷地貌,西南区在我国以深长峡谷的发育而著称,在川西、滇西山地,岷江、大渡河、雅砻江、金沙江、澜沧江、怒江等大河及其支流的纵向构造谷地,大多以峡谷占优势,其中最著名的是三江并流,长江在重庆市东部切穿巫山形成了著名的三峡;④冰川作用对西部高原山地地貌影响巨大;⑤滑坡、崩塌、泥石流等地质灾害发育,导致局部地形、地貌的剧烈变化。

上述地貌特点,在很大程度上影响到山区道路工程建设,如在极陡地形区跨越巨大高差时的线路设计、道路域与灾害危险区重叠的河谷线路选线、道路通过局部地形巨变区的通过方案设计等,均是道路建设受到地貌条件影响带来的技术难题。

8.1.3 气候、水文条件

西部山区道路跨越范围较大,道路工程建设在很大程度上受到气候、水文条件的限制。西部地区气候类型复杂。西南湿润区,气候温和,雨量充沛;青藏高寒区,气候严寒,冰冻期长,雨雪集中;西北干旱区,气候干旱,降水稀少,蒸发强烈。北回归线横穿云南南部和广西中部,西南区大部分处于副热带高压带范围。高原季风、东亚季风和西南季风都是西南区重要的水汽来源。云贵高原的隆起使云贵与四川盆地间出现了热量南北倒置现象。秦巴山地阻碍北方冷空气南下和水汽北上,使西南区少受寒潮影响而西北地区干旱少雨(宋连春和张存杰,2003;张存杰等,2003;王可丽等,2005)。由于山地对大气环流的影响,形成多种多样的区域气候和局地气候,特别是局地性暴雨和强降雨。西部地区夏季雨量丰沛,春、秋季是过渡阶段,大部分地区秋雨多于春雨,冬季绝大部分干旱少雨,雨季降雨量占全年的70%左右。西部地区降水的年际变率也非常大,除青藏高原和西南地区的降水年际变率在10%~15%外,其他地区多在20%以上。如塔里木盆地、柴达木盆地、吐鲁番盆地及阿拉善高原西部降水变率都在40%~50%,部分地区>50%,居全国之最。局地性暴雨、降雨年际变化的不均匀性和年内分配的集中性使得西部山区高强度降雨和暴雨频繁出现,影响到工程建设的施工,激发滑坡、泥石流灾害,进而危害道路工程和交通运输。高山和高原区冻土分布广泛,受气候暖化的影响,冻土明显退化,加之冻土对温度的敏感响应,冻胀融沉造成了严重的道路灾害,这对路基工程的影响尤为严重。

西部地区是我国主要河流的发源地,主要发育了黄河、长江、怒江、澜沧江、元江、珠江和雅鲁藏布江等七大水系。西南地区降水丰富,河流、湖泊众多,地表水丰富,长江、珠江两大水系共占全西南地区面积的81.28%,居于主导地位。大部分河流雨水补给比重超过年径流量的70%。地下水补给率以云贵高原诸河最高,一般占30%,横断山地和四川盆地诸河分别为20%和10%。冰雪融水补给只限于横断山地各河流。径流年内分配夏季一般占40%~60%,秋季为25%~40%,春季为10%~20%,冬季为8%~12%(丁永建等,2007;张国威等,2003;叶柏生等,1999)。径流丰枯悬殊,季节分配与降水量同样不均匀,年际变化也较大。西北地区除新疆北部为半干旱地区外,全境属于干旱区和极干旱区。在西北内陆河平原区122.3万 km² 的面积上,多年平均降水为524亿 m³,总径流量按平原面积折合深度不足81 mm,加上平原平均降水43 mm,平原地区总水量深度不足124 mm(夏军等,2003)。西北地区的径流在天然条件下河流出山口后进入平原或盆地区,大量渗漏补给地下水,出山口径流量的60%以上入渗补给了沿河两岸的地下水,出山径流不足40%的部分以水面蒸发和湿地、沼泽蒸发的形式蒸发。

发育于青藏高原的长江(金沙江)及其主要支流(雅砻江、大渡河、岷江),以及雅鲁藏布江、澜沧江、怒江等由于受青藏高原近百万年来持续隆升的影响,形成深切峡谷,流水作用强烈,河谷区地形狭窄,对河谷线的线路展布影响较大。西北干旱区河流径流年内变差巨大,在高强度降雨期间,容易形成骤涨骤落的洪水,对沿江公路、铁路造成水毁危害。

8.1.4 生态环境条件

西部山区道路工程的建设会对生态环境产生扰动,而生态环境的变化反过来又会对山区道路造成影响。因此,西部山区的道路工程与环境需要协调,修建道路时需考虑生态环境条件。

西部地区自然条件复杂,生态环境相对脆弱。在全国367万 km² 水土流失面积中,西部地区占77%,其中,西部地区水蚀面积达107万 km²,占全国水蚀面积的59.35%。全国土地荒漠化面积达262.2万 km²,占陆地国土面积的27.32%,而这些荒漠化土地绝大部分在西部地区。西北地区沙漠化土地面积达146.9万 km²,占全国荒漠化面积的56%,共有沙漠(包括风蚀沙地)、戈壁及沙漠化土地90.68万 km²,占沙区总面积(308.13万 km²)的29.4%,已沙漠化土地共有6.58万 km²,占北方已沙漠化面积(北方省区共有17.16万 km²)的38.3%,其中,新疆地区已沙漠化面积最大,为2.73万 km²,其次是陕西,已沙漠化面积为2.17 km²(程国栋等,2006)。西北地区约有393万 hm² 良田、493万 hm² 草原及2000多 km 铁路受到沙漠化的威胁。因此,在该区道路工程建设中必须考虑到土地荒漠化对道路的影响。

西部地区植被覆盖度较低,森林滥砍乱伐,尤其是西北大部分地区森林覆盖率十分低下,其中,青海省为0.35%,新疆为0.79%,甘肃为4.33%;天山西部及阿尔泰山山地森林植被砍伐程度达到70%~80%,新疆全区森林砍伐量达 3.89×10^5 m³,四川境内的嘉陵江、岷江流域森林覆盖率分别由20世纪50年代的19.39%和21%下降至20世纪80年代的13.2%和17.2%,川西、滇北的森林面积与20世纪50年代相比也减少了50%以上。植被的退化和森林采伐使得生态退化,进一步促使原本就比较强烈的各种地表侵蚀作用更加剧烈。

青藏高原和西北干旱区是典型的生态脆弱区,一方面,脆弱和退化的生态系统导致了侵蚀的进一步发展,影响到河流水沙过程,导致河床淤积和绕流侵蚀,造成沿河路基坍塌、桥墩冲刷、桥涵淤积等,影响道路工程安全。同时,在生态脆弱区修建道路,不可避免地扰动和破坏了路域生态,形成恶性循环,进而又影响到道路工程安全。生态脆弱区受到破坏和扰动的生态系统,恢复重建难度非常大。因此,在西部山区道路工程建设中必须考虑水土保持和生态保护,尽量减少对植被的破坏。

8.2 山区环境对道路工程的影响与道路灾害

山区道路工程活动与地质和地表环境的关系密切。西部山区环境条件复杂,道路病害多样,常见的地质灾害有滑坡、泥石流、崩塌、岩堆、顺层、岩溶、岩溶天坑等;水文地质灾害有地下暗河、承压水、岩溶水等。另外,山区气候复杂多变,还存在着冰冻、大暴雨、连阴雨、冰雹、大风等灾害性天气。因此,环境条件对西部山区道路工程建设影响较大,这主要表现在以下三个方面。

8.2.1 西部山区环境对道路工程的影响

西部山区环境对道路工程的影响按区域主要可分为 6 个方面。

(1)青藏高原为新生代大陆碰撞带,是一个地壳厚度大于 60 km 的巨大块体,新生代晚期剧烈抬升形成平均海拔高于 4500 m 的高原。现代构造活动强烈,周边分布大量活动速率高的活断裂,内部发育多条大规模活断裂,这些断裂频繁发震且震级高,地震对岩层和坡体强烈扰动,破坏斜坡的稳定条件,对路基工程构成威胁;地震区的高地应力使得隧道工程面临工程灾害(如岩爆)等风险。青藏高原上广泛分布的冻土在气候变化和工程扰动下发生冻胀融沉,影响到道路工程的建设和运营安全。青藏高原高山区冰川消融和跃进均可以导致冰湖溃决,进而形成冰川融水型泥石流、冰湖溃决型泥石流和冰湖溃决型洪水,对沿河道路局部路段造成毁灭型灾害。这种"第三极"高原环境对道路工程的影响,要求道路工程设计和施工必须有较高的抗震设防标准、保护冻土的措施、防治滑坡和泥石流灾害的措施,以及对沼泽地带的软基进行处理,还要解决穿越活动断裂的隧道工程由于构造复杂、断裂发育、围岩稳定性低和高地应力导致的一系列工程灾变问题。

(2)青藏高原周边是规模宏大的地壳厚度急变带,地表形貌为高山带,青藏高原周边河流随高原急剧隆升而强烈下切,形成大范围深切峡谷,谷坡陡峻且高达数百米至千余米,坡上岩体表生时效变形显著,往往发育大型山崩及滑坡,崩、滑堵江形成堰塞湖的事件多有发生。这一地带内发育多条大规模频繁发震的活动断裂,属高地应力环境,上节所述的活动断裂、地震和高地应力对道路工程的影响在这一地区表现最为典型。除与构造相关的影响以外,该区又一个显著的影响就是陡峻的地形和短距离内巨大的地形高差,对道路线性和爬高设计具有制约作用,使得道路选线十分困难,往往需要有大量的桥、隧建筑,抗震设防标准高。另外,该区活跃的崩塌、滑坡、泥石流灾害和隧道施工中可能出现的岩爆、突水灾害也需要在道路设计和施工时给予重视,采取适当的防治措施。

上述地壳急变带以东和以北是一个广阔的地壳厚度缓变带,由多个地壳厚度大于 40 km 的地台组成,构造的活动程度较前两类地区有所降低,地表形貌为海拔 1000～2000 m 的第二阶梯,又可分为多个大型盆地和高原。由于自北而南、自西而东气候带由寒变暖、由干变湿,地质构造背景、外动力作用的营力、水文地质条件和自然地理条件都随之而改变,所以这一广阔地带又可分为多个各具特点的区域环境,西北部为干旱内陆盆地,北部为黄土高原,南部有红色盆地、丘陵和喀斯特高原,这些区域亦具有各自的道路工程影响特征。

(3)干旱内陆盆地基底由刚性强的古老陆核及地台组成,地表为广阔的沙漠或戈壁所覆盖。对道路工程的最主要影响就是流动沙丘对道路的掩埋危害。

(4)黄土高原基底主要由古老的鄂尔多斯陆核及地台组成,地表一般为厚 100～200 m 的黄土所覆盖,周边有新生代强烈活动的裂陷盆地,盆地边缘断裂多为强发震断裂。该区对道路工程的主要影响是地基稳定性不良,黄土浸水湿陷会引起构筑物开裂;黄土极易被地表水流侵蚀,地表往往形成千沟万壑分割的凌乱地形,不利于道路的穿越;沟谷两侧往往有高达百余米的黄土陡坡,易发生崩塌和滑坡灾害;接近高原边缘的强烈地震灾害及地震诱发的大规模黄土崩塌灾害,对道路构筑物危害极大。

(5)红色盆地基底由稳定的扬子地台组成,地台上覆厚数千米的沉积盖层,尤以侏罗纪、白垩纪红色砂、泥岩层分布最广泛,泥岩为遇水软化的软岩,砂岩与泥岩界面常为控制岩层滑动的软弱结构面。由于软岩及软弱结构面的存在,边坡稳定性较差,崩塌和滑坡等灾害对道路建设危害较大。地下建筑物(隧道)围岩稳定性较好,但往往有易燃、易爆的有害气体灾害及突水灾害。

(6)喀斯特高原地表广泛出露可溶性碳酸盐岩,并被溶蚀成封闭洼地及峰丛、峰林地形,地下发育管道—溶蚀裂隙网体系。较开阔的洼地可布置大型地面工程,但往往有复杂的基岩埋藏地形,土层厚度变化大,基岩埋深段常有软塑地基,道路工程需进行较复杂的基础处理。对道路工程的限制主要是涌水灾害,大的涌水又可引起地面塌陷,危害地表建筑物;遇有大的溶蚀洞室和溶蚀穴,使地下结构复杂化。

综上所述,西部山区各个类型区具有各自独特的影响道路工程的特点,如何避免或减少道路行经地区断裂发育、地震强烈、冻土退化、灾害频繁等恶劣工程地质环境对道路工程的影响,是山区道路工程建设的关键科学技术问题。因此,道路工程的规划、设计、施工、运行,应根据西部地区特殊环境,采取有针对性的应对措施,从而保证西部山区道路和环境的协调。

8.2.2 西部山区灾害对道路工程的影响

西部山区地质、地貌、水文、气象等成灾环境条件组合,使得该区成为冻胀融沉、滑坡崩塌、泥石流等道路灾害的敏感区。区内灾害对道路工程的影响严重,道路环境灾害问题突出。

(1)西部山区道路工程灾害类型

近十多年来,随着西部建设的发展,我国学者已经对主要道路沿线的灾害进行过较全面细致的调查,对公路、铁路有较严重危害和影响的灾害主要有山洪、泥石流、滑坡、崩塌、滚石、溜砂坡、水土流失、地裂、地面塌陷、冰崩、雪崩、冰雪冻融等十多种山地灾害。根据其形成和动力学特性可归并为流水动力类灾害、斜坡重力类灾害、坡面水土流失类灾害、地面裂变塌陷类灾害、冰雪重力类灾害和冰雪冻融类灾害等六大类。对道路危害最严重、分布最广的应是前两类灾害和冻融灾害;水土流失分布虽然很广,但对道路产生的直接毁灭性危害不甚严重;地面裂变塌陷类灾害在特定的环境中产生,分布不太广,对道路的危害相对较小。

本节主要以前两类灾害为例讨论灾害对道路工程的影响。

1)流水动力类灾害

流水动力类灾害包括山洪类和泥石流类两部分。按其动力来源和流态特性可以细分如图8.2.1所示。

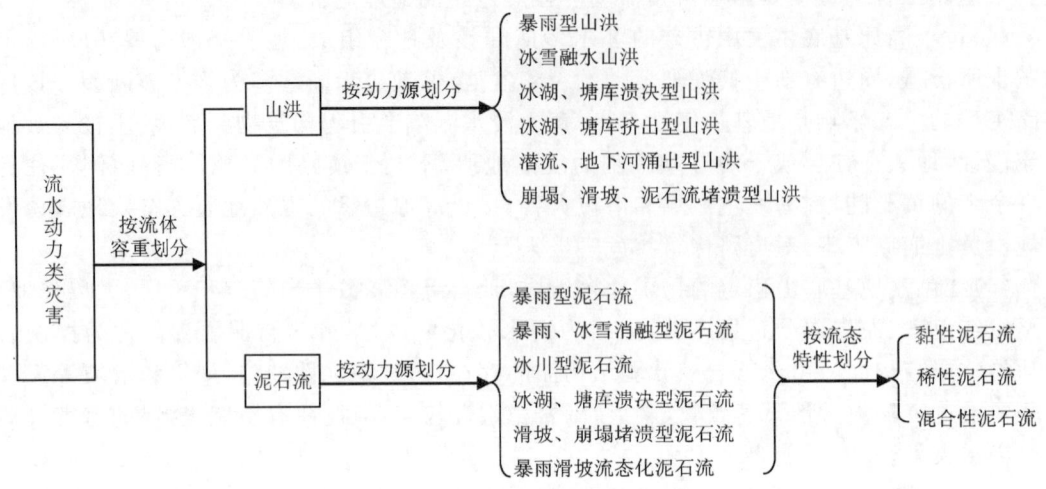

图 8.2.1 沟河流动冲击类灾害分类图示

上述山洪、泥石流类型在国道G318线均有分布。据20世纪末、21世纪初调查,帕隆藏布沿河路段长271 km,分布有泥石流沟125条,其中大部分为暴雨、冰雪消融型泥石流,有50多条为暴雨型泥石流,冰湖溃决型泥石流也比较发育。沿线山洪灾害非常突出,从"凹"岸通过的公路都受到山洪冲刷造成水毁灾害。

2)斜坡重力类灾害

斜坡重力类灾害包括滑坡、崩塌、落石(滚石)和溜砂坡等四大类,除落石不再细分外,其他三类都可按组成物质、规模大小和运动特征等进行细分。表8.2.1和表8.2.2分别为滑坡、崩塌主要类型。溜砂坡是指高陡斜坡上的岩体、土体,在强烈的风化作用下产生砂粒、碎屑和碎石等,并在自重作用下顺陡坡运动于坡脚堆积的自然过程,在地貌学上称为泻溜。由于它的结构十分松散,工程上呈现边挖边溜的现象,给道路施工和运行带来较大危害。常见的溜砂坡类型见表8.2.3。

表 8.2.1 滑坡主要类型

按组成物划分	按规模大小划分	按运动速度划分	按力学特征划分	按主要诱发因素划分
土质滑坡	微型<$1×10^4$ m³	蠕动型,滑滑停停	推动(推移)式	暴雨滑坡
半岩质滑坡	小型$(1\sim10)×10^4$ m³	慢速,$v=0.1\sim1.0$ m/s	牵引(后退)式	地震滑坡
软岩滑坡	中型$(10\sim100)×10^4$ m³	中速,$v=1.0\sim5.0$ m/s		冲蚀滑坡
半坚硬岩滑坡	大型$(100\sim1000)×10^4$ m³	快速,$v=5.0\sim20.0$ m/s		开挖滑坡
坚硬岩滑坡	特大型$(1000\sim10\,000)×10^4$ m³	高速,$v>20.0$ m/s		渗漏侵蚀滑坡
	巨型$>10\,000×10^4$ m³			

表 8.2.2　常见崩塌分类

按组成物划分	按规模大小划分	按运动速度划分	按力学特征划分	按主要诱发因素划分
岩崩	微型 $<0.1\times 10^4$ m³	坠落式	跳跃式	拉裂—倾倒式
土崩	小型 $(0.1\sim 1)\times 10^4$ m³	倾倒式	滚动式	滑移—拉裂式
	中型 $(1\sim 10)\times 10^4$ m³		滑动式	滑移—鼓胀—溃决式
	大型 $(10\sim 100)\times 10^4$ m³		复合式	拉裂—断裂式
	特大型 $(100\sim 1000)\times 10^4$ m³			剪裂—滑移—错断式
	巨型 $>1000\times 10^4$ m³			

表 8.2.3　常见溜砂坡分类

按砂坡组成物划分	按砂坡平面形态划分	按砂坡面积大小划分	按砂坡的活动性划分
砂粒状碎屑溜砂坡	面状溜砂坡	小型溜砂坡 <5000 m²	强活动溜砂坡
片状碎屑溜砂坡	槽状溜砂坡	中型溜砂坡 $5000\sim 10\,000$ m²	中强活动溜砂坡
块状碎石溜砂坡	斑状溜砂坡	大型溜砂坡 $10\,000\sim 50\,000$ m²	弱活动溜砂坡
		特大型溜砂坡 $>50\,000$ m²	稳定溜砂坡

(2) 环境灾害对道路工程危害方式

山区线路呈带状延伸,多沿河谷行进,道路回旋躲避崩塌、滑坡、泥石流的余地很小,即使轻微、小规模的灾害,也会对道路造成很严重的危害,轻则毁坏局部路段,使交通运行能力下降;重则导致人员伤亡,堵塞乃至长时间中断交通,造成巨大损失。这也是道路滑坡泥石流灾害频度高、灾情严重的主要原因之一。道路滑坡、泥石流成灾有以下特点和形式。

1) 滑坡崩塌危害路基、路面。由于坡体存在易滑地层,具有山坡陡峻、坡面排水不合理、边坡开挖、坡脚冲蚀、严重风化等有利于产生滑坡的条件,在降雨或人为扰动作用下,边坡失稳,产生滑坡或崩塌,直接毁坏路基或淤埋路面,造成交通中断。

2) 冲毁桥梁的危害。泥石流直接冲毁道路建筑物,特别是跨沟桥梁,往往造成铁路列车颠覆,发生车毁人亡的事故。成昆铁路利子依达路段于 1981 年 7 月 9 日发生的泥石流,流速高达 10 m/s,重度达 23.5 kN/m³,冲毁利子依达大桥桥台,剪断 2 号桥墩,毁坏桥梁两孔,造成了巨大灾难。川藏公路加马其美沟泥石流多次冲毁公路桥。1991 年 7 月 26 日川藏公路上索通沟暴发大型泥石流,将桥梁拱脚破坏,造成桥面坍塌,桥梁毁坏,数人死亡,断道 20 余天。

3) 淤埋危害。泥石流滑坡可直接淤埋道路建筑物,使其破坏、失去作用或缩短使用年限,这是最为普遍的道路灾害。淤埋灾害主要有直接淤埋道路、输送泥沙使河床上涨淤埋道路、淤埋隧涵等方式。东川铁路大桥河—小江桥段,长约 10 km,1959 年建成的河滩线高出床面 6 m 左右,至 1972 年被小江河床上涨所淤埋。1972 年改建后,至 1982 年又被淤积 3 m。东川老干沟泥石流每年平均淤积上涨 1 m,净空 7 m 高的 3 孔 12 m 长中桥被淤埋变成路基,靠清淤维持通车。1970 年被迫改建成明洞,洞口仍常被淤埋堵塞。成昆铁路自建成以来,已有 7 处车站遭到泥石流淤埋。

4) 冲刷危害。泥石流具有巨大的冲刷能力,道路建筑物常受到泥石流冲刷,主要表现在:由于泥石流强烈的冲淤作用,使局部侵蚀基准下降,造成墩台基部的冲刷。如一次泥石流过后,东川铁路发窝大桥 5 号桥墩被冲刷深 5 m。1981 年 8 月,昔格达泥石流沟的一次泥石流过程,把成昆铁路跨沟桥梁的墩台基部冲刷深 7~13 m。

5)弯道超高和漫流改道危害。泥石流具有直进性,在流通段和堆积段上部的弯道处直进爬高,危害道路建筑物。泥石流在堆积段中下部漫流改道,绕过桥孔,冲毁路基。东川铁路的拖沓沟大桥,桥位布置在堆积扇扇缘轴部,为3孔长16 m桥,1960年泥石流漫流改道,淤塞桥孔,冲毁桥头路堤。

6)阻塞河道的次生灾害。泥石流滑坡发生后往往阻塞河道,产生一系列次生灾害。当河道被完全堵断后,就会形成上游水位上涨,淹没沿河道路、农田及两岸建筑物;当发生溃决后,在下游形成溃决洪水,冲毁路基、桥梁和道路建筑物;在上游水位回落过程中,可能导致上游路基沉降或局部崩塌。当堆积物局部阻塞河道时,将主河挤压到对岸,使河道变窄,造成挑流,挤压水流,引起河岸冲刷,导致岸坡失稳产生滑坡,或使墩台和路基冲刷,危害道路工程。如2000年4月9日,川藏公路帕隆藏布流域易贡藏布支沟扎木弄巴发生特大崩塌—滑坡—碎屑流—泥石流灾害链,在堵断易贡湖62 d后溃决,形成特大规模洪水,溃决洪水水位高出正常水位约50 m,洪峰持续达6 h之久,冲毁沟口G318国道公路的通麦大桥。洪峰沿帕隆藏布河谷直泄进雅鲁藏布江,毁坏下游公路近30 km。

(3)主要灾害对道路工程的影响

我国山区崩塌、滑坡、泥石流灾害普遍发育,分布广泛,活动频繁,对道路危害非常严重。新建或改建线路从展线到施工,都严重地受制于崩塌、滑坡、泥石流等灾害。崩塌、滑坡、泥石流灾害已成为制约山区交通和道路建设的主要因素。

1)滑坡、崩塌对道路的影响

滑坡对道路的影响,按道路相对于滑坡体的位置,有以下三种情况:

①道路在滑坡体前缘

若滑动面在道路路面以上,则滑坡对道路的作用(危害)是埋。大量的土石滑到路面上,埋没道路、中断交通;若滑动面在道路路面以下,滑坡剧烈滑动,有可能推动路基,毁坏路基。此种状态公路对滑坡的作用表现在公路修建过程中开挖坡脚,若开挖的坡度和高度超过此类边坡安全上限值,或使坡体内的软弱结构面暴露,会引起开挖坡体坍滑甚至引起已经稳定的老滑坡复活(图8.2.2a),也有可能因为开挖边坡内侧产生坡体表部坍滑(应力释放),使老滑坡更加稳定。不过此种情况发生较少,不能立足此种情况的发生。

②道路在滑坡体中部

此种情况下滑坡对道路的危害非常大。由于滑动面在道路路基以下,滑坡体的微小活动都会对道路产生强烈作用,使路面产生开裂,错断破坏。若滑坡发生剧烈滑动,会使道路产生毁灭性破坏。道路对滑坡的作用表现在:公路施工过程中开挖、碾压等动荷载和施工水浸入导致滑坡复活;在运行中由于汽车动荷载作用,也会导致滑坡复活(图8.2.2b)。

③道路在滑坡体后缘

此种情况在西部山区也比较常见,道路外侧是老滑坡体或较厚的坡崩积碎石土层,修路时采用半挖半填(内挖外填)。后来由于坡体下部流水冲刷,使道路外侧坡松散土层产生滑坡,或道路外侧老滑坡复活,使道路外侧边坡悬空,牵引道路填方部分产生滑动,造成道路路基外侧部分毁坏。显然,滑坡对道路的作用是牵引道路外侧甚至整个道路一起滑动而毁坏;道路对滑坡的作用则表现在公路施工中大量弃土堆在外侧坡上起着加载的作用;道路运行中,车辆行进产生的剧烈振动对外侧坡体的稳定性也是一个重要的影响。以上三种条件加上其他因素的叠加,如强降雨或长时间降雨,就会诱发道路外侧滑坡(图8.2.2c)。

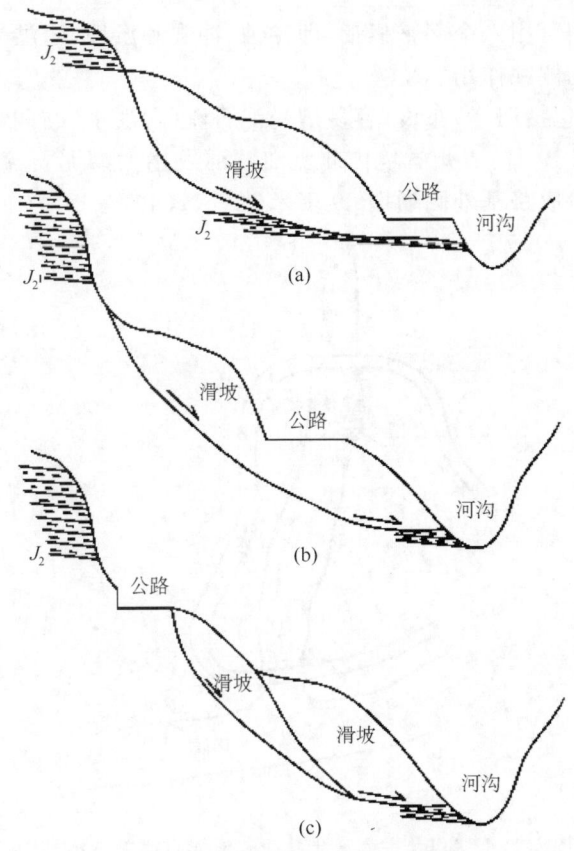

图 8.2.2 公路相对于滑坡的位置示意图

崩塌对道路的影响表现在以下两个方面:道路处在可能发生崩塌的陡崖脚,陡崖发生崩塌后,大量块石砸在道路上,毁坏路面,并堆积于道路面上,阻碍交通,甚至中断交通(图 8.2.3a);道路处在陡崖顶内侧,崩塌的发生会牵引道路一起崩塌(图 8.2.3b)。

道路对崩塌的作用主要体现在道路开挖施工过程中引起新的崩塌,以及道路运行过程中由于车辆的动荷载作用,也可加快外侧陡崖变形,引发新的崩塌。

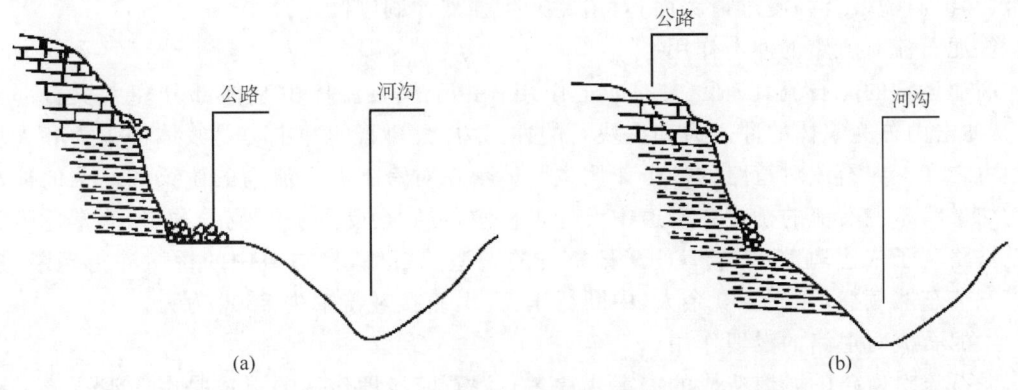

图 8.2.3 崩塌对公路作用示意图

2) 泥石流对道路的影响

泥石流对道路作用可用六个字来概括,即冲蚀、冲击和淤埋(谢洪等,2000)。

① 泥石流对道路的侧蚀作用

道路沿泥石流岸(包括河岸)布设,容易遭受泥石流(含洪水)的侧蚀,使道路路基产生崩塌、滑塌。2005年6月10日,贵州省境内北盘江顺河发生大型泥石流,受高河滩导流,折向对岸,侧蚀对岸公路,造成路基外侧崩塌60多米(图8.2.4)。

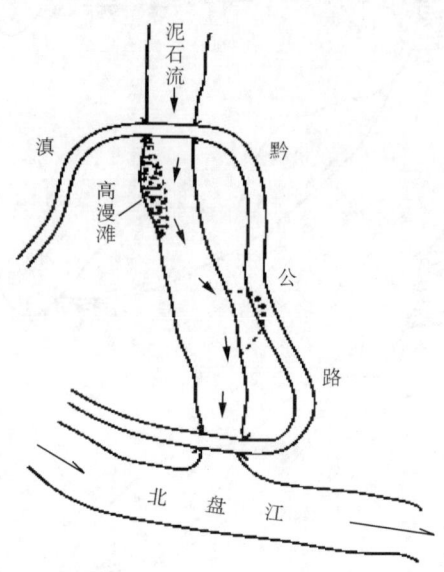

图 8.2.4　2005 年 7 月北盘江顺河泥石流侧蚀示意图

② 泥石流对道路的刨蚀作用

运动中的泥石流体对沟床有强烈的下切刨蚀。当泥石流流量较大时,泥石流的最高泥位高出道路路面,泥石流冲出道路,将道路路面作为泥石流运动沟槽的一部分,泥石流对道路产生强烈的刨蚀。根据道路与泥石流沟岸布设的不同位置可以分为两种刨蚀:道路沿泥石流沟岸布设,且公路路面高程低于此段泥石流最高泥位,此种情况有可能发生泥石流对公路路面的刨蚀;道路垂直泥石流沟(河)床布设,由于桥涵过小、过矮,无法通过大规模泥石流(山洪),泥石流(山洪)漫过道路面,对道路产生强烈冲刷刨蚀。

③ 泥石流对道路的冲击作用

高速运动的泥石流具有巨大的冲击作用。由于泥石流体由浆体部分和大块石部分构成,其冲击力分为浆体的冲击力和大块石的冲击力,大块石的冲击力是浆体冲击力和大块石惯性力之和。泥石流对道路的冲击作用主要体现在对跨越泥石流沟的桥梁和涵洞的冲击作用。如果跨越泥石流的桥梁在沟道中设计了桥墩,可能会受到泥石流的冲击,非常危险。如成昆铁路利子依达沟1981年7月9日暴发的大型泥石流,将沟道中的桥墩冲击砸断,造成火车三节车厢颠覆,死伤360余人,中断行车15 d,直接经济损失2600万元。

④ 泥石流对道路的淤埋作用

泥石流对道路的淤埋造成的灾害非常多。泥石流淤埋作用的形成是由于泥石流运动前方沟槽(地形)变缓,地面(沟槽)阻力(糙率)增大,使快速运动中的泥石流迅速减慢堆积。按泥石流堆积出现的部位对道路的淤埋作用,归纳成两种类型:a. 沟谷泥石流堆积扇对道路的淤埋。由于空间和地形的限制,山区道路沿河线常常穿越泥石流堆积扇的中部或中下部,成为泥石流淤埋的对象。四川西南部108国道汉源—米易段,长400多km,沿河展线80%以上,穿越的泥石流沟达300多条,有近200条泥石流沟,公路从堆积扇中部、中前部通过。20世纪70—90年代发生泥石流淤埋公路200多处(次),有的公路段竟重复遭受泥石流淤埋达3次。b. 坡面泥石流扇群对道路的淤埋。西部山区坡高谷深,公路大多沿河在坡脚展布。由于第四纪以来强烈的构造运动和外动力风化作用,表部岩体十分破碎,风化层厚30~50 m,有的甚至达80 m以上。坡面大多有2~5 m厚的残坡积松散碎石土,在强降雨、暴雨作用下,汇流于坡面毛沟、冲沟发生坡面泥石流,在坡脚堆积成小洪积扇,多个小洪积扇扇缘相连,形成扇裙(群)。若公路通过坡脚,就会被泥石流扇群淤埋。2001年8月四川巴塘地区连降几场大雨、暴雨,318国道巴塘—金沙江桥(竹巴龙)段,不仅多沟发生了沟谷型泥石流,而且公路内侧斜坡也发生了许多坡面泥石流,大量泥浆碎石进入公路堆积,厚1 m左右(图8.2.5)。2005年7月贵州黔西南发生特大暴雨,滇—黔公路(国道)关岭—普安段公路内侧山坡发生了许多坡面泥石流,大量泥浆石块进入公路堆积,妨碍交通,局部地段已造成短时断道。

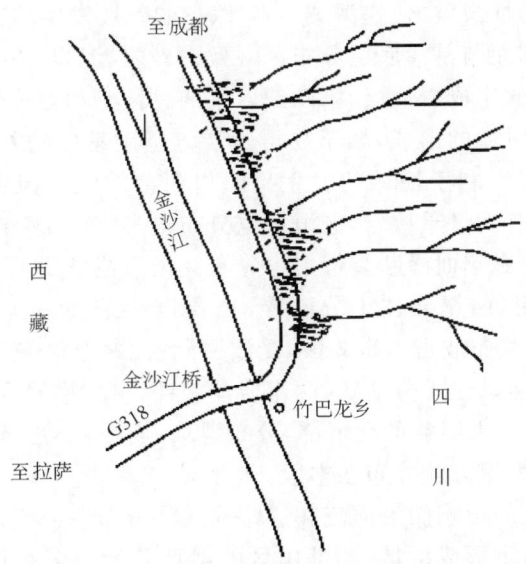

图8.2.5 2001年8月G318金沙江桥段公路内坡面泥石流示意图

3)溜砂坡对道路工程的影响

溜砂坡结构十分松散,在道路开挖过程中会发生边开挖边泻溜的现象,使施工十分困难,必须采取特殊的防护措施才能阻止泻溜、保障施工。强烈活动的溜砂坡,在道路运行中会有大量砂、碎屑倾泻到路面上,埋没路面,阻碍交通,甚至中断交通。在强暴雨作用下,砂坡表部因无植被保护而发生砂石堆积路面,阻碍交通。在大风作用下。无植被的砂坡表面,会发生扬砂,甚至演化成局地沙尘暴,扬起1~5 mm的砂粒,阻碍行车。

(4)冻土对道路工程的影响

青藏高原冻土区是世界中、低纬度地带海拔最高(平均4000 m以上)、面积最大(超过

100万 km²)的冻土区,其分布范围北起昆仑山,南至喜马拉雅山,西抵国界,东缘至横断山脉西部、巴颜喀拉山和阿尼马卿山东南部(马巍和程国栋,2006)。多年冻土对道路产生的影响主要分为三类：一是冻胀,在有冻胀性冻土的路段,当有水分供给时,在冬季负气温作用下,水分连续向上聚流,在路基上部形成冰夹层、冰透镜体,导致路面不均匀隆起,使柔性路面开裂,刚性路面错逢或折断；二是翻浆,在有冻胀性冻土的路段,当冬季负气温时,水分连续向上聚流、冻结成冰,导致春融期间,土基含水过多,强度急剧降低,在行车作用下路面发生弹起、裂缝、鼓包、冒泥等现象；三是融沉,在多年冻土上限附近往往存在着厚层地下冰和高含冰量冰土层,由于埋藏浅,极易受天然因素或道路建设活动的影响而融化产生下沉,导致公路、铁路路基变形,使道路无法使用。

8.2.3 山区道路灾害分布规律与活动特点

(1) 主要道路灾害的分布规律

1) 滑坡、崩塌灾害的分布规律

① 受地形坡度的控制而具有发生的坡度范围。据调查统计和边坡应力特征分析,滑坡发生的最佳地形坡度是 21°~35°,崩塌发生的最佳地形坡度是 45°~60°,在 36°~45°斜坡上发生的重力破坏多为崩塌性滑坡(快速滑坡),20°以下的斜坡发生的灾害很少。

② 受地层岩性的控制而与易滑底层分布区一致。砂岩、泥岩、页岩及它们的深变质千枚岩和砂板岩、第三纪以来的半成岩地层、第四纪以来的黏性土和坡崩积碎石土等归并为软岩地层。因岩性软弱,利于滑坡的形成,属于易滑地层。坚硬易碎的石灰岩、白云岩和花岗岩等,易形成高陡斜坡(陡崖),利于崩塌的发生。四川西部的岷江流域 213 国道沿线汶川绵虒—茂县叠溪一带,分布有大量千枚岩,老滑坡也分布很多,近十多年滑坡活动非常普遍。

③ 受地质构造作用的影响而沿断裂带集中分布。岷江流域受北东向龙门山断裂带—中央断裂和前山断裂的作用,两岸岩体十分破碎,只要地形条件具备,极易发生崩塌、滑坡。318 国道西藏境内沿帕隆藏布波密—东久段,受波密断裂、林芝断裂和雅鲁藏布断裂的共同作用,第四纪以来新构造运动也十分活跃,两岸岩体破碎,滑坡崩塌等分布密集。其中 102~108 道班长 60 km 为上述三大断裂的交汇部,分布滑坡、崩塌 24 处,分布密度为 0.4 处/km,著名的 102 滑坡群、拉月大塌方就分布在本段。

④ 受河流冲刷和切坡的影响而沿河流和道路成线状分布。河流冲刷河岸和道路工程切坡路段,由于应力释放,易于形成滑坡,西部山区的滑坡和崩塌多在道路切坡和河流下切和淘蚀处发生。在人为切坡作用下,坡度 45°以上土坡切坡 2 m 以上,坡度 60°以上强风化碎裂状岩坡切坡 8 m 以上,可出现边挖边坍滑的现象,离开挖面数米至数十米以上的高位斜坡上,可能出现拉张裂缝,预示着有可能引发较大规模的滑坡或崩塌。

⑤ 受强地震的影响而在地震区成群分布。据地震区调查统计分析,Ⅵ度以上地震烈度区就出现地震诱发的滑坡崩塌,Ⅷ、Ⅸ以上烈度区滑坡崩、塌明显增多,Ⅹ以上烈度区滑坡崩塌密集出现,且规模明显增加。2008 年 5 月 12 日汶川特大地震时 213 国道映秀—银杏段,地震裂度为Ⅺ度,岷江两岸坡度 30°以上的陡坡几乎全部发生崩塌、滑坡,此段公路几乎全部被崩塌、滑坡所掩埋。

2) 泥石流山洪的分布规律

西部地区位于我国地势的第一级和第二级阶梯上,地势高,相对高差大。山区道路沿线泥石流非常发育,其分布受地质、地形和气候条件等因素的控制,具有显著的规律性(崔鹏等,2007a;2007b)。

①地带性。水热条件的组合不同,使得气候具有明显的地带性,而气候条件尤其是降水和气温对泥石流形成的作用较大。由于气候分布具有地带性,导致了不同类型泥石流的分布也具有地带性。西南山区地处热带和亚热带,降雨十分丰富,且多暴雨,道路沿线主要发生暴雨型泥石流,且易出现一场暴雨,多沟并发泥石流。而西北地区地处内陆,干旱少雨,但局地暴雨较多,道路沿线多雨洪型泥石流。在高山区有冰川型泥石流分布,青藏高原因地势高,气候寒冷,冰川发育,高山峡谷区道路沿线多出现冰川型泥石流,其危害也最为严重。中山区的道路沿线暴雨型泥石流也较为发育,这些泥石流主要分布在藏东南地区。

②集中性。由于受差异较大的环境条件影响,其分布又表现出相对的集中性。交通线路中以穿越三大地貌单元过渡带路段沿线的泥石流最为发育,其中尤其以第一阶梯与第二阶梯的过渡带为甚。如1992年调查中,川藏公路沿线(南线和北线)的泥石流分布广泛,仅各类已成灾的泥石流即有1036条,主要分布在横断山区和西部藏东南地区,其他地区的泥石流分布相对较少(崔鹏等,2004)。又如新藏公路仅新疆境内就有泥石流149条,主要分布在依山傍河段,如哈拉斯坦河及其支流峡谷、叶尔羌河宽谷、喀拉喀什河宽谷地带及赛图拉沟等地段,其他地段也只是零星分布。

③呈带性。由于线路多是顺着大的地质构造带或河流阶地而分布,线路两侧泥石流的分布受地质构造的影响,表现出沿着交通线路成串珠状分布的特点。例如,现已查明四川境内成昆铁路沿线共有泥石流沟367条,其中可能会造成严重危害或中等危害的泥石流沟谷有87条,几乎每两公里就有一条泥石流沟,基本上沿安宁河大断裂带等地质构造带发育,主要分布在峨边、金河口、甘洛、越西、喜德、冕宁、西昌、德昌、米易、攀枝花沿线。又如川藏线在帕隆藏布流域内路段是沿帕隆藏布干流布设的,该段道路沿线泥石流受北西—南东向的构造线控制而沿河流带状分布。

3)西部道路溜砂坡分布规律

溜砂坡是在特定的地形、岩性和气候条件下形成的,所以其分布受这三大条件的控制。它主要发育在坡度40°以上的陡坡和陡崖峡谷。强风化的花岗岩(粒状)、千枚岩(片状)、白云质灰岩和泥、页岩(碎屑状)、玄武岩和白云岩(碎石状)为溜砂坡的形成提供了物质基础,出露这些岩性的地方易发生溜砂坡。干热河谷内降雨少,蒸发大,植被生长慢,上述岩层强风化产物黏土含量少,在坡脚所形成的碎屑锥随时处于溜动状态。上述三个条件同时具备的环境,就会有溜砂坡分布。如318国道西藏境内然乌—中坝沿河段、四川岷江流域213国道绵虒—叠溪段、安宁河流域213国道泸沽—德昌段,均有较多溜砂坡分布。

(2)主要道路灾害的活动特点

1)崩塌、滑坡活动特点

崩塌多发生在河谷的峡谷段,斜坡上部为"凸"出陡崖(60°以上),下部为陡坡(40°以上)。上部为节理裂隙发育的强风化坚硬、半坚硬岩体,中、下部为水平或逆坡向倾斜的软岩地层的坡体上(图8.2.6),最容易形成崩塌。在深切的河谷段,"凸"出的山咀,由于河流的长期冲刷形成老虎咀地形,也容易发生崩塌。

滑坡多发生在上陡(坡度40°左右)、中缓(坡度25°左右)、下陡的(坡度35°以上)的"凸"型坡上。前缘有河流冲刷的顺向坡最易发生滑坡(图8.2.7)。据调查,坡度25°～30°的斜坡上,具有圈椅状老滑坡地形,坡崩积碎石土层厚 3～5 m,前缘有河水冲刷,多为滑坡形成或老滑坡复活滑动的地方。

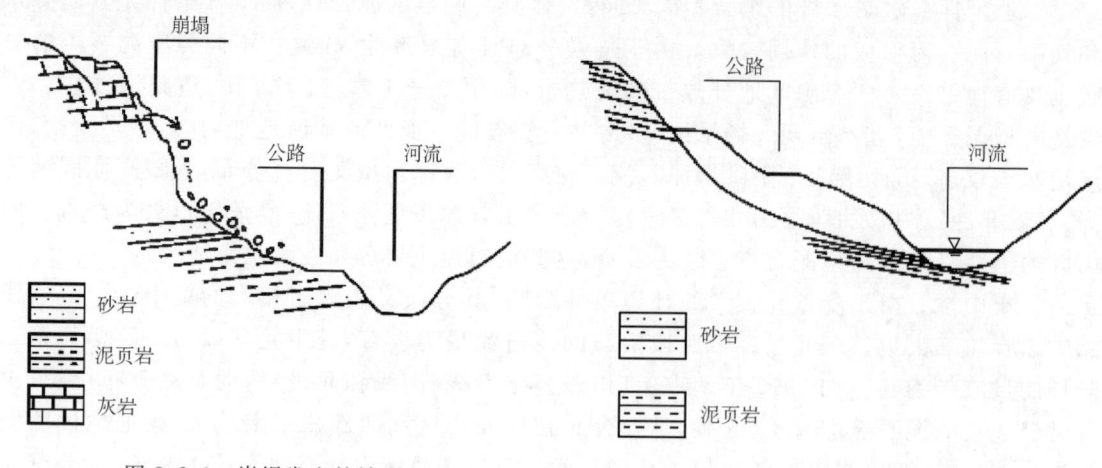

图 8.2.6　崩塌发生的坡型　　　　　图 8.2.7　滑坡发生的顺沟坡示意图

滑坡、崩塌多在雨季中发生。据调查,90%的滑坡、崩塌发生在雨季,常常发生在一次降雨的后期,或滞后 2～3 d。先降中、小雨,后降大—暴雨的情形最易诱发滑坡。地震是滑坡、崩塌的激发因素,即使是稳定性系数还比较大的高陡斜坡,也可在地震的作用下瞬间产生崩塌和滑动。在对坡度大于 20°的农田灌溉时,若发现渠道和农田渗水,也有可能引发滑坡或崩塌。

2)泥石流活动特点

中国西部山区道路泥石流活动具有明显的区域特点,初步可以分为西南季风区、西北干旱区、青藏高原区和高山峡谷区。

① 西南季风气候区

西南季风气候区位于青藏高原东南部,贵州高原以西,包括云南省全部和四川省的西南部。受西南季风的影响,干季和湿季明显,一般从 11 月至翌年 4 月为干季,5—10 月为湿季,干季雨量一般相当于年降水量的 10%～20%,而且降水多以暴雨和雷阵雨形式出现,降水较为集中。

该区地质构造复杂,地形破碎,风化作用强烈,沟内松散堆积物质丰富,在暴雨的激发下容易形成泥石流。泥石流在雨季频繁暴发,对交通干线的破坏极为严重,常常冲毁或淤埋路面,掏挖路基,毁坏桥梁,中断交通,给地区经济建设带来巨大的损失。如成昆铁路四川段沿线有 367 条泥石流沟,截至 1987 年底,其中 77 条泥石流沟共发生泥石流 169 次,37 次成灾,7 次淤埋车站,2 次冲毁桥梁,3 次颠覆列车,抢险工程费用达 3000 万元。

② 西北干旱区

西北干旱区(含半干旱区)包括新疆维吾尔自治区、甘肃省、陕西省、宁夏回族自治区。西北地区位于亚欧大陆的中心部分,由于周围有高山、高原的阻挡,暖湿气流难以到达,致使西北地区降水稀少且分布不均匀,降水量由东向西递减。降水的多年变率在东部地区为 30%～40%,西部地区在 40% 以上,甚至超过 50%;降水季节分配也不均匀,主要集中在 6—8 月,降水以暴雨形式为主,造成西部地区虽然降水总量不大、但一次降雨量却很大的局面,因而常引发大规模泥石流。

该区泥石流具有暴发突然、来势凶猛、规模巨大、对道路破坏严重的特点。山区道路沿线除了出现暴雨型泥石流外,还有因高山冰川融化而引发的冰川型泥石流,以及在黄土区所出现的泥流。如兰新线中堡至华藏寺之间共有泥石流沟 23 条,其中 6 条危害严重。河西走廊的祁连山区及镜铁山、潮石、玉门支线也有泥石流和水石流多处。虽然泥石流暴发频次不是很高,但一次致灾规模巨大,损失严重。

③青藏高原高寒区

青藏高原高寒区包括青海省和西藏自治区,平均海拔为 4000 m,面积达 250 万 km^2。由于青藏高原海拔高,面积大,气候寒冷,因而形成了独特的气候。该区现代冰川非常发育,山区的寒冻、风化作用强烈,道路沿线冰川型泥石流发育。区内有四条重要的交通干线——川藏线、青藏线、中尼公路、中巴公路,都深受泥石流的危害,常常因泥石流而阻断交通,给地方经济造成重大损失,同时给国防安全也带来隐患(中国科学院—水利部成都山地灾害与环境研究所和西藏自治区交通科学研究所,1999)。

④地势过渡的高山峡谷区

地势过渡的高山峡谷区主要是指横断山区。该区山岭与河谷排列紧密,相对高差极大,河谷中的盆地不开阔,山顶上也无较宽的高原面,地形极为破碎,自然条件极为恶劣。因此在该区修建铁路和公路都极为困难,而公路和铁路又极易遭受泥石流的危害,目前该区的道路较少,等级较低。在这种条件下开展大规模交通建设活动,泥石流灾害的防治是重中之重,即使小规模泥石流也要给予相当的重视。

3)溜砂坡活动特点

①溜砂坡在天然状态下的活动特点。溜砂坡的运动受控于砂坡的天然休止角。若砂坡后缘山体不断向砂坡供砂,砂坡就会常溜不断,供砂方式分为沟槽相对集中供砂和横向分散供砂,对应的砂坡溜动方式为沟槽状溜砂和面状溜砂。若砂坡后缘山体长时间停止供砂,溜砂坡则停止活动,砂坡上开始生长植物,砂坡向稳定方向演化。若因内外营力作用加剧,后缘山体又开始向砂坡供砂,则砂坡又开始活动,砂坡上的植被将会被埋。

②河流冲刷和人为开挖坡脚砂坡活动特点。河流冲刷砂坡脚和人工修道路开挖砂坡坡脚都会引起砂坡重新溜动。并会出现边冲、边挖、边溜动的现象,直到砂坡坡度与砂坡天然休止角一致为止。1988 年 7 月 15 日,318 国道西藏境内波密县米堆沟暴发冰湖溃决泥石流,除席卷沟内村落,堵塞帕隆藏布外,还冲毁公路路基 20 多处,引发 18 处溜砂坡重新活动,中断交通一年之久。在重建此段公路的过程中,在溜砂坡地段的开挖都出现了边开挖、边溜砂的难题,工程进度十分缓慢。

8.3 道路工程建设对环境的影响及其灾害效应

道路工程建设的施工和运行过程中对环境系统将会产生各类作用,例如,工程荷载、岩土开挖堆填、水文条件调节、工程热力作用、生态破坏和地面创伤等。其中,岩土开挖、堆填和水文条件调节是人类工程活动影响环境最重要的两大作用方式。道路边坡开挖引起的应力松弛和坡体水环境改变对地表环境直接造成影响,作用强烈,影响范围大,能够造成严重的环境效应,在外界因素(降雨、地震等)的促发作用下,便形成了崩塌、落石、滑坡、泥石流和水土流失等。道路工程建设对环境具有以下四方面影响,需在道路施工运营中加以考虑。

8.3.1 道路工程建设对地质环境的影响

道路工程建设离不开一定的自然环境,且与地质环境的关系尤为密切。一般来说,线路越长,通过地区地质环境越复杂,其影响和破坏的程度就越大(王思敬,1997;罗国煜,1997)。据统计,世界上滑坡灾害有75%以上与人类工程活动有关;而中国铁路沿线由于人为原因形成的泥石流沟有170多条。西南地区的成昆铁路、贵昆铁路、川黔铁路的工程滑坡达350处之多,占滑坡总数的71.2%,其中川黔铁路高达89.5%。因此,在西部山区环境下,道路工程建设造成地质环境变异,促使环境恶化现象明显,主要表现在以下两方面。

(1)在道路设计阶段,由于工程勘察的疏忽、选线及设计的不合理,均可造成各种短期或潜在的地质环境影响和破坏,其主要影响见表8.3.1。

表8.3.1 设计不合理造成的地质环境影响

类型	表现形式	后果
选线、设计不合理	出现连续高填深挖; 通过不良地质段	边坡失稳、崩塌、滑坡、泥石流灾害频繁; 各种特殊地质灾害
桥位不当	河流形态改变; 河流过水断面剧减	加剧侧向侵蚀、掏空堤岸致使坍塌; 淤塞河道,淤积河床
隧道选位、设计不当	地下水疏干; 大量弃渣难以堆放; 地质条件复杂	岩爆、冒顶塌方、地面沉陷、涌水、毒气泄露; 废渣造成边坡失稳,诱发滑坡泥石流

(2)在道路施工过程中,由于土石方工程的开挖、填筑及各种弃土的处置不当,将对地质环境产生严重影响,主要表现在:

1)路堑及桥涵等其他土石方工程的岩土体开挖,对地质环境可产生多种作用和影响,例如,岩土应力状态的卸载和调整,岩土开挖爆破损伤和振动,岩土临空面位置、形态的改变,开挖引起地下水的排泄和聚集等。结果可能产生侧壁稳定、边坡稳定、基底稳定等方面的问题,进一步会导致滑坡、崩塌、泥石流等不良地质现象。

2)路堤填筑,特别是高路堤的填筑会产生堤身与地基的不均匀沉降、路基沉陷、沿山坡滑动、冻胀与翻浆等问题,甚至导致路堤或地基失稳。

3)道路施工过程中大量开挖、堆填和采掘砂石材料,这些工程活动改变了原地形,形成了很多人为边坡,主要类型有挖方边坡、填筑边坡和堆垫边坡等,这些人工边坡在施工过程中长时间裸露,从而造成水土流失,使环境退化。

4)洞室破坏与隧道涌水,隧道工程引起的环境地质问题,主要是疏干地下水和产生地表塌陷,特别是隧洞穿过强岩溶化岩层时尤为显著。当隧洞穿过破碎岩体时,可能产生洞顶坍落、洞壁垮帮。地下水是造成塌方和使围岩失稳的重要原因。如地下水可使岩质软化,并使其强度降低;促使围岩中的软弱夹层泥化,减少层间阻力,造成岩体滑动;地下水涌出时,在动水压力作用下,将出现流沙及渗透变形;有时还会发生突水事故,并引起地下水位下降,破坏原有的水文、地质环境,导致附近井、泉干枯,地表发生塌陷。

8.3.2 道路工程建设对水环境的影响

公路建设破坏了下垫面植被、土壤,改变和重塑了地形地貌,影响工程区的水文循环,导致水土资源的破坏和损失,引起水环境、水质及其河道特征发生变化。

(1)对地表径流的改变

道路工程建设对原来的河流流态进行了调整,调整了地表水体的水文条件,影响到河流的过水断面、流量、流速等水文参数,导致冲刷动能增大,加速河岸侵蚀,易引发洪水等不良灾害。公路建设及其附属设施建设,将使硬化不透水地面增加,从而增加地表径流,减少水分下渗和地下水补给,使工程区及其影响区域的河川基流量减小、洪峰峰值和频率增大、河川枯水期和洪水期流量变幅增大。此外,坡面地形变化,不合理的排水渠系或随意排洪,会加快坡面汇流,使河槽汇流历时缩短,洪峰出现时间提前,直接威胁工程建设区及其居民的生命财产安全。道路工程区改变了局地土壤入渗条件,使得产流增加,加之工程扰动对地表植被的破坏,使得工程区侵蚀加剧,泥砂淤积,阻塞河道,容易引发洪涝灾害。

(2)对地下径流的改变

公路建设会阻断路线两侧地下水和地表水的流动交换,造成在一侧或两侧产生积水,长时间积水会导致水中盐分的析出沉淀,使高原和盆地公路沿线土地盐碱化。隧道和深路堑的开挖,会产生地下水被排走,导致地下水位降低,使地表泉水干枯,甚至导致地表河道断流或改道,如云南元磨高速公路的大风哑口隧道,由于隧道塌陷造成地表河道断流,而隧道排出的水从另一方向的河道流走,造成地表水的改道。有时由于地表开挖,使其下伏强透水层接受地表雨水,造成强透水层地下水位升高,对边坡稳定产生不利影响。岩溶地区公路建设的地下水环境破坏形式主要有改变水流方向、阻断地下水补给源、截断地下水的流通路径、封堵地下水的排泄口等。

(3)对水质的影响

在公路施工期,施工队伍的生活污水、施工机械的油料遗弃及施工物质如沥青、施工车辆与施工材料的冲洗废水等都会对附近河流、水源、农田等造成影响。隧道施工废水排放中存在主要污染物为石油类、COD、SS(悬浮物)。其中石油类主要来自液压施工机械油管密封不严、油管爆裂造成的液压油外泄;SS 主要来自打钻过程中产生的岩粉、裂隙中夹杂的泥沙等;COD 主要来自石油类的氧化等。而 SS 由于多为泥沙,易于沉淀,其对水环境的影响范围较小。

8.3.3 道路工程建设对生态环境的影响

道路工程建设对生态环境的影响主要表现在:①路基、站场工程通过压占,使得地表植被和植物物种受到彻底破坏,植被盖度和植物物种多样性下降;②路基工程对沿线生态系统和景观类型的线性切割,造成生境的破碎化(王美芝等,2002);③取、弃土场通过开挖取土或弃土,地表植被和土壤结构受到彻底破坏,植物群落盖度和植物物种多样性下降,工程结束后地表植被和物种多样性开始缓慢的自然恢复过程;④施工便道通过运输机械(车辆)碾压,破坏地表植被和土壤物理结构,植被盖度和物种多样性下降,工程活动结束后地表植被和物种多样性开始缓慢的自然恢复过程,其恢复速度取决于原始土壤和植被受破坏的程度;⑤桥涵工程对地表土壤结构和植被受破坏的程度较小,工程活动结束后地表植被和物种多样性的自然恢复过程较快;⑥隧道工程对地表土壤结构和植被受破坏的程度较小,仅在隧道进、出口处土壤结构和植被受到破坏;⑦施工营地由于场地占用、机械碾压及人员活动等,地表植被和土壤结构受到一定程度的破坏,工程活动结束后地表植被和物种多样性自然恢复过程较快。

8.3.4 道路工程建设对灾害形成的影响

道路工程建设不仅对地质环境、水环境、生态环境造成巨大影响,还会引发各类灾害的形成。

(1)道路工程对滑坡(崩塌)形成的影响

道路工程对滑坡形成有很大影响。这主要表现在道路施工和营运两个阶段。

道路工程在施工阶段对滑坡形成的影响主要有:道路施工开挖坡脚,造成临空面,有利于滑坡形成;道路施工开挖形成人工边坡,使得坡体应力松弛,有利于边坡失稳,形成滑坡;道路施工开挖阻滑段,减小了抗滑力,容易形成滑坡;道路施工开挖破坏了土体表层结构,使得岩土体水分入渗性能改变,增大降雨入渗能力,有利于土体水分增加,减弱土体强度;道路施工开挖破坏了地下水和层间裂隙水的运移路径,可能导致岩土体内部水分在易滑地层中局部集中,诱发滑坡;工程弃土堆放于临近沟道或沟坡,在坡脚处理不当或不加处理时,往往会直接形成滑坡和坍塌;施工时序不当也会导致边坡失稳,产生滑坡。

道路营运阶段对滑坡形成的影响主要有:路边排水沟导流不当,开挖导致的地表水和地下水路径改变,会对潜在不稳定斜坡产生影响,有利于滑坡形成;道路施工开挖后,边坡具有3~5 a的应力调整期,在应力调整期间开挖边坡容易产生滑坡,遇到长历时强降雨则会产生群发性滑坡;高等级道路在运营期间,道路行车的振动荷载在其他条件适宜时会诱发滑坡,地震也会诱发开挖边坡的破坏。

(2)道路工程对泥石流形成的影响

道路工程对泥石流形成的影响主要表现在道路施工和营运两个阶段(崔鹏等,2007b)。

道路工程在施工阶段对泥石流形成的影响主要有:道路施工中将大量弃土堆放于临近沟道或沟坡,为泥石流形成提供了丰富的松散固体物质,在"Z"形展线的坡体上部弃土,更易于形成泥石流;道路施工改变了坡面和集水区的汇流路径,甚至使得相邻集水区的地表产流汇入沟道,增加了沟道水动力条件,有利于泥石流的形成;工程弃土压缩了沟道行洪空间,在洪水期间容易产生沟道洪水的集中冲刷,侵蚀岸坡,产生滑坡或坍塌,进而演化成泥石流,如果沟道洪水直接冲刷沟坡松散弃土,易坍塌形成泥石流;道路施工会破坏植被,当植被破坏达到一定程度时,则减弱了植被对坡面水—土过程的调控作用,有利于坡面侵蚀,使得沟道在降雨特别是暴雨过程中易于汇集水流和泥沙,为泥石流形成提供有利条件。

道路营运期对泥石流形成的影响主要有:道路施工中堆放于临近沟道或沟坡的弃土,部分处于不稳定状态且易于被侵蚀,在降雨期间易于产生侵蚀和坍塌,供给沟道溪流,进而发展成泥石流;道路施工改变了集水区的汇流路径,路边排水沟路面产流和坡面产流导入沟道,增加了沟道水动力条件,有利于泥石流的形成;道路的建成改善了当地人民的通达条件,随之也会改变当地的产业结构和土地利用方式,在经济利益驱使下可能造成不合理的土地利用,使得生态破坏,侵蚀加剧,利于泥石流的形成。

8.4 道路工程环境影响评价

随着中国西部大开发工作的全面展开,西部公路、铁路交通拟建、在建和改建项目越来越多。道路工程的建设,必然会对环境产生一定的影响。西部山区道路建设将极大地改变路域环境,客观评价道路建设工程活动对环境的影响,有利于认识道路工程对环境的影响,发展工程与环境协调的工程设计理论,减少未来大量道路工程建设引发的环境问题。本节以西攀高速公路建设活动为例,评价道路工程对环境的影响,得到道路工程活动对环境影响的等级分区图,为区域环境保护和灾害防治提供决策依据。

8.4.1 评价方法

道路工程对环境影响评价方法主要有专家打分法、层次分析法、专家—层次分析法和多层次模糊综合评判方法。

(1) 专家打分法

根据评价对象的具体要求选定若干个评价项目,再根据评价项目制订出评价标准,聘请若干代表性专家凭借自己的经验按评价标准给出各项目的评价分值,然后对其进行结集。

专家打分法的步骤为:①由对所评价的环境质量和影响进行过较长时间研究并有一定认识的技术人员组成专家组,向专家组成员详细说明判断矩阵的概念、含义,以及判断的方法;②列出所有评价因子的判断矩阵表格,按评价因子个数确定表格的列数与行数;③要求每个成员按 Satty 1~9 标度两两比较后得出各自的判断矩阵,并对各自的判断矩阵进行核实,如果发现有不妥之处,应重新构造判断矩阵,直至满意为止;④把每个成员的表格集中起来,综合专家组成员构造的判断矩阵为综合判断矩阵,并将其公布至全体成员征求意见,并请其修改自己构造的判断矩阵;⑤集中修改过的判断矩阵,再综合后将其公布至全体成员征求意见,直至所有的专家对综合判断矩阵没有意见为止,求得的判断矩阵即为最终判断矩阵,对这个判断矩阵利用 AHP 层次分析法求得各个因子的权值。按③~⑤的程序反复核对修正,直至没有专家进行变动为止。

(2) 层次分析法

层次分析方法(Analytical Hierarchy Process,AHP)由美国学者萨蒂(Saaty A L)于 1973 年最早提出,是一种对复杂现象的决策思维过程进行系统化、模型化、数量化的方法,强调人的思维判断在科学决策中的作用,使决策思维过程规范化,是目前处理多目标、多要素、多准则、多层次的非结构化复杂系统中定量与定性相结合问题比较简便又行之有效的方法。层次分析方法的基本过程,大体可以分为如下 6 个基本步骤:

1) 明确问题。即弄清问题的范围,所包含的因素,各因素之间的关系等,以便尽量掌握充分的信息。

2) 建立层次结构。将问题所含的因素进行分组,把每一组作为一个层次,按照最高层(目标层)、若干中间层(准则层)和最低层(措施层)的形式排列起来,并用结构图来表示其层次结构,图中要标明上下层元素之间的关系(图 8.4.1)。

3) 构造判断矩阵(表 8.4.1)。判断矩阵表示针对上一层次中的某元素而言,评定该层次中各有关元素相对重要性,一般取值为 1、3、5、7、9 共 5 个等级标度,其含义为:1 表示同等重要;3 表示 B_i 较 B_j 重要一点;5 表示 B_i 较 B_j 重要得多;7 表示 B_i 较 B_j 更重要;9 表示 B_i 较 B_j 极端重要。

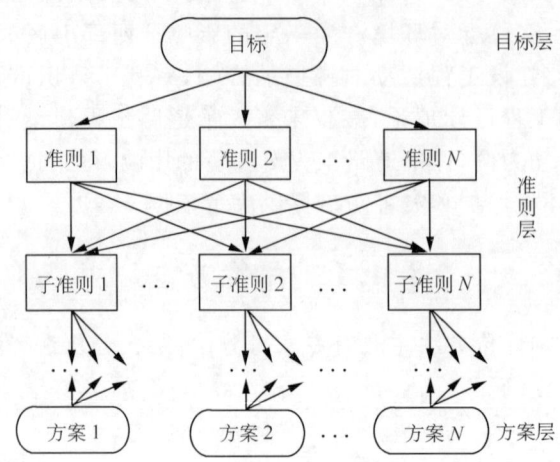

图 8.4.1　层次模型结构

表 8.4.1　层次总排序结果

层次 A 层次 B	A_1	A_2	…	A_m	B 层次的总排序
	a_1	a_2	…	a_m	
B_1	b_{11}	b_{12}	…	b_{1m}	$\sum_{j=1}^{m} a_j \cdot b_{1j}$
B_2	b_{21}	b_{22}	…	b_{2m}	$\sum_{j=1}^{m} a_j \cdot b_{2j}$
B_n	b_{n1}	b_{n2}	…	b_{nm}	$\sum_{j=1}^{m} a_j \cdot b_{nj}$

4)层次单排序。层次单排序的目的是对于上一层次中的某元素而言,确定本层次与之有联系的元素重要性次序的权重值。层次单排序的任务可以归结为计算判断矩阵的特征根和特征向量问题,即对于判断矩阵 $\boldsymbol{B}$,计算满足:

$$\boldsymbol{B}W = \lambda_{\max} W \tag{8.4.1}$$

式中:$\lambda_{\max}$ 为 $\boldsymbol{B}$ 的最大特征根,W 为对应于 $\lambda_{\max}$ 的正规化特征向量,W 的分量 W_i 就是对应元素单排序的权重值。

层次单排序的权值是否合理,还必须进行一致性检验。为了检验判断矩阵的一致性,需要计算它的一致性指标:

$$CI = \frac{\lambda_{\max} - n}{n - 1} \tag{8.4.2}$$

式中:当 $CI=0$ 时,判断矩阵具有完全一致性;反之,CI 值越大,判断矩阵的一致性越差。

为了检验判断矩阵是否具有令人满意的一致性,还需要将 CI 和平均随机性指标 RI 进行比较,其一致性指标 CI 与同阶的平均随机一致性指标 RI 之比,称为判断矩阵的随机一致性比例,记为 CR:

$$CR = \frac{CI}{RI} \tag{8.4.3}$$

一般地,当 $CR < 0.10$ 时,即认为判断矩阵具有满意的一致性,否则需要对判断矩阵进行调整,直到 $CR < 0.10$。

5)层次总排序。利用同一层次中所有层次单排序的结果,可以计算针对上一层次而言的本层次所有元素的重要性权重值,即为层次总排序。这一过程由最高层到最低层逐层进行,得到的层次总排序结果见表 8.4.1。

6)一致性检验。为了评价层次总排序的计算结果的一致性,类似于层次单排序,也需要进行一致性检验。

(3)专家—层次分析法

这种方法能结合专家打分法定性分析与层次分析法定量分析的优点,弥补两者的不足。即利用专家打分法来确定层次分析法所需要的判断矩阵,利用 AHP 层次分析法来确定权重,是一种科学合理的方法,以下案例采用此方法来确定评价因子权重。

专家—层次分析定权法的工作程序工作程序如图 8.4.2 所示。确定参与定权的环境因子后,可以基本上按照专家打分法的步骤进行。

(4)多层次模糊评价方法

多层次模糊综合评判方法,先对低层次的各类因子进行综合评判,然后对各类因子的评价结果进行高层次的综合评判。经过一个由低层次、小系统过渡到高层次、大系统的逐渐综合过程,实现地质环境质量的模糊综合评价。

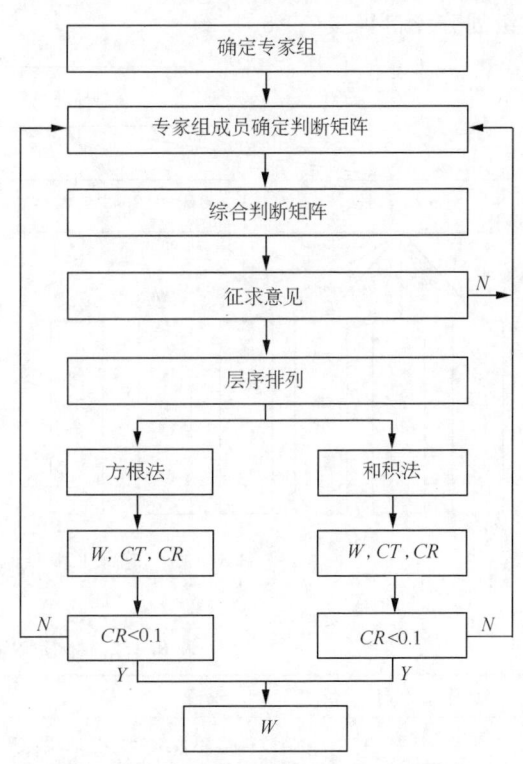

图 8.4.2 专家—层次分析法工作程序

应用多层次模糊综合评判方法时,首先构建模糊数学模型,接着进行单因素评价和综合评价。应用模糊变换原理和最大隶属度原则,模糊综合评判考虑与评价事物相关的各因素的综合评价。在调查研究的基础上,根据评价指标体系,选出评价因素,建立评价因素集,确定综合评判集。利用分布函数作为隶属函数对诸因素进行评价,确定每个因子对各评语的隶属程度,通过单因素评判矩阵,了解各评价要素的环境影响等级状况。最后作两级综合评判,按模糊数学最大隶属度原则,取隶属度最大者所对应的等级作为评价环境影响等级。

8.4.2 研究实例

以西攀高速公路工程为例,仅就道路工程对地质环境的影响进行评价。首先,由地质体稳定因子、岩体稳定性因子、工程活动强度因子和地质灾害因子,构成西攀高速公路工程建设活动对道路沿线地质环境影响的指标体系,其中,工程活动强度影响因子主要从土石方量、高挖深填、弃方、水体等四个方面来反映,这四个方面比较全面地代表了高速公路工程建设可能对地质环境的影响。通过对地质环境各种影响因素的分析,选择地质构造、地层产状、岩性组合、高填深挖等12个因子,从地质体稳定性、岩土体稳定性、工程活动强度、地质灾害4方面建立层次分析模型(图8.4.3)和评价指标体系,并采用较轻、较强、强烈、极强烈四级划分评价等级(表8.4.2)。

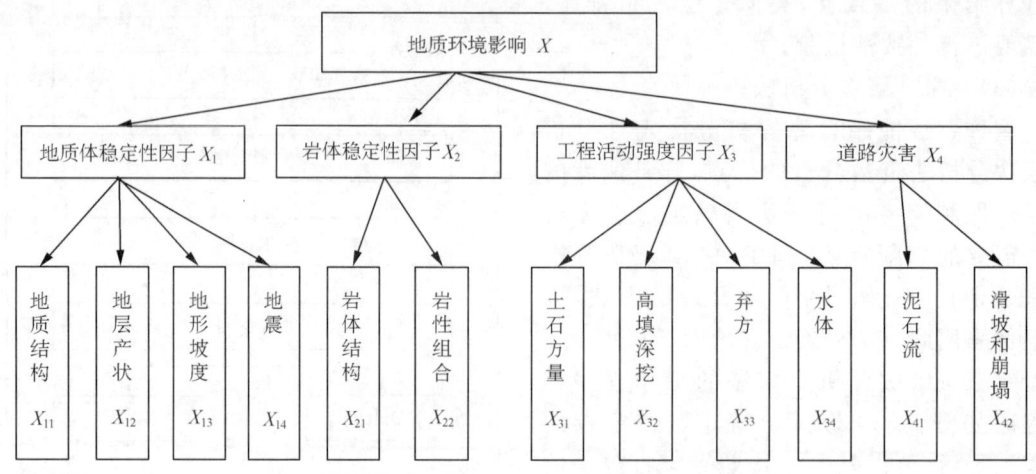

图 8.4.3　道路工程对地质环境影响层次分析模型

表 8.4.2　地质环境影响评价指标体系

子因子/代号	较轻	较强	强烈	极强烈
地质构造/X_{11}	地质构造不发育,浅层断裂稀少,缺乏深断裂	地质构造较发育,浅层断裂较少,深断裂切割地	地质构造发育,浅层断裂较多,深断裂带状分布	地质构造发育,浅层断裂密集,深断裂带交汇区
地层产状/X_{12}	水平及缓倾斜地层	中等倾斜地层	大角度内倾斜地层	大角度外倾斜地层
地形坡度/X_{13}	<10°	10°~25°	25°~35°	>35°
地震/X_{14}	无中强震,弱震稀,最大震级<5.0,综合烈度≤Ⅵ	局部有中强震,弱震较少,最大震级5.0~5.75,综合烈度Ⅶ	中强震散布,弱震较多,最大震级5.75~7.0,综合烈度Ⅷ、Ⅸ	强震成带分布,弱震密集,最大震级>7.0,综合烈度>Ⅸ
岩体结构/X_{21}	整体块状结构	层状结构	碎裂结构	散体结构
岩性组合/X_{22}	无风化,坚硬岩体	弱风化,较坚硬岩体	软弱岩土体	松散体,软弱土
土石方量/X_{31}	工程量不大	工程量较大,高填深挖段少	工程量大,部分地段高填深挖	工程量大,高填深挖多
高填深挖 X_{32}	<10 m	10~15 m	15~20 m	>20 m

(续表)

子因子/代号	较轻	较强	强烈	极强烈
弃方/X_{33}	弃方少	弃方较多,弃土场地稳定	弃方多,弃土场地稳定性较差	弃方多,弃土场地稳定性差
水体/X_{34}	地表水、地下水系统未被破坏	局部地表水排泄渠道破坏,地下水系统未破坏	地表水、地下水系统受到较强破坏	地表水、地下水系统受到强烈破坏
泥石流/X_{41}	泥石流不发育,危害轻微	泥石流较发育,危害中等	泥石流较发育,危害严重	泥石流发育,危害十分严重
滑坡、崩塌/X_{42}	岸坡稳定性好,无大型崩塌及滑坡	局部产生大型滑坡及崩塌	少量大型滑坡或崩塌,中小型较多	大量产生崩塌、滑坡,危害十分严重

按照 AHP 层次分析法来定权重专家打分结果见表 8.4.3。根据专家打分结果输入层次分析判断矩阵,经权重计算得到各个地质环境影响评价因子的权重(表 8.4.4)。按照单因素评判方法,得到工程活动强度因子对地质环境影响的作用等级分区图(图 8.4.4)。采用模糊综合评判发得出的结果如图 8.4.5 所示。

表 8.4.3 专家打分表

一级因子	X_1	X_2	X_3	X_4							
分值	6	2	4	3							
二级因子	X_{11}	X_{12}	X_{13}	X_{14}	X_{21}	X_{22}	X_{31}	X_{32}	X_{33}	X_{34}	X_{41}	X_{42}
分值	6	4	6	3	2	2	3	5	2	4	2	2

表 8.4.4 层次总排序

	特征向量				综合权重	排序
X	0.4554	0.1409	0.2628	0.1409		
X_{11}	0.32	—	—	—	0.146	1
X_{12}	0.21	—	—	—	0.1	3
X_{13}	0.32	—	—	—	0.146	1
X_{14}	0.15	—	—	—	0.07	6
X_{21}	—	0.6	—	—	0.08	4
X_{22}	—	0.4	—	—	0.06	6
X_{31}	—	—	0.157	—	0.04	7
X_{32}	—	—	0.483	—	0.127	2
X_{33}	—	—	0.09	—	0.02	8
X_{34}	—	—	0.27	—	0.07	5
X_{41}	—	—	—	0.5	0.07	5
X_{42}	—	—	—	0.5	0.07	5

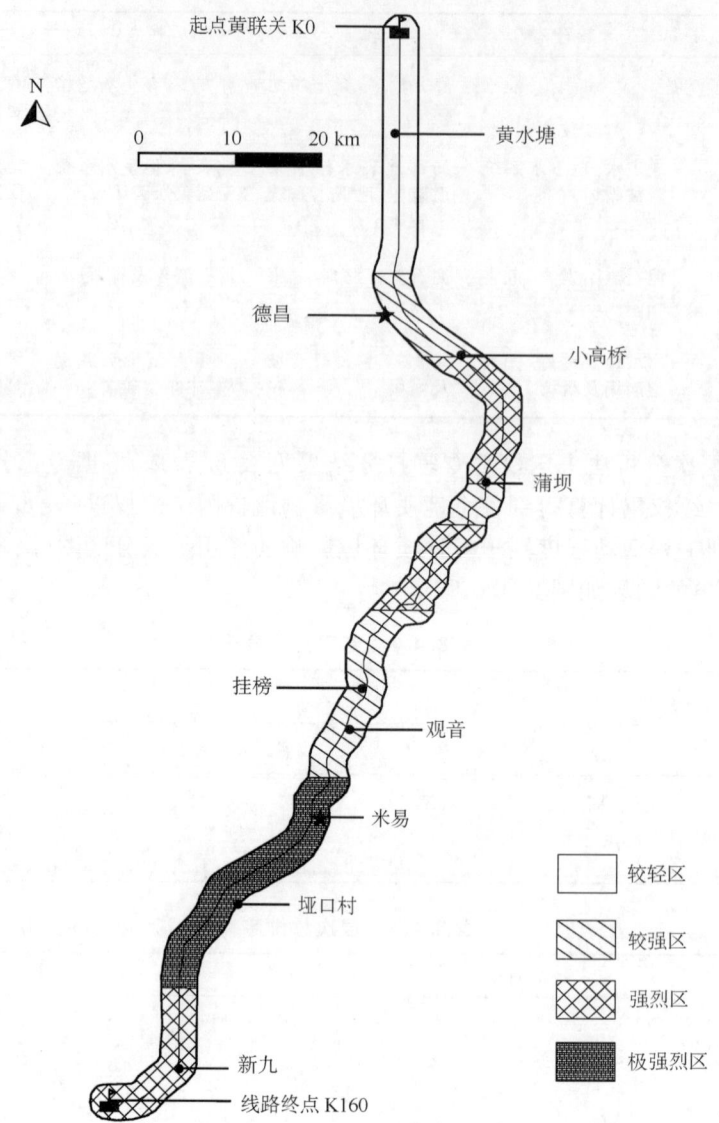

图 8.4.4 工程活动对地质环境影响等级分区图

评价结果的验证：从影响程度分级图上统计得到公路建设活动影响强烈和极强烈路段占到了总路段的 72.3%（图 8.4.6），只有起点黄联关到德昌、昔街至沙坝之间路段公路工程活动的影响程度较低。评价等级分区图与各路段的实际施工情况所反映的影响基本相符，如 K106 处山神庙 1 号隧道进口边坡施工过程中，出现边坡滑动，导致护坡和路旁加油站被毁（图 8.4.7），这与该路段评价结果为强烈是吻合的；K130～K150 段的昔格达地层由于施工造成不少塌方、水土流失，工程作用影响强烈（图 8.4.8），与该段评价结果极强烈也是相符合的，表明公路工程建设对地质环境影响的模糊综合评判结果比较符合实际。

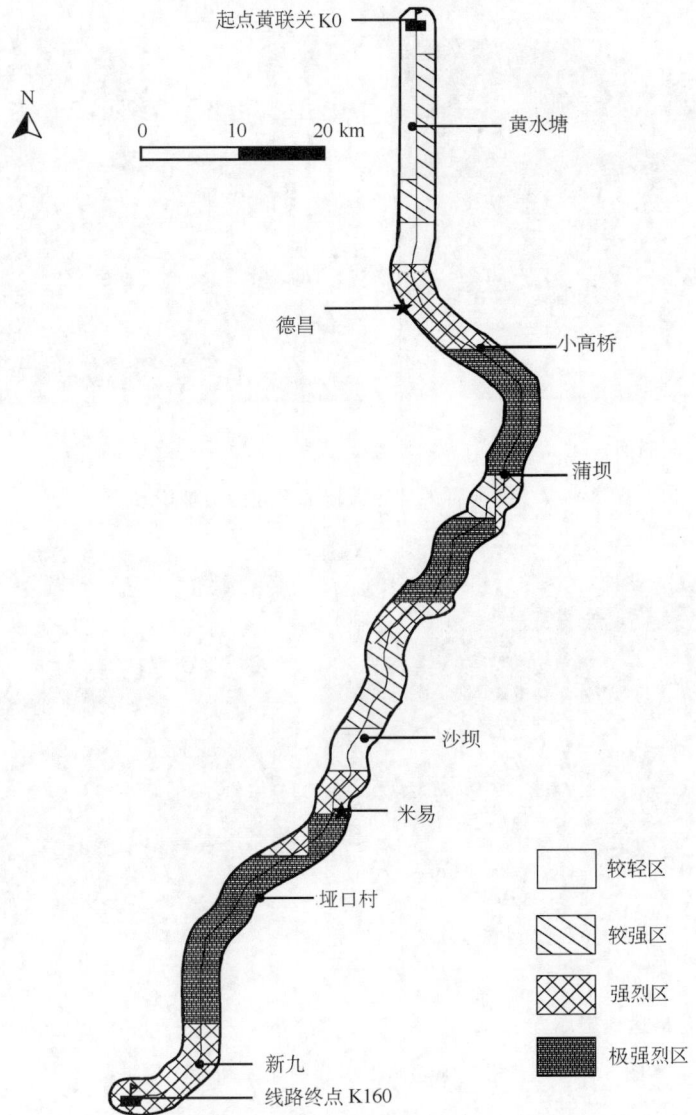

图 8.4.5 道路工程对地质环境影响等级分区图

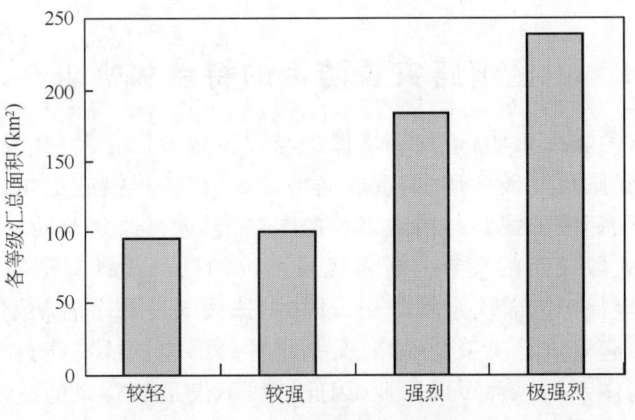

图 8.4.6 地质环境影响各等级面积汇总柱状图

(a)侧面　　　　　　　　　　　　　(b)正面

图8.4.7　山神庙1号隧道施工引起的边坡滑动

(a)昔格达地层塌方　　　　　　　　(b)水土流水

图8.4.8　昔格达地层施工引起的塌方和水土流失

8.5　道路减灾的问题与对策

8.5.1　山区道路灾害防治的特点和需求

我国道路建设与运营的实践表明,道路环境保护与灾害防治以在勘测、设计阶段就着手最为主动。若选线不当,轻则可能破坏环境,造成病害工点,在工程措施上付出高昂的代价,并且道路一旦建成,由于受邻接的线路与桥隧工程的限制,再进行改建与防护常常存在着极大困难,严重时可能造成大段线路的废弃。所以优质细致的勘测设计对道路建成后的抗灾能力、运行安全和路域环境保护起着决定性作用。同时,选线既是在节省初期投资和减少未来工程失事风险的矛盾中起着统筹决策的作用,又是将各局部工点抗灾能力有机组合设计,形成线路系统可靠性结构体系的一种布局作业,因此选线不仅是最首要的技术环节,而且是投资控制最重要的阶段。

我国铁路、公路路网中的长大干线,很大一部分在五、六十年代建成,限于当时对泥石流、滑坡灾害和环境保护的认识不足和勘察技术水平不高,环境和灾害问题在新线勘察设计阶段未能得到很好处理,此外,在当时国民经济底子尚十分薄弱的特殊历史条件下,道路建设方针偏重于降低造价节约初期投资,有时不得不把灾害防治工程的投资放在运营后的技术改造中采用分期加强方案逐步实施。基于上述两点,事实上大部分的道路灾害防治工程是在运营阶段逐步实施完成的。

综上所述,发展道路灾害勘察选线设计技术和既有线道路减灾技术已成为西部山区铁路、公路部门特殊的生产需求。

8.5.2 山区道路灾害防治需要注意的科学技术问题

泥石流、滑坡等道路灾害对山区道路交通危害巨大,为道路选线设计和工程建设带来极大困难。如何避免或减轻泥石流、滑坡对山区道路建设工程的危害,已成为山区开发中的重要科学问题。在道路减灾工作中,需要深入研究的科学技术问题有:对潜在灾害的判识与预测、灾害对线路展布的制约、灾害对道路个体工程设计的影响、道路通过灾点设计方案的优化、工程活动对环境和灾害的影响及其预防、减灾工程与道路工程的匹配、考虑环境影响和减灾的道路工程反馈设计原理、运营期间的防灾减灾与行车安全问题。针对以上问题,应注重开展如下工作。

(1)加强前期勘察,判识潜在灾害

相当一部分道路灾害形成的原因,是对灾害的认识不足,在道路展线和工程设计中未给予重视,没有采取适当的应对措施。因此,在道路减灾中,不仅要对已发生过的泥石流和有明显不稳定迹象的滑坡采取相应的防治措施;更应注意那些特征不明显、容易被忽视、有可能暴发的潜在泥石流和滑坡,及时采取防治措施,防止或减轻可能发生的灾害。为了准确判明潜在灾害及其暴发条件与发展趋势,应进一步加强道路建设的前期勘察工作,查明泥石流、滑坡形成的环境背景条件,进行泥石流活动敏感性分析和边坡稳定性分析,判识沟谷产生泥石流和斜坡发生滑坡的可能性及其形成条件,作为道路减灾的依据(崔鹏等,2004)。

(2)总结经验教训,发展山区道路选线理论

选线是保障线路方案的合理性和从源头上防治灾害的关键环节。在我国已建成的山区路网中,不乏选线合理的成功范例和由于选线不当而造成长期受灾局面的失败教训。例如,东川铁路支线,在选线时对泥石流的活动性及其危害估计不足,桥梁跨度和净空不够,线位较低,铁路建成不久就遭受到严重的泥石流危害,路基、桥梁被冲毁,涵洞、车站被淤埋的事件屡有发生,1971—1985年间,停运断道500多天,维修费用达到建设费用的4倍,而后由于小江河床的急剧上涨,使得小江河段的线路全部废弃(陈光曦等,1983),在21世纪初又重新修建,这是选线失败的典型案例。成昆铁路在选线时,充分考虑到活动断层、泥石流和滑坡的影响,采取避绕、高位定线、明洞渡槽通过泥石流地段等方法,基本上取得了成功。在山区道路建设迅猛发展的时期,应该认真总结经验和教训,进一步从理论上提高发展山区道路选线的理论和支撑技术。

(3)注重机理研究,认识道路工程与环境相互作用机制

环境因素,特别是不良地质因素与泥石流、滑坡,影响到山区道路建设的各个环节。道路工程的实施必然会对山地环境产生一定的影响,导致局部环境恶化,诱发泥石流、滑坡。

由于山区环境和道路工程建设本身的复杂性，道路工程与环境的相互作用是相当复杂的基础性科学问题，目前对这一问题的认识还非常粗浅。对道路工程与环境相互作用机制的进一步认识，将会从勘察、设计、施工等不同层面为道路建设提供理论和技术上的支撑，既有利于道路建设与环境协调，又能保证山区道路的安全。因此，应加强道路工程与环境相互作用机制这一基础理论问题的研究，及时将研究成果应用于山区道路建设中，不断提高我国道路建设水平及其与环境的协调性。

（4）发展源头减灾，创建与环境协调的道路工程反馈设计理论

道路灾害的很大一部分是由设计和施工中对环境因素处理不当所引起的。如边坡开挖对坡体稳定性的影响估计不足，处置不当，造成滑坡或诱发古滑坡的复活；边坡工程的开挖和加固的时序不合理，导致边坡失稳；工程弃土没有采取水土保持措施，导致水土流失，引发泥石流；施工过程中的排水不当和工程对地表水与地下水水文条件的扰动，也会导致滑坡和泥石流的形成。因此，道路工程的设计应该充分考虑环境对路基、桥梁、隧道等的影响。同时，还要考虑工程活动本身对环境的扰动及带来的次生灾害，尽量减少对环境的扰动，预留一定的空间，根据环境变化及时调整设计方案，尽可能减少工程对环境的影响。通过对上述问题的深入研究，发展与环境协调的道路工程反馈设计理论，为从源头上减灾提供理论依据。

（5）集成减灾技术，构建山区道路减灾技术体系

在复杂地形、地质条件地区，道路会遇到不同类型灾害的综合作用，需要同时考虑多种因素，采取综合措施处理。对泥石流减灾来说，虽然已有专门针对道路减灾而开发的技术，如"V"形排导槽等（王继康，1996），但由于道路面临着多种形式的泥石流危害，山区道路泥石流防治是以保护线路为目的，其减灾与一般性的泥石流防治措施有所不同，目前的防治技术还不能满足道路减灾工作的需要。今后，山区道路建设规模将进一步扩大，工程建设中会遇到更多的灾害问题，迫切需要针对我国山区复杂地形、地质条件下道路减灾的需求，展开深入广泛的调查研究，总结已有技术，有针对性地开发新技术，并加以集成，构建山区道路泥石流、滑坡减灾技术体系，并及时更新相关规范。

（6）重视减灾管理，构建道路环境灾害信息系统

道路功能的正常发挥和安全运营，在很大程度上取决于管理水平，山区道路的减灾管理尤为重要。道路环境灾害信息系统有利于及时处置灾害和事故，保障道路畅通，实现安全高效运营。因此，应该对沿线泥石流、滑坡环境背景和灾害情况进行普查，掌握第一手资料，揭示区域活动规律，收集详实的灾害信息，同时考虑人类活动及其对灾害的影响，构建道路环境灾害信息系统。运用计算机技术、地理信息系统技术、遥感技术、全球定位系统技术，建立定量、标准、完备和高效的数据库，并通过网络实现信息共享，在此基础上建立和完善泥石流、滑坡灾害形成和损失评估的数学模型。进而通过动态监测，接收沿线天气信息，进行泥石流、滑坡的预测、预报和警报，及时采取主动减灾措施，把灾害损失减少到最低限度，以达到道路防灾减灾目的。道路环境灾害信息系统的建立将为道路防灾减灾工作及其研究提供有效的手段，增强道路运营安全的保障能力，提高道路防灾减灾管理的实效。

8.5.3　山区道路建设不同阶段的问题与对策

道路建设和管理分为勘察选线、设计、施工和运行 4 个阶段，道路减灾贯穿于整个过程

之中。在道路建设和运营的不同时期,有着各自应该注重的道路减灾科学技术问题。以下针对道路建设不同阶段中的减灾问题,分别提出具体的对策,供道路建设工程减灾参考。

(1) 道路勘察选线阶段需要注意的问题与对策

选线是道路建设的首要环节,如选线适当,即使灾害极其发育,也可避免或减少危害。如选线不当,可能造成病害工点,在工程上付出高昂代价,给运营遗留后患,甚至线路无法正常使用。建设新线时,对泥石流、滑坡的漏判、错判或防治不力,将会造成严重灾害,影响道路建设和运营,花费更多的代价进行整治。因此,山区道路建设必须掌握泥石流、滑坡的规律,采取有效措施,满足通过灾害段的特定技术要求。结合地质灾害的危险性评估的结果,进行合理的选线是防治灾害积极有效的措施。然而,在实际工作中依然存在一些问题,主要表现在:①在地质灾害的危险性评估时,由于工作深度不够,对灾害预测的科学性和准确性依然满足不了选线的需要;②地质灾害危险性评估作为选线的重要依据之一,应该在选线之前完成,在实际的工作中,依然存在地质灾害危险性评估滞后的现象,使得选线工作没有很好地利用地质灾害危险性评估成果,对灾害考虑不充分,导致一系列道路灾害问题。针对这些问题,应严格管理,确保地质灾害危险性评估工作在道路选线之前完成,并采取以下对策,加强灾害调查和勘察工作:①充分掌握资料,查明灾害性质;②分析环境背景,判识潜在灾害;③分析灾害影响,确定道路设计的限制条件;④点面结合,处理好灾害工点与整段线路的关系;⑤分析利弊,安全利用泥石流扇形地;⑥尊重自然规律,协调线路与环境的关系。

(2) 道路个体工程设计阶段需要注意的问题与对策

泥石流、滑坡防治措施设计是灾害区段道路个体工程设计的重要组成部分。如发现选线过程中有考虑不周的地方,应加强防治措施,予以补救;如发现选线不当之处,即使采取防范措施也难以保证道路安全,则应提出对选线方案的改善意见。灾害防治措施的设计过程,也就是对灾害多发区段道路总体设计的核对和完善过程(陈光曦等,1983)。根据选定的线路方案,进行灾害防治措施设计时,在了解该区段灾害发育规律的基础上,应进一步详细勘测和分析每一工点灾害的发展趋势、运动特征、力学性质、破坏方式,分析道路构筑物与灾害的相互制约关系,判断道路可能会受到的危害方式和强度,提出经济合理的防治措施。在灾害防治工程设计时应注意如下问题:①工点详细勘测,确定灾害物理参数;②分析灾害特征,综合确定灾点防治方案;③针对减灾需求,综合配置减灾工程;④考虑灾害极值,确定工程设计的控制性参数;⑤注重环境保护,进行与环境协调的设计。

(3) 道路施工阶段需要注意的问题与对策

道路工程建设的施工不可避免地会对地质环境产生扰动,其扰动作用可以归纳为工程荷载、爆破振动、岩土开挖堆填、水文条件改变、工程热力作用等。其中,岩土开挖堆填和水文条件改变是工程活动影响地质环境最重要的两大作用方式,影响到风化营力、岩土体应力、水动力条件,进而造成环境的灾害性效应。道路边坡开挖的环境影响尤为突出,边坡开挖引起的应力松弛、坡体水环境改变两种作用方式对地质环境造成直接影响,作用强烈,影响范围大,能够造成严重的环境效应,引发边坡环境地质灾害,如滑塌、崩塌、落石、滑坡和水土流失等。我国山区道路均不同程度地出现由于工程活动而导致的道路病害,约40%的滑坡都是工程滑坡(苏生瑞等,2005)。目前施工过程可能存在如下问题:①由于实际情况的变化,出现施工条件与设计条件不同的情况时,未能及时调整设计方案;②不同的开挖、支挡的顺序对边坡岩土体变形有很大影响,进而影响边坡稳定性,施工中对施工时序科学安排重视不够;③施工过程中不注重对潜在灾害的设防,将工棚等临时性建筑物布置在地质灾害危险区范围内。因此,道路施工对环境的扰动是导致道路灾害的重要方面,在道路施工期间,应充分考虑到工程与环境的相互影响,及时采取适当的措施,把灾害减少到最小程度。通过环境与道路工程相互作用机制分析,提出如下道路施工中应该注意的问题和对策:①深入分析边坡性质,制订科学施工方案;②合理安排施工措施,尽量保持原坡体的稳定性;③加强排水措施,防止诱发灾害;④开展边坡监测,及时调整施工方案;⑤进行环境友好施工,保护路域生态;⑥注意施工安全,预防人员伤亡。

(4)道路运营阶段(道路病害整治)需要注意的问题与对策

山区道路在长期的运营中难免受到泥石流、滑坡的危害,造成一处断道而全线中断的情形,必须及时整治,保证行车安全。由于线路的平面、剖面和主体工程已经定型,整治灾害远不及新线设计灵活,往往一个小的泥石流或滑坡,也需要付出高昂的代价(陈光曦等,1983)。因此,与新建道路的灾害治理相比,已建道路的灾害防治工程受到很多因素制约,难度相对较大,应因势利导,因地制宜,因段制宜,因沟制宜,深入分析灾害性质和危害方式,综合考虑灾害防治工程和既有道路主体工程在灾害防治中的关系,确定最适合的灾害整治方案。既有道路灾害整治应注意如下问题:①正确处理抢通与防治的关系;②利用自然规律,制订综合灾害整治方案;③注意环境保护,预防次生灾害;④进行灾害监测,预防重复成灾;⑤加强灾害管理,构建信息系统。

(撰写人:崔鹏、王成华、陈廷芳、周小军等)

参考文献

陈光曦,王继康,王林海. 1983. 泥石流防治. 北京:中国铁道出版社.
程国栋,王根绪. 2006.中国西北地区的干旱与旱灾——变化趋势与对策. 地学前缘,13(1):3-14.
崔鹏,林勇明,蒋忠信. 2007a. 山区道路泥石流滑坡活动特征与分布规律. 公路,6:77-82.
崔鹏,林勇明. 2007b. 自然因素与工程作用对山区道路泥石流滑坡形成的影响. 灾害学,22(3):11-16.
崔鹏,杨坤,朱颖彦,马东涛. 2004. 西部山区交通线路的泥石流灾害及减灾对策. 山地学报,22(3):326-331.
邓万明. 2003. 中国西部新生代火山活动及其大地构造背景. 地学前缘,10(2):471-476.
丁永建,叶柏生,韩添丁等. 2007. 过去50年中国西部气候和径流变化的区域差异. 中国科学(D辑),37(2):206-214.
罗国煜. 1997. 地质灾害研究现状与展望. 水文地质与工程地质,(2):29-31.
马巍,程国栋. 2006,青藏铁路建设和冻土问题. 科学,58(6):6-10.
宋连春,张存杰. 2003. 20世纪西北地区降水量变化特征. 冰川冻土,25(2):143-148.
苏生瑞,孙芳强,吴华金等. 2005. 山区公路滑坡灾害问题及对策分析. 工程地质学报,13(3):340-345.
王继康. 1996. 泥石流防治工程. 北京:中国铁道出版社.
王可丽,江灝,赵红岩. 2005. 西风带与季风对中国西北地区的水汽输送. 水科学进展,16(3):432-438.
王美芝,许兆义,杨成永等. 2002. 青藏铁路工程对高原生态环境的影响. 交通环保,23(3):2-4.
王思敬. 1997. 论人类工程活动与地质环境的相互作用及其环境效应. 地质灾害与环境保护,8(1):19-26.
夏军,孙雪涛,谈戈. 2003. 中国西部流域水循环研究进展与展望. 地球科学进展,18(1):58-67.
谢洪,刘世建,钟敦伦. 2000. 西部开发中的泥石流问题. 自然灾害学报,10(3):44-50.
叶柏生,丁永建,康尔泗等. 1999. 近40a来新疆地区冰雪径流对气候变暖的响应. 中国科学(D辑),29(增刊):40-46.
张存杰,高学杰,赵红岩. 2003. 全球气候变暖对西北地区秋季降水的影响. 冰川冻土,9(2):157-164.
张国威,吴素芬,王志杰. 2003. 西北气候环境转型信号在新疆河川径流变化中的反映. 冰川冻土,25(2):183-187.
中国科学院青藏高原综合科学考察队. 1982. 青藏高原地质构造. 北京:科学出版社.
中国科学院-水利部成都山地灾害与环境研究所,西藏自治区交通科学研究所. 1999. 川藏公路典型山地灾害研究. 成都:成都科学技术出版社,1-29.

第9章 高山峡谷区道路工程减灾原理与技术

道路工程系指铁路和公路工程,是国家交通大动脉之一。前已论述,我国西部山区不仅地质环境复杂,地形、地貌多样,生态环境脆弱。然而,它却蕴藏着十分丰富的矿产、水能、森林和生物资源,是我国的聚宝盆。开发西部、建设西部、发展西部是国家经济建设的重大战略。国家有多条东西、南北大动脉(铁路、公路)通向西部山区,西部各省区的公路、铁路穿行于西部山区沟河山梁之间(张坤民,1997;张玉芬,2001)。人们在西部山区修筑道路已累积了丰富的经验,但西部地区工程地质条件复杂,新构造运动强烈,地形起伏大,气候多变,为灾害频发创造了条件,造成崩塌、滑坡、泥石流等发育,危害线路严重,影响运营管理,为选线设计和工程建设带来极大困难,使线路建设举步维艰(崔鹏等,2007;中国科学院—水利部成都山地灾害与环境研究所,2000)。同时,交通线路的土建工程又会对本已脆弱的生态环境带来难以恢复与补偿的后果,进而加剧灾害的频度和强度。因此,分析现有道路沿线灾害类型及特点,认知道路工程减灾原理,发展道路工程减灾技术,对于在建和拟建道路有很好的参考价值。

9.1 灾害多发区道路减灾选线原则

西部山区铁路、公路线长站多,多沿河行进于高山深谷中,沿线崩塌、滑坡、泥石流等山地灾害密布。道路为线状延伸的串联系统,一处受灾断道,全线瘫痪,成灾率大,敏感性高,影响面广。首先应对山地灾害采取积极预防的措施,在道路选线时,对灾害密集、治理困难的地段加以绕避,如修桥跨河到地质条件较好的彼岸,线路内移、修建隧道躲避灾害。对不能完全躲避的崩塌、滑坡、泥石流,应采取监测预警,如道路沿线的巡守、重点路段的监测、灾害的短期预报和危急工点的预警系统等措施,及时发现,合理防治,消减灾害。因此,对道路山地灾害,要贯彻预防为主、防治结合的方针。

9.1.1 灾害多发区道路减灾选线的一般原则

灾害多发区道路减灾选线的一般原则有三类:(1)地质选线原则。在整线方案研究阶段,从大地构造单元、地质构造展布、道路灾害区划等层次入手,线路选择通过地台区,避免经过地槽区;正交而不平行于构造活动带和深大断裂带;通过河流宽谷、高原面,避免经过深大峡谷、陡峭谷坡、岩溶槽谷。(2)绕避预防原则。在线路初步设计阶段,对道路沿线山地灾害,避胜于抗,防胜于治。措施包括靠山以隧道绕避、就地建桥跨越、线位外移绕避、设桥跨河绕避、线位抬高躲避等。(3)预防人为灾害。在施工设计定线阶段,线路应选择在有利于灾害防治的平面位置和高程通过,预防工程施工引起工程灾害,如避免在古滑坡前缘挖方或后缘填方导致滑坡复活;同时考虑通车后人类活动所致灾害。

9.1.2 滑坡区选线原则

滑坡区选线原则分为既有滑坡区选(定)线原则和潜在不稳定斜坡地段选(定)线原则。

(1)既有滑坡区选(定)线原则:①对地质复杂的大型滑坡及滑坡群,以绕避为主,绕避长大紧坡地段的严重滑坡时,纵面上要考虑改线接坡高度;②对边界清楚的较小滑坡,可选择有利于滑坡稳定和线路安全的部位通过;③在已稳定的滑坡段,应在滑坡前缘以填方或后部以浅挖方通过,也可用旱桥通过滑坡前、后缘并留足净空,不应在滑坡体上部填方加载或在滑坡体下部挖方切脚,切勿将线路摆在滑坡的主滑部位。

(2)潜在不稳定斜坡地段选(定)线原则:①河谷线,避免与大断裂带平行,避免切割大型岩堆、洪积扇裙部坡脚,避开岩层(或贯通节理)面倾向河谷的地段,填、挖均应尽量少破坏坡体平衡;②山坡线,避免大量开挖松散堆积层和地下水发育的缓坡。通过由易滑岩土组成的缓丘区时,尽可能小填小挖,并且以填方为主;③越岭段,避开岩层严重风化带或构造破碎带形成的垭口,在同一坡面上展线时避免上、下线位因填、挖而产生的相互影响;④经过河流冲刷的凹岸和水库边岸时,要依据坍岸预测和老滑坡复活检算来选择线位。

9.1.3 泥石流区选(定)线原则

(1)泥石流区选线原则分为三个方面:①绕避处于发育旺盛期的特大型泥石流、大型泥石流和泥石流群,以及淤积严重的泥石流沟,在冰湖溃决泥石流地段和泥石流堵河地段,线路要远离堵河范围的河岸;②在峡谷河段,要依据泥石流规模和泥痕,确定线路位置与高程,平面上道路宜靠河,利用堆积扇尾部被主河洪水下切可以顺畅排泄泥石流的条件,以矮桥、路基通过;而在泥石流分布集中河段,尽可能走高线;③在宽谷河段,依据沟(河)床淤涨率和主河摆动趋势,确定线路位置与高程;在变迁性河段,道路离河距离应宁远勿近。

(2)泥石流区定线原则分为四个方面:①跨越流通区时,在平面上,线位要利泄防冲,避开沟床纵坡由陡变缓的转折处和平面上的急弯部位;②从沟口或扇顶通过时,要注意出山口可能的淤积或下切,以及扇顶的可能上伸或下移;③跨越泥石流扇时,线路尽量与流向正交,依据扇面淤积率确定线路标高,不应在扇上挖沟设桥或作路堑;④跨沟建筑物不得压缩沟床断面,不改沟并桥,沟中不宜设墩;标高根据泥痕高度、残留层厚度和输移大漂石所需高度等而定,留足净高。

9.1.4 横跨地貌单元长大干线减灾选线原则

青藏高原地势高亢,地形险峻,地质条件复杂,山地环境脆弱,山地灾害频繁,科学地选线、定线是道路减灾防灾的源头,减灾效果最为明显。青藏公路属于横跨地貌单元长大干线,根据青藏高原地形、地质条件及进藏公路、铁路线路的特点,更新和完善现有的选线理念,提出进藏交通干线减灾选线的以下6项理论原则,相互匹配,综合应用,以期从源头上最大限度地减轻横跨地貌单元长大干线的山地灾害。

(1)与山系正交,以高桥长隧垂直爬上第三地势阶梯的走向选择原则。20世纪90年代以前,由于大跨高桥和长隧道的修建技术及工期的限制,一般山区道路选线都是先顺山间谷地尽可能地展线,提升线路标高以较短隧道穿越分水岭,或降低线路标高以较小跨度的较低桥梁跨过河谷,以降低桥隧工程难度并缩短工期。青藏高原周边山系与区域地质构造线基本一致,沿构造线断裂发育,岩体破碎,河谷深切,谷坡高陡,构造活动强,地震烈度高,因而崩塌、滑坡、泥石流、雪崩、岩堆岩屑锥等山地灾害分布密集,规模巨大,成灾频繁。从防灾减灾角度,宜改变沿河展线来缩短越岭隧道和跨河桥梁的现有设计理念,贯彻与山系、构造线正交的走向选择原则,尽可能减少沿河展线,以大跨高桥和长隧道垂直穿越。这一方面可大量减避河谷线段的山地灾害。虽然长隧道可能遭遇地热、岩爆和高地应力等问题,但这些问题的严重性远不及河谷山地灾害,解决的技术难度也相对较小。另一方面,可明显缩短线路长度。20世纪90年代以来,我国高桥长隧工程技术迈入了世界先进行列,选线原则的上述更新已获得全面的技术支持,与横断山系呈垂直或斜交方向进藏的川藏、滇藏铁路和公路,将有条件实施这一选线原则。

(2) 分段展线,尽早脱离河谷上行至高原面的地形选线原则。青藏高原处于持续、急剧的构造抬升中,高山高原剥蚀严重,周边河谷不断深切,呈现出高原与高山峡谷的地貌景观,山地环境十分脆弱,相对于高原面的冰雪冻土灾害,河谷地带的山地灾害更为严重、密集和频繁,峡谷中崩塌、滑坡、岩屑锥等重力地貌灾害密集而规模巨大,冰川泥石流、雨水泥石流、溃决泥石流等泥石流灾害严重而频繁,高海拔谷坡多突发雪崩,雅鲁藏布江宽谷还有风沙灾害。因此进藏道路应不受河谷地形平顺的诱惑,摆脱对河谷线的传统偏爱,不能像一般地区那样首选工程貌似简易的河谷线,而应尽早脱离灾害四伏的河谷,展线至相对平坦的高原面,首选灾害较轻、地势宽缓、工程较易的高原线或山原线。由于青藏高原急剧的构造抬升,河谷下切速度跟不上抬升速率,多期侵蚀逐一从河口向上游溯源传递,加上上游河谷受古冰川的刨蚀作用,河谷纵剖面多呈下游陡、上游缓的上"凸"型或复合型,河谷地貌也相应呈现出下游多狭谷、中上游有宽谷的特征。因此,上行至高原面的展线,不能像一般地区因河流纵剖面呈下游缓、上游陡的下凹形,中上游段道路纵坡跟不上河床纵坡而集中展线,而应贯彻分段展线的原则,尽可能在下、中、上游合适地段适时设置展线,从而避免过于集中的展线工程对脆弱山地环境的集中破坏而导致大量山地灾害。

(3) 绕避为主,沿河线路跨河、进洞躲避山地灾害群的防灾选线原则。绕避历来是山区沿河线路减灾的首要选线原则。进藏交通干线的沿河线路,由于山地灾害规模巨大,且常具群发性,硬性进行整治,工程艰难,耗资甚巨,往往不够现实,以绕避为主的减灾选线原则更显重要和适用,应加以强化。加之多峡谷地形,跨河桥长度有限,靠山进洞也较简易,地形条件有利于绕避。因此,进藏交通干线沿河线路应以多次跨河为主,兼以隧道来躲避山地灾害群。

(4) 顺应山地灾害坡向分异规律,沿河线多经阴坡、少经阳坡的岸别选择原则。由于谷坡水热条件的坡向差异,导致地形、气候、水文等自然地理要素显现一定的坡向差异,受其制约的坡地山地灾害也呈现某种程度的坡向性分布规律。在其他条件类似的情况下,阳坡与阴坡相比,日照时间长,太阳辐射强,气温高,日较差大,蒸发强烈,湿度低,易于风化剥蚀、产生水土流失、暴发泥石流、孕育崩塌滑坡。总体上,阳坡比阴坡的山地灾害多,规模大。帕隆藏布及其支流拉月曲为近东西流向,川藏公路所经的北岸为阳坡,与南岸相比,其寒冻风化更强烈,雪线、积雪较高,地形较陡,植被较疏,土层较薄,松散固体物质最丰富,地表径流和冰雪融水较多,崩塌、滑坡、泥石流比南岸(阴坡)数量多、规模大、灾害重。因此,建议帕隆藏布段新建滇藏铁路、川藏铁路和改建川藏公路的选线原则是:以南岸为主,分段制宜,跨河避灾。线路总体上应沿南岸行进,但对上游峡谷段南岸的突发性雪崩集中段、中游北岸的波密县城等重要居民点及拉月曲南岸崩塌群,线路仍可绕经北岸,以避灾和便民。

(5)宁高勿低,沿河线路按重灾群灾上界高度定线的剖面定线原则。青藏高原东南部和外围的河谷深切,谷坡高陡,谷坡底部是崩塌、滑坡、泥石流、溜砂坡、雪崩、风沙的冲击区和堆积场,加上河流的冲刷、淤积及相对剧烈的人类活动,定线愈低的沿河道路所经山地灾害地段愈长,易损性愈大,成灾愈严重。重灾、群灾的沿河线段要贯彻宁高勿低的定线原则,尽量将线路标高定在山地灾害群的上界,从而可用挖方通过崩塌、滑坡体上部,用中小桥从泥石流的流通区或出山口跨越,但其前、后段宜进行顺坡展线,避免向上、向下集中展线对坡体稳定性的影响。现有道路往往为利用低阶地走沿河低线来减小工程,在群灾段用挖方从崩塌、滑坡体前部通过,用分散的小桥涵从泥石流堆积扇缘通过,在进藏交通干线的纵面定线中,尤其要注意防避青藏高原特有的冰湖溃决泥石流及滑坡堰塞湖溃决洪水灾害。冰湖溃决洪水与泥石流以其突然性、毁灭性、流量巨大、水头极高为特点,并将堵塞主河然后溃决形成二次灾害,对下游大段沿河线路具有毁灭性。因此,定线时要研究冰碛湖或滑坡堰塞湖溃决的影响河段和最高洪水位,将该河段的线位提高到最高洪水位以上,躲避溃决洪水与泥石流的毁灭性灾害。

(6)多填少挖,高原面线路按最佳填方高度定线的剖面定线原则。青藏高原面上以冰雪和冻土灾害为主,尤以青藏公路、铁路的冻融灾害普遍而严重。线路穿过多年冻土区的长度,青藏公路为 750 km,青藏铁路为 547 km。这些道路的工程活动改变了冻土的热量平衡状况,地温升高引起冻土上限加深和多年冻土退化,公路黑色路面的吸热效应还使路基下冻土融化形成融化盘,导致以融沉、冻胀、融冻泥流、热融滑塌、热融湖等为主的热融灾害。为此,道路定线都贯彻了多填少挖,尽量不挖以保护多年冻土的原则,以起隔热作用的路堤为主通过冻土区,避免深挖方、取草皮等工程活动破坏多年冻土,使冻土下限降低而产生热融灾害。青藏公路工程实践表明,隔热路堤并非愈高愈有效,填方高度应适当。定线原则应是以适当高度填方通过高原冻土区,过高、过低都不利于路基的稳定。这个适当高度在理论上应是最佳填方高度,即路堤的热阻作用足以保护其下冻土免遭热融,且坡向效应又不会导致阳面路肩破坏的填方高度。

上述 6 项减灾选线原则还是理论性的和单项性的,具体要根据特定横跨地貌单元长大干线所经地形、地质条件,相互匹配,综合应用,组合成减灾选线的综合原则。对于不能相洽的减灾选线单项原则,则要趋利避害,择善而行。沿河线路减灾选线定线的跨河绕避、多走南岸、多定高线等 3 项原则中,跨河绕避与多走南岸就必须结合,多走南岸是相对的,遇长大灾点(段)就可跨河至对岸绕避;跨河绕避与多定高线则不相匹配,突出跨河绕避巨大灾点的前后线段,就不宜定线过高,从而减小跨河桥梁工程。

上述 6 项选线定线原则只是从防灾减灾角度出发的,防灾减灾只是选线定线的重要目标之一。除防灾减灾外,横跨地貌单元长大干线的具体选线定线还要根据技术标准等线路条件、投资与工期等建设条件、阶地分布等设站条件、居民点分布等经济条件、资源分布等发展条件、交通现状等施工条件来全方位地综合考虑,选定出一条技术标准较高、投资较省、工期较短、安全可靠、促进沿线经济发展和人民生活水平提高的交通干线。

9.2 道路工程与环境协调的设计原理

西部山区地形崎岖,地质条件复杂,道路(铁路、公路)沿线山地灾害众多,自然环境脆弱。作为西部大开发先行的道路工程建设,与环境的相互作用复杂,对环境的扰动和破坏较大(隋永芹等,2001;蒋忠信,1995a;黄润秋等,1996)。要适应可持续发展的要求,道路工程必须重视环境的保护和恢复,建成为绿色通道(王慧炯等,2000;董小林等,2003;伍石生等,1997)。道路自然环境主要包括水环境(地表水和地下水)、生态环境和地质环境。环境保护贯穿于道路选线、建设和运营的全过程。本节从工程设计的角度,针对道路工程的主要环境问题,总结与环境协调的设计理念。

目前,道路工程建设引发的主要环境问题有:隧道排水导致山区水资源涸竭的水环境问题,路堑高边坡破坏植被的坡地生态环境问题,路堑开挖诱发工程滑坡的坡体地质坏境问题,工程弃方处理不当引起的水土流失问题。为解决这些工程环境问题,从研究工程与环境的相互作用出发,归纳了相应的与环境协调的设计原理:基于水环境平衡的隧道防排水设计原理,控制路基边坡高度的支挡收坡设计原理,坡脚预加固的路堑工程路径设计原理,沟头填垦的工程弃方开发性处理原理。

9.2.1 水环境平衡的隧道防排水设计原理

(1)隧道工程与水环境的相互作用

山区道路的隧道工程众多,其环境保护的主要课题是保护洞顶水资源。目前我国越岭隧道"防排结合,以排为主"的防排水原则,会导致洞顶地下水位下降,地表水和井泉涸竭,地面岩溶塌陷,恶化生态环境,严重影响人民的生产和生活,因而隧道防排水"以堵为主"的呼声日高(张祉道,1995.石新栋,2002;任旭华等,2004)。但是,隧道工程与地下水形成了复杂的相互作用链,完全封堵地下水,衬砌将难以承受巨大的水压力。因此提出了维持水环境平衡、减少洞顶环境灾害和隧道水压力的隧道防排水设计原则。

水环境对隧道工程的作用表现为形成水压力和隧道涌漏水。"以排为主"的原则,通过在衬砌外维持长期持续的排水来降低隧道外水压力,减小衬砌工程(屈科等,2001;赵健,2003;石新栋,2002;任旭华等,2004)。隧道排水对水环境的反作用导致洞顶水资源涸竭,水环境失衡,引发环境灾害。隧道"以堵为主"后,洞顶在降水补给大于隧道渗漏的条件下,水环境得以恢复,地下水位上升,疏干漏斗缩小,水环境逐渐达到新的平衡,环境灾害得以减轻甚至消除(图 9.2.1)。

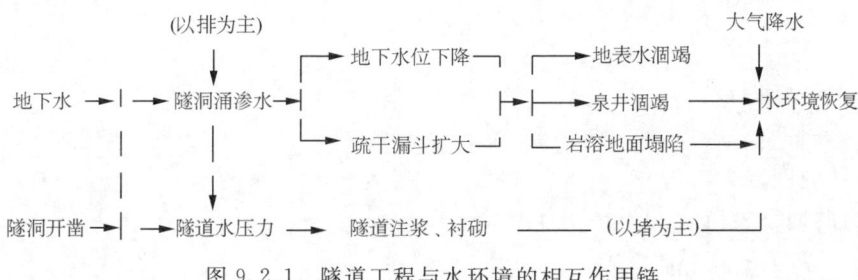

图 9.2.1 隧道工程与水环境的相互作用链

(2) 隧道允许排水量

1) 毛洞涌水量

毛洞开凿后,地下水处于非稳定状态。毛洞涌水量是计算水量平衡的基础,可采用佐藤邦明法预测单位长度毛洞的最大涌水量 q_0 (m²/d)、正常涌水量 q_S (m²/d)、自最大涌水量开始衰减至某时刻 t_i (d) 的涌水量 q_t (m²/d):

$$q_0 = \{1.72\pi K(h-r_0)\}/\ln\{\tan[(2h-3r_0)(\pi/4H)]\cot(\pi r_0/4H)\} \tag{9.2.1}$$

$$q_S = q_0 - 7.475 K r_0 \tag{9.2.2}$$

$$q_t = q_0 - (12.8 K^3 r_0^2 t_i)/(\mu B q_0) \tag{9.2.3}$$

式中:K 为渗透系数(m/d);h 为静止水位至隧洞底的高度(m);r_0 为洞体横截面等价圆半径(m);H 为含水体厚度(m);μ 为含水体给水度(裂隙度,无因次);B 为洞体宽度(m)。

穿过含水层长度为 L(m)的毛洞在开始衬砌时刻 t_1(d)的单位长度(m)涌水量 q_1(m²/d)和衬砌前的累计涌水量 Q(m³)分别为:

$$q_1 = q_0 - (12.8 K^3 r_0^2 t_1)/(\mu B q_0) \tag{9.2.4}$$

$$Q = L t_1 (q_0 - q_1)/2 \tag{9.2.5}$$

2) 含水层疏干

毛洞涌水会疏干地下水,引起地下水位下降,形成疏干漏斗并扩大。

疏干漏斗半径 $R(t)$:

$$\text{对承压水}: R = 2.145 (T t_1/S)^{1/2} \tag{9.2.6a}$$

$$\text{对潜水}: R = 2.145 (H K t_1/\mu)^{1/2} \tag{9.2.6b}$$

式中:S 为储水系数(无因次),T 为导水系数(m²/d)。

由式(9.2.6)求出 R_i,绘出地面的椭圆形疏干范围,从而确定洞顶遭受水荒的地域。

$$\text{椭圆长径(沿隧洞走向)}: R_1 = 2R_i + L \tag{9.2.7a}$$

$$\text{椭圆短径(垂直隧洞走向)}: R_2 = 2R_i + B \tag{9.2.7b}$$

3) 疏干漏斗体积 V 与地下水位降深 s

$$V = (q_1/T)\{(Tt/S)^{0.06575} R^{1.8685}(1.0455R + 1.0217L) - R^2(0.9042R + 0.8634L)\} + Bs_0 \tag{9.2.8}$$

式中:s_0 为洞壁处降深(m)。

地下水浸润线为单叶上凸双曲线,地下水位下降值 $s(t,r)$ 随距隧洞侧壁的距离 r 的加大而以减速度递减,可用式(9.2.9)求得:

$$s = q/(4\pi T)(10.9504 u^{-0.06575} - 10.85) \tag{9.2.9}$$

式中:$u = r^2 S/(4Tt)$。

据 V、s 评估水荒程度。

(3) 水环境恢复

年补给的地下径流量 Q'(m³)为:

$$Q' = 1000(W - H' - E)F \tag{9.2.10}$$

式中:W 为年平均降水量(mm);H' 为年地表径流深(mm);F 为流域面积(km^2);E 为年地表蒸发量(mm),可用妥克经验式近似计算:

$$E=W/\{0.9+W^2/(300+25T'+0.05T'^2)^2\}^{1/2} \tag{9.2.11}$$

式中:T'——年平均气温(℃)。

隧道实施"以堵为主"的工程措施,当隧道的常年渗水量 q' 小于降水入渗量 Q' 时,洞顶水环境会得到逐步恢复。恢复进程分两个阶段。

1)地下径流恢复阶段。根据洞顶缺水灾情,要求 n 个水文年内补充按式(9.2.5)计算的全部被疏涌的地下径流 Q,则允许的衬砌常年渗水量 q'_1(m^2/d)为:

$$q'_1=\{1000(W-E)F-Q/n\}/(365L) \tag{9.2.12a}$$

2)地表径流恢复阶段。在恢复地下径流后,根据地表水需求,要求恢复 $1/N$ 的地表河湖泉径流,则允许隧道的常年渗水量 q'_2(m^2/d)为:

$$q'_2=\{1000F(W-E)(1/N)\}/(365L) \tag{9.2.12b}$$

同时满足洞顶两阶段水环境恢复的隧道的常年允许渗水量:

$$q'(m^2/d):q'=\min(q'_1,q'_2) \tag{9.2.12}$$

(4)隧道水压力

1)隧道水压力预测

隧道水压力至今仍主要借鉴水工隧洞的经验性折减系数法。水工隧洞的折减系数 β 主要根据隧洞渗漏水情况而选择,难以在隧洞开凿前的设计阶段确定。因此,交通隧道设计时宜研究按围岩类别或岩溶程度确定 β 值的方法。水头高为 h(m)的全封闭衬砌的外水压力 P_0(MPa)$=\beta h/100$。对于深埋于含水层的隧道,其 P_0 值过大,衬砌难以承受,允许适当渗水以减压是合适的。据推导和实例验证,隧道外水压力公式为:

$$P=P_0[1-(q'/q_S)]^2=(\beta h/100)[1-(q'/q_S)]^2 \tag{9.2.13}$$

式中:衬砌常年允许渗水量 q' 由式(9.2.12)确定,隧洞正常涌水量 q_S 由式(9.2.12)确定。

当 P 值仍过大时,则应结合防治隧洞突涌水灾害,对围岩进行预注浆。注浆形成的止水圈可承担大部分水压。将式(9.2.13)中的 q' 换为注浆后的隧洞涌水量 q'',可得止水圈承受的水压力为 P_1。再据下式计算注浆圈内的衬砌水压力 P_2(MPa)为:

$$P_2=(P_0-P_1)[1-(q'/q'')]^2 \tag{9.2.14}$$

2)围岩注浆减压

对形成止水减压圈的围岩全断面注浆,据隧洞允许渗水量 q'' 按下式确定注浆半径 D(m):

$$q''=\{2\pi(2h-r_0+H')\}/\{(1/K)\ln^2(h/r_0-1)+ \\ \{(1/K_1-1/K)\ln(D/r_0)\} \tag{9.2.15}$$

式中:H' 为地下水位埋深(m);K、K_1 为注浆前、后的围岩渗透系数(m/d),一般取 $D=(2\sim3)r_0$。

围岩注浆止水减压后,根据允许常年渗水量,设计有渗水孔(管)的减压衬砌。

(5)水环境平衡的隧道设计原则

恢复隧道水平衡、防治洞顶环境灾害的隧道防排水设计原则可归纳如下：

1)根据式(9.2.1)、式(9.2.4)、式(9.2.5)，预测毛洞涌水量。

2)根据式(9.2.6)、式(9.2.7)预测洞顶地下水疏干的地面范围，确定可能产生水荒的地域。

3)根据式(9.2.8)、式(9.2.9)预测洞顶地下水降低的体积和幅度，评估水荒的严重程度。

4)根据式(9.2.10)、式(9.2.12)确定恢复水平衡所允许的隧道常年渗水量。

5)根据允许的隧道常年渗水量，按式(9.2.13)、式(9.2.14)计算作用于围岩注浆圈和隧道衬砌的外水压力。

6)根据隧道水压力，按式(9.2.15)确定注浆半径，进行预注浆设计。

7)进行隧道防排水与衬砌结构的设计。

(6)工程实例

以尝试实施堵水减压措施的渝怀铁路圆梁山隧道作为实例。

圆梁山深埋岩溶隧道全长 11 068 m，其中进口段 2050 m 通过的毛坝向斜有 T_{1d}、P_2、P_{1m+q} 等3层承压含水层，均为碳酸盐岩层，其间有越流补给，可视为一统一含水层。承压水标高 1016 m，隧道标高 556 m，水头高 $h=460$ m。含水层参数平均值：厚度 $H=800$ m，渗透系数 $K=0.0234$ m/d，给水度 $\mu=0.0058$。其中给水度据分段的岩溶孔隙度平均而得。洞体横截面等价圆半径 $r_0=3\sim15$ m，洞体宽度 $B=7.0$ m。

1)涌水量计算

按式(9.2.1)~(9.2.4)，算得：单位长度隧洞的最大涌水量 $q_0=10.14$ m²/d，正常涌水量 $q_S=9.41$ m²/d。按掘进后半个月施工衬砌，则衬砌时 $q_1=10.04$ m²/d，则 $q_{0-1}=10.69$ m²/d，$q_{0-2}=20.72$ m²/d，$q_{1-1}=15.90$ m²/d，$q_{1-2}=7.26$ m²/d。

可见，按潜水所得 q_0 稍小，q_S 适中。综合按 $q_0=12$ m²/d，$q_1=11.8$ m²/d，$q_S=10$ m²/d。得衬砌前的隧洞总涌水量 $Q=365\,925$ m³。

2)疏干漏斗计算

隧洞穿过的含水层中段的 $H=920$ m，两端的 $H=460$ m。据式(9.2.9)、(9.2.10)式，疏干半径 $R_{中}=506$ m，$R_{端}=358$ m。地面疏干漏斗形状为长径(沿隧洞走向)$R_1=2766$ m、短径 $R_2=1020$ m 的椭圆。据式(9.2.11)~(9.2.14)，得疏干漏斗的体积 $V=227.3\times10^4$ m³，截面积 $A=9051$ m²(按 $s_0=100$ m 时)。

式(9.2.8)适用的计算降深的范围为 $r=13.9\sim440$ m，计算用流量据式(9.2.15)为 3439 m³，算得距洞壁距离 r 为 14、20、50、100、200、400 m 处的降深 s 分别为 93.3、81.8、53.5、35.9、19.0、3.5 m。

3)水量平衡计算

毛坝向斜在地表形成巨大的复合槽谷，其中疏干漏斗面积 $F=2.82$ km²。年降水量 $W=1200$ mm，年均温 $T'=16℃$，年蒸发量 $E=621$ mm，年地下径流补给量 $Q'=1\,632\,780$ m³。

洞顶槽谷内有 3000 民众耕作生息，故要求一个水文年内补充全部被疏涌的地下径流 Q。要求 $q'_1=1.69$ m²/d。一年后，要求恢复 1/2 的地表径流，则 $q'_2=1.09$ m²/d。因此，恢复水平衡所允许的隧道常年渗水量 $q'=1.09$ m²/d。

4) 外水压力计算

按弱岩溶的灰岩,水头折减系数 $\beta=0.15$。又 $h=460$ m,$q'=1.09$ m²/d,$q_S=10$ m²/d。按式(9.2.13),得隧道的外水压力 $P=0.46$ MPa。

隧道设计与施工中实施了堵水减压措施,在隧洞开挖前对洞廓线外 5~8 m 进行了双液帷幕式预注浆,开挖后对洞廓线外 3~5 m 间进行了径向水泥浆注浆。隧道衬砌采用承受 1.0 MPa 水压力的钢筋混凝土衬砌。

9.2.2 路基支挡工程的收坡设计原理

(1) 路基工程与环境的关系

在山岭重丘区,路基工程的地段长、高度大,与坡地生态环境关系密切。但在道路尤其是高等级公路的工程建设中,往往不设坡脚支挡工程或只设矮小的脚墙,不能有效地固脚和收坡,致使其逐级放缓的边坡愈挖(填)愈高,形成顺地表刷坡或顺坡铺填的现象,边坡过高、过陡。由于坡面植被遭到大范围破坏,边坡防护又多采用浆砌片石或锚喷混凝土等全封闭措施,植被难以恢复,酿成生态环境灾害。

为保护和恢复坡地生态环境,在路基工程的设计中,要求处理好边坡结构形式与支挡工程、地质条件、坡地形态和生态环境的关系,使边坡工程能确保稳定,又经济合理,并减小对坡面植被的破坏。其主要途径一方面是通过合理选择边坡坡率和边坡形式,相应设置坡脚支挡工程,来控制边坡的高度;另一方面是尽量采用边坡绿化防护工程,恢复植被。

(2) 挡土墙高度与边坡高度的关系

在道路路堑坡脚和路肩部、路堤坡脚设以重力式挡土墙为主要形式的支挡工程,可巩固坡脚,稳定边坡。同时,因支挡工程陡立,其面坡远陡于岩土体边坡的稳定坡率,可降低边坡高度,起到"收坡"的作用。

以路堑为例,低矮脚墙不能起到降低边坡高度的作用。例如,按脚墙在地面以上高 2 m、面坡坡率 1:0.25 计,若墙顶设宽 1.5 m 的平台,则与强风化破碎岩体的稳定坡率(1:1)一致;墙顶设宽 2.0 m 的平台,则与第四纪松散沉积层的稳定坡率(1:1.25)一致,不能收坡(图 9.2.2)。

要发挥坡脚支挡的收坡作用,就要增大挡土墙的高度。仍按面坡坡率 1:0.25、墙顶平台宽 2.0 m、墙顶坡面的坡度为 30°计,挡土墙高度在 2 m 的基础上每增高 1 m,则可降低边坡高度 0.433 m(强风化破碎岩体中)或 0.577 m(第四纪松散沉积层中)。墙高 10 m 与 2 m 相比,边坡高度可降低 3.46 m 或 3.62 m。如果在坡脚设竖直的悬臂桩板墙,收坡作用更明显。桩板墙与挡土墙相比,每 1 m 高又可降低边坡高度 0.144 m(图 9.2.2)。

高边坡的形成,还因为边坡的高度与坡率间存在愈高愈缓的关系。边坡愈高,产生的土压力愈大。因此,为求边坡的稳定,路堑边坡坡率会自下而上逐级放缓,填方边坡坡率会自上而下逐级放缓,边坡愈高则其平均坡度愈缓。坡率的放缓又使边坡线不能与山坡面交会,使边坡进一步增高,形成不良循环。此时,支挡工程收坡的作用会更为明显。

(3) 边坡高度与坡形的关系

我国山坡坡面的形态主要为凸形坡,少数为凹形坡、直线坡和上凸下凹形坡。

凸形坡向上逐渐变缓,与路堑边坡向上逐级放缓的趋势一致。当山坡向上变缓的速度大于边坡向上放缓的速度,且这种速度差使在一定高度上缩小的二者间的水平距离大于坡

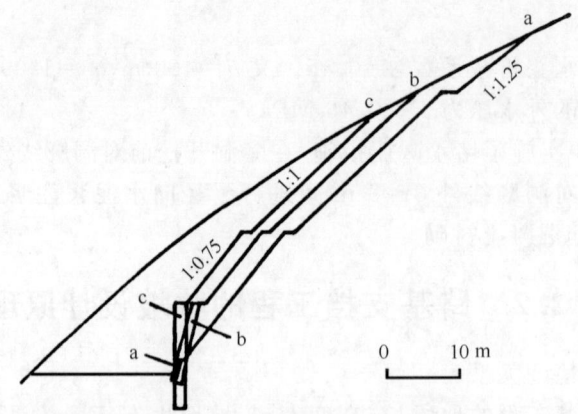

图 9.2.2 路堑坡脚支挡与边坡高度的关系
(a)脚墙;(b)高挡土墙;(c)桩板墙

脚路基切进坡体的宽度时,路堑边坡可与凸形坡坡面交会,不会再继续刷高边坡。

凹形坡向下逐渐变缓,与路堤边坡向下逐级放缓的趋势一致。当山坡向下变缓的速度大于边坡向下放缓的速度,且这种速度差使在一定高度上缩小的二者间的水平距离大于路基面上的填方宽度时,路堤边坡可与凹形坡坡面交会,不会再继续下填。

当路堑或路堤不具备上述收坡条件或虽具备条件但边坡与坡面交会点较晚时,加高坡脚支挡工程收坡仍很重要(图9.2.3)。

上凸下凹形坡向上、向下逐渐变缓,与半填半挖路基边坡向上、向下逐级放缓的趋势一致。将中线定在坡面凸凹的拐点附近,最有利于控制边坡高度。

直线坡的坡度向上不变缓,路基边坡如第一级不能与坡面交会,则因其后各级边坡愈来愈缓,将一直刷坡直到分水岭或填到谷底。同理,凸形坡路堤和凹形坡路堑,更易形成高边坡。此时,在坡脚设尽可能高的支挡工程,使第一级边坡便与坡面交会尤为必要。

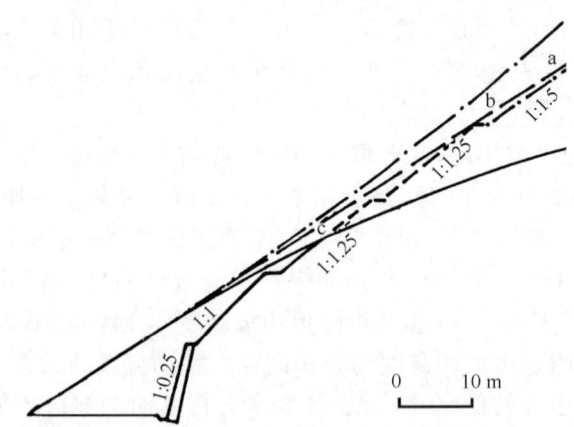

图 9.2.3 路堑边坡工程与不同坡形的关系
(a)凹形坡(点划线);(b)直坡(虚线);(c)凸形坡(实线)

(4)边坡防护工程与生态环境的关系

路堑边坡的开挖或路堤的填埋,毁坏了原坡面的植被,恶化生态环境;植被的破坏又反作用于边坡,导致坡面水土流失乃至表层溜坍;为恢复坡地生态环境和固定表土,又需采用工程和生物措施防护坡面。

从边坡防护工程与坡地生态环境的关系着眼，对整体稳定边坡的防护措施可分以下3种类型：①纯植被防护。即在边坡面植草或种草，形成草被控制雨滴溅蚀和面流片蚀，发挥浅根的加筋作用和深根的锚固作用，达到护坡效果。其费用低廉，现代的液压喷播植草技术和三维网植草技术业已成熟，但其护坡效果有限，对高边坡不宜单独采用。②非全封闭型护坡。常采用浆砌片石骨架护坡或锚杆框架护坡，通过骨架的截流、嵌固和骨架中地下水的泄出而控制坡面冲刷与溜滑。其工程费用适中，防护效果好，但骨架中的裸露坡面仍受冲蚀，因此一般均在骨架中植草，结合成绿色护坡工程体系。③全封闭型护坡。常用浆砌片石护坡和锚杆挂网喷射混凝土护坡。其工程费用高，封堵裂隙水不利于坡面稳定，而且难以在片石、混凝土表面植草恢复植被。近年开发的岩质边坡厚层基材喷混植生技术费用过高，植物成活未经长期检验，还处于试用阶段。

因此，对路基高边坡的防护，以骨架(框架)与植草结合而成的非全封闭型绿色工程措施为最佳。

(5) 与环境协调的路基边坡设计原理

1) 山区道路的路基高边坡，土石方量大，稳定性差，破坏生态坏境，危及运输畅通，维护费用高。控制边坡高度是与环境协调的路基设计原理之核心。

2) 基于边坡愈高愈缓的原理，通过加高坡脚、路肩的重力式挡土墙，或设更高的锚杆挡土墙或设竖直的桩板墙，可充分发挥坡脚支挡的收坡作用。且结构可靠，与高边坡巨大的土石方和防护工程及边坡破坏的损失相比，费用也较低，是降低边坡高度的有效途径之一。

3) 边坡设计要顺应坡面形态，凸形坡有利于路堑收坡，凹形坡有利于路堤收坡，上凸下凹形坡最有利于控制边坡高度；直线坡易形成高边坡，凸形坡对路堤、凹形坡对路堑更易形成高边坡。

4) 尽量采用与护坡骨架、框架等互补的植被护坡措施，形成配套的绿色护坡工程体系，研发低廉、耐久的岩石、混凝土的植生护面技术，是恢复路堑高边坡生态环境的工程对策。

(6) 工程实例

泸沽至西昌高速公路沿安宁河断裂谷西岸谷坡底部行进。在长5270 m的路段中切过4座山咀，施工开挖形成共长990 m的4个高边坡工点。各工点长度和边坡最大高度分别为：V_B工点130 m、83.2 m，V工点450 m、75.0 m，W_1工点110 m、62.2 m，W_2工点320 m、49.0 m。

全段坡体由花岗岩类构成，中风化至全风化，部分受断层影响而破碎。坡面第四系残坡积层较厚，可达15 m。谷坡略呈下陡上缓的凸形。开挖边坡按1:0.3、1:0.5、1:0.75的坡率逐级向上放缓，坡脚未设支挡工程。

这些边坡开挖过高，而且开挖坡率都陡于各级岩土体的稳定坡率。因此，开挖后各工点即发生坡面开裂和边坡坍滑。其中，V_B工点的上部边坡坍塌，长达80 m；V工点北段、中段沿边坡后缘大范围开裂、滑落；W_1工点边坡顶发生滑落，截水沟以上坡面开裂；W_2工点边坡顶后10 m处坡面开裂。

边坡加固设计采用支挡、防护、锚固、绿化的综合整治方案。顺应坡体地形地质条件，在坡脚的中风化花岗岩体中设高约10 m的重力式挡土墙收坡，对坡体中—下部强风化花岗岩体按1:0.75~1:1的坡率分级设浆砌片石护坡或窗孔式浆砌片石护面墙，对坡体中—上部全风化花岗岩体和残坡积层按 1:1 的坡率设预应力锚索或结合框格梁加固,窗孔、框格中种草以绿化和防护坡面,各级边坡之间设平台和排水沟。整治工程历时近 1 a,竣工后边坡已稳定,但挡土墙与浆砌片石护坡未能植草绿化,影响沿线景观和环境。

9.2.3 路堑坡脚预加固的工程路径

风化破碎软弱岩质和土质路堑边坡在施工开挖中常破坏坡体地质环境,引发边坡变形和坍滑,酿成工程滑坡灾害,造成工程环境问题。

传统的自上而下开挖再自下向上支护和现代的机械化拉槽这两种工程路径引起坡体岩土的负面响应是产生这一问题的重要原因,更新为自上而下分级支护和坡脚预加固的设计施工新理念则是解决这一问题的重要途径。

(1) 路堑施工的传统路径与坡体地质环境的响应

路堑施工的传统路径,是从堑顶线按设计自上向下开挖,到路基面标高后再自下而上逐级防护。因此,从边坡开挖到防护,历时甚长,致使边坡坡体遭受进一步的风化、卸荷、侵蚀和雨水入渗,岩土体更加松碎,强度降低,坡体应力重分布,导致边坡坍滑和水土流失,酿成工程灾害。

1) 风化

边坡开挖后,暴露出的较新鲜岩土体在温差、冻胀和水的作用下遭受物理风化和化学风化。风化程度随时间而积累,风化速度则逐渐减慢。岩土体风化破碎后,强度降低,易于发生边坡坍滑和水土流失。

2) 卸荷

坡体开挖出的临空面受卸荷作用,引起内部应力重分布,在边坡脚形成剪应力集中带,在坡顶形成张力带。同时,卸荷回弹的差异性可形成张裂隙和剪切裂隙。这两种效应共同作用,可导致未支护边坡的变形破坏。边坡的变形破坏过程具有时间效应,即蠕变特性。如果边坡暴露的时间相当长,蠕变将进入加速阶段而最终导致失稳破坏。

3) 雨水入渗

坡体由于开挖而受扰动,边坡面松糙,易于雨水入渗,对裂隙发育的岩土体尤甚。由于边坡从开挖到防护的历时甚长,甚至历经雨季,雨水入渗的后果不容忽视。雨水入渗坡体后,会降低岩土体的抗剪强度,产生孔隙水压力,从而增大下滑力。

4) 水土流失

路堑边坡在防护前是光秃的,水土流失来自雨滴溅蚀、片流面蚀和细沟侵蚀,以细沟侵蚀为主。坡面侵蚀以风化破碎软弱岩质和土质边坡侵蚀为甚,边坡暴露时间愈长则侵蚀愈烈。

(2) 路堑机械化拉槽与坡体地质环境的响应

1) 机械化拉槽的问题

近年来,在路堑边坡开挖中,由于施工机械化程度的提高,自上而下逐级人工开挖的传统方法已逐渐被放弃,代之为先沿道路中线进行机械化大拉槽,然后再向两侧阔修至边坡面的开挖程式。机械拉槽形成的临时边坡往往过陡,槽内又易于积水,极易引起临时边坡坍滑和坡面冲蚀。同时,人工跳槽开挖坡脚挡土墙基坑的方式也逐渐被机械贯通式开挖所取代。贯通式基坑无侧限,易在砌筑墙基前引发坑壁失稳坍塌,进而牵引边坡变形破坏。

2) 坡体响应

坡体响应主要有三个方面。①细沟侵蚀。机械拉槽所形成的临时边坡已被松动,边坡上挖掘机的明显抓痕是产生细沟流的主要原因,从而加大坡面的水土流失。②坡脚浸泡。机械开挖出的长大路槽,其基底多起伏不平,易于积水,浸泡坡脚,从而降低本已应力集中的坡脚处岩土体强度,并叠加孔隙水压力和动水压力,边坡常被浸泡垮塌。③边坡坍滑。机械拉槽所形成的临时边坡往往过陡,边坡变形会很快经历表层蠕滑、后缘开裂、潜在剪切面剪切变形等阶段,直至潜在剪切面贯通,发生坍滑。

3) 坡体的反作用

边坡一旦坍滑,形成工程灾害,被迫修改设计,修复坍滑边坡。与原设计的边坡工程相比,修复边坡的清方、支护等工程数量大增,并因历时甚长,工期被拖延。坡体对工程的反作用表现于下述几方面。

①增大对边坡支挡工程的推力。边坡坍滑或沿已有的软弱结构面发生,或因剪应力集中带扰动扩容而滑动,因此滑动面的抗剪强度低于岩土体的原生强度。且坍滑后,滑动面的抗剪强度又从峰值降低为残余值。因此坍滑后支挡工程所受推力远大于坍滑前所受的主动土压力,使修复工程的力度必须增大。

②增大边坡修复工程的规模。边坡破裂角最终等于岩土体的综合内摩擦角;而滑动面抗剪强度又小于岩土体的原生强度,因此边坡坍滑角小于潜在破裂角,即坍滑体的后缘比潜在破裂角的后缘要远,边坡修复工程规模增大。

③牵延扩展边坡坍滑的范围。坍滑体的后缘和两侧壁临空面陡峭,失去抗力与侧阻力,因此在重新治理的过程中,坍滑体会随时间而向后、向两侧牵延扩展,不断扩大。

(3) 自上而下分级支护和坡脚预加固的工程路径

为解决路堑边坡传统的工程路径带来的诸多问题,并顺应现代机械化施工的潮流,避免工程灾害和水土流失,必须另辟工程路径,即摈弃自上而下开挖、自下向上支护的工程路径,更新为自上而下分层开挖、分级支护的工法;摈弃人工开挖、跳槽挖基的方法,更新为坡脚预加固后再行机械开挖的工程路径。从而组合成自上而下分级支护和坡脚预加固的路堑边坡设计施工新理念。

1) 上部堑坡自上而下分级支护

对上部边坡,按稳定坡率自上而下分级刷坡、留平台,并及时施工坡面防护工程。从而保持边坡稳定和减轻坡面冲蚀。其原理为:①边坡被及时防护,坡面的风化、卸荷和雨水入渗的历时甚短,对边坡稳定影响不大,所受风化作用甚弱;②护坡能完全或部分阻止坡面侵蚀;③防护工程的自重可部分平衡开挖坡面的回弹应力,减弱坡体的卸荷作用。

2) 堑坡坡脚锚固桩预加固

在路堑下部,为避免机械拉槽的临时边坡因过陡、跳槽开挖和坡脚浸泡而坍滑,应对边坡坡脚部位进行预加固。预加固工程一般采用埋式锚固桩,成桩后再开挖桩前土石方。桩间支护工程可采用挡土墙、土钉墙、喷混锚杆。坡脚预加固有利于边坡稳定:①桩的埋入增加了坡体的刚度,使坡体不致受上部边坡开挖的较大扰动,能保持其原生强度;②桩前路槽开挖后,预加固桩能阻止临时边坡坡脚剪应力集中带的应变软化,抵抗边坡变形外鼓进而抑制坡顶拉裂隙的形成,使临时边坡保持稳定;③桩前路槽开挖后,预加固桩成为悬臂桩,其所受主动土压力远小于边坡坍滑后的下滑力,工程数量小得多。

(4) 应用与推广

类似于自上而下分级支护和坡脚预加固的路堑边坡设计施工理念，是经过了不少单位在长期工程实践中的逐步酝酿和零星试用的。但这一新理念的系统性提出和成规模地应用，则是在南昆铁路建设及其科研试验中。

南昆铁路遵循这种新理念采用的路堑边坡工程结构类型有：上部浆砌片石护墙与坡脚锚固桩预加固及桩间挡土墙；自上而下边分层开挖边加固的多级土钉墙；上部喷混锚杆护坡与坡脚预应力锚索桩预加固及桩间土钉墙。该技术在内昆、水柏、株六等铁路及一些公路工程中开始推广。

9.2.4 工程弃方的开发性填垦原理

道路工程的土石方难以绝对平衡，部分路段仍可能存在路堑挖方、隧道弃碴、基础挖方等弃方。

(1) 弃方的环境问题与对策

目前，随着环保意识的增强，造成严重水土流失的随坡、随沟违章乱弃的现象已基本得到遏制，代之以建立堆场处置弃方。但是，弃方场仍潜存以下环境问题：①弃方场地占用土地，掩埋植被，仍属非环保型处理措施；②弃方场挡碴墙低矮，其上堆填体的边坡高而松散，坡面水土流失严重；③在斜坡上因弃方的加载可能促发基底滑坡，沟谷中弃方场的失稳可能诱发弃碴泥石流。因此，有必要更新设计理念，遵循开发性填垦处置弃方的设计原理。即将弃方就近分级填筑于沟头，平整为梯地，并恢复土壤创造复垦条件，恢复植被，从而防止水土流失和弃碴灾害，并扩大可耕地面积，实现土地开发。这虽然因为运碴距离可能较长、土壤层需先推走后回填和挡碴墙工程量可能较大等原因而增大弃方处理费用，但与其保护环境和扩大耕地的经济、社会和环境效益相比，还是值得的。

(2) 沟头开发性填垦的原理

1) 在主沟或支沟的沟头部建填垦场

沟头填垦的环境效益最为明显，原理如下：①沟头下切迅速，沟坡高陡，水土流失严重，在此填方可显著减少沟道的水土流失；②沟头不断溯源侵蚀，进一步冲蚀、肢解后方的土地，弃方填于沟头可制止冲沟的发展；③沟头区的汇水面积相对较小，对填垦场面的冲蚀较弱；④沟头以上无天然沟道，勿需在填垦场底部衔接沟道排水工程；⑤沟头填方易与沟道两岸及后缘连成一体，形成较大的平坦场面，利于复垦。

2) 沟头开发性填垦的步骤

沟头开发性填垦主要有 4 个步骤：①就近选定兴建填垦场的沟头部位，测定占用土地面积，将占用土地的土壤层先期推置于场地周边待复垦之用；②分级填筑弃方，逐级修建全高的浆砌或干砌堡坎，以不出现弃方边坡及其水土流失，各级高差应较小，以利于堡坎的稳定；③平整弃方表面，形成梯地状，填垦场底部一般不设排水工程，可只设简易盲沟排除弃方中地下水以利稳定；④将推于周边的土壤层推覆于弃方面上，在地方政府和村民的配合下，复垦成农田，或为林场苗圃。

9.3 道路工程泥石流防治模式与技术

9.3.1 防治模式

泥石流工程防治的具体模式是由泥石流的性质、泥石流与主河相互作用关系、泥石流与道路的空间位置和危险性综合特征决定的,在系统分析泥石流形成性质、泥石流对道路影响机理的基础上,建立了适用于不同泥石流性质和不同泥石流与道路交汇形式的道路泥石流防治模式,用于指导泥石流工程防治。

(1)稀性与黏性泥石流的防治模式

稀性与黏性泥石流通常采用容重指标来划分,容重大于 $1.8\ g/cm^3$ 为黏性泥石流,容重 $1.3\sim1.8\ g/cm^3$ 为稀性泥石流,黏性泥石流与稀性泥石流防治模式各不相同。目前,泥石流容重判断不够准确,不同容重泥石流的最佳排导比降(不冲不淤比降)无法科学确定,道路泥石流排导措施单一,经常出现黏性和稀性泥石流排导过程的冲刷和淤积,给道路工程带来巨大损失。针对这些问题,提出了黏性和稀性泥石流的防治模式。

1)稀性泥石流防治

针对稀性泥石流阻力一般较小、流体多呈两相、排导纵坡要求较小、冲淤能力相对较弱的特点,采用以排为主的防治措施:①以排导为主,特别重要的地方,可辅以拦挡;②排导过程中,尽量顺应自然沟道,减少挖填方;③排导比降一般为 3%~7%,具体依据泥石流容重的不同和沟床的糙率进行排导纵坡设计;④排导槽以窄深形式为佳;⑤在必要的区段可以采用分洪、双涵或多涵排导稀性泥石流;⑥在有弯道的地方注意依据容重和流速、流量分别计算弯道超高和离心力,并采用合理方式防止超高泥石流翻越沟槽,如图 9.3.1 所示。

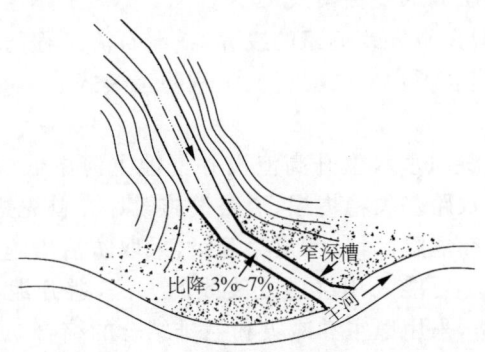

图 9.3.1 稀性泥石流防治工程示意图

2)黏性泥石流防治

黏性泥石流通常具有阻力较大(与稀性泥石流比较)、冲淤能力强、流量变幅大、冲击力较大的特点。依据不同泥石流规模,采用排、拦、稳结合的道路泥石流防治措施:①对于特大规模的泥石流,以绕避为主,必要时采用增加桥跨数量绕避重点泥石流沟;②对于大中型泥石流,总体上采取以排为主、排拦结合的措施;对于无法绕避的泥石流,结合形成区的主动减灾方法,进行泥石流的综合防治;形成区主动减灾宜综合采用谷坊等岩土工程和生态工程相结合的措施,控制崩滑体或其他物源,调控泥石流大的形成条件;③黏性泥石流排导纵坡要求较大,一般为5%～18%,具体纵坡值依据容重和泥石流类型确定;④黏性泥石流侵蚀作用很强,排导槽多采用梯形加防冲肋板,底床宜采用石料等抗磨蚀材料护底;⑤当泥石流的频率较低时,宜采用复式断面;⑥黏性泥石流一般应采用直道排导且不能分洪排导,如空间条件限制需采用弯道排导时,应注意弯道超高的影响并进行凹岸弯道冲压力的计算;⑦排导槽槽首宜建拦挡工程,削峰调节流量;对于大型泥石流,流通区也可修建拦沙坝,调控峰值流量和泥石流总量。黏性泥石流防治措施见图9.3.2。

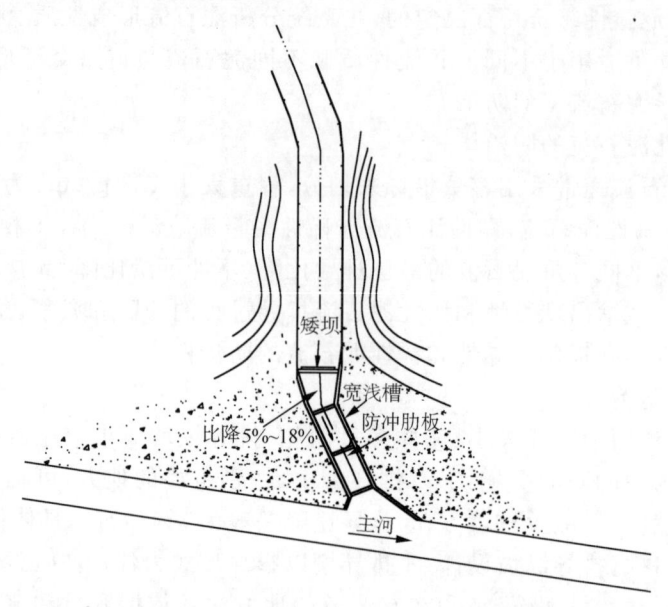

图 9.3.2　黏性泥石流防治工程示意图

(2)泥石流堵河与主河淤高的防治模式

泥石流堵河和主河的淤高常导致道路的废弃,在泥石流工程防治参数计算、堵河模式判别、危险度分区的基础上,建立了相应的泥石流工程防治模式。

1)堵河泥石流防治

泥石流堵断主河后,上游回水水位升高淹没并侵蚀主河岸低位道路,一旦溃决,洪水进一步侵蚀下游沿河道路,导致路基失稳坍塌,道路设施毁坏。首先进行泥石流的堵河可能性和堵河程度的分析,确定潜在危险区,参考道路等级,采取防治措施:①高等级的公路和铁路经过可能堵河的泥石流沟,尽可能采用绕避或改线的方法,避开泥石流堵江危害区;②对既有线路或无法绕避的新线路,采用以主动减灾和拦排结合的综合防治措施,源头采用谷坊和生物工程等主动减灾方法控制泥石流规模,在流通区修建拦沙坝或谷坊拦挡泥石流的粗大颗粒和木料,在堆积区以支沟主流线与主河锐角相交的形式布设排导槽,排导槽纵坡不宜太小,以8%以上为佳,出口应高于主河常遇洪水位(图9.3.3)。

2)淤高主河泥石流防治

当主河的输沙量小于泥石流搬运到主河的泥沙量时,主河逐步淤积抬高。针对河床抬升对道路的危害,应采取如下措施防治泥石流灾害:①对于新线,要依据主河淤高的速率,参照道路工程的等级和相应设计年限,确定可能淤积的范围,避开危险区定线;②对于既有线路,宜采用主动减灾方法,在源头布设生态和岩土减灾工程,减少流域的产沙量,降低河床的

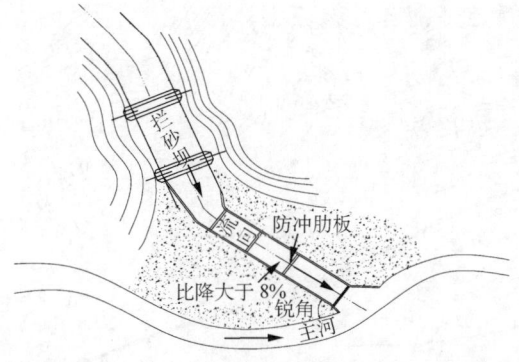

图 9.3.3 堵河泥石流防治工程平面示意图

抬高速率,促进冲淤平衡;③对于无法或难以控制主河泥沙淤积导致的危害情形,宜主动废弃原有路线,提高标高,改建新线;④线路过沟处排导槽出口标高须高于一定时期内主河泥沙淤积达到的高程,桥梁应留有足够的净空,以防止淤埋(图 9.3.4)。

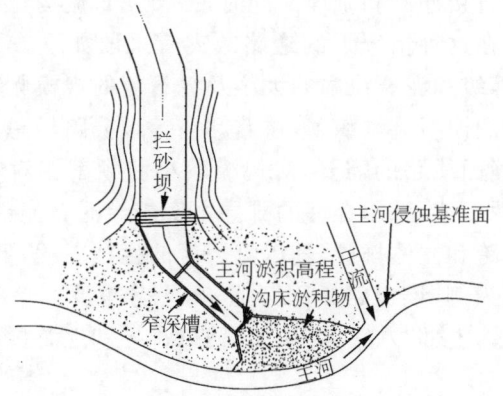

图 9.3.4 淤积型河道泥石流防治工程平面示意图

(3) 道路通过不同部位的泥石流防治模式

线路跨越泥石流不同区段可能遇到的危险度不同,据此提出了一桥跨越的流通区和扇顶区泥石流防治模式,防治结合的扇腰区泥石流工程防治模式和以排为主的扇缘区泥石流防治模式。

1) 道路跨越流通区和扇顶区的减灾措施

道路跨越流通区和扇顶区所受的灾害最小,在允许的条件下,尽量选择穿越流通区或扇顶区。一般的,此类路段不会受到主河河水侵蚀的威胁,并且泥石流沟与公路的接触面积较小,比较容易防治。由于泥石流的速度一般较快,对公路的危害主要表现为冲刷,其防治措施为:①道路穿越时,由于泥石流边界条件稳定,尽可能一桥跨越;②对于大型泥石流,无法一桥跨越时,可结合主动减灾减少流量,控制规模,最终实现一桥跨越;③道路通过扇顶区时,可采用延长流通区的方法,实现道路一桥跨越;④在公路桥涵和泥石流交汇区,要注意防冲、抗冲,防止过流区沟床和沟岸的冲刷,确保断面的相对稳定。以中尼公路 K4742 坡面泥石流沟为例(何易平等,2002),道路经过流通区,采用桥涵一桥跨过(图 9.3.5)。

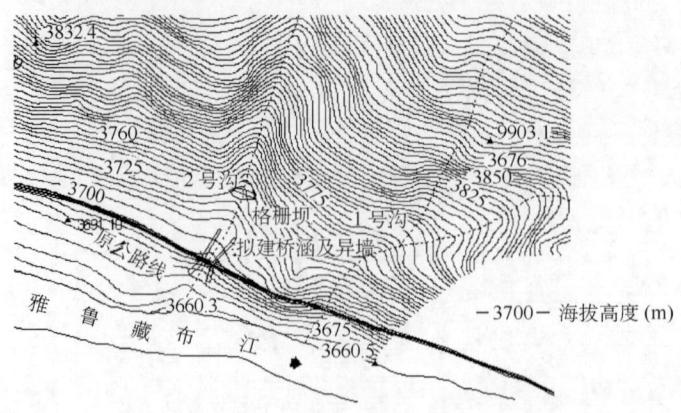

图 9.3.5 中尼公路 K4742 段通过泥石流流通区防治工程方案

2）道路跨越扇腰区的减灾措施

当道路通过泥石流堆积扇的中部位置时，由于扇腰区常出现泥石流的大冲大淤，泥石流对道路的危害主要表现为直接冲刷和淤埋。同时，由于泥石流沟道的频繁改道，加大了该区道路泥石流防治的难度。在这种情况下的道路减灾宜采取如下方式：①鉴于冲淤和改道的的复杂多变，依据道路的等级和泥石流扇的大小及泥石流的规模频率确定不同的防治方案；②对于规模大和比较活跃的泥石流堆积扇，铁路和高等级公路切忌从扇腰通过；③等级较低的公路尽量少走扇腰区，确因线路的需要，对规模较小和频率相对较低的泥石流，道路穿越其扇腰区时，宜尽量归槽泥石流，采用合理的排导方案排导泥石流，排导槽宜顺接到出山口；④较高等级的道路采用桥跨和立体排导，辅以流通区的拦挡工程，低等级公路可采用过水路面。以中尼公路巴日登沟为例，该道路属国际通道，十分重要。该泥石流沟规模中等，道路穿越扇腰区，采用桥跨跨越，上部"八字墙"束流，辅以排导和上游拦挡（图 9.3.6）。

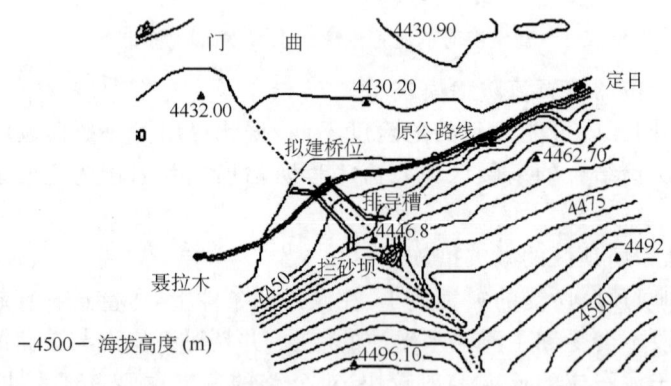

图 9.3.6 中尼公路通过巴日登沟扇腰区泥石流减灾工程布置图

3）道路跨越扇缘区的减灾措施

泥石流在扇缘区动力作用较小，通常是细颗粒物质的堆积区。穿越该区的道路与主河接近，除了受到泥石流的直接危害以外，还会受到主河洪水的侵蚀。泥石流扇缘宽阔，对公路危害的长度较长，减灾时应考虑：①综合考虑主河和泥石流的影响，注意道路定线和设防；②道路定线宜考虑道路本身的等级和使用年限，道路高程应高于依据使用年限确定的主河一定频率洪水的影响高程;③依据道路的不同等级采用不同的方法排导,较高级别的道路,其防治的主要措施通常为桥跨和立体排导,低等级公路可采用过水路面;④按漫流流路分别设桥和排导,不宜强行改道;⑤泥石流在该区以淤积为主,排导过程尽量使用窄深槽,防止淤积;⑥排导需要注意在上游的扇顶区束流、固槽,排导槽通常较长;⑦对于高程和线路已经确定的既有线路,在地形条件允许的情况下,排导也可使用渡槽涵洞,具体案例详见川藏公路(318线)通戈顶沟泥石流防治工程。

9.3.2 防治技术

泥石流多发地区道路泥石流灾害防治工程与线路的走向和展布密不可分。一般的,线路多从泥石流沟口、堆积区和流通区通过。结合道路泥石流防治措施和多年来的勘察、设计经验,初步建立了穿越不同区域的道路泥石流防治技术。

(1)道路穿越泥石流流通区的防治技术

从泥石流流通区跨过的线路大都位于峡谷段,泥石流流通段既不是影响泥石流形成的关键部位,又不是灾害的主要危险区,处于工程防治中拦挡向排导转换的衔接过渡部位,公路和铁路线路能从泥石流流通区段跨过是较为理想的方案。线路从泥石流流通段经过的路段,主要采取以下减灾措施:

1)桥梁(涵)工程。桥涵工程是线路跨越泥石流沟的主要工程措施,进藏公路沿线桥梁(涵)工程较多。在泥石流流通段布设桥梁工程时应选择沟床固定、岸坡稳定、沟形顺直、沟道纵坡一致、冲淤变化小、沟道较为狭窄的位置,以一沟一跨的单孔大跨度桥为好,不宜设桥墩。

2)隧道工程。隧道大都用在峡谷段,以下几种情况下使用:绕避小型泥石流沟或绕避由于对岸大型泥石流而造成线路一侧的山体崩坍,对一些发育严重的大型泥石流沟,无适当方案进行处治时,也往往采用深埋的长隧道通过;用建桥方案通过泥石流沟谷流通段,而桥头引线修建困难或病害较多时,则采用隧道引线。

3)拦挡工程。根据坝高可把泥石流拦挡坝分为高坝和低坝(谷坊、砂坊)两大类。公路和铁路泥石流防治多采用低坝,梯状成群布设,形成拦挡坝群。拦挡坝根据其功能可分为拦砂坝、固床坝、护岸坝、稳坡坝等。一般来说,拦挡工程多布设于沟口以上的泥石流形成区和流通区。由于考虑到和下游排导工程的衔接问题和施工条件的难易程度,道路泥石流拦挡工程多集中布设于沟口以上沟道中。

(2)道路通过泥石流出山口的防治技术

泥石流出山口是泥石流运动从恒定流状态转入非恒定流状态,由流通区转入堆积区的"节点"。从出山口开始,流体逐渐减速,停积;泥石流对道路的破坏方式逐渐由冲刷、撞击变为淤积和埋压。在防治工程上也由拦挡工程转为排导工程。在出山口采取的主要防治工程措施有:急流槽、桥涵、渡槽、明硐、护岸、导流堤、分流堤、丁坝。

1)桥涵工程。出山口处的桥涵除了能排泄设计流量的泥石流、具备一定的净空外,桥涵与主流的交汇角度必须慎重设计,公路跨沟时最好一沟一桥,不设墩台。沟口的桥涵应与其上游的导流堤(八字翼墙)、护岸、丁坝、顺坝等导流工程配合使用。

2)导流工程。导流工程主要包括护岸、导流堤、分流堤、丁坝、顺坝等,布设于出山口一带,采用铅丝石笼、木笼、竹笼、干砌块石或堆石等临时性结构和浆砌块石、混凝土堤等永久工程。

3)渡槽工程。布置在地面坡度突变处,用长度很短的急流槽与铁路、公路线路构成立体交叉,它是一种以上部跨越排泄泥石流的方式。

4)明硐工程。明硐是我国山区铁路、公路在山口穿过泥石流沟处,采用下穿越方式(上槽下硐)排泄泥石流的一种新型建筑物。列车和车辆在明硐中通过,具有更好的隐蔽性和安全性;泥石流从明硐顶部排泄。明硐顶部渡槽进口需做处理,避免泥石流改道侵入线路,或因阻塞、淤积而漫溢入硐引起灾害,以提高工程防护的可靠性。根据不同线路工程的重要性与安全要求,铁路明硐渡槽上游硐墙和坝身,或采用重力式挡墙,或采用直墙式挡墙,均用圬工结构,以具备较高的强度和稳定安全储备。

(3)道路通过泥石流堆积区的防治技术

沟口以下的堆积区属于泥石流灾害的严重危险区。堆积区主要采取的防治工程措施有:桥涵工程、排导工程、导流工程、停淤场工程、过水路面、渡槽和明硐等。

1)排导工程。有排导沟和排导槽。排导沟是对天然沟道进行改善、加固,使其具有排泄泥石流功能的人为排泄沟。排导槽是具有规划的平面形状,采用人工砌护横断面的开敞式槽形过流建筑物。排导槽的主体部分为急流槽,其上部有进口控制工程和渐变段,下部有出口过流衔接段。此外还有可以单独使用或与急流槽配合使用的导流堤、束流堤、护岸工程等,也可和拦挡工程协同用来防灾。排导槽由入口段、槽身和出口段三部分构成。布设排导槽时应注意排导槽的顺直和适当的纵坡,在沟口有较大的堆积余地。排导工程位于泥石流沟的沉积地段,比较容易淤积,养护费用较高。为减少淤积,排导槽应采用较大的纵坡,表9.3.1列出了其合理的纵坡值。

表 9.3.1 泥石流排导合理纵坡表

泥石流性质	容重(t/m³)	类 别	纵坡(%)
稀 性	1.3~1.5	泥 流	3
		泥石流	3~5
	1.5~1.6	泥 流	3~5
		泥石流	5~7
	1.6~1.8	泥 流	5~7
		泥石流	7~10
黏 性	1.8~2.0	水石流	5~15
		泥石流	8~12
	2.0~2.2	泥石流	10~18

排导槽多为规则的棱柱形槽体,主要结构形式包括:整体式框架结构、分离式挡土墙—护底组合结构、分离式挡土墙—肋槛组合结构、分离式护坡—肋槛组合结构、全断面护砌轻型结构和带侧向刺槛(单侧或双侧)的防护结构。排导槽设计应注意黏性泥石流残留层、主河输移能力及与主河的衔接。

2)过水路面工程。过水路面在没有泥石流和洪水流过时作路面用,在发生泥石流时作为泥石流的通道。过水路面适用于稀性泥石流。其纵断面形式可为直线,上、下坡为三角形断面,中间可插入一段直线的梯形断面;设计深度除必须通过设计流量外,还应考虑泥石流的安全超高,以免泥石流溢出而冲毁路基。为减少淤积,路面向下游倾斜2%~4%的单向横坡,但必须限制行车速度及对路面加糙,以避免车辆横向滑动。过水路面的横断面需高出沟床底,使下游有一个临空面,减少淤积厚度,图9.3.7是典型的过水路面示意图。

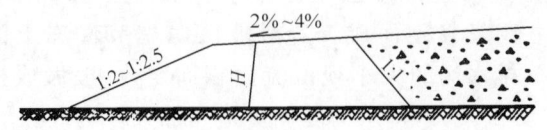

图 9.3.7　古乡沟过水路面示意图

3)停淤场工程。停淤场有以下 4 种布置形式:沟槽式停淤场、堆积扇停淤场、扇间洼地停淤场和主沟山前区停淤场。下游干流可作为停淤场的天然排洪道。停淤场由首部工程、停淤工程及尾部工程组成。图 9.3.8 为中尼工程典型停淤场平面布置图。

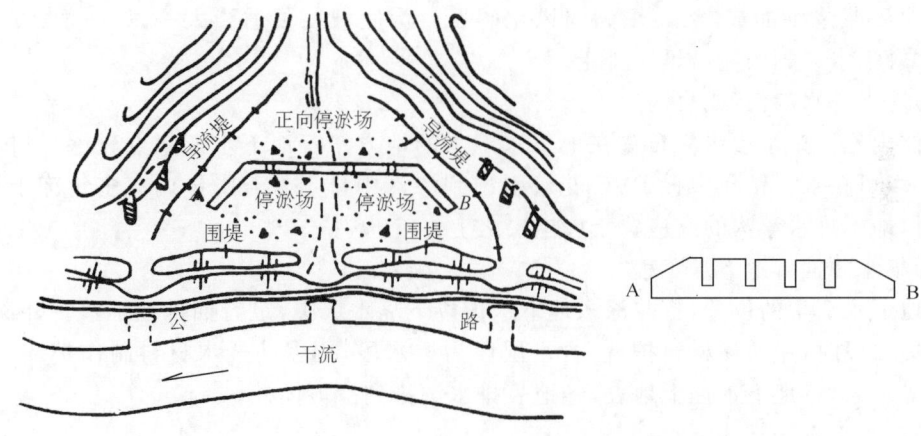

图 9.3.8　泥石流停淤场平面布置和立面结构图

9.4　道路边坡灾害防治技术

在总结公路、铁路建设工程减灾,现行滑坡、崩塌、溜砂坡等防治技术的基础上,本节就西部山区道路工程减灾中的工程措施,重点阐述其对滑坡、崩塌防治设计中的技术问题。

9.4.1　滑坡(崩塌)防治技术

滑坡、崩塌主要采用排水措施、抗滑支挡措施和预应力锚固技术来避免或减少边坡灾害,保证道路安全运行。

9.4.1.1　排水措施

滑坡区排水是防治滑坡滑动的重要措施。据调查统计,90%以上的滑坡发生在雨季,尤其在大雨、暴雨后,长历时降雨中发生的滑坡则更多。因此,排水是滑坡防治首先考虑的工程,排水的目的是防止地表水渗入地下或地下水在软弱结构面富集,对滑动带岩土进行侵蚀软化并产生水压力。滑坡排水有地表排水和地下排水措施,根据具体工况可选择以下排水方法。

(1) 地表排水明沟

适用于年均降雨量 500 mm 以上的多雨区,使降雨产生的坡面径流快速汇入地表明沟排走。一般布置在滑体后缘以上的稳定山坡上(称为滑坡后缘截水沟)和滑体上的汇水洼地、槽谷中,用片石、水泥砂浆浆砌而成。若滑坡区属季节性冻土区,应在水泥砂浆中加 1‰~2‰ 的速凝防冻剂。排水沟的大小视汇流面积而定,一般做成梯型,底宽 0.4 m,顶宽 0.6 m,高 0.4 m,若汇流面积较大,排水沟断面可适当加大。沟底纵坡以 10°~15° 为宜,若沟底坡度大于 20°,应将沟底做成台阶状以利于流水消能。滑体上的地表排水沟沟底应加黏性土垫层,防止沟底拉裂漏水,或用防冻塑料瓦做成叠瓦状,并在运行期内每年维修一次。

(2) 地表排水盲沟

地表排水盲沟适用年均降雨量 500 mm 以下(60% 降水为雪),地表基本不出现坡面径流的高寒山区。平面布置与地表排水明沟相同,剖面上排水沟底置于地面以下 1 m 左右,由片石水泥砂浆浆砌而成,沟内填满弱风化碎石。沟底坡度可适当大一点,一般 15°~20° 为宜,雨水融雪水渗到沟底可迅速排走。

(3) 地下排水渗沟(或盲沟)

滑体内地下排水渗沟应布置在地下水汇集的地方。若地下水汇集点较深,滑体地面坡度又较大,可在水平钻孔中置 PVC 花管引出到渗沟中排走。若滑体内有多年冻土层(或永冻层)时,地下排水渗沟的底应置于冻土层之上。

(4) 集水井抽排地下水工程

在地下水汇集的位置,打井深入地下水位以下隔水层中,定时抽排地下水。井深入隔水层段为集水段时,用防渗材料护壁;含水层段为透水段,用多孔透水材料制作护壁。在集水段安装潜水泵,将地下水抽上地表,经地表排水沟排到滑坡体外。

(5) 钻孔垂直透排地下水

当滑床为隔水层且厚度较小,滑床以下为厚层砂砾层或中、粗砂岩且不含水(为透水层)时,可打垂直钻孔穿透滑动面下的隔水层,伸入透水层中,安装透水管,将滑体内的地下水引排入滑床以下的透水层中。

(6) 平硐仰排地下水

在滑床上打平硐,再在硐顶打仰孔,排除滑体内地下水。此工程由于投资较大,一般在大型滑坡综合整治中才使用。

9.4.1.2 抗滑支挡措施

发生滑移以后,滑动面(带)岩土的抗剪强度已大大降低,单靠地表、地下排水工程,减少水对滑带土的侵蚀软化,达到提高滑带土抗剪强度的目的已不能阻止滑坡滑动(舒斯特和克利泽克,1987)。从滑带土的失水、固化到恢复提高其抗剪强度要经历一个漫长的过程,还需在滑体中、前部设置必要的抗滑支挡结构,抵挡滑坡滑动。在道路工程中常用的抗滑支挡结构有抗滑挡土墙、抗滑桩和抗滑明硐等。

土压力的大小、分布和合力作用点是支挡结构设计的要点。由于土压力的影响因素复杂,支挡结构类型众多,对土压力的研究试验还在不断深化(王仕传等,2003)。基于极限平衡原理的经典土压力理论经库仑、朗金和索科洛夫斯基而臻于完善。实践表明,库仑土压力理论虽基于墙背回填砂土的假设,但因其简明、实用,工程界至今仍普遍采用。但是库仑土压力的线性分布假设却往往与实测资料不符,从而引发了对土压力非线性分布的试验研究。

对回填砂性土的挡土墙和回填黏性土的挡土墙,先后推导出其主动土压力的墙底为0的抛物线分布模式。开展的模型试验表明,挡土墙的变形方式对土压力分布的影响很大。墙体平移时是底部为0或不为0的抛物线,绕墙顶转动时是上大下小的抛物线,绕墙底转动时近似成三角形。图9.4.1所示为南昆铁路支挡结构土压力分布图式(蒋忠信等,1994;2005)。

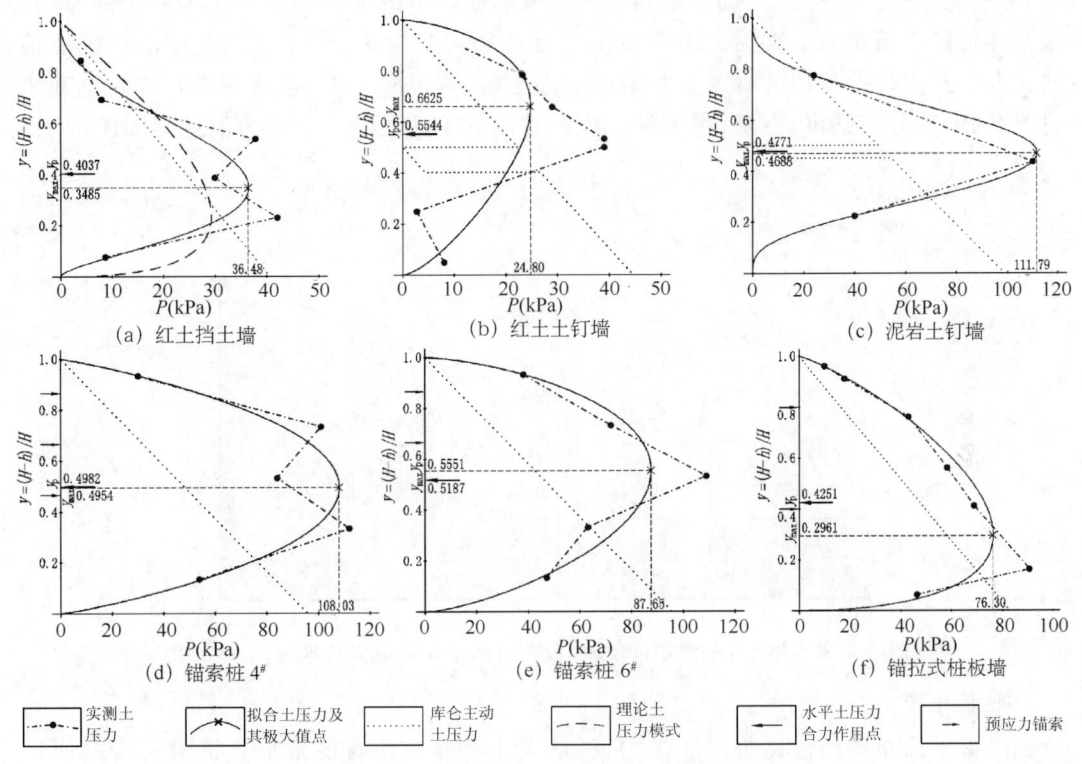

图9.4.1 南昆铁路支挡结构土压力分布图式

支挡结构土压力受填土性质、结构类型、墙体位移、破裂面形态、施工顺序等不易精确掌握的因素的复杂影响,很难准确计算。因此,土压力分布的模式不尽统一,计算值与实测资料往往差距甚大,难以指导实际工作,以致工程界至今仍不得不主要以库仑土压力三角形分布作为基础。因此,在理论分析的基础上,根据现场测试成果,建立更符合实际的土压力非线性分布模式,可优化支挡工程设计(郑颖人,2004)。

(1) 抗滑挡土墙

挡土墙按使用的建筑材料分为:钢筋混凝土挡土墙、毛石混凝土挡土墙、块石(片石、条石)浆砌挡土墙、木质石笼挡土墙和钢筋石笼挡土墙等5种。

挡土墙按功能分为以下几种:①抗滑挡土墙。在道路工程中,滑动面剪出口在道路面附近时,抗滑挡土墙多置于道路内侧。若滑动面剪出口在道路外侧,也可将抗滑挡土墙布置在道路外侧。挡土墙基础最好置于滑动面以下稳定基岩上,嵌入中风化基岩内0.5 m;若基岩埋藏较深,挡土墙基础应深入滑动面以下2 m,置于稳定的老土层上。②抗滑护坡挡土墙。一般置于道路内侧,下部按抗滑挡土墙设计,坡比1:0.35~1:0.5;上部按护坡挡土墙设计,坡比1:1~1:1.25。③抗滑防冲挡土墙。滑动面剪出口在道路外侧河边,此时的挡土墙不仅要起到抗滑作用,还要起到防冲作用,设计时应充分考虑这两种作用。

挡土墙按抗滑能力的发挥方式分为：重力式挡土墙和薄壳结构式挡土墙两大类。在滑坡防治中最常用的是重力式抗滑挡土墙和桩板结构式抗滑挡土墙。

(2) 抗滑桩

抗滑桩是滑坡防治的主要工程措施，在道路工程滑坡防治上应用十分广泛（图9.4.2）（水利部水土保持司，1998）。抗滑桩利用深入滑动面以下的桩体周围岩土体的锚固作用力，通过桩体传递来抵抗滑坡推力。抗滑桩的设计必须考虑滑床、滑体岩土的特性和抗滑桩自身的强度。抗滑桩按使用的材料分为钢筋混凝土桩、素混凝土桩（含旋喷桩）、碎石桩和木质桩；按桩的形态分为圆桩、方桩、梯形桩。现以常用的钢筋混凝土方桩为例进行阐述。

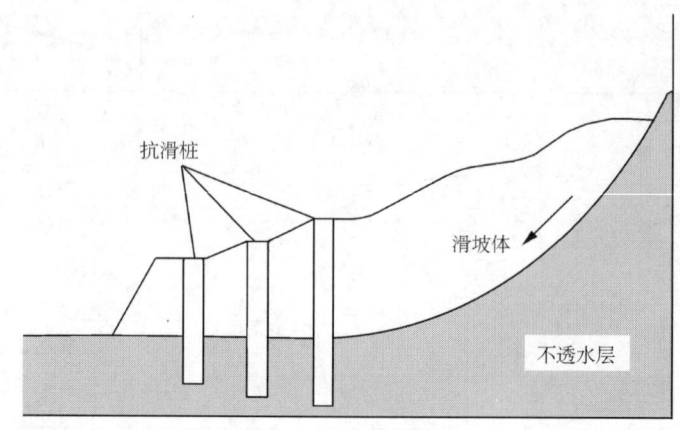

图 9.4.2　抗滑桩示意图（开发建设项目水土保持方案技术规范，1998）

1) 平面布置

抗滑桩平面布置的依据是滑坡推力、桩的大小和布桩位置的地形。抗滑桩按断面尺寸分为：①小型桩：方形桩$<1.5 \text{ m} \times 1.0 \text{ m}$，圆形桩$d<1.0 \text{ m}$；②中型桩：方形桩$(1.5\sim2.0)\text{m}\times(1.0\sim1.5)\text{m}$，圆形桩$d=1.0\sim2.0 \text{ m}$；③大型桩：方形桩$(2.0\sim3.0)\text{m}\times(1.5\sim2.5)\text{m}$，圆形桩$d=2.0\sim3.0 \text{ m}$；④巨型桩：方形桩$>3.0\times2.5 \text{ m}$，圆形桩$d>3.0 \text{ m}$。一般滑坡推力在1000 kN/m以下用中、小型桩，或小型多排桩；滑坡推力在1000~2000 kN/m的用中、大型桩，或中型多排桩；滑坡推力在2000 kN/m以上时用巨型桩或大型多排桩。单排桩成"一"字型排列，二排桩错开成"W"型排列，三排桩成梅花型排列（称为梅花桩）

2) 桩长与桩间距确定

①桩长的确定。抗滑桩的桩长由滑动面以上和以下两部分组成。滑动面以上部分的长度以保证滑体不从桩顶滑出为原则。大多数桩顶设计与地表面齐平（全埋式桩），少部分为防止滑体表部产生次级滑动，将桩顶设计成高出地面一定高度（悬臂桩）。埋入滑动面以下的深度，应据滑床岩土工程性能确定，除应满足不超过岩土体允许的弹性抗力外，还应考虑滑动面向下迁移、拓展的可能性。由于滑床岩土的组成结构和工程性能十分复杂，至今没有非常成熟的数值计算模型。按相关专家近50 a的经验：滑床为黏性土、碎石土（含强风化岩层）的抗滑桩埋于滑动面以下的长度为桩长的1/2；滑床为中—弱风化岩层时，埋于滑动面以下的长度为桩长的1/3；若滑床为坚硬的弱风化地层，埋于滑动面以下的长度还可适当缩短。

②桩间距的确定。抗滑桩最大桩间距确定的理论至今未建立起来，实际工作中仍应用

专家经验。若把黏性土按含水量分为流塑、软塑、硬塑和干硬 4 种状态。对于滑体为流塑状态的黏性土,不适于采用抗滑桩。因为桩间土体可能从两桩之间产生流动,使抗滑桩抗滑功能失效。对于滑体为软塑状态的黏性土,桩间距一般可取 2~4 m;硬塑状态的黏性土,桩间距取 4~6 m;干硬状态的黏性土,桩间距可取 6~8 m;对于滑体为较完整的基岩,滑坡桩间距可取 >8 m(王成华等 2001)。

由于桩间岩土组成和结构不同,造成桩间岩土的抗剪特性差别较大,即便同类型黏性土的抗剪强度指标 C、φ 值也各异。所以,上述专家经验不是抗滑桩桩间距确定的理想方法。经长期观察实践,发现两抗滑桩之间的岩土存在一个无形土拱,正因为有桩间土拱效应的作用,才使抗滑桩能够稳定滑坡(吴子树等,1995)。当两抗滑桩之间的土体受到滑坡推力作用时,土体将推力的大部(或全部)传递到两侧的抗滑桩上,由两侧抗滑桩侧摩阻来支撑滑坡推力(张建华等,2004)。若抗滑桩侧摩阻之和大于或等于滑坡有效推力时,滑坡便停止向前滑动。这表明两抗滑桩间土拱已形成。由此得出,桩间土拱形成的两个必要条件是:桩间土体有足够的抗压缩、滑移变形强度;两侧抗滑桩侧摩阻之和大于或等于桩间滑坡推力。

③抗滑桩设计

对于抗滑桩设计的要求有 4 个方面:a. 整个滑坡体具有足够的稳定性,即抗滑稳定安全系数满足设计要求值,保证滑体不整体滑移,不越过桩顶滑出,不从桩间挤出;b. 桩身要有足够的强度和稳定性,桩的断面和配筋合理,能满足桩内应力和桩身变形的要求;c. 桩周的地基抗力和滑体的变形在容许范围内;d. 抗滑桩的间距、尺寸、埋深等都较适当,保证安全、方便施工,并使工程量最省。

抗滑桩设计的任务就是根据以上要求,确定抗滑桩的桩位、间距、尺寸、埋深、配筋、材料和施工要求等。

抗滑桩设计的基本假定主要有以下 4 个。

a. 作用于抗滑桩上的力系。用于抗滑桩的外力包括:滑坡推力、受荷段地层(滑体)抗力、锚固段地层抗力、桩侧摩阻力和黏着力及桩底应力等。滑坡推力:滑坡推力作用于滑面以上部分的桩背上,假定与滑面平行。每根桩承受的两桩间距范围内的滑坡推力。推力分布根据滑坡具体情况可以为矩形、三角形和梯形。桩前滑体抗力:根据设桩的位置及桩前滑坡体的稳定情况,抗滑桩可分为悬臂式和全埋式两种。当桩前滑坡体不能保持稳定时,抗滑桩应按悬臂桩考虑。当桩前滑坡体能保持稳定,抗滑桩将按全埋式桩考虑,此时桩前滑体对桩的抗力作用可采用两种方法处理:一种是将桩前滑体抗力(剩余抗滑力和被动土压力)作为已知外力作用于桩身考虑;第二种方法是桩前滑体抗力较剩余抗滑力或被动土压力小时,可视为弹性抗力作用于桩身考虑,此种情况一般不易出现。锚固段抗力:当锚固段桩周岩土处于弹性变形阶段时,可按弹性力计算;处于塑性变形阶段时,抗力近似等于该地层的地基系数乘以相应的与变形方向一致的岩土在弹性极限状态时的压缩变形值,或用该地层的侧向允许承载力代替。如沿桩身的岩土处于塑性变形阶段的范围较大或岩土体很松散时,则全桩可用极限平衡法计算其抗力。桩周摩阻力和黏着力:抗滑桩的截面大,桩周面积大,桩与地层间的摩阻力、黏着力也大,由此产生的平衡弯距对桩有利,但其计算复杂,所以一般不予考虑。抗滑桩的基底应力:主要由桩身自重引起,一般很小,为简化计算通常忽略不计,计算偏于安全。

b. 抗滑桩的计算宽度。桩在水平荷载作用下,不仅桩身宽度内桩侧土受挤压,而且在桩身宽度以外一定范围内的土体也受影响。同时,对不同截面形状的桩,土体的影响范围也不相同。为了将空间受力简化为平面受力,并考虑桩截面形状的影响,将桩的设计宽度(或直径)换算成相当于实际工作条件下的矩形桩宽度 BP,称为桩的计算宽度。矩形桩的形状换算系数为 1.0,而圆形桩为 0.9。同时,将空间受力状态简化成平面受力状态时,应将计算宽度乘以受力换算系数。由试验可知,对于正面边长 b 大于或等于 1 m 的矩形桩,受力换算系数为 $1+1/b$;对于直径 d 大于或等于 1 m 的圆形桩,受力换算系数为 $1+1/d$。故桩的计算宽度为:

$$矩形桩: \quad BP = b + 1 \quad (b \text{ 为桩正面边长}) \tag{9.4.1}$$

$$圆形桩: \quad BP = 0.9(d+1) \quad (d \text{ 为桩直径}) \tag{9.4.2}$$

c. 桩侧岩(土)的地基系数。桩侧岩土体的弹性抗力系数简称地基系数,是地基承受的侧向压力与桩在该处产生的侧向位移的比值。地基系数通常用 K 表示,其值不仅与土的性质有关,而且随深度而变化,可以通过试验方法取得,如可以对试桩在不同类型土质及不同深度实测桩的位移和反力反算得到。大量试验表明,目前采用的地基系数随深度变化规律有以下几种不同情况:地基系数 K 不随深度变化,即 $K=$ 常量。采用 K 为常量时计算桩内力的方法称为"K"法,一般用于地基为较完整的岩层时;地基系数 K 随深度成正比例增加,即 $K=mz$(m 为比例系数)。其值可根据试验实测确定,无实测数据时可参考规范或其他文献。按这种地基系数变化规律计算桩截面内力的方法通常称为"m"法,一般用于地基为密实土层或严重风化破碎岩层的情形;地基系数 K 随深度成抛物线规律增加,即 $K=cz^{0.5}$(c 为比例系数),其值可根据实测数据确定,无资料时可参考规范或其他文献。

d. 刚性桩与弹性桩的区分。抗滑桩受滑坡推力后发生变形,根据桩和桩周岩土的性质,其变形可有两种情况:一种是桩的位置发生偏离但桩轴线仍保持原来的线型,桩的变位是桩周岩土变形所致;另一种是桩的位置和桩轴线同时发生改变,即桩和桩周岩土同时发生变形。产生前一种变形特征的桩称为刚性桩,后者称为弹性桩。试验研究表明,当侧向受荷桩埋入稳定地层内的计算深度(桩的埋置深度和桩的变形系数的乘积)为某一临界值时,可视桩的刚度为无穷大,在侧向荷载作用下,桩的极限承载力仅取决于桩周岩土的弹性抗力大小。此时,不管按刚性桩或按弹性桩计算,其水平承载力及传递到地层的压力图形均比较接近。因此,目前将这个临界值作为判别刚性桩和弹性桩的标准。

④抗滑桩群桩效应分析

在实践中,可以将若干单桩按一定的几何形态进行排列组合,并用承台相联,成为承台—桩—岩土协同工作的群桩体系,承台是群桩体系构成的纽带。其中桩和桩间岩土的工程性能及相互作用的力学机理,是群桩效应的核心。目前,对抗滑桩的群桩效应尚未进行深入研究,从定性上分析,与单桩抗滑力的简单叠加相比,群桩整体的抗滑能力会有明显提高。因为桩间土拱受滑坡推力时自身要产生压密变形,消耗一部分滑坡推力,余下的滑坡推力才传递到两侧抗滑桩上,加上承台与下压土之间的微量滑移也要消耗部分滑坡推力,所以抗滑桩群的实际抗力要比设计的大。由于群桩效应的发挥,能有效地预防某一根桩受到的局部应力集中而产生的破坏。应用群桩效应,将两排及两排以上的多排桩的桩间距适当拉大,可节省 5%~10% 的工程投资。可以弥补个别桩施工中的损伤和缺陷,不会发生像单桩那样,因一根桩损伤而牵动其他桩一同破坏的现象。

(3) 抗滑明硐

抗滑明硐是滑坡防治的又一主要工程,过去在铁路工程上应用较广泛,由于投资较大,所以在公路建设上应用较少。随着公路建设等级的提升,在公路滑坡灾害的防治上应用抗滑明硐措施将会越来越多。

明硐可分为拱型明硐和棚硐两大类。由于拱型明硐具有防坍、抗滑、支撑边坡的功能,在滑坡防治上应用普遍。在滑坡防治中,若滑动面在道路内侧路面附近剪出,且无实施抗滑挡土墙的条件,可选用抗滑桩或抗滑明硐措施;若滑动面在道路内侧,路面以上3m左右剪出,选用抗滑明硐措施更合适。抗滑明硐的基本几何形态有以下两种:①半路堑偏压型,适用于道路外侧为缓坡地形的抗滑明硐工程,硐顶填实土可延至外边墙外侧,与原地面相接。②半路堑单压型,适用于道路外侧为陡坡或河床岸边的抗滑明硐工程,外边墙外侧无堆填土的位置。

抗滑明硐的设计主要包括四个方面:①抗滑明硐设计之前,应对滑坡的范围、性质、特征、形成发生机理作全面深入的勘察;对滑动面在公路内侧的剪出口位置判断准确;对工程实施以后,滑动面是否有向深部转移或绕工程基础以下在道路外侧坡剪出的可能进行分析。②滑坡推力计算应力求准确,推力计算过大,投资将增大很多;推力计算偏小,抗滑明硐可能被损坏。可用两种以上的方法求解,通过对比分析,选取合理的结果。安全系数按公路铁路设计规范要求取1.30左右。③抗滑明硐的外侧墙是抗滑的主体,内侧墙受到的滑坡推力要通过硐顶拱圈和硐底横梁传到外侧墙上,外侧墙基础应嵌于稳定的基岩内。若外侧墙基岩埋深较大可采用桩基础工程或其他基础处理工程。④抗滑明硐的几何尺寸、结构设计和内力计算按铁道、公路有关设计规范、手册进行。

9.4.1.3 预应力锚固技术

预应力锚索能充分地发挥岩体的自承潜力,调节和提高岩土体的自身强度和自稳能力,减轻支护结构的自重,节约工程材料,并能保证施工的安全与稳定,具有显著的经济和社会效益,已经广泛地运用于铁路、公路边坡工程及水利工程等的滑坡治理、高边坡支护中(蒋忠信,1995b;2001)。预应力锚索的这些优良特性已为大量的工程实践所证实,但其设计理论还不能满足工程实践的需要,现阶段有关预应力锚索的设计仍是简化计算方法,有待于进一步修正和完善。

(1) 预应力锚索的设计方法

采用预应力锚索治理滑坡,加固高边坡,由预应力锚索提供的锚固力可以增加抗滑力,紧固滑体。滑坡治理工程中,一般采用传递系数法计算滑坡推力,也可采用极限平衡法、Sarma法来计算滑坡推力。获得了滑坡推力后,根据确定的锚索间距及沿滑动方向上的锚索布置排数计算单根锚索的锚固力。

(2) 预应力锚索设计中参数的确定

1) 锚固角度的确定。锚索倾角受多种因素的影响,比如施工条件、锚索提供的抗滑力及经济方面的考虑等。根据锚索、锚孔灌浆的工艺要求,锚索宜下倾10°以上;从工程费用考虑,锚索愈近于与滑动面垂直,自由段将愈短从而锚索总长度愈短。从提供抗滑力的大小考虑,要求锚索能提供最大的抗滑力。根据受力、施工和经济的综合考虑,工程实践中锚索倾角一般采用10°~30°。

2) 预应力锚索的设置间距。锚索间距应以所设计的锚固力能对岩体提供最大的张拉力为准。设置的间距过小,群锚效应很显著,会对锚索产生不良影响;太大,单根锚索分担的荷载大,同时不能形成有效的挤压带。锚索间距的选择可参考以下几个准则:日本准则:在1.5 m以上;美国准则:6倍以上内锚固段直径;FIP准则:4倍以上内锚固段直径间距或2.0 m以上;BS准则:防止岩崩的锚索间距在1.5 m以上。

国内外工程实践表明:锚索间距一般在10 m以内,对于斜坡岩体上的永久加固,要求锚索间距不宜超过4~6 m。

3)预应力锚索锚固段破裂面形状。在极限抗拔荷载作用下,锚杆(索)的破裂面形状有6种不同的假设:锚杆(索)沿浆体与岩土体的接触面破坏;破裂面为圆锥面;破裂面为圆弧型,其端部与锚杆(索)相切,而在地表处与水平面成 $45°-\varphi/2$ 夹角;浅埋锚杆破裂面假设为抛物线型,而深埋锚杆破裂面设为圆柱型;破裂面为直线和对数螺旋线的复合型且在地表处与水平面成 $45°-\varphi/2$ 夹角;短锚杆的破裂面为一双曲线性破裂面,而长锚杆为一复合破裂面,其端部为圆柱面而上部为双曲线破裂面。

4)锚索锚固段侧阻力。锚索锚固段的侧阻力直接关系到锚固段长度的确定,是预应力设计中的一个重要的力学参数。一般说来,它与岩体的种类、完整性、风化程度、成孔工艺、灌浆材料及灌浆压力等因素有关。根据工程经验,对于水泥浆胶结灌浆材料,各类围岩的侧阻力大小可按表9.4.1选取。铁路路基支挡结构设计规范(TB10025-2001)进一步规定了各类岩土体的锚孔侧阻力取值(表9.4.2)。

表9.4.1 水泥浆胶结灌浆材料同围岩间的侧阻力强度

围岩级别	Ⅰ	Ⅱ	Ⅲ	Ⅳ	Ⅴ
侧阻力 τ (MPa)	1.5	1.5~1.2	1.2~0.8	0.8~0.3	≤0.3

表9.4.2 锚孔壁对水泥浆的极限剪切力

岩土类别	岩土状态	孔壁摩擦阻力(MPa)
岩石	硬岩	1.2~2.5
	软岩	5
	泥岩	0.6~1.2
黏性土	软塑	0.03~0.04
	硬塑	0.05~0.06
	坚硬	0.06~0.07
粉土	中密	0.1~0.15
砂土	松散	0.09~0.14
	稍密	0.16~0.20
	中密	0.22~0.25
	密实	0.27~0.40

5)锚索锚固段侧阻力分布规律。预应力锚索锚固段侧阻力分布与很多因素有关。由于问题的复杂性,至今在锚索设计中仍假设侧阻力分布模式为均匀分布。但大量的实测结果表明,锚固段侧阻力并非均匀分布,而是在其前段形成峰值,然后逐步向末端减少并最终趋近于零,峰值位置也随加荷水平逐渐向后移动。

6)锚索荷载变位特性。预应力锚索锚固段的荷载变位特性是预应力锚索的重要特性,一般通过原位抗拔试验获取。由于原位试验成本高,时间长,且试验数量有限,因此,一般都采用有限元进行计算,近来何思明等(2006;2007)根据损伤理论的基本原理,分别定义了岩体剪切损伤变量和受拉浆体材料的损伤变量,确定了各自相应的损伤演化方程,推导了基于混凝土损伤的锚索锚固段荷载传递控制微分方程,并将岩体剪切损伤理论与常规剪切位移法相结合,研究了预应力锚索锚固段的荷载—位移特性。

7)锚索群锚效应。任何预应力锚索加固措施都或多或少地存在群锚效应。群锚效应是一个比较复杂的问题,在设计上往往通过提高安全系数来考虑群锚效应的影响。安全系数主要靠经验来选取。

8)长期荷载下锚索预应力损失。长期荷载作用下锚索的预应力损失,关系到锚索工程的耐久性和安全性,是预应力锚索设计中比较关注的问题。一般认为,它与材料性质、被锚固介质的力学特性、施工工艺及运行期间的管理水平等有关。由于引起预应力损失的因素复杂,计算具体的损失量非常困难。因而,在现有的设计中,往往通过充分考虑各种可能因素后,从安全度给予考虑。锚索在长期荷载作用下,预应力的损失主要由三部分组成:钢绞线的松弛;岩体蠕变,对于多裂隙的软岩,其预应力损失量可达 4%～8%;浆体材料徐变。

9)灌浆材料的改进及灌浆压力。在工程上应用最广泛的是拉力型胶结式锚索,灌浆材料多为水泥砂浆或水泥净浆。在通常的预应力荷载作用下,由于水泥砂浆的抗拉强度低,韧性差,锚固段的浆体大多开裂。对于永久性工程来说,浆体的开裂会使钢绞线直接与大气、水接触,很容易造成锈蚀,降低锚索体系的耐久性和可靠性。为此,应考虑新型灌浆材料。其中,纤维砂浆就是一种比较好的灌浆材料,由于纤维材料能大幅度提高抗拉强度和抗断裂韧性,从而可有效防止开裂,大大提高锚索体系在长期荷载作用下的耐久性和可靠性。新型灌浆材料中的纤维材料可以采用玻璃纤维和钢纤维两种材料,根据不同型号材料及不同的掺和量配制,确定其抗拉强度、抗断裂韧性指标及应力应变关系,并确定几种经济合理,抗拉强度、抗断裂韧性指标均较高的新型材料的配合比及强度指标参数。

9.4.1.4 预应力锚索框架梁固坡技术

预应力锚索框架由预应力锚索和框架梁共同组成,锚索埋设在稳定岩体内,提供预应力荷载,通过框架梁施加在坡体上,以达到稳定坡体的目的(周德培,1999)。由于预应力锚索框架具有对坡体扰动小、机械化作业程度高、施工速度快、结构可靠、经济等优点,已在滑坡、高边坡治理工程中得到了广泛的应用。其设计理论尚不完善,现阶段的设计方法还建立在经验和半经验半理论的基础上。

9.4.1.5 预应力锚索抗滑挡土墙

预应力锚索抗滑挡土墙组合结构用于整治滑坡,能充分发挥预应力锚固技术和普通重力式抗滑挡土墙这两种抗滑结构的优点,以最佳的组合达到最有效地整治滑坡的目的。通过施加在普通重力式抗滑挡土墙上的垂直向预应力荷载和挡土墙自身重力所产生的摩擦阻力来平衡滑坡推力。预应力荷载既能提高重力式挡墙的抗滑和抗倾覆能力,又能提高挡土墙墙体的抗剪强度,可以大大减小抗滑挡土墙的截面尺寸和基础埋深,减少墙体工程量及基础开挖方量,从而降低整治滑坡的工程造价,拓宽适用范围,不仅能用于中小型滑坡的整治,甚至可用于大型滑坡的整治。当挡土墙下存在断层或软弱夹层时,预应力锚索还能对其进行加固处理,效果更为显著。

9.4.2 溜砂坡加固技术

(1) 挡砂排导工程

据溜砂坡的形成、特征、演化规律及其对道路的危害,可选用前面介绍的挡土墙和明硐进行治理和护路。所不同的是挡土墙变成了挡砂墙,抗滑明硐变成了挡砂护路棚硐。挡砂墙高度依据砂坡的天然休止角确定,即挡砂墙修好以后形成的砂坡坡度应小于砂坡的天然休止角。据调查和模拟试验,花岗岩强风化形成的粒状碎屑溜砂坡休止角为 35°～38°,则花岗岩地区挡砂工程修好以后,其砂坡坡度应在 34°以下,最好在 30°以下更安全。

对于道路工程而言,溜砂坡的挡砂排导技术除上面列举的挡砂墙工程、挡砂护路棚硐工程外,还有挡砂排导槽和桩板挡砂墙工程。

(2) 深部固砂技术

溜砂坡的固砂包括深部固砂和表部固砂两部分。是解决困绕砂坡区道路拓展建设难题的关键技术。

1) 理论原理

溜砂坡内部结构为散体,基本不含黏粒和粉粒,内摩擦角较大,黏聚力很小。试验表明,随着黏粒、粉粒的增加,黏聚力有明显增大的趋势,黏粒、粉粒每增加 5%,C 值增大 30% 以上,而内摩擦角减少的幅度不大,一般为 1°～3°(表 9.4.3)。若能改变溜砂坡的内部组成与结构,如掺进一定比例的黏土、粉土或细粒浆液,会导致散体结构的根本转变,从而达到固定砂坡的目的。

表 9.4.3 溜砂坡内黏粒、粉粒含量对砂坡强度参数的影响

试验品状态	颗粒组成百分比(%)								渗透系数 K (cm/s)	抗剪强度(快剪)	
	砾粒		砂粒		粉粒			黏粒		内摩擦角 φ (°)	内聚力 C (kPa)
	粒径大小 d (mm)										
	>20	20～2	2～0.5	0.5～0.25	0.25～0.074	0.074～0.05	0.05～0.01	0.01～0.005	<0.005		
原样		18.4	39.1	29.7	6.2	2.2	2.7	0.6	1.1	2.57×10^{-2}	30.8	1
加 5%黏粒		18.0	36.5	28.0	5.8	3.5	4.4	1.8	2.0	1.09×10^{-3}	33.7	2
加 10%黏粒		16.4	36.1	26.7	4.2	4.7	5.5	3.1	3.3	0.90×10^{-3}	32.5	3
加 15%黏粒		14.4	35.1	25.7	3.2	6.2	6.7	4.6	4.1	0.63×10^{-3}	29.5	6

野外观察和模拟试验发现,当在相对稳定的砂坡脚开挖时,砂粒便开始运动,最初砂于开挖面顶缘开始溜动,逐渐向上、向下牵引,具有从上到下(由表及里)、从前至后(由开挖坡缘向坡上部)的溜动特征。只要将开挖面以上的砂坡固定了,开挖砂坡脚就不会引起砂坡边挖边溜动的现象。

根系发达的树和灌丛、草有较强的固砂能力。图 9.4.3a 为野外观察到的垂直根型树根固砂示意图,其固砂强度源于主根和主要支根,网状毛根和粗糙的根皮毛起着黏聚、吸附砂粒的作用。林木的根系可分为深根性和浅根性两大类,马尾松长成以后,主根可深达 5 m 以上。

根据砂坡特性和树根固砂的原理,选用模拟树根固砂的"花管微型树根桩工程",图

9.4.3b 为花管微型树根桩固砂示意图,即选 ϕ50 mm 左右的小管,在需固砂树段打 ϕ5~8 mm 的小孔,垂直地面打入(或钻孔导入)设计深度的砂坡内,用中、低压灰浆泵向管中灌细粒物质浆液,在花管周围形成根状浆脉块。若边坡较陡,坡度在 35°以上,应采用修建格梁锚杆措施先固表土,然后选择适生(最好是当地的)树种、草种,构建坡面植被(图 9.4.4)。在较陡的边坡上宜选用根深的灌木和多年生草本。

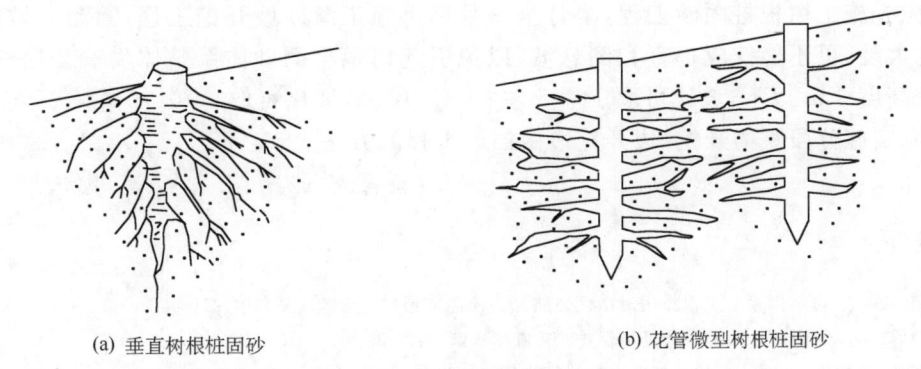

(a) 垂直树根桩固砂   (b) 花管微型树根桩固砂

图 9.4.3 树根桩固砂示意图

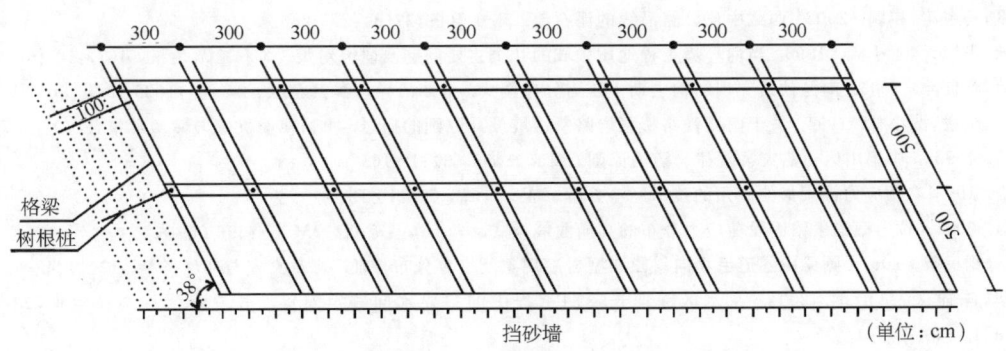

图 9.4.4 格梁、锚杆固砂平、剖面布置示意图

2) 树根桩基本结构

树根桩基本结构主要包括:①微型花管:选用 ϕ50~80 mm 的 PVC 管(也可用同规格的自来水铁管),长度依据需加固砂坡的厚度而定,在管上钻梅花型排列小孔;②钻孔:孔的大小和孔深与花管的直径和长度一致,孔间距一般 1.5~2.0 m;③安装与灌浆:钻孔完成后立即压入花管,使花管与周围砂紧密相贴,严防高压浆液从管壁间隙喷出。从管口压入设计配合好的浆液。

3) 微型树根桩设计要点

树根桩基本结构主要包括:①微型树根桩的设计是在溜砂坡详细勘察的基础上进行的。根据树根桩设计所需要的资料和参数,要求溜砂坡详细勘察阶段必需查明:溜砂坡坡面特征和天然休止角、溜砂坡厚度和基底岩性特征,为挡砂墙和树根桩的平面布置和剖面设计提供必要的资料和数据;砂坡内部物质组成和结构,测砂粒级配比组成、结构、密实度、孔隙比等,以及渗透系数和抗剪强度,必要时采用坑探、槽探、采样试验的方法获取参数,为浆液设计和灌浆压力的选取提供依据;开挖砂坡的高度和开挖砂坡内侧的位置,为树根桩平面布置和长度设计提供资料。②树根桩平面布置设计。树根桩一般布置在砂坡开挖工程内侧,布设3~4排,采用梅花形平面布置,行距和间距都是1~1.5 m,使之形成宽3~4 m的树根桩固砂体系。③灌浆段长度、孔隙率、浆液浓度和灌浆压力设计。

4)微型树根桩施工管理

微型树根桩施工管理主要包括:①施工期应选在旱季;②为避免溜砂坡边挖边溜动的现象发生,应先施工树根桩固砂工程,半月至一月后再施工溜砂坡开挖工程;③溜砂坡的开挖坡度不能太陡,更不能挖成垂直和倒悬坡,以免引起树根桩固砂体系整体失稳。据试验,砂坡脚开挖高度3 m以下,坡比可取1:0.5左右;3~10 m,坡比可取1:0.75左右。在溜砂坡脚开挖,应实施分段跳槽开挖、边开挖边做挡砂工程的方法。

(撰写人:崔鹏、王成华、蒋忠信、周小军等)

参考文献

崔鹏,林勇明. 2007. 自然因素与工程作用对山区道路泥石流滑坡形成的影响. 灾害学,22(3):11-16.
董小林,张晓峰. 2003. 西部公路建设与环境保护. 交通环保,(4):31-33.
何思明,李新坡,王成华. 2007. 高切坡超前支护锚杆作用机制研究. 岩土力学,28(5):1050-1054.
何思明,李新坡. 2006. 预应力锚杆作用机制研究. 岩石力学与工程学报,25(9):1876-1880.
何易平,马东涛,崔鹏. 2002. 西藏中尼公路沿线的泥石流. 地理学报,27(3):275-283.
黄润秋,张倬元,王士天. 1996. 当前环境工程地质领域的几个主要问题及研究对策. 工程地质学报,4(3):10-16.
蒋忠信,蒋良潍. 2005. 南昆铁路支挡结构主动土压力分布图式. 岩石力学与工程学报,24(6):1035-1040.
蒋忠信,李敏,秦小林. 1994. 关于南昆铁路膨胀岩路堑边坡设计原则的探讨. 中国地质灾害与防治学报,5(4):66-74.
蒋忠信. 1995a. 中国山区道路灾害规律及防治原则. 国土经济,(3):11-16.
蒋忠信. 1995b. 预应力锚索最佳倾角的技术经济分析. 路基工程,(5):10-12.
蒋忠信. 2001. 拉力型锚索锚固段剪应力分布的高斯曲线模式. 岩土工程学报,23(96):696-699.
屈科,徐则民等. 2001. 圆梁山隧道毛坝向斜段典型岩溶现象及发育分布特征. 地质灾害与环境保护,12(1):43-46.
任旭华,陈祥荣,单治钢. 2004. 富水区深埋长隧洞工程中的主要水问题及对策. 岩石力学与工程学报,23(11):1924-1929.
石新栋. 2002. 圆梁山隧道主要地质问题及对策. 岩土工程界,5(6):44-46.
舒斯特RL,克利泽克RJ. 1987. 滑坡的分析与防治. 北京:中国铁道出版社.
水利部水土保持司. 1998. 开发建设项目水土保持方案技术规范. SL204-98.
隋永芹,陈建兵,孙萌. 2001. 西部地区环境特点与公路建设可持续发展的探讨. 苏州城建环保学院学报,14(1):52-57.
王成华,陈永波,林立相. 抗滑桩间土拱特性及最大桩间距分析. 山地学报,2001,19(6):556-559.
王慧炯,李泊溪,李善同. 2000. 可持续发展与交通运输. 北京:中国铁道出版社,101-107.
王仕传,黄茂松. 2003. 几种土压力分析方法回顾与比较. 勘察科学技术,(3):6-9.
吴子树,张利民,胡定. 1995. 土拱的形成机理及存在条件的探讨. 成都科技大学学报,2:2-4.
伍石生,王小忠. 1997. 论公路建设与可持续发展. 西安公路交通大学学报,17(2):13-15.
张建华,谢强,张照秀. 2004. 抗滑桩结构的土拱效应及其数值模拟. 岩石力学与工程学报,23(4):699-703.
张坤民. 1997. 可持续发展论. 北京:中国环境科学出版社,21-36.
张玉芬. 2001. 道路交通环境工程. 北京:人民交通出版社,31-38.
赵健. 2003. 隧道岩溶水地质灾害治理. 中国地质灾害与防治学报,14(3):112-115.
郑颖人. 2004. 滑边坡支挡结构设计中的一些问题. 第八次全国岩石力学与工程学术大会论文集. 北京:科学出版社,40-51.
张祉道. 1995. 山岭隧道地下水处理及结构设计探讨. 铁道工程学报,(1):103-111.
中国科学院—水利部成都山地灾害与环境研究所. 2000. 山地学概论与中国山地研究. 成都:四川科学技术出版社.
周德培. 1999. 软岩深路堑锚索桩挡护的现场测试研究. 路基工程,(2):35-39.

第 10 章 冻土环境对高原铁路工程的影响及其工程环境效应

青藏铁路格尔木至拉萨段全长 1118 km,其中多年冻土区长度为 550 km。冻土是青藏铁路修筑中必须解决的重大难题。冻土区筑路遇到的主要问题是冻胀和融沉。在季节冻土区主要问题是冻胀,在多年冻土区主要问题是融沉。青藏高原的多年冻土大多属高温冻土,极易受工程的影响产生融化下沉。铁路建筑是百年大计,必须考虑全球转暖的影响。国家间气候变化委员会(IPCC)于 2007 年发布的预测称"全球表面温度预计在 1990—2100 年间升高 1.1~6.4℃"。青藏高原是全球变化的"启动器"和"放大器",其升温更早于和高于全球平均值。因此,高温冻土及全球变化使青藏高原铁路的修筑面临着严峻的挑战。可以说,青藏铁路成败的关键在路基,路基成败的关键在冻土,冻土的关键问题在融沉。因此,要确保铁路建筑的稳定性,必须考虑全球气候变化背景下冻土的变化,预测工程作用下冻土的变化及预测两种因素叠加后冻土的变化及工程稳定性,必须开展气候—工程—冻土相互作用研究(程国栋,2003;马巍,2003a;Wu 等,2004a)。

本项目研究以青藏铁路试验工程项目为基础,选择敏感性地表,建立天然和工程活动因素影响下冻土环境变化监测系统,分析了青藏公路沿线多年冻土在气候和工程状态的变化;考虑在未来 50 a 气温升高 1℃和气温升高 2℃,建立多年冻土热状态预测模型,对青藏铁路沿线冻土变化进行了预测,综合评价百年尺度多年冻土变化对青藏铁路的影响;引入了冻土工程适应性概念,建立了工程适应性评价方法,根据青藏铁路沿线的资料给出了冻土环境因素影响下的冻土工程适应性分区图;利用遥感手段和地面调查手段,对工程活动引起地表环境变化进行了评价,分析了工程活动对寒区生态环境的破坏作用,特别强调工程活动引起的植被退化、荒漠化、沙漠化形成等,同时分析热融湖塘、冻结过程等不良冷生现象的发生。通过对比青藏公路沿线 20 世纪 80 年代和 90 年代环境变化,并用地面调查结果验证,评价了多年冻土稳定性和环境的变化关系。研究成果已成功应用于青藏铁路建设,不仅为青藏铁路设计、施工和运营提供重要的科学依据与技术支持,而且也会为寒区的其他重大工程建设提供科学依据。

10.1 青藏铁路沿线冻土环境变化的监测

以青藏铁路试验工程项目为基础,选择敏感性地表,建立天然和工程活动因素影响下冻土环境变化监测系统。监测场地主要选择在高含冰量的敏感性地表、山前缓坡地带和植被发育地段等场地,这些场地多年冻土对人为工程活动的影响异常敏感,同时在考虑青藏公路监测场地的基础上,在典型地貌单元的冻土地温带增加多年冻土的监测场地,以满足不同地温带的多年冻土系统监测的需要。并对天然和工程活动条件下多年冻土变化进行对比监测(温智等,2003;Wu 等,2004b)。

10.1.1 北麓河工程作用对冻土环境影响监测

北麓河试验段位于青藏高原可可西里与风火山之间,北麓河盆地南部,属北麓河冲、洪积高平原地貌。地势开阔,北低南高,地形略有起伏,其间有小冲沟发育,地表植被发育较好,覆盖率一般为10%～50%,最高可达70%～80%,局部有半固定沙丘。该段属青藏高原干旱气候区,寒冷干燥,四季不明,空气稀薄,气压较低,一年内冻结期长达7～8个月,蒸发量远大于降水量。根据气象资料,本段年平均气温为−5.2℃,极端最高气温23.2℃,极端最低气温−37.7℃,年平均降雨量290.9 mm,年平均蒸发量1316.9 mm,相对湿度平均为57%;最大风速40 m/s,年平均风速4.10 m/s,主导风向为北西;最大积雪厚度14 cm,冻结期为9月至翌年4月。

在青藏铁路北麓河试验区建立了6种下垫面条件下冻土热状况变化监测场地,即天然草甸、天然草原、砂石路面、草皮铲除、道砟垫层和保温面层(表10.1.1)。监测场地选择在距离青藏铁路DK1141路段左侧约200 m处的草原、草甸过渡地带;砂石路面监测场地选择在该地带原砂石路面的青藏公路上。下垫面场地的监测内容主要包括地温和活动层范围水分。

表 10.1.1 不同下垫面场地浅层地温和冻融时间

下垫面类型	平均温度(℃)	年较差(℃)	冻结指数(℃·d)	融化指数(℃·d)	冻结期时间(d)	融化期时间(d)	季节融化深度(m)
草原	0.46	13.60	−662.00	829.55	160	205	2.45
草甸	−0.05	12.94	−609.33	591.78	180	185	2.90
草甸铲除	−0.66	14.29	−862.10	620.34	165	200	2.30
保温板	−0.75	10.22	−580.15	306.90	—	—	2.30
砂石路面	0.09	19.25	−978.04	1011.22	168	197	3.00
碎石	−0.24	14.76	−794.23	705.60	165	200	2.45

从表10.1.1可以看到,从不同下垫面场地浅层地温和冻融时间来看,不同下垫面冻融指数和季节融化深度有着较大差异。植被铲除后出现了冻结指数增大的特征,植被铲除后浅层地温在冬季温度降低,夏季温度变化不大。这样铲除植被后季节融化深度反而减少了40 cm,工程活动并非对冻土环境造成很大影响,这与过去的认识是不同的,也就是说高原植被对冻土影响的作用是保温作用,不是冷却作用。

(1) 高寒草原生态类型活动层水热过程

天然草原活动层热状态过程监测表明,活动层厚度约为2.45 m,多年冻土年平均地温约为−0.45℃。由图10.1.1a可以看出,10月底地表开始发生冻结,冻结速率较快,约在11月底就进入了稳定冻结期,自11月底开始,土体就进入了持续降温阶段,一直到翌年4月初地表开始融化,活动层冻结期约为160 d。翌年4月3日地表开始融化,融化过程较为缓慢,一直到8月下旬基本达到最大融化深度,由于受水分影响,可清楚见到"零点幕"现象,零点幕持续时间长达2个月,最大融化深度约为2.45 m,活动层融化期长达205 d。冻融过程明显存在不平衡状态。图10.1.1b可以看出,随着地表冻结过程开始,水分向下迁移并且逐渐冻结,融化过程中水分逐渐增加,具有向上迁移的倾向。无论是冻结前还是冻结后,土体高含水量主要分布在1～1.5 m深度上。

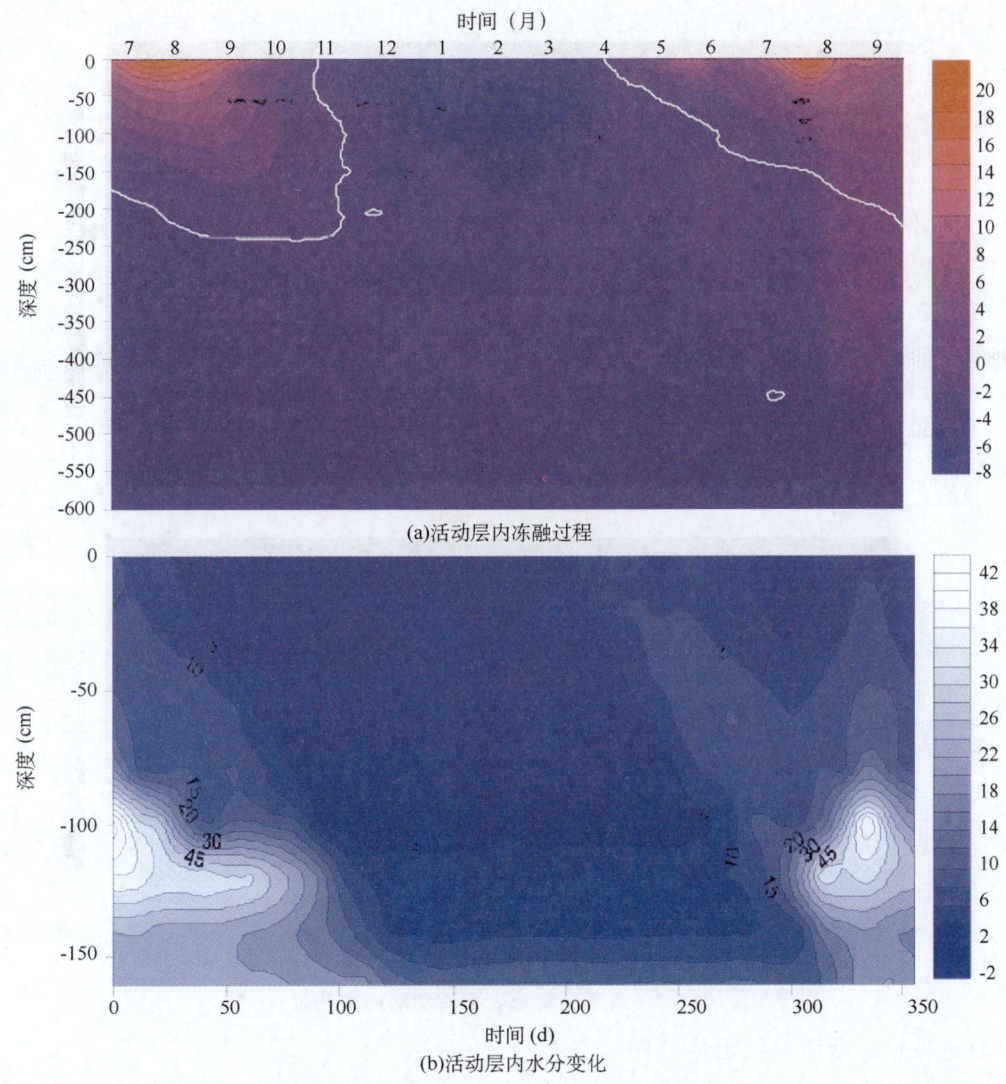

图 10.1.1　高寒草原地表活动层内水热过程

(2) 高寒草甸生态类型活动层水热过程

高寒草甸生态类型活动层水热状态监测表明（图 10.1.2），10 月底地表开始冻结，冻结速率较快，且存在着较为明显的双向冻结过程，即自下而上的冻结过程也较为明显。大约在 12 月初活动层达到了稳定冻结期，土体进入了稳定的降温过程，直至翌年 5 月中旬地表开始融化，冻结期约为 180 d。翌年 5 月中旬地表开始融化，融化开始时间明显晚于高寒草原生态类型，10 月初土体达到最大融化深度，最大融化深度为 2.9 m，融化时间为 185 d，冻融过程基本处于平衡过程中。高寒草甸生态类型的活动层水分变化过程：地表以下 50 cm 内土壤含水量较低，大约 5%～10%，70～160 cm 深度内土壤含有大量的水分，最大可达 40% 左右。冻结过程中 80 cm 深度上土壤水分存在着较为明显的水分迁移过程。冻结前后含水量分布存在明显的差异，冻结后含水量远大于冻结前的含水量。这说明冻结过程存在较强的水分迁移过程。

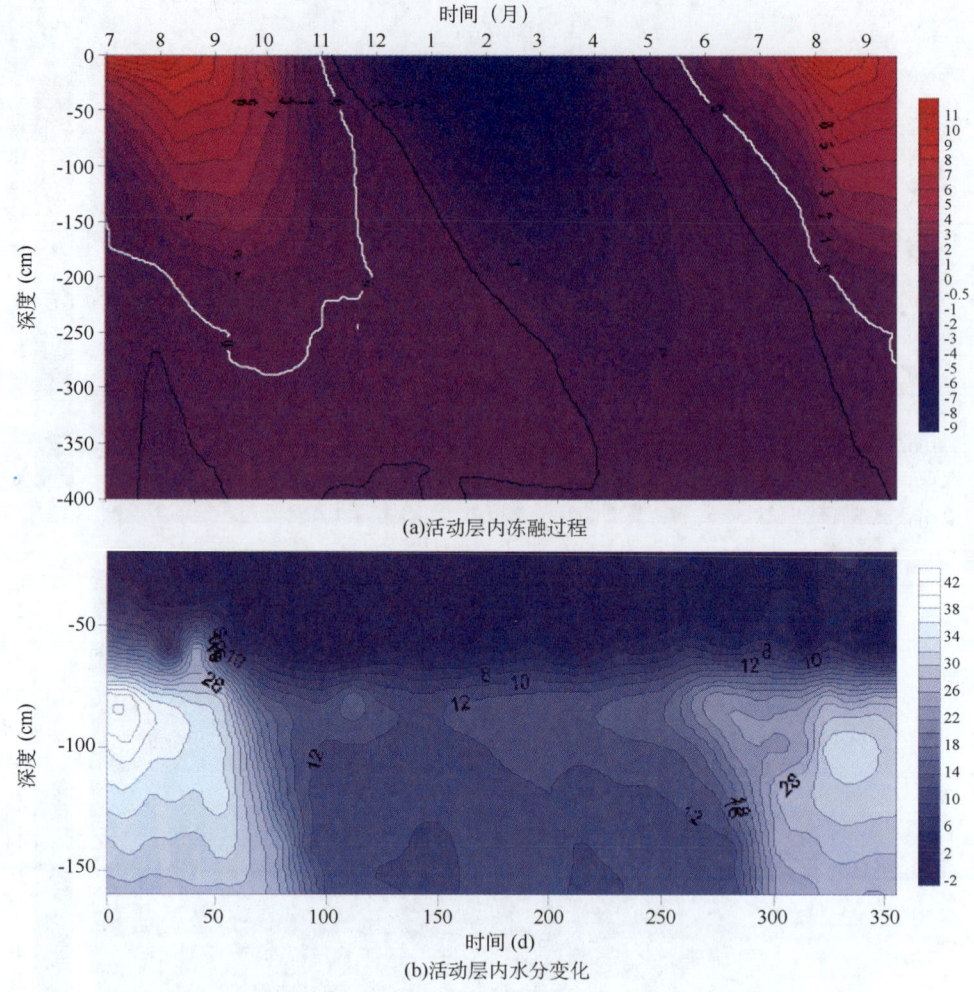

图 10.1.2　高寒草甸地表下活动层内水热过程

(3) 植被铲除后活动层水热过程

植被铲除之后活动层水热过程变化特征监测表明(图 10.1.3a)，10 月底左右地表开始冻结，冻结速率较快，且存在双向冻结过程，大约 1 个月左右，活动土体就进入了以土体降温过程为主的稳定冻结期，直至翌年 4 月中旬地表开始融化，冻结期时间大约为 165 d。翌年 4 月中旬地表开始融化，速率较冻结速率要慢，地表融化开始的时间明显早于原植被地表近 1 个月。大约至 10 月中旬达到最大融化深度，融化期时间达到 195 d，最大融化深度为 2.3 m 左右，较原天然植被下最大季节融化深度小 40 cm。冻融过程也存在不平衡过程。

植被铲除后浅层土壤体积含水量的变化监测表明(图 10.1.3b)，植被铲除后地表以下 80 cm 以内体积含水量为 5%~10%，80~200 cm 土体体积含水量要超过 30%，且主要集中在 150 cm 深度上，土体体积含水量可达 50% 以上。冻结前和冻结后融化土体体积含水量也存在较大差异，冻结前的最大含水量超过 50%，冻结后融化的土体含水量最大仅为 40% 左右。说明土体在冻结过程中存在着强烈的水分迁移过程。

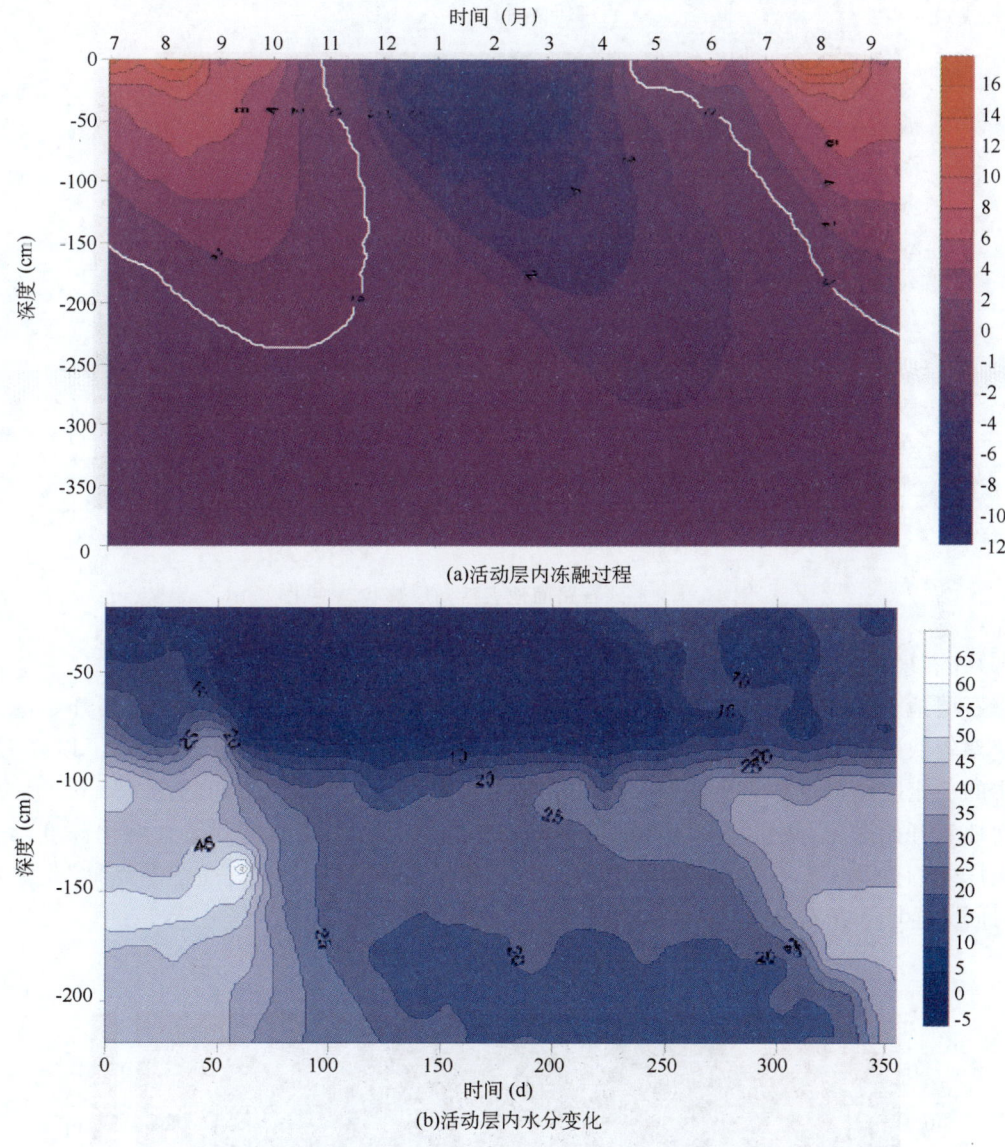

(a) 活动层内冻融过程

(b) 活动层内水分变化

图 10.1.3　铲除植被后活动层水热过程

(4) 砂石路面的活动层热状态

图 10.1.4 说明了砂石地表条件活动层热状态。可以看出,11 月左右地表开始冻结,冻结速率较慢,且存在双向冻结,但自下而上冻结能力较小,大约到 12 月底土体才进入以降温为主的稳定冻结过程。冻结期时间为 168 d,次年 4 月地表开始融化,融化速率较慢,一直到 10 月中、上旬才达到最大融化深度,最大融化深度为 3.05 m 左右。砂石路面修建后,较大地改变了冻结和融化指数,增大了地表温度的年较差。

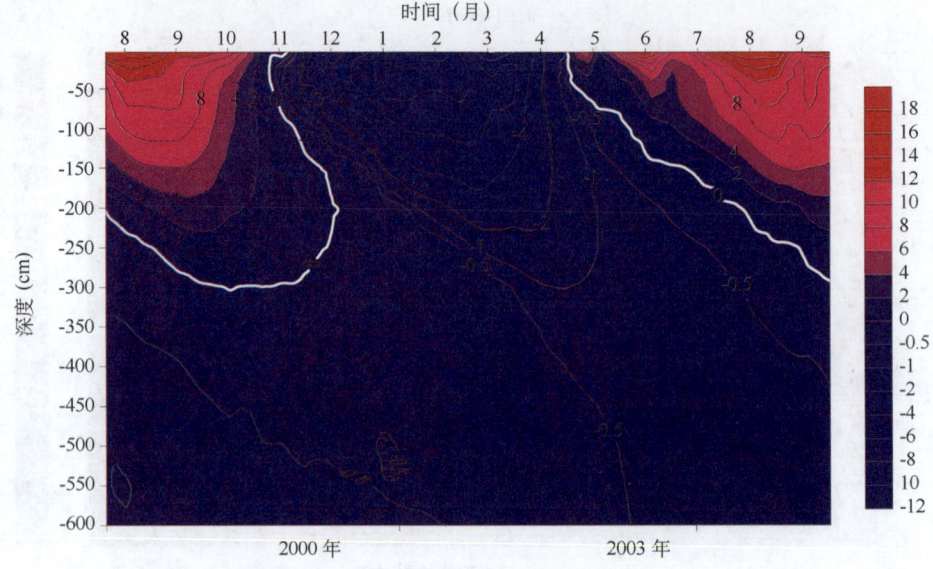

图 10.1.4　砂石路面地表活动层热状态变化

(5) 碎石层地表活动层热状态

碎石层地表活动层热状态监测结果表明(图 10.1.5),11 月左右碎石层地表开始冻结,冻结速率较快,且存在较强的双向冻结,约在 11 月中、下旬冻结过程完成,进入了以降温过程为主的稳定冻结时期。直到次年 4 月中旬地表开始融化,冻结期时间约为 165 d。次年 4 月中旬地表开始融化,融化深度随时间而逐渐加深,大约至 10 月初达到最大融化深度,其最大融化深度约为 2.45 m。在达到最大融化深度后,持续了近 20 d 左右的"零点幕"现象,融化期时间为 200 d 左右。

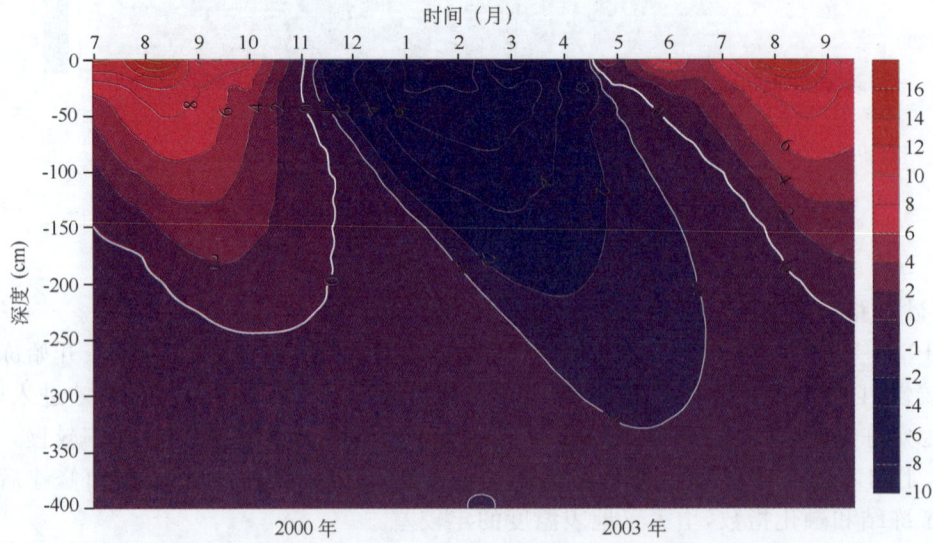

图 10.1.5　碎石表面活动层热状态变化

上述结果中与以前的研究和认识并无大的区别,但铲除植被后对活动层和多年冻土的影响与以前的认识有重大的差别,这主要取决于高原植被的作用到底是冷却作用还是保温作用。过去的认识是植被起到了冷却作用,所以铲除植被后表面温度升高,季节融化深度增大,多年冻土温度升高。然而我们的监测结果是植被起保温作用,铲除植被后会降低表面温度、季节融化深度减小,多年冻土温度降低。这是一个较为重要的研究结果,有必要重新认识青藏高原植被对冻土的作用。

10.1.2 青藏铁路工程多年冻土变化监测

在青藏铁路沿线多年冻土路段,考虑了地形及多年冻土年平均地温分区,在青藏铁路沿线选择了20个监测点,分别在路基中心和天然植被状况下各布设了一个监测孔。由于块石路基在青藏铁路中的重要性,本项目主要针对块石路基结构的冷却路基效应对路堤下部多年冻土的影响进行了分析。

块石路基结构是一个最典型的冷却路基工程措施(图10.1.6)。夏季块石层内空气起隔热作用,冬季进入块石层内产生冷热空气对流,冬夏两季相当于可控热二极管作用,较好地控制了多年冻土热稳定性。目前,青藏铁路多年冻土区有111 km采用了块石路基结构,其中60%以上为高温高含冰量路段。青藏铁路块石路基结构是否具有空气对流效应、能否有效地降低土体的温度、块石路基上覆填土高度是否影响冷却效应等问题是目前青藏铁路块石路基修筑迫切需要回答的。针对这个问题,先后在青藏铁路多年冻土区布设了监测断面,以监测块石路基的冷却效果,为青藏铁路高温高含冰量多年冻土区工程措施的补强设计提供科学依据。利用青藏铁路多年冻土区6个块石路基的监测场地对全线块石路基下部多年冻土温度状态、多年冻土上限变化和"冷量"积累监测结果进行分析,以评价块石路基结构对多年冻土降温作用和趋势。

图10.1.6 典型的块石路基

表10.1.2可以看出,多年冻土上限抬升幅度与年平均地温并没有必然联系。通天河阶地、乌丽盆地和斜水河等高温多年冻土区,多年冻土上限抬升幅度可达1.8~2.6 m,而楚玛尔河高平原、北麓河盆地等低温基本稳定多年冻土区,多年冻土上限上升幅度为1.8~1.9 m,可可西里和风火山地段等低温稳定多年冻土区,多年冻土上限抬升幅度在1.7~1.8 m。然而,有一个值得注意的问题是,尽管块石路基下部多年冻土上限得到了较大幅度的抬

升,但块石路基下部多年冻土温度处于升温过程,这种升温过程可能与工程作用有关,随着块石路基降温作用的发挥,多年冻土上限以下土体的升温过程会逐渐被抑制。但是否所有的块石路基结构都能够正常发挥作用,有效地抑制下部土体的升温过程,需进一步研究。

表 10.1.2 块石路基工程多年冻土上限抬升

地点	多年冻土年平均地温(℃)	多年冻土上限(m)	工程设计参数(m)		路基下人为多年冻土上限(m)	上限变化(m)
			填土高度	路基高度		
楚玛尔河	-1.48	2.60	2.1	3.1	3.90	+1.80
斜水河	-0.72	2.45	5.1	6.30	6.15	+2.60
可可西里	-2.64	1.60	2.4	4.0	3.40	+1.60
北麓河盆地	-1.48	1.90	2.3	4.50	4.50	+1.90
风火山区	-2.23	1.50	3.5	5.7	6.45	+1.70
乌丽盆地	-0.50	2.80	2.5	3.7	4.60	+1.90
布曲河阶地	-0.34	2.40	1.8	3.0	3.60	+1.80

多年冻土上限温度是多年冻土是否发育的一个重要能量标志,因此分析多年冻土上限附近温度变化成为评价块石路基降温效果的一个重要因素。由图 10.1.7 可以看出,多年冻土上限附近温度变化明显地划分出了三个层次,恰好与年平均地温层次划分一致。第一层次是低温极稳定型多年冻土,上限温度降温趋势最强,其次是低温基本稳定型多年冻土,最后是高温不稳定型多年冻土,说明年平均地温越低,降温趋势越显著,多年冻土上限附近"冷量"积累最大,随着年平均地温升高,多年冻土上限附近"冷量"基本无积累过程。上述这种特征说明了块石路基对于低温多年冻土作用是明显的,而对于高温多年冻土来说,多年冻土上限附近温度基本上就是维持一个热平衡状态,块石路基基本没有很好地发挥冷却路基、降低多年冻土温度的作用。当多年冻土上限以下土体温度升温接近上限附近温度时,多年冻土上限将会发生下移,接近原天然上限,甚至会超过原天然上限深度。块石路基下部多年冻土一旦形成这样的热状态,原天然多年冻土上限附近处的地下冰就会发生融化,导致路基产生融化下沉破坏。因此,对于高温多年冻土来说,仅依靠块石路基结构尚不能够确保路基稳定性,必须采取补强措施来应对工程作用和气候变化给多年冻土带来的消极影响,如采取热棒措施和遮阳板措施等(马巍等,2002;2004;吴青柏等,2005;Ma 等,2006;Wu 等,2006)。

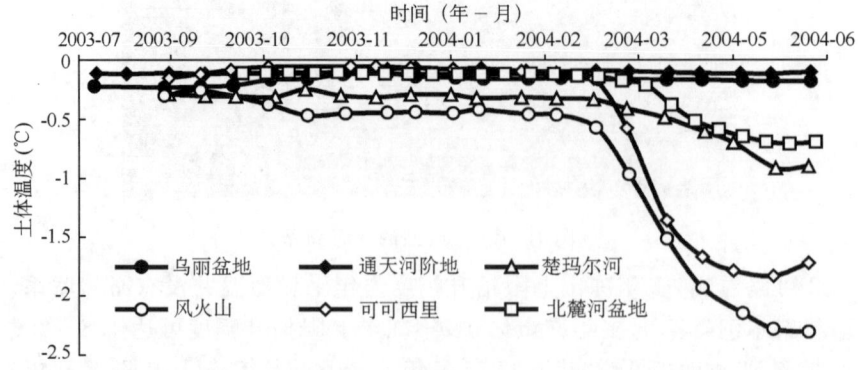

图 10.1.7 块石路基下多年冻土上限附近温度变化

10.2 气候和工程作用下多年冻土变化及其未来趋势预测

全球气候变化下冻土正在发生着较大的变化,无论是从平面上还是深度上都在发生着变化,对青藏铁路修建是个巨大的挑战,给设计、施工和运营带来很大的困难,尤其是设计原则的确定,气候变化对冻土的影响更是必须考虑的重大问题。因此本项目首先分析了青藏公路沿线多年冻土在气候和工程状态的变化,选择不同的气候情景模型下气温预测结果,对青藏高原多年冻土时空变化进行预测,重点将放在青藏铁路沿线冻土变化的预测。利用全球气候变化情景模型预报多年冻土百年尺度变化,综合评价百年尺度多年冻土变化对青藏铁路的影响。

10.2.1 青藏公路沿线多年冻土变化

(1) 气候影响下多年冻土的变化

青藏公路沿线多年冻土连续监测了 6 a,从过去的监测资料来看,多年冻土变化能够反映气候变化的趋势。由于多年冻土热稳定性特征,多年冻土温度和多年冻土上限对气候变化的响应存在较大的差异。在低温多年冻土区,自然状态下年变化增量为 2.6~5.9 cm/a;在高温多年冻土区,自然状态下年变化增量为 3.1~6.6 cm/a,多年冻土上限变化并没有多少规律,不随多年冻土温度变化而变化。然而,多年冻土表面温度的变化与多年冻土温度有密切的关系,对于低温多年冻土来说,多年冻土表面温度的年升温率为 0.05~0.08 ℃/a,高温多年冻土为 0.01~0.029 ℃/a。同样,对于低温多年冻土来说,6 m 深度处多年冻土温度年升温率为 0.032~0.053 ℃/a;高温多年冻土为 0.017~0.024 ℃/a。气候变化影响下,不管是多年冻土表面温度还是一定深度上多年冻土温度,低温多年冻土的年变化明显大于高温多年冻土(Wu 等,2004b)。

(2) 工程作用下多年冻土的变化

工程活动影响下,多年冻土变化与气候变化的影响明显不同。修筑沥青路面初期,路基下多年冻土产生了强烈变化,如多年冻土上限加深、多年冻土温度升高。高温多年冻土表面温度的年平均升温速率比低温多年冻土要大,高温多年冻土可达 0.09~0.12 ℃/a,而低温多年冻土仅为 0.009~0.08 ℃/a。与多年冻土表面温度变化一样,高温多年冻土上限年平均增量 18~26 cm/a,低温多年冻土上限年平均增量为 0.83~9.33 cm/a。6 m 深度处多年冻土温度变化与多年冻土上限变化和多年冻土表面温度变化相一致,6 m 深度处高温多年冻土年平均升温速率比低温多年冻土要大,低温多年冻土升温速率为 0.019~0.042 ℃/a,而高温多年冻土可达 0.092 ℃/a(Wu 等,2003a;Wang Shaoling 等,2003)。

综上所述,多年冻土对气候变化的响应是长期而缓慢的过程,气候长期影响引起多年冻土缓慢变化;多年冻土对工程活动的响应是一个短期而快速的过程。对于低温多年冻土来说,气候变化对多年冻土上限、多年冻土上限温度及多年冻土温度的影响要大于工程对它们的影响;对于高温多年冻土,工程对多年冻土上限、多年冻土上限温度及多年冻土温度的影响远大于气候对它们的影响。工程活动的短期影响引起多年冻土较大变化,工程对多年冻土的放大影响使得工程状态下的多年冻土对气候变化的响应在相当长一段时间内并不十分敏感。对于高温多年冻土来说,工程建设完成后不长的时间内,工程状态下多年冻土就将承受气候变化和工程本身对多年冻土的双重影响,因此高温多年冻土将表现出更为强烈的变化,对工程稳定性产生了极大的影响。对于低温多年冻土来说,工程建设完成后,气候变化需要相当长的一段时间才能对工程状态下多年冻土产生影响。这就给我们一个很重要的启示:高温多年冻土区工程必须要考虑气候变化的影响,而低温多年冻土变化只有在超过工程状态下的变化后才需要考虑气候变化的影响。

10.2.2 未来不同气候情景下多年冻土变化预测

青藏铁路是百年大计,设计和运营必须要考虑气候变化的影响。在未来 50 a 气候变化下多年冻土变化预测成为最重要的设计依据。本研究假设两种气候变化背景,一是未来 50 a 气温升高 1℃,二是未来 50 a 气温升高 2℃。建立多年冻土热状态预测模型,对未来 50 a 气温升高后多年冻土热状态变化进行预测。在多年冻土热状态预测结果基础上,通过多年冻土地温空间统计模型和 GIS 空间分析方法,对青藏铁路沿线多年冻土地温空间分布变化进行预测。预测结果表明(图 10.2.1 和表 10.2.1),50 a 气温升高 1℃后,多年冻土基本未发生退化,但多年冻土地温状态普遍升高,多年冻土地温分区分布范围将发生演化。伴随着多年冻土地温升高,局部会出现地下冰融化导致路基产生较大变形。气温升高 2.0℃后,多年冻土将会发生强烈退化,年平均地温高于 -0.51℃ 多年冻土将退化为季节冻土,初步估计多年冻土融区范围将由原来的 102 km 扩大到 302 km 左右,高温极不稳定多年冻土区范围由原来的 200 km 变化为 129 km,高温不稳定多年冻土范围由原来的 75 km 变化为 85 km。若仅从数据来看,高温极不稳定和高温不稳定多年冻土路段长度减少了,但这是由于多年冻土年平均地温升高演化而来的,多年冻土地温升高总体向着不利工程稳定性的趋势发展。

表 10.2.1　多年冻土年平均地温 T_{cp} 预测结果　　　　　（单位:℃）

初始地表温度	-0.5	-1.5	-2.5	-3.5	-4.5
升温前 T_{cp}	-0.42	-1.11	-1.82	-2.49	-3.2
未来 50 a 升高 1.0℃后 T_{cp}	-0.11	-0.68	-1.35	-2.02	-2.73
未来 50 a 升高 2.0℃后 T_{cp}	0	-0.25	-0.881	-1.57	-2.26

工程影响和气候变化都对多年冻土产生重要的影响,均朝着不利于路基工程稳定性的方向发展。对于高温极不稳定型和高温不稳定型多年冻土来说,特别是这些地温分区中高含冰量地段,多年冻土退化乃至消失,将会极大地引起路基产生融化下沉而变形。且处在退化过程中的多年冻土,工程性质一直在发生着极大的变化,处在极不稳定状态中。气候变化将给青藏铁路修建、运营、维修带来了更大难度。伴随着多年冻土退化、上限变化及地下冰融化,将会产生热融滑塌、热融湖塘、融冻泥流等次生热融灾害。铁路路基改变水文地质条件,导致路基本体和路基两侧形成冻胀丘、冰锥等次生冻胀灾害。面对气候变化和工程作用及高温、高含冰量路段,青藏铁路必须采取相应工程措施以抵御气候变化和工程作用的影响。以往采取消极被动的保护多年冻土措施难以确保多年冻土路基稳定性。气候变化和工程作用及高温、高含冰量多年冻土的工程背景下,必须采取积极保护多年冻土冷却路基的工

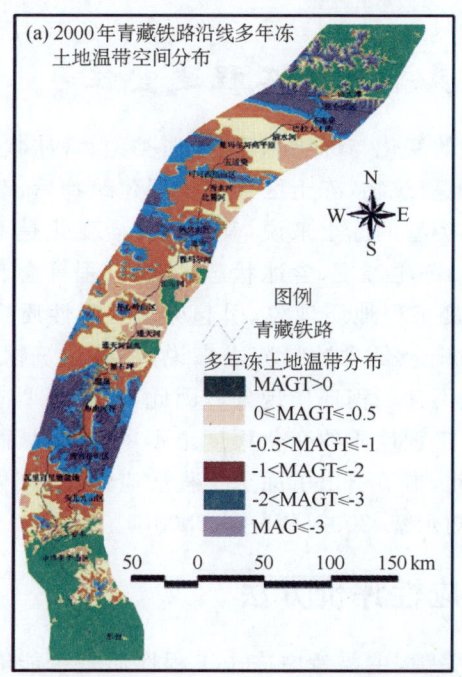
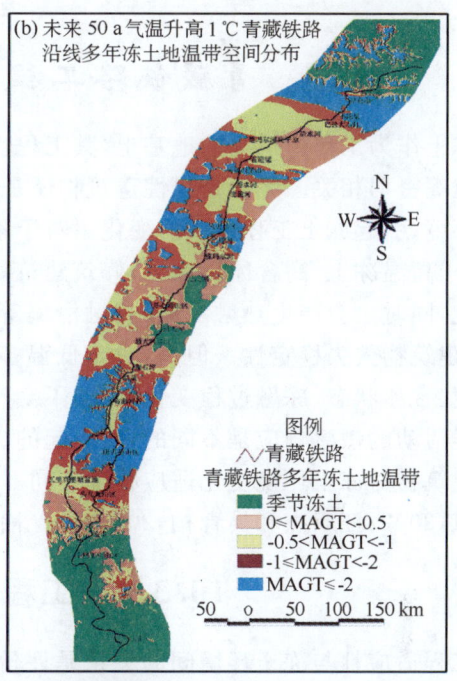
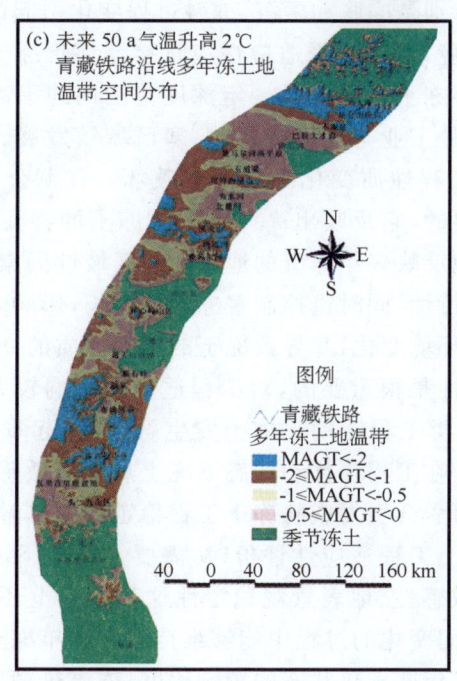

图 10.2.1　青藏铁路沿线冻土变化预测图

程措施，通过积极调控辐射、对流和传导来实现和确保路基稳定性，如通风管路基、热棒措施、块石路基、块碎石护坡、遮阳板措施等。这些主动保护多年冻土—冷却路基的工程措施，经实体工程试验段验证，达到了预期的目的，解决了以往认为无法确保高温、高含冰量多年冻土区路基稳定的问题。

10.3 青藏铁路工程下多年冻土工程适宜性

冻土作为工程建筑物的地基土,其工程性质的变化与冻土温度、土质类型、含冰状态、冻融过程等密切相关。无论是线性建筑物还是场地建筑物,冻土区修筑工程建筑物后,改变了冻土环境,引起冻土工程性质的变化。对于不同类型的冻土来说,其工程性质变化是不相同的,对于高温冻土、高含冰量冻土,修筑建筑物后,冻土温度、含冰状态、冻融过程等会产生剧烈变化,同时也会产生热融沉陷、热融滑塌等不良工程地质现象,引起冻土工程性质极大的改变,建筑物失去稳定性。但是,对于低温多年冻土、低含冰量冻土来说,修筑建筑物后,冻土温度、含冰状态、冻融过程变化较小,不会产生不良工程地质现象。因此,不同类型冻土其对人类活动的敏感响应是不同的,所引起的冻土工程性质的变化程度也不尽相同,从而造成工程建筑物对冻土环境变化适应程度不同。因此,本节引出了冻土工程适应性概念(吴青柏和施斌,2002;汪双杰和吴青柏,2003;吴青柏和刘永智,2002;Wu 等,2003b)。

10.3.1 工程适应性评价方法

工程适应性与冻土环境间的关系是评价的关键,主要考虑冻土工程性质是否能够满足工程建筑物的稳定性要求,特别是冻胀和融沉、冻融过程变化引起的冻融灾害等。冻土工程性质变化主要依赖于冻土环境,评价工程适应性应直接与评价冻土环境变化有关。对于寒区冻土工程适应性来说,多年冻土上限处及一定深度范围内地下冰含量起到了至关重要的作用。无论对于道路工程还是工业与民用建筑物、寒区城镇发展、水利设施等,地下冰的融化导致地基下沉,引起冻土工程性质变化导致基础破坏。青藏公路就是一个最好的例证。其次,冻土温度也是至关重要的,它反映出高海拔多年冻土的特征,也是多年冻土与大气圈热交换水平的指标,能较好地反映多年冻土的地带性和区域性因素的综合影响。在工程上,冻土温度也控制着冻土强度特性,同时也控制着冻土的消长,影响着冻土环境的变化。人类活动积极地参与了寒区冻土环境变化,并导致冻土的工程性质的变化,因此认为与冻土温度有关的参评因子对工程适应性是很重要的,对工程适应性影响较大的因子为多年冻土热稳定性、冻土年平均地温。在人类工程活动下冻土发生融化,引起季节融化深度变化,影响冻土地温的变化,必须考虑在外在工程热扰动状态下冻土热融蚀敏感性变化,同时在人类工程活动影响下随着冻土环境变化,会引发威胁冻土工程稳定性的冻融工程灾害,导致地表稳定性变化。因此在研究寒区冻土工程适应性评价时,需要考虑地下冰、冻土热稳定性、多年冻土年平均地温、冻土热融蚀敏感性、地表景观稳定性这五个冻土环境因素。其中,冻土热稳定性表示冻土在随外部热量而变化的过程中能够维持原有多年冻土的冻融过程和热状态的能力,主要反映外部热量对多年冻土热状态的影响程度;冻土热融敏感性是指多年冻土对人类活动和气候变化响应的快慢程度,用季节融化深度与潜在季节冻结深度的比值来表示;地表景观稳定性就是描述在人类工程活动下冻土环境变化后在地表形态上表现出的冻土状态变化,并演变为威胁工程建筑物的冻融灾害。

10.3.2 系统模型化和状态预测

系统目标是指系统发展所要达到的结果,系统目标对系统发展起着决定性作用,系统目标一旦确定,系统就将朝着系统目标所规定的方向发展。按照控制论的思想,所有反馈控制系统的给定值一旦确定,系统将根据反馈信号与给定值的偏差随时进行修正,使系统的输出最终逼近或等于给定值。系统目标即相当于控制论中的给定值,所以确定系统目标是十分重要的。工程适应性评价应服从工程稳定性和工程规划及预报的目标,应遵循人类活动强度和类型、冻土环境与工程稳定性相结合的原则。

寒区工程由不同功能区组成,每个功能区对冻土环境影响不尽相同。一般来说,寒区工程有公路工程、铁路工程、水利工程、城镇等。冻土环境合理利用分析,应结合寒区工程建设中不同的工程构筑物类型来评价冻土环境的工程适应性。因而,首先必须明确寒区工程类型。本节主要研究公路工程,探讨线路工程构筑物下冻土环境与工程适应性相互作用。冻土环境系统是一个多因素、多层次递阶结构,从寒区工程适应性评价的总目标出发,来考虑冻土环境的合理利用,寒区冻土环境与工程活动系统应包括4个子系统:工程适应性强的子系统、工程适应性一般的子系统、工程适应性弱的子系统、工程适应性差的子系统。为了达到冻土环境与工程适应性的合理评价总目标,必须先对各子系统进行优化评价。

所谓系统模型化,是指充分理解功能间相互作用,了解规定系统存在价值的功能特性及彼此间关系的一种方法。其实质是在充分了解系统结构的基础上,采用适合系统本质的数学模型或其他模型对系统进行状态预测。

人类活动下冻土环境与工程适应性相互作用系统是一层次递阶结构,依据综合评判思想和系统目标,采用如下系统模型:

$$Q = \sum P_i V_i \quad (i=1,2,\cdots,n) \tag{10.3.1}$$

式中:Q 为系统的总评价值;P_i 为最低层次因素 i 的权重值;V_i 为最低层次因素 i 的得分值。

冻土环境与工程适应性系统结构模型为一递阶结构,因而分别采用层次分析法(AHP)确定这几种状态类型最低层次因素权重;采用"两两比较法",通过与决策者对话,建立判断矩阵,求得权重系数,再进行一致性检验。在进行单层权重评判的基础上,进行层间重要性组合权重系数计算。

建立冻土工程适应性层次结构后,构造判断矩阵,并根据一定的比率标度将判断定量化,这种比率标度取决于决策者的主观判断,为使判断结果客观可靠,一般采用专家群决策。通过判断矩阵的特征值,计算出层次单排序的各因子权值,然后通过上层因素组合权值加权,这样逐层递推得到整个层次结果的总排序权值。

分别考虑地下冰、冻土热稳定性、多年冻土年平均地温、冻土热融蚀敏感性、地表景观稳定性这五个冻土环境因素,得到冻土环境与工程适应性系统结构模型中最低层次因素权重:

$$P_i = (0.5128, 0.2615, 0.1290, 0.0634, 0.0333);$$

即:
$$Q = 0.5128 V_1 + 0.2615 V_2 + 0.1290 V_3 + 0.0634 V_4 + 0.0333 V_5 \tag{10.3.2}$$

各评价指标的得分,根据场地实际情况给出一个评分标准。

根据系统模型和层次分析法结果,将所有参评因子图像进行格网化处理,并对它们进行空间配准,在基于格网地理信息分析系统下运用空间图像计算的方法,上述权重下各格网化单元的工程适应性评价值 Q_i,通过对格网单元评价值进行统计分析,最后得到冻土环境影响下工程适应性分级的总分界限值:①工程适应性良好,$Q_0=80\sim60$;②工程适应性一般,$Q_0=60\sim40$;③工程适应性较差,$Q_0=40\sim20$;④工程适应性极差 $Q_0<20$;根据上述总分界限值,可分别得出不同冻土环境条件下工程适应性评价。

10.3.3　工程适应性分区图

　　本节根据青藏铁路沿线的资料给出了冻土环境因素影响下的冻土工程适应性分区图(图 10.3.1)。从分区图可以看出,冻土工程适应性良好的地区,一般均分布在极高山区,如昆仑山区、唐古拉山区,这两个地区其冻土地下冰不发育,年平均地温较低,冻土热稳定性强,热融蚀敏感性弱,地表景观稳定性状态良好。冻土工程适应性一般的地区,主要分布在中高山区的边缘地带,这些地带尽管地下冰较为发育,但由于冻土热稳定性好、年平均地温低、冻土热融蚀敏感性弱,冻土环境变化较小,同时不会引起地表景观稳定性发生变化。在青藏铁路沿线断陷盆地、谷地、山前缓坡地带、楚玛尔河高平原等地区,冻土工程适应性较差,这些地带地下冰较发育,年平均地温较高,受人类活动或气候变化影响较大,冻土热稳定性差,热融蚀敏感性强。在人类工程活动或地表破坏后,极易发生以热融过程为主的热融灾害。多年冻土区融区是多年冻土的特殊地段,由于其成因不一,表现在平面分布的大小和垂直贯通与否,改变着建筑的设计原则。由于青藏铁路沿线融区空间分布的不均匀性和复杂性,将融区作为特殊地段进行工程地质评价,本节在处理上将其作为工程适应性良好的地段来处理(Wu 等,2003c)。

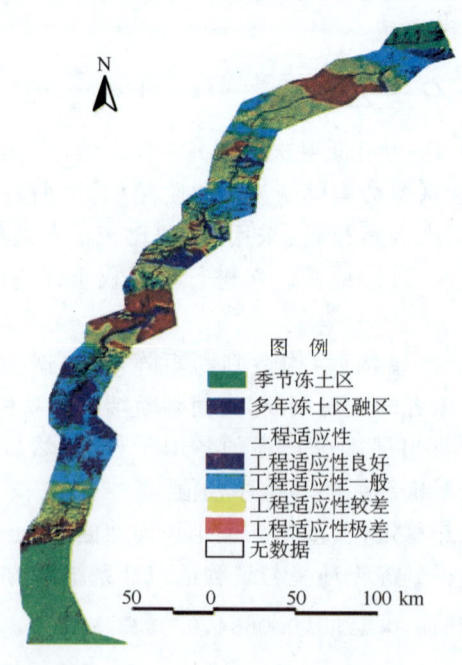

图 10.3.1　工程适应性分区图

10.4 环境效应评估研究

青藏铁路工程属大型线性工程构筑物,加之青藏公路、格尔木至拉萨输油管线工程、兰西拉(兰州—西宁—拉萨)光缆通讯工程等的共同影响,造成了青藏铁路沿线两侧 2 km 范围内,冻土环境和生态环境趋于严重恶化(图 10.4.1～图 10.4.4),而青藏铁路本身的取、弃土场和石料场地的选择等也会给环境造成严重的影响。出于对环境的考虑和便于寒区环境治理,应首先开展青藏铁路沿线环境效应的评估工作,协调工程建设与环境变化的可持续发展(吴青柏和施斌,2002;吴青柏等,2003)。本节内容主要利用遥感和地面调查手段,对工程活动引起地表环境变化进行评价,分析工程活动对寒区生态环境的破坏作用,特别强调工程活动引起的植被退化、荒漠化、沙漠化形成等,同时分析以热融湖塘、冻结过程为主的不良冷生过程的发生等。通过对比青藏公路沿线 20 世纪 80 年代和 90 年代环境变化,并用地面调查结果验证,评价多年冻土稳定性和环境的变化(Wang 等,2003a;王根绪等,2002)。

图 10.4.1 路基周围形成的冰锥

图 10.4.2 路堑造成的路基积沙

图 10.4.3 热融滑塌

图 10.4.4 高原草原荒漠化

10.4.1 青藏公路工程对生态环境的影响

青藏公路建设的施工方式对沿线生态系统干扰剧烈,可以认为,其扰动地带生物部分被完全铲除,经过近25 a的自然恢复,在大部分干扰地带,高寒草原的建群植物种类如青藏苔草、紫花针茅及扇穗茅等已出现并占据优势地位,局部地带生物物种多样性与种群多度恢复到高于自然未干扰草原系统。高寒草甸区大量先锋物种得以恢复,并形成较高的群落覆盖度,但原有优势建群物种尚没有出现。在生态系统恢复的生物学方面,高寒草原生态系统明显优于高寒草甸生态系统。在生态系统恢复的生境条件方面,工程干扰迹地土壤表层结构显著粗砾化,粗砂及砾石含量显著增加,但细粒物质(粒度小于0.05 mm的细粉沙和黏土)含量没有明显变化,而细砂及粗粉砂类物质含量均不同程度减少,递减幅度在1.83%~40.1%。高寒草原干扰迹地土壤有机质含量平均减少61.65%,全氮含量减少52.51%,但大部分地区其表层土壤养分现状与干旱区主要草原土壤相当,有利于耐寒、旱生物物种生长。高寒草甸生态系统干扰迹地土壤有机质平均比未干扰草甸土壤少55.7%,全氮含量少50.3%,现状高寒草甸土壤平均养分含量高于天然高寒草原土壤,保存草甸土壤结构的完整程度对于生态系统恢复至关重要。

10.4.2 青藏铁路建设的环境影响

在青藏铁路工程沿线分布面积最为广泛的高寒草原生态系统,具有较强的抗干扰能力,扰动后具有较好的预后恢复效果。调查显示,受扰动高寒草原生态系统的恢复程度与冻土环境没有明显相依关系,冻土环境能否恢复对工程干扰高寒草原生态系统的恢复不具有制约性,但土壤结构与养分含量状况的破坏程度对植被恢复程度与恢复速度关系密切,因此不破坏土壤本质环境的车辆运输碾压、不开挖的施工便道、生活营区、砂石料场及除桩基开挖以外的桥梁工程等扰动方式和区域,对于高寒草原生态系统不会产生严重干扰,且一旦终止干扰活动,在5~8 a时间内生态系统将得以恢复;对于破坏程度较高的取、弃土场地,类似于公路建设的沿线开挖铲推土石方式,类比公路建设情况,估计浅层扰动区域在15~20 a时间可恢复60%左右,但对于深度开挖的区域恢复难度较大,建议采取深层挖取土石料,回填表层土壤的施工方法,有利于高寒草原植被的自然恢复。对于高寒草甸生态系统(包括高寒沼泽草甸)来说,由于其分布和保育与冻土环境关系密切,即便不开挖破坏土壤的施工便道、临设站场和生活营区、砂石料场等扰动程度较轻的工程活动,由于改变了地表水热交换条件,使得敏感的冻土环境遭受破坏,受干扰的高寒草甸生态系统恢复困难,在10~15 a时间内可形成覆盖度较高的杂类草草甸,恢复一定的地表植被景观,但原生植被较难恢复;取、弃土场地对于高寒草甸的破坏十分巨大,几乎没有自然恢复的可能,因此应尽量避免在高寒草甸区设立较大规模的取土场地。

10.4.3 城镇建设对冻土环境和生态的影响

遥感数据解译结果表明,人类活动对寒区生态环境影响较大。自修筑青藏公路以来,典型沼泽草甸,高、中密度高寒草甸,高寒荒漠草地面积在减少,低密度高寒草甸、荒漠草原等在增加,说明植被有一些退化。此外,湖泊、河流、冰川和永久性积雪在减少,裸岩、滩地、戈壁、沙地及城镇用地等面积在增加，说明了工程活动导致大量的植被在退化，生态环境在工程影响下正在趋向恶化。且城镇开发和建设对寒区生态环境的破坏和影响远甚于线性工程。

10.4.4 主要高寒生态系统与冻土环境的关系

冻土环境对于高寒生态系统变化具有极其重要的影响，由于冻土工程不可避免地造成冻土环境发生一定程度的变化，而冻土环境变化可能对依赖其生存的冻土生态系统产生区域性的影响。

利用大量经过多种物理勘探手段获取的数据，进行冻土要素与植被群落覆盖度之间的统计分析。结果表明（图10.4.5），冻土上限深度与高寒植被覆盖度之间的关系，存在明显的不同生态系统间的差异。高寒草甸生态系统的覆盖度与冻土上限之间具有较好的统计相关性，随冻土上限深度增加，高寒草甸草地的覆盖度显著减小。对于高寒草原生态系统，草地覆盖度与冻土上限之间的相互关系不明显，反映出高寒草原生态系统的分布与变化与冻土环境变化的关系不密切。冻土厚度与植被覆盖度之间具有较好的相关性，表明冻土厚度越大、地表植被覆盖度将近似呈指数形式增加，具有较高植被覆盖的高寒草甸与高寒沼泽草甸区域一般具有较大厚度的冻土分布。受外界干扰引起的冻土退化，一个主要的表现形式就是冻土厚度变薄，因此伴随冻土厚度减小，草地植被将出现退化，这种关系与冻土上限是一致的，一般较大厚度冻土的上限深度较浅，对于高寒草原生态而言，这种关系意味着具有较大厚度冻土分布的地区更加有利于维持其对气候变化的稳定性。

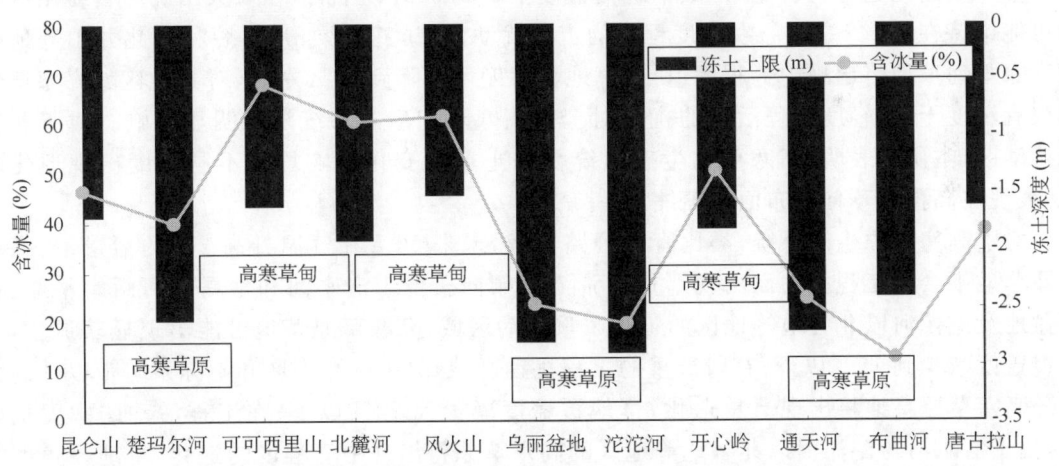

图10.4.5 高寒生态系统分布与冻土环境的关系

上述结果说明：①冻土环境在很大程度上影响高寒草甸与高寒沼泽草甸生态系统的分布与变化，冻土退化将直接导致高寒草甸与高寒沼泽草甸生态出现显著退化，而冻土环境变化对于高寒草原生态系统的影响不大；②保护冻土环境，维持较大的冻土厚度和较浅的冻结层上地下水位对于维护包括高寒草原在内的所有高寒生态系统稳定都具有重要意义。

10.4.5 青藏铁路工程建设对高寒生态系统的影响评价

人类工程活动影响下高寒生态系统的变化实际上是人类活动、气候及冻土环境变化等多种因素共同作用的结果,在现阶段气候业已发生显著变化,且在外来全球变化影响下单独考虑人类工程活动的影响是不现实的,因为人类工程活动对生态系统的影响既有直接作用,也有通过对气候影响的叠加、促进等间接作用,这在青藏公路工程对高原冻土环境影响的众多研究结果中有充分体现——人类工程活动加剧了气候对冻土环境的影响。因此,本节将人类工程活动与气候变化的影响耦合起来,以共同作用后的冻土环境变化结果来体现。因此本研究提出了工程建设后生态恢复程度与能力评价指标(SL)和冻土工程对高寒生态系统影响的综合干扰度指标(P)来定量评价青藏铁路工程对高寒生态系统的影响,综合考虑了铁路工程活动本身对高原生态系统所产生的影响及全球变化与工程活动耦合的双重作用下严重干扰的高原生态系统的可能演变趋势。

研究结果表明,高寒草原生态系统分布区域大部分工程扰动地带的损坏生态系统的恢复程度与恢复能力SL值明显较高,显示出工程强烈扰动后经过20余年的自然恢复,高寒草原生态系统恢复程度较高,已经具有了较好的生态结构和生物物种组成体系,而高寒草甸生态系统分布的大部分地区恢复程度较低,尚未形成稳定的生态结构与物种优势组分。在高寒草原生态系统分布区域中,不冻泉样点区位于河谷冻土融化区,干扰迹地生态恢复程度最低,高寒草甸生态系统分布区域的恢复程度相差不大。

研究表明,对于高寒草甸生态系统,如果青藏铁路工程不采取任何冻土环境保护措施,类比青藏公路工程,未来50 a在气温升高2℃的情景下,位于五道梁、开心岭及头儿九山一带的工程严重扰动区域,高寒草甸生态将急剧退化而成为黑土滩或草原化,草地覆盖度下降为30%左右;在较严重工程扰动区域,包括这些区域在内的几乎研究区段所有高寒草甸草地均出现严重退化趋势,大部分区域草地覆盖度下降到50%以下,但在风火山和唐古拉山区域则可能维持在40%~60%;在中度程度的工程扰动区域,五道梁、开心岭和头儿九山等地带的高寒草甸草地将出现中等程度退化,草地覆盖度可下降到70%左右,对其他区域高寒草甸则仅有轻度干扰;轻度工程活动的扰动对全线高寒草甸生态系统没有明显影响。对于非工程扰动区,本研究表明,高寒草甸生态系统受冻土环境变化影响均将不同程度出现退化趋势,表现在高覆盖草甸分布面积萎缩。

对于高寒草原生态系统,类比青藏公路工程,未来50 a在气温升高2℃的情景下,高寒草原草地不会因工程扰动而出现严重的荒漠化倾向。位于清水河和楚玛尔河两岸平原、乌丽盆地及沱沱河以北谷地等地区的工程严重扰动区域,高寒草原草地可能出现显著退化,草地覆盖度减少到10%以下;在较严重的工程扰动区域,除了昆仑山区和不冻泉一带以外的大部分高寒草原草地将出现严重退化,草地覆盖度减少到20%以下;在工程活动的中度扰动区,位于清水河与沱沱河以北谷地等地区的高寒草原将出现中等程度的退化,草地覆盖度在30%以下,其他区域将不会受到明显影响;在工程轻度扰动区域,位于清水河和沱沱河北部河谷地带草原也将存在轻度退化趋势,其他区域则没有明显影响。

10.4.6 青藏铁路工程施工方案的生态环境影响分析

青藏铁路工程实际施工中,采取了众多生态环境保护的针对性技术方案,本节具体从冻土环境保护和生态系统保护两个角度来分析这些措施的效果(王根绪等,2004):

(1)冻土环境保护措施及其生态环境效应评估

青藏铁路施工主要采取三种措施解决冻土问题:对于不稳定冻土区的高含冰量地质,采取"以桥代路"的办法,全线"以桥代路"桥梁达 156.7 km,占多年冻土地段的四分之一;对于地质复杂地段,线路尽量绕避;设计新型路基结构,包括片石层路基、碎石边坡、热棒路基、通风管路基、遮阳篷结构、铺设保温板等。这些措施从根本上减弱了工程路基对于冻土的影响,其中新型路基设计方案,不仅有助于解决路基对冻土的加温融化问题,而且起到明显的主动降温效果,有利于抵御全球气温升高对冻土的影响。可以认为,工程对生态系统最主要的严重扰动方式——永久性工程路基占用区,基本控制了工程对冻土环境的影响,而且在很大程度上消减了高原气温升高对工程区的冻土影响。

假设上述冻土保护措施对于冻土的保护效果使得前述未来气温升高 2℃的情景下,50 a间冻土环境变化产生相当于气温升高 0.6℃的冻土效应(相当于 2℃的 1/3,也就是说上述措施抵消了 2/3 升温,没有完全起到主动冷却冻土的作用,这是一种保守的安全考虑),这种情况下,位于高寒草甸区域的工程严重干扰下的生态系统综合干扰度均在 7.0 以上,也就是说,没有极度严重退化的现象,草地覆盖度可在 30% 以上,而对于路基、车站等永久性占用场地外围 0.5 km 范围内,高寒草甸草地大部分地带也仅有中—轻度退化现象,草地覆盖度将在 70% 以上。对于高寒草原草地,工程严重干扰情况下,在清水河、乌丽盆地和沱沱河一带,草原草地将出现较严重的退化,草地覆盖度在 20% 左右,而其他区域则仅有中度程度的影响;对于路基、车站等永久性占用场地外围 0.5 km 范围内,大部分草原地区仅有轻度影响。

(2)草地生态保护措施及其效应评估

青藏铁路施工设计中合理规划施工便道、施工场地、取弃土场和施工营地,严格划定施工范围和人员、车辆行走路线,防止对施工范围之外区域的植被造成碾压和破坏;施工中,对取土场、施工便道、施工场地、路基基底、桥梁桩位的植被和壤土进行异地移植,施工完毕后用于回铺场地地表、路基边坡及水沟坡面。临时用地普遍利用了公路道班、公路废弃场地、取土场便道、施工便道及营地便道尽可能相互结合,体现了尽可能集中的原则;湿地桥梁桩基施工时采用围栏控制施工范围及施工场地地表草皮移植养护用于桩周围植被恢复;桩基施工均采取了疏导和防护措施,大量推广采用旋挖钻干法成孔。

对应前述内容,这些施工方案与措施对于生态环境的意义在于:① 与青藏公路工程相比,青藏铁路工程严重干扰场地面积大幅度减少,空间上相对集中,对生态系统扰动最为严重的大型取弃土场地成为相互隔离的点状分布格局(相互间的平均距离约为 8 km),对生态系统功能、结构与空间分布格局的影响极其有限,对冻土环境的影响也局限在有限的点状范围;② 根据前述类比青藏公路工程扰动场地的结果,严重扰动场地生态系统的恢复程度与潜力,与干扰场地内表层土壤环境和原有植被群落物种的保留程度有关,青藏铁路工程对取土场、施工便道、施工场地、路基基底、桥梁桩位的植被和壤土进行表层土壤与植被的回填,显然对于提高干扰场地植被恢复提供了必要的物质基础,相比青藏公路工程严重扰动场地,在植被恢复时间和恢复程度等方面都具有了大幅度提高的充要条件。结合上述两方面,可以认为,只要未来降水量不要出现显著的较长时期的减少,回填土壤表层厚度能够在 20 cm 以上并力求其完整性,高寒草原草地区域的取土场、临设施工便道与施工场地等较严重和严重的干扰区,在较短的时间内将可得以明显恢复;对于高寒草甸和高寒沼泽草甸草地,由于受严重扰动植被的恢复不仅取决于土壤环境与原有植被群落的保留程度,还与冻土环境的变化程度关系密切,而大型的取弃土场、临设施工便道与施工场地等都不可避免地对下伏冻土产生影响,这就限制了高寒草甸植被的恢复程度,因此应尽量避免在高寒草甸和沼泽草甸区设立较大规模的取弃土场地。

(撰写人:马巍等)

参考文献

Ma Wei, Shi Conghui, Wu Qingbai, Zhang Lunxin, Wu Zhijian. 2006. Monitoring study on technology of the cooling roadbed in permafrost region of Qinghai-Tibet plateau. *Cold Regions Science and Technology*, **44**:1-11.

Wang Genxu, Cheng Guodong, Shen Yongping. 2003a. Influence of land cover changes on the physical and chemical properties of alpine meadow soil. *Chinese Science Bulletin*, **48**(2):118-124.

Wang Genxu, Guo Xiaoyin, Shen Yongping. 2003b. Evolving landscapes in the head waters area of yellow River (China) and their ecological implication. *Landscape Ecology*, **18**:363-375.

Wang Shaoling, Niu Fujun, Zhao Lin. 2003. The thermal stability of roadbed in permafrost regions along Qinghai-Tibet Highway. *Cold Regions Science and Technology*, **37**:25-34.

Wu Q B, Cheng G D, Ma W, et al. 2006. Technical approaches on permafrost thermal stability for Qinghai-Tibet Railway. *Geomechanics and Geoengineering*, **1**(2):119-127.

Wu Qingbai, Cheng Guodong, Ma Wei. 2004a. The impact of climate warming on Qinghai-Tibetan Railroad. *Science in China(series D)*, **47**(Supp. I):122-130.

Wu Qingbai, Liu Yongzhi. 2004b. Ground temperature monitoring and its recent change in Qinghai-Tibet Plateau. *Cold Regions Science and Technology*, 2004, **38**:85-92.

Wu Qingbai, Shi Bin, and Fan Hsai-Yang. 2003a. Engineering Geological Characteristics and Processes of Permafrost along the Qinghai-Xiang (Tibet) Highway. *Engineering Geology*, **68**:387-396.

Wu Qingbai, Shi Bin, Liu Yongzhi. 2003b. Study on interaction of permafrost and highway along Qinghai-Xizang Highway. *Science in China(series D)*, **46**(2):97-105.

Wu Qingbai, Zhu Yuanlin, Liu Yongzhi. 2003c. Application of Thermal Offset and AMPST Model in Permafrost Research of Qinghai-Xizang Plateau. Proceedings of 8th International Conference of Permafrost. A. A. BALKEMA Publishers, Lisse/Abingdon/Exton(PA)/Tokyo,2003, 1247-1252.

程国栋. 2003. 局地因素对多年冻土分布的影响及其对青藏铁路设计的启示. 中国科学(D辑),**33**(6):602-607.

马巍,程国栋,吴青柏. 2004. 青藏铁路建设中动态设计思路及其应用研究. 岩土工程学报,**26**(4):537-540.

马巍,程国栋、吴青柏. 2002. 多年冻土区主动冷却地基方法研究. 冰川冻土,**24**(5):579-587.

马巍. 2003. 关于青藏铁路建设的若干重大问题. 见:21世纪的岩土力学与岩土工程(会议论文集),90-101.

孙志忠,马巍,李东庆. 2004. 多年冻土区块、碎石护坡冷却作用的对比研究. 冰川冻土,**26**(4):435-439.

汪双杰,吴青柏. 2003. 沥青路面下多年冻土热稳定性和热融敏感性. 公路交通科技,**20**(4):20-22.

王根绪,程国栋,沈永平. 2002. 土地覆盖变化对高山草甸土壤特性的影响. 科学通报,**47**(23):1771-1777.

王根绪,姚进忠,郭正刚,吴青柏,王一博. 2004. 人类工程活动影响下冻土生态系统的变化及其对铁路建设的启示. 科学通报,**49**(15):1556-1564.

温智,盛煜,吴青柏. 2003. 青藏铁路路基浅地表热状态动态监测初步分析. 岩石力学与工程学报,**22**(增2):2664-2668.

吴青柏,刘永智. 2002. 青藏高原多年冻土顶板温度和温度位移预报模型的应用. 冰川冻土,**24**(5):614-617.

吴青柏,沈永平,施斌. 2003. 青藏高原冻土及水热过程与寒区生态环境的关系. 冰川冻土,**25**(3):250-255.

吴青柏,施斌,2002. 论青藏铁路修筑中的冻土环境保护问题. 水文地质工程地质,**29**(4):14-16.

吴青柏,赵世运,马巍,刘永智,张鲁新. 2005. 青藏铁路块石路基结构的冷却效果监测分析. 岩土工程学报,**27**(12):1386-1390.

第11章 青藏铁路和公路的生态影响与工程区生态保护

青藏高原是我国重要的生态脆弱区。由于海拔高、空气稀薄及气候寒冷、干旱,动、植物种类少、生长期短、生物量低、生物链简单,生态系统中物质循环和能量的转换过程缓慢,致使本区生态与环境十分脆弱。青藏高原被世界自然基金会(WWF)列为全球生物多样性保护最优先的地区,也被列为中国生物多样性保护行动计划优先保护的区域。

青藏高原独特的地理环境和周边的界面条件,加之复杂的气候为物种的起源和分化创造了条件,使之成为山地物种形成和分化的中心。青藏高原是世界高山植物区系极其丰富的区域,也是第四纪冰期中动、植物的天然避难所,保存了许多第三纪以前的孑遗种类,成为不少现代种类的分布中心。同时,高海拔条件下,青藏高原成为世界上中低纬度地区最大的冰川作用中心(郑度等,1985;刘宗香等,2000),也是中低纬度地区的最大冻土岛(程国栋等,2000)。

受自然条件的限制,青藏高原社会人口的生存空间狭窄(傅小锋等,2000)。高原区人口稀少,人为因素的作用和影响较为微弱,有些地方还保留着天然的原始状况,自然地域分异规律可以从天然植被类型特征中得到清楚的反映(郑度等,1985)。但是近年来,随着人口的快速增长及不合理的生态资源开发,青藏高原部分地区生态与环境严重退化,表现为草地退化、土地沙漠化、土壤侵蚀等一系列生态问题,有些地区甚至出现难于逆转的生态危机(刘成明,2003;Wang 等,2004;阎建忠等,2006)。

青藏铁路自西宁至拉萨共长 1956 km,贯通青海、西藏两省(区),平均海拔高度在 3800 m 以上,相对高差近 3000 m,是目前世界上海拔最高、线路最长的高原铁路,是青藏高原区重大建设工程。青藏公路与青藏铁路并行,横穿青藏高原,沿线自然环境复杂多样,生态系统敏感脆弱,分布着特殊的生态系统类型和丰富的珍稀野生动植物。青藏铁路(公路)的建设与运营必将对沿线动植物产生不同程度的影响,明确青藏铁路(公路)的生态影响,并加以应对,不仅关系到青藏铁路(公路)交通的顺利运营,而且关系到青藏高原生态安全屏障功能的保护与建设。

11.1 铁路(公路)沿线生态现状与环境问题

11.1.1 生态环境现状

(1)区域概况

青藏高原位于我国西南部,其主体部分在我国青海省和西藏自治区,青藏高原由此得名(赵济,1980)。青藏高原在中国境内西起帕米尔高原,东至横断山脉,横跨 31 个经度,东西长约 2945 km(张镱锂等,2002);南起喜马拉雅山脉南缘,北到昆仑山—祁连山北侧,纵贯约 13 个纬度,南北宽达 1532 km;经纬度范围为 $26°00'12''\sim39°46'50''\text{N}$,$73°18'52''\sim104°46'59''\text{E}$,面积约为 $2.5724\times10^6 \text{ km}^2$,占我国陆地总面积的 26.8%。在行政区划上它包括西藏自治区和青海省全部,以及云南省、四川省、新疆维吾尔自治区、甘肃省的部分地区(图 11.1.1)。

青藏高原素有"世界屋脊"和"地球第三极"之称,是我国乃至亚洲地区重要的生态安全屏障。青藏高原发育了大面积的冰川、冻土,是我国冻融、侵蚀作用面积最大和最强烈的地区,众多的冰川、冻土及湖泊、湿地孕育了亚洲多条著名国际河流,有"亚洲水塔"之称。

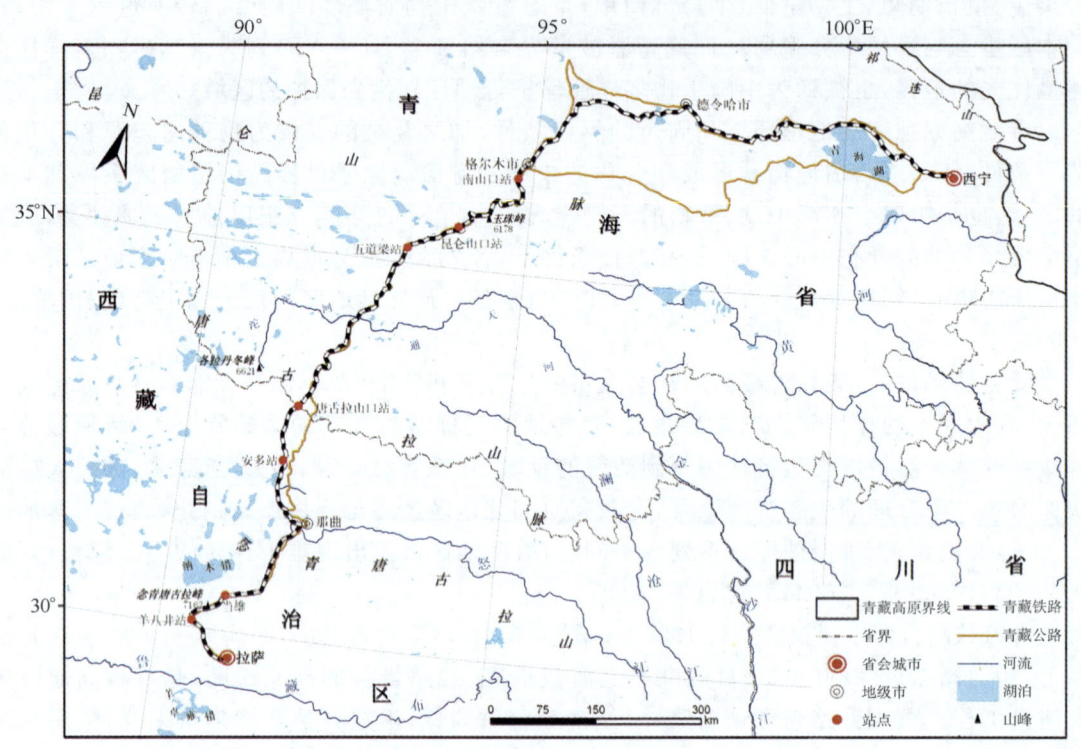

图 11.1.1 青藏高原位置示意图(郑度等,2009)

青藏铁路自青海省省会西宁市出发,向西经过青海湖、柴达木盆地到格尔木,继而转向西南穿越昆仑山、唐古拉山、念青唐古拉山等著名山脉,最终到达西藏自治区首府——拉萨市(图 11.1.1)。青藏铁路是沟通我国内地与西南边疆的一条重要铁路干线。

青藏铁路一期工程西宁至格尔木段(简称西格段)始于西宁市,经湟中、湟源,过日月山,从青海湖北岸经海晏、刚察、天峻,穿过柴达木盆地的乌兰、德令哈,到达终点格尔木市,全长 814 km。全段平均海拔 3000 m 左右,最高处为关角山隧道,海拔高度 3690 m(郑度等,2009)。

青藏铁路二期工程格尔木至拉萨段(简称格拉段)北起格尔木市,自南山口引出后,基本与青藏公路并行,经纳赤台攀升至昆仑山垭口,经五道梁、风火山、沱沱河、雁石坪,翻越唐古拉山口,经安多、那曲、当雄、羊八井等到达终点拉萨市。该段铁路全长 1142 km,设计车站(所)45 个,各类桥梁 676 座(总长约 159.7 km),野生动物通道 33 处(总长约 58.45 km,

2006年底封闭了平交缓坡通道后仅剩 26 处桥梁式通道)。青藏铁路格拉段海拔高于 4000 m 的地段有 965 km,沿线海拔最低处 2832 m(格尔木市),最高处 5072 m(唐古拉山口站),相对高差 2200 多米。铁路经过的连续多年冻土地带约 547 km(郑度等,2009)。

(2) 自然条件

青藏高原是世界上独特的生态环境地域单元。拥有许多特殊的生态系统类型和野生动、植物种类,是我国乃至世界生物多样性和基因多样性"宝库",在全球生物多样性保护中具有重要的战略意义。青藏高原生态环境质量的好坏不仅直接决定本区社会经济的发展方向,还将影响到我国和毗邻国家的生态安全。

1) 地质地貌

青藏高原是地球上形成历史最新的高原。它是一系列巨大的山系和高原面的组合体,其中,高原面主要有小起伏高山、高海拔丘陵和宽谷盆地等地貌类型,整个高原地势由西北向东南倾斜。高原面及四周边缘有一系列巨大的高山山脉,大致可分为东西走向山脉和南北走向山脉,东西走向的山脉主要有:阿尔金山—祁连山、昆仑山、巴颜喀拉山、喀喇昆仑山、唐古拉山、冈底斯山、念青唐古拉山和喜玛拉雅山(张继承,2008)。

青藏铁路(公路)沿线分布着多年冻土,类型主要有岛状多年冻土和片状多年冻土,其中片状多年冻土间分布着各类冻融区。常年冻土地区部分断裂破碎带发育移动冰丘,其对青藏铁路(公路)的建设和运行都带来了极大的挑战(张继承,2008)。

2) 气候与水文

青藏高原气候与周围及同纬度地区迥然不同,其气候具有太阳辐射强、气温低、气温日较差和年较差大等特点。高原面上最冷月平均气温低达 −10～−15℃,与我国温带地区大体相当。暖季,我国东部夏季风盛行,最热月平均气温大多在 20～30℃,且南北差异不大,唯独青藏高原成为全国最凉地区,7 月平均气温与南岭以南的 1 月平均气温相当,比同纬度低地降低了 15～20℃(图 11.1.2)(丁明军,2008)。青藏铁路西格段干旱少雨,寒冷多风,日温差较大,历史最高气温 34.9℃,最低气温 −37.2℃,年平均气温 2.7℃,最低月平均气温 −21.2℃,属严寒地区(卢向荣,2003)。格拉段线路经过地区海拔高、空气稀薄、气压低,气候寒冷、多风,历史最高气温 33℃,最低气温 −45℃,年平均气温 −3℃,属严寒地区,年平均 8 级以上大风超过 100 d(卢向荣,2003)。

青藏高原是我国长江、黄河,以及怒江、澜沧江、雅鲁藏布江、恒河、印度河等主要河流的发源地,不仅是被称为"中华水塔",也是东亚、南亚地区主要河流的源区,主要分为太平洋、印度洋和大大小小的内流水系,其中广义的青藏高原水系也包括北冰洋水系(新疆西北的额尔齐斯河流域)。青藏高原水资源分布呈现东南丰富,西北缺乏的基本格局,降水分布由东南向西北逐渐减少(图 11.1.3)(丁明军,2008)。同时青藏高原也是我国湖泊和冰川分布最为密集的地区。青藏铁路(公路)沿线年均降水量总体上随着海拔增高而增加,而由于昆仑山和唐古拉山的阻隔作用,使得沿线年均降雨量呈现明显的 3 个等级;地表水分为格尔木河内陆水系、长江水系、扎加藏布内陆水系、怒江水系和雅鲁藏布江水系共 5 个水系;地下水由于多年冻土的存在而分为 3 大地段:昆仑山以北地下水流域区、西大滩至安多之间多年冻土区及安多至拉萨段第四系孔隙潜水、基岩裂隙水和承压水区。

3) 植被与土壤

青藏高原幅员辽阔,地势高差悬殊,自然景观演替由热带雨林季雨林到永久冰雪带。青

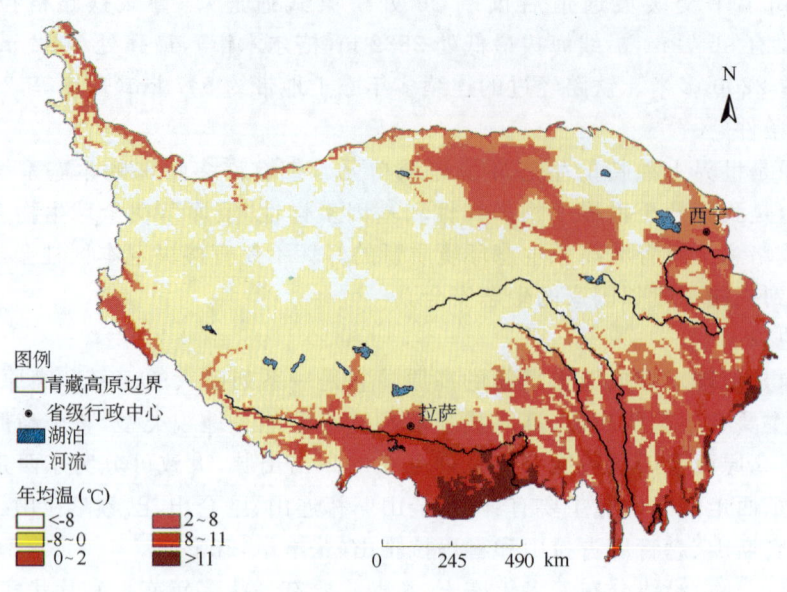

图 11.1.2　青藏高原 1980—2000 年年均气温分布状况图（丁明军，2008）

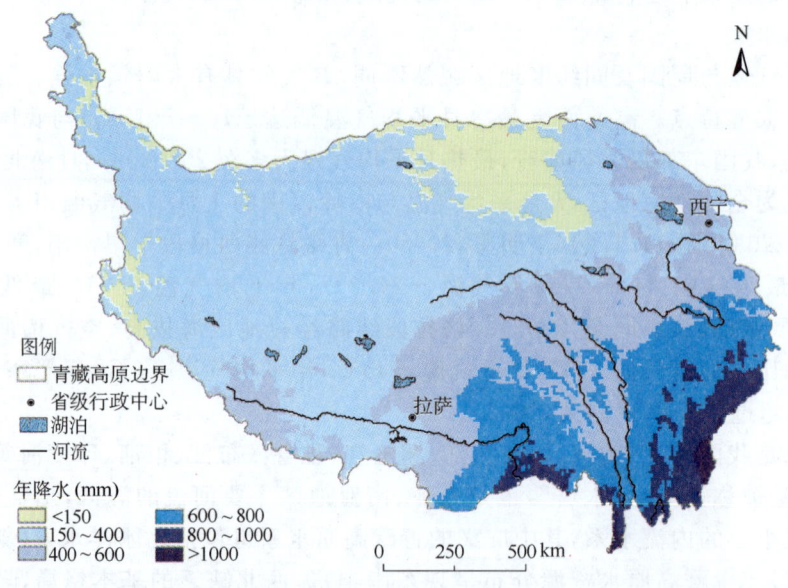

图 11.1.3　青藏高原 1980—2000 年年均降水分布状况图（丁明军，2008）

藏高原植被复杂多样，高原水平带谱依次出现森林、草甸、草原、荒漠等植被，垂直自然带也由东南部的海洋性湿润型递变为高原腹地的大陆性干旱型。喜马拉雅山南侧，从热带雨林或常绿阔叶林开始，往上相继为针叶混交林、暗针叶林、灌丛、草甸直至雪线以上的高山永久冰雪带，是中国最完整的山地自然景观垂直带谱（中国科学院青藏高原综合科学考察队，1985）。青藏铁路沿线主要植被类型为高寒草原（28.67%）和高寒草甸（22.25%）（图11.1.4），一半的铁路里程在这两个植被类型区域中通过，且主要分布在格拉段。西格段沿线植被类型比较复杂，以温带草甸及灌木和半灌木荒漠为主，其次为温带山地矮禾草、矮半灌木草原。

由于巨大的高程落差和面积广阔,青藏高原土壤表现为垂直—水平复合分布特点。在高原周围山地,高山深谷地貌发育,土壤由一系列的垂直地带谱组成,最为典型的是横断山地区,基带主要土壤为褐土或棕壤,从褐土基带往上,依次发育着棕壤、暗棕壤、漂灰土、黑毡土和寒漠土。而在高原面上,土壤水平地带分布明显,由南向北依次出现高山草甸土、高山草原土和高山荒漠土3个水平地带(王兆锋,2006)。青藏铁路被22个土壤亚类区(包括水域和冰雪区)分成74段(图11.1.5),平均每段长度约为24.6 km。青藏铁路穿越的主要土壤类型区为高山草原土和高山草甸土,在这两个土壤区通过的青藏铁路分别占铁路总长度的20.57%和13.17%。

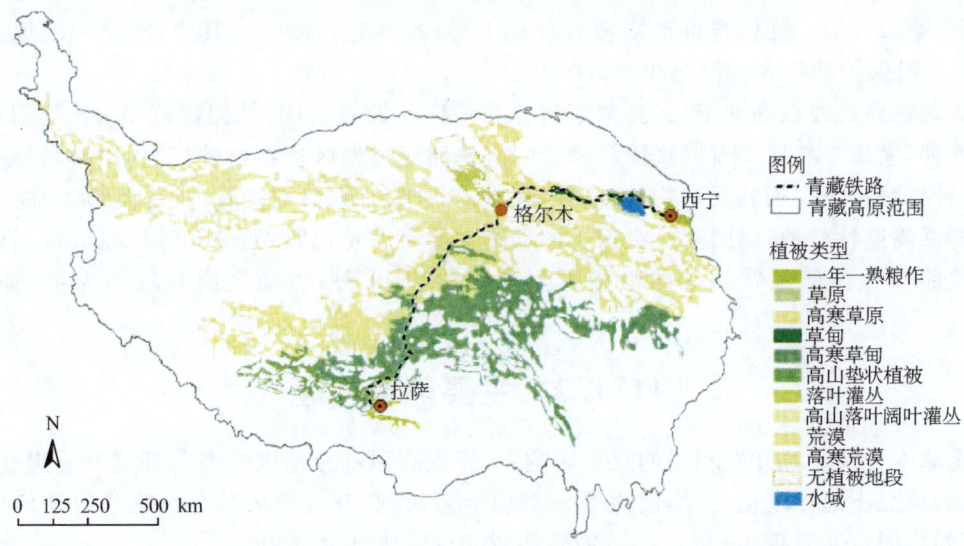

图11.1.4 青藏铁路沿途穿越植被类型区分布图(王兆锋,2006)

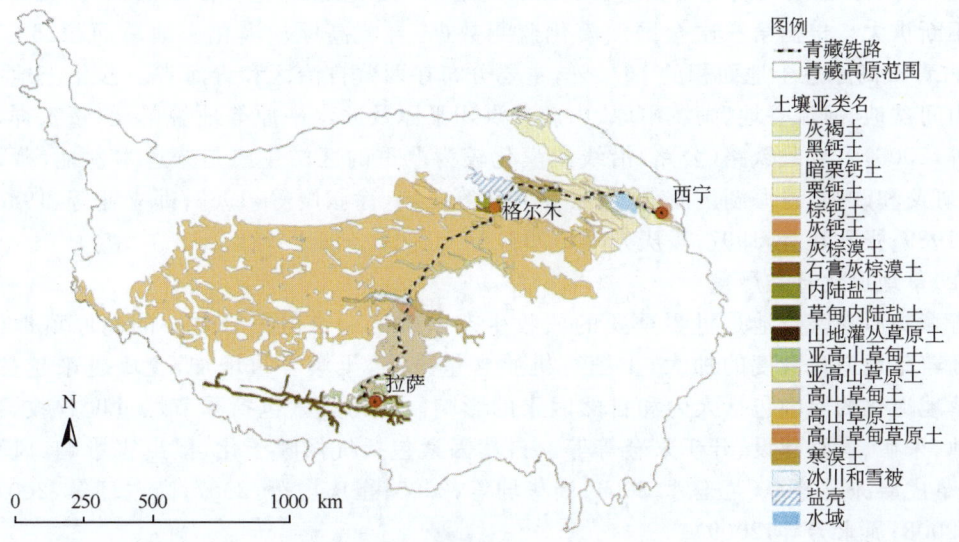

图11.1.5 青藏铁路穿越土壤类型区分布图(王兆锋,2006)

4)生物多样性

巨大的山体使青藏高原气候垂直分异十分明显,致使在水平方向和垂直带上广泛分布着从赤道向极地的各种生态系统类型,呈现出复杂多样的地理分布。青藏高原由东南向西北分布着森林、灌丛、草甸、草原和荒漠等生态系统(郑度等,1985;中国科学院青藏高原综合科学考察队,1988;李文华等,1998)。

青藏高原植物区系主要由温带成分、热带成分、世界广布的各种特有成分组成(吴征镒等,1987)。高原上有包括苔藓在内的高等植物 13 000 种,维管束植物 12 000 种以上(杨博辉等,2005)。维管束植物特有种不少于 2000 种(李渤生等,1994),种子植物特有种 955 种(吴征镒,1987)。在动物多样性方面,青藏高原包括陆栖脊椎动物近 1100 种,占全国总种数的 45% 左右,此外,尚有鱼类 152 种及目前尚难以计数的昆虫、无脊椎动物和低等植物及菌类(王金亭,2003)。陆栖脊椎动物特有种 281 种(冯祚建,1996)。其中,国家一级保护动物 38 种,二级保护动物 85 种(马生林,2004)。

青藏铁路沿线以高寒草原、高寒草甸分布最广。调查表明:铁路沿线 2 km 范围内有植物 348 种,隶属 140 属 41 科(张镱锂,2006)。铁路经过地区动物物种较少,但珍稀特有物种较多,种群数量大。哺乳类动物约 16 种,其中 11 种为青藏高原特有种;鸟类约 30 种,其中 7 种为青藏高原特有种,属国家一级保护的动物主要有藏羚、西藏野驴(*Equus kiang*)、野牦牛等。铁路沿线两侧经常活动的珍稀野生动物约有 14 种,以哺乳类和鸟类为主(孙士云,2003)。

11.1.2 主要环境问题

全球变化及资源开发利用的双重影响下,青藏高原部分地区生态与环境严重退化,表现为草地退化、土地沙漠化、土壤侵蚀等一系列生态问题,有些地区甚至出现难以逆转的生态危机(刘成明,2003;Wang 等,2004;钟祥浩,2005;阎建忠等,2006)。

(1)沙化面积不断扩大

近 40 a 来,区域气候持续变暖,人类活动频率与强度加剧,鼠类活动猖獗,青藏高原沙化面积不断扩大。根据第三次全国沙漠化监测数据,青藏高原沙漠化土地总面积 363 563.35 km^2,占青藏高原总土地面积的 16.5%,主要分布在西藏自治区和青海省。沙化土地主要分布于山间盆地、河流谷地、湖滨平原、山麓冲洪积平原及冰水平原等地貌单元(董玉祥,1999;李森等,2005)。青藏铁路(公路)沿线沙漠化较为严重的区域主要是柴达木盆地,藏北高原尼玛、班戈和改则,青海湖区海晏、刚察和共和等区域(徐叔鹰等,1983;邵立业等,1988;董光荣等,1989;张胜邦等,1997;段庆光等,1998)。

(2)草地退化日益严重

青藏高原高寒草地是世界重要的放牧生态系统之一。但三分之一的高原草地已经退化。随着草地退化程度的加大,土壤有机质含量减小,土壤容重增加,土壤越来越贫瘠化。高寒草地退化的原因包括人为和自然因素的影响。人为因素包括季节性过度放牧、盲目开垦草地、采矿、道路建设、开矿采金等等。自然因素包括气候暖干化、鼠虫害影响、风和水的侵蚀、草皮层冻融等等(兰玉蓉,2004;周华坤等,2005;崔庆虎等,2007;尚占环等,2007;贺有龙等,2008;晁永芳等,2009)。

青藏铁路(公路)沿线草场退化严重地区主要为长江源地区,面积约为 1.21 万 km^2,环青海湖地区面积为 6.03 万 km², 柴达木地区为 4.86 万 km²。目前,沙漠化面积仍以每年 1000 多 hm² 的速度扩大(张耀生等,2001;崔庆虎等,2007)。青藏铁路沿线的安多、那曲、当雄和羊八井等区域有 40% 以上的高寒草地资源和生产力正在逐年下降,冷季草地已超载 1.6 倍,草地退化严重,草地生态环境遭到严重破坏(杨富裕等,2006)。

(3) 水土流失加剧

青藏高原水土流失具有侵蚀类型多样、区域分异明显、人为作用较弱但潜在危害性大等特点。西藏全区水土流失面积 103.42 万 km²,占全区土地面积的 84.19%。西藏的沙土流失主要以中度和轻度侵蚀为主,无重度侵蚀区。青海省的水土流失主要分布在青海东部湟水、黄河谷地地区。全区输沙模数的区域差异较大,全区有两个高值中心,一个在西宁—循化区,另一个在昆仑山西北部和田附近,输沙模数都达到 2000 t/(km·a)(图 11.1.6)。

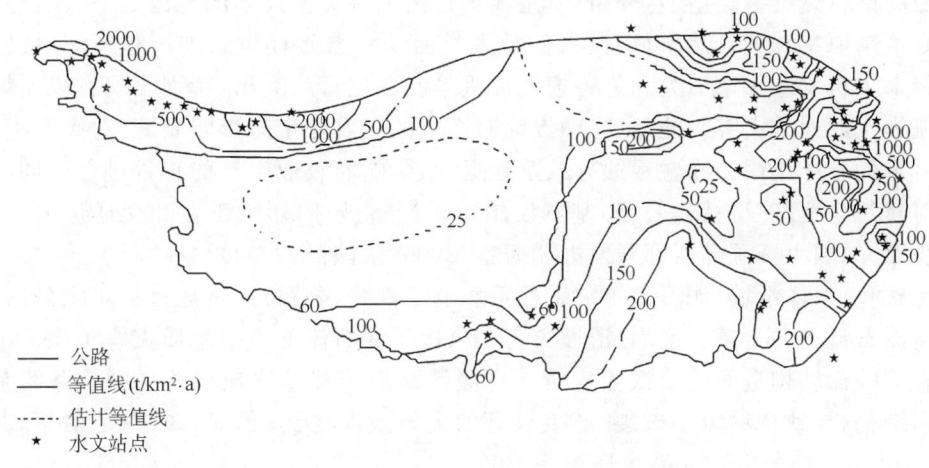

图 11.1.6　青藏高原输沙模数等值线图(罗利芳等,2004)

青藏铁路沿线地区在自然因素(气候、地形、地貌、植被等)和人为因素(工程施工和维护)的共同作用下,均有不同程度的水土流失。青藏铁路格尔木至唐古拉段位于青海省境内,青海省水土流失量大面广,危害严重,兼有水力侵蚀、风力侵蚀和冻融侵蚀三种水土流失类型。全省水土流失遥感普查显示,水土流失总面积 354 300.68 km²。根据《西藏自治区水土保持规划》(2000 年),西藏自治区水土流失面积 103.42 万 km²,占自治区总面积的 84.19%,其中,水力侵蚀面积达 62 056 km²,占总土地面积的 5.05%;风力侵蚀面积 50 592 km²,占总土地面积的 4.12%;冻融侵蚀面积 921 580 km²,占总土地面积的 75.02%(吴青柏等,2002;杜蓓,2003;程昊等,2003)。

(4) 生物多样性受到威胁

自 20 世纪 70 年代以来,草原植物群落生物多样性面临严重威胁。由于草地退化,青藏高原草地植物群落组成变化较大,原生植被群落的优势种逐渐减少,出现大量毒草类植物。由于环境退化及人类不合理开发,某些物种出现枯竭现象。如虫草、红景天、胡黄连等珍贵野生药用植物在某些地区已经消失。受经济利益驱动,可可西里和羌塘地区的珍稀物种仍面临人类猎捕的较大威胁,野牦牛、黑颈鹤、雪鸡、雪豹、马麝、普氏原羚等仍处于濒危状态。随着湖泊、沼泽等湿地面积的不断萎缩,水生生物的生存也受到威胁(王纯德,2001;彭智萍等,2002)。

青藏铁路(公路)建设与运营对高原生态系统及其生物多样性的影响主要包括对动植物栖息地、觅食、迁徙、基因遗传等方面的影响(江腊沙,2001)。青藏高原特殊高寒环境下,植物生长期短,生长缓慢,一旦破坏,恢复难度大(王海山等,2008)。

道路建设不可避免地会分割动物的栖息环境,减少动物的栖息地面积,对动物的觅食、生殖、通讯等活动都构成不同程度的影响(Trombulak 等,2000;Reijnen 等,1996;Clevenger 等,2001;马生林,2004;杨博辉和郎侠,2005;马瑞俊和蒋志刚,2006;马才让加,2008)。同时,道路交通产生很多生态干扰因子,如视觉干扰、噪声干扰、污染物等,导致道路附近的栖息地质量下降,从而使动物选择生境时主动回避道路,使一些大型哺乳动物发生巢区转移(MeLellan 等,1988;Foppen 等,1994)。

(5)自然灾害频发

青藏高原自然灾害类型多,分布广,是我国自然灾害类型最多的地区之一。这些灾害发生多与青藏高原特殊的自然条件有关,但是人类活动对自然环境的破坏和经济建设布局不合理而带来灾害发生频率加大和灾害损失加重等问题也日趋突出,特别表现在以崩塌、滑坡和泥石流为主的地质灾害。此外,冻融侵蚀对高原的工农业生产影响显著,对高原生态环境也产生一定的破坏作用。冻融侵蚀导致草地退化,影响农牧业生产的正常进行。同时,冻融侵蚀也对建筑物地基及铁路(公路)基本设施造成严重破坏,影响工业和交通运输业的发展(董瑞琨,2000;国土资源部西部开发办调研室,2002;景国臣,2003)。

冻土融化、山体滑坡、泥石流等灾害严重影响了铁路(公路)正常运行。川藏公路(南线)有沟谷型泥石流沟341条。崩塌、滑坡灾害是仅次于泥石流的主要地质灾害类型。滑坡、泥石流是青藏线活动构造的主要次生灾害。青藏铁路沿线移动冰丘能够穿刺公路路基、拱曲破坏涵洞结构、导致桥梁墩台破裂,产生显著的灾害效应(吴青柏等,2002;王治华,2006;吴珍汉等,2006;张旭芝等,2006;廖怀军等,2007)。

11.2 工程对沿途植被的影响

11.2.1 青藏铁路(公路)沿线植被分布及变化特征

(1)植被特征

1)青藏铁路(公路)沿线植被以高寒草原和高寒草甸为主

青藏铁路沿线主要植被类型为高寒草原(28.67%)和高寒草甸(22.25%)(图11.1.4),一半的铁路里程在这两个植被类型区中通过,且主要分布在格拉段(王兆锋,2006)。格拉段有荒漠、草原、草甸、沼泽、高寒灌丛等5种植被类型,其中又细分为温性荒漠、高寒荒漠、高寒草原、高寒草甸草原、温性草原、高寒草甸、沼泽化草甸、沼泽、半湿性高寒灌丛、干旱高寒灌丛等10种植被亚型(易作明,2007)。西格段沿线植被类型比较复杂,以温带草甸及灌木和半灌木荒漠为主,其次为温带山地矮禾草、矮半灌木草原,各植被类型所占比例如表11.2.1所示。

表 11.2.1 青藏铁路沿线植被类型分布特征(王兆锋,2006)

类型编码	类型名称	西格段长度(m)	格拉段长度(m)	铁路总长度(m)	占总长百分比(%)	斑块数(个)
1319	落叶灌丛	20 886	—	20 886	1.15	1
1327	高山垫状植被	—	71 376	71 376	3.94	7
1431	荒漠	152 323	45 550	197 873	10.91	10
1432	高寒荒漠	—	33 474	33 474	1.85	1
1536	草原	70 155	—	70 155	3.87	4
1537	高山落叶阔叶灌丛	84 742	60 575	145 316	8.02	6
1538	高寒草原	63 186	458 755	521 941	28.79	15
1640	草甸	172 704	—	172 704	9.53	8
1641	高寒草甸	—	389 437	389 437	21.48	10
2100	一年一熟粮作	60 164	3865	64 029	3.53	5
3000	无植被地段	68 123	—	68 123	3.76	1
4000	水域	57 682	—	57 682	3.18	5

2) 青藏铁路(公路)沿线植物多样性丰富

调查发现:在青藏铁路格拉段沿线 2 km 范围内记录了 348 种植物,隶属 140 属 41 科(张镱锂,2006)。具体样地位置和群落特征如表 11.2.2 所示。

表 11.2.2 铁路沿线调查区植被群落基本特征(张镱锂,2006)

样区位置	潜在植被	
	群系简写	盖度(%)
拉萨站	西藏狼牙刺群系	30
羊八井南	长芒草群系	10~30
羊八井	藏南蒿、箭叶锦鸡儿群系	20~70
当雄	小嵩草、紫花针茅群系	50~80
当雄北	小嵩草、紫花针茅群系	50~80
那曲南	小嵩草群系	60~90
那曲北	小嵩草群系	60~90
安多	小嵩草群系	60~90
唐古拉	小嵩草群系	60~90
雁石坪南	小嵩草、紫花针茅群系	75~95
雁石坪北	西藏嵩草、苔草	70~85
沱沱河	紫花针茅群系	20~40
沱沱河北	紫花针茅群系	20~40
二道沟	小嵩草群系	60~90
五道梁	紫花针茅群系	20~40
不冻泉	青藏苔草群系	15~40
西大滩南	紫花针茅群系	20~40
西大滩北	紫花针茅群系	20~40

从青藏铁路全线来看,由于海拔高度和水热条件的不同,沿线生物多样性分布表现出明显的区域差异性。生物多样性最小值出现在柴达木盆地的荒漠植被区,最大值出现在当雄附近的高寒草甸区,居于中间的是山地草原区和高寒草原区(图 11.2.1,图 11.2.2)。

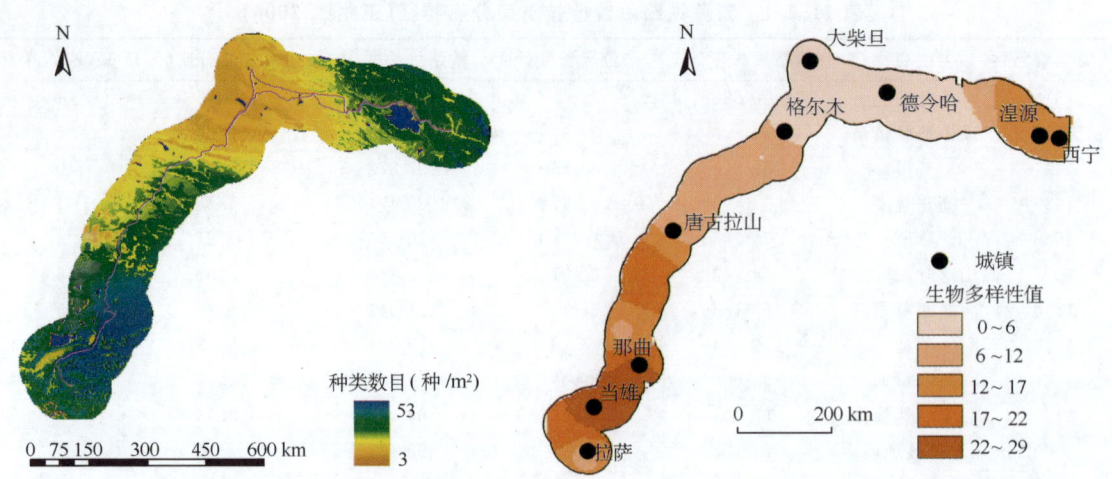

图 11.2.1　青藏铁路沿线 100 km 植物丰富度分布　　图 11.2.2　青藏铁路沿线 50 km 植物多样性分布

(2) 青藏铁路(公路)沿线植被的变化

1) 青藏铁路(公路)沿线植被总体稳定

在青藏铁路公路两侧 100 km 范围内,利用 1981—2001 年的 Pathfinder NOAAPNDVI 8 km 分辨率数据,基于每个像元变化的年植被峰值计算进行了像元水平的线性趋势分析,并运用地理信息系统(GIS)软件研究了区域植被覆盖的空间分布和动态变化特征(Ding 等,2006)。1981—2001 年间,NDVI 值在空间上呈现出两端高、中间低的态势,NDVI 值由大到小依次是农作区和森林区、高寒草甸区、高寒草原区、荒漠草原区;20 a 间,NDVI 反映的植被覆盖度总体趋于稳定,68%的区域无明显变化,15%的区域植被覆盖度增加;减少的区域占 17%。植被覆盖增减存在区域差异,增加和显著减少地区主要分布在农作区和高寒草甸区,轻微减少地区主要分布在高寒草原和荒漠草原区。植被覆盖变化程度在拉萨河谷地、湟水谷地和黄河流域等人类活动比较频繁的区域增减趋势比较明显,而在可可西里地区等人类活动比较少的区域变化轻微(图 11.2.3)。

2) 铁路(公路)沿线局部地区植被向干旱化渐变

根据沱沱河地区遥感影像分析发现:1969—2001 年间,植被构成向趋旱的结构转变,人类活动影响集中在居民点周围。在公路(铁路)两侧各 50 km 范围内,草甸和草原面积分别减少 13.3%和 7.7%,草原化草甸和城镇面积分别增加 7.3%和 248.2%(张镱锂,2006)。

3) 植被变化原因分析

沿线不同地区植被覆盖变化的驱动因素略有不同,主要受制于自然因素,个别地区人类活动也起着重要的作用。铁路沿线 100 km 范围内,NDVI 与降水的相关性普遍达到了 0.5 以上,而与温度主要呈负相关且相关性较低(图 11.2.4)。柴达木盆地周边的山麓地带、青海湖周边地区、黄河谷地沿岸,以及西藏的那曲、拉萨和可可西里的部分地区,NDVI 变化与降水相关性较高;沿线海拔较高地区 NDVI 与温度呈显著正相关,与温度呈显著负相关的区域主要分布在柴达木盆地地区,这可能是因为山地一般存在冰雪、冻土,温度升高导致冰雪、冻土融化,有利于植被生长,而在柴达木盆地地区由于蒸发量大,降水量小,温度升高增大了蒸发量,不利于植被生长(丁明军等,2005)。

人类活动对植被覆盖的影响主要体现在人类活动频繁的地区,在农业发达区,农业的发

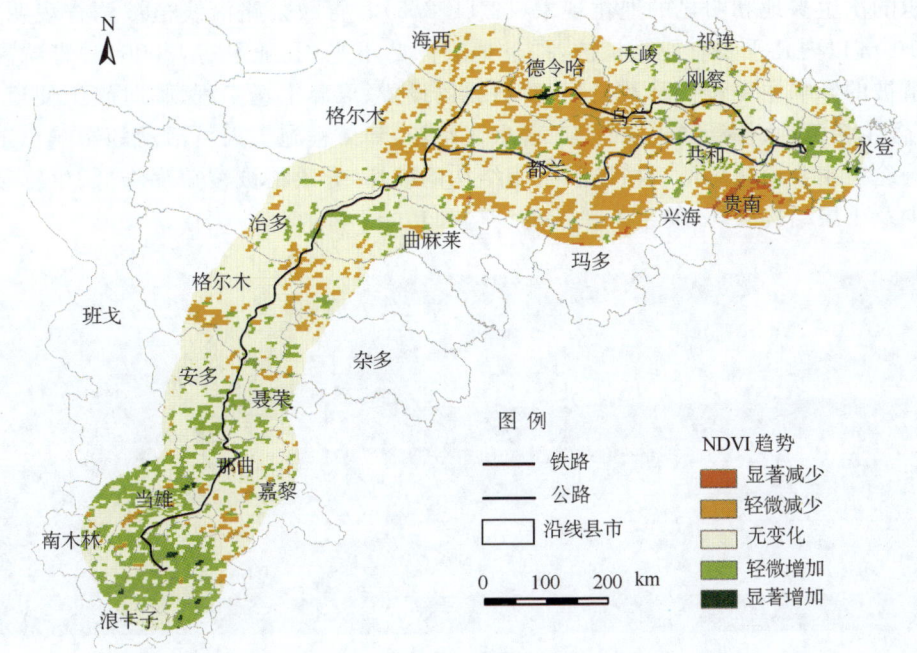

图 11.2.3　青藏铁路沿线植被覆盖变化（丁明军等，2005）

展在一定程度上增加了当地植被覆盖，农牧混合区，耕地撂荒和过牧导致植被覆盖度下降，在牧业区，有计划地人为调控可能是植被覆盖总体不变的主要原因（丁明军等，2005）。另外，青藏铁路（公路）工程的建设也对整个沿线植被覆盖产生了直接和间接的影响（陈桂琛等，2006；Zhang 等，2008）。

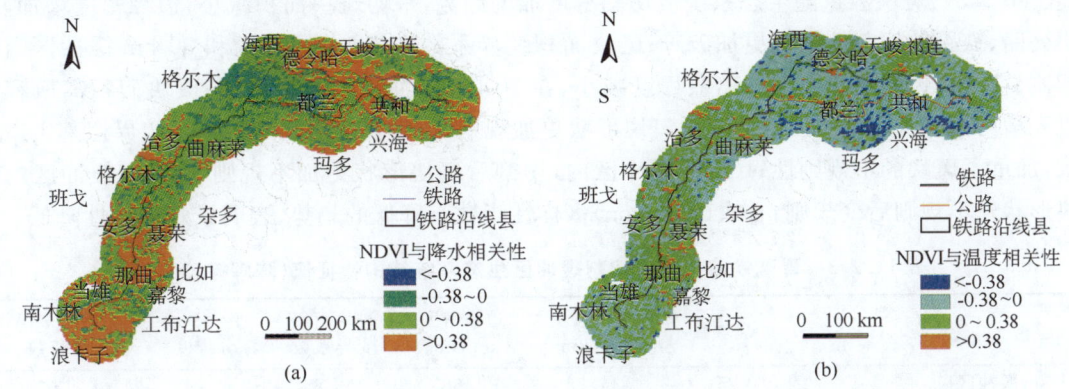

图 11.2.4　青藏铁路（公路）沿线地区 1981—1999 年降水、温度与 NDVI 的相关性
(a) 降水与 NDVI 相关性；(b) 温度与 NDVI 相关性

11.2.2　工程建设对植被的影响

青藏高原多年冻土地区植被以草本为主，具有植物组成简单、生长低矮、根系发达、以营养繁殖为主、易于退化等特点。植被生存环境极为脆弱，一旦破坏，很难恢复。在青藏铁路（公路）修筑过程中，取土等人为活动使一定范围的原生植被受到影响，部分区域可能会出现

一定面积的次生裸地和明显的退化现象(图11.2.5)。青藏公路沿线植被调查表明,公路界外大约10 m以内几乎没有原生植被,并且地表凹凸不平(孔亚平等,2008)。青藏高原铁路建设对植被的影响主要包括路基工程、砂石料场设置、取弃土场工程、临时施工便道、施工临时场地(含生活营地、桥涵隧道工程、工程永久站场)和工程施工人员活动的影响。工程对植被的影响途径主要通过对地表植被和土壤结构的破坏,导致植被覆盖率降低、生物量和植物种类减少及土层结构破坏,使生态系统的结构和功能下降。

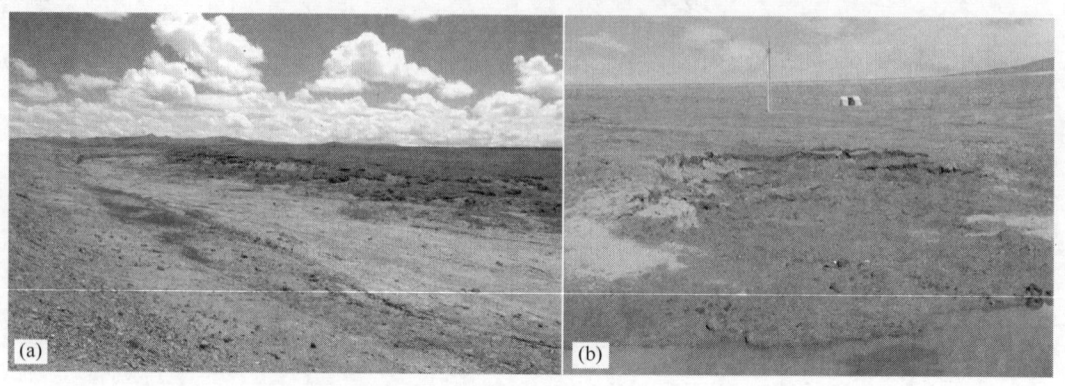

图11.2.5 青藏公路两侧次生裸地(a)和取土坑(b)(Zhang,2008)

(1)青藏铁路(公路)建设和运行加大了沿线景观破碎度

青藏铁路(公路)对沿线景观格局的直接影响表现为切割生境,加大了景观破碎度。铁路的建设使沿线不同缓冲区内景观斑块数量成倍增加、边缘密度加大、平均斑块面积下降、多样性指数降低。对比1 km、10 km和30 km缓冲区及其被公路、铁路切割后的景观指数(表11.2.3):斑块数量随生态系统被切割有增加的趋势,平均斑块面积减小,边缘密度增加,说明公路、铁路的切割使景观更加破碎;斑块面积变异系数在1 km缓冲区和30 km缓冲区内被切割后减小,说明斑块面积的离散程度减小,在20 km缓冲区内先增后减,斑块面积离散程度也先增后减;1 km缓冲区内切割后斑块形状更加规则,很重要的原因是缓冲区边界切割生态系统,加重了斑块的不规则性;10 km缓冲区内,切割后斑块形状更加不规则,30 km缓冲区内斑块形状先不规则后变规则;香农(Shannon)多样性指数有降低的趋势,表明景观多样性降低。

表11.2.3 青藏铁路(公路)切割缓冲区生态系统结构特征值(陈辉等,2003)

	斑块数	平均斑块面积(km²)	边缘密度(km/km²)	斑块面积变异系数	平均斑块分维度	香农多样性指数
1 km缓冲区	251	14.28	1.55	155.65	0.24	1.65
公路切割1 km缓冲区	344	10.25	1.75	176.14	0.21	1.63
公路、铁路切割1 km缓冲区	647	5.06	2.98	175.09	0.15	1.62
10 km缓冲区	435	80.02	0.63	357.73	0.17	1.84
公路切割10 km缓冲区	511	68.12	0.67	371.32	0.18	1.82
公路、铁路切割10 km缓冲区	830	41.77	0.81	233.07	0.54	1.78
30 km缓冲区	787	129.80	0.56	528.40	0.14	1.84
公路切割30 km缓冲区	880	116.07	0.58	520.06	0.15	1.84
公路、铁路切割30 km缓冲区	1205	84.60	0.63	337.27	0.10	1.84

不同景观结构的破碎程度有所不同,草甸、草原和荒漠景观破碎程度最大(表 11.2.4);斑块面积的离散程度除针叶林、阔叶林和湿地不变外,其余皆减小。斑块数量变化最多的是草甸、草原和荒漠,其次为灌丛、无植被地段、农田、高山植被和湿地,其他类型没有变化;斑块边缘密度增加最多的是草甸、草原和荒漠,其次是农田、无植被地段、灌丛和高山植被,其他植被类型没有变化;平均面积变化量最大的为草原、草甸和荒漠,其次为农田、灌丛、无植被地段和高山植被,说明其结构更加破碎,破碎程度最大的三种植被类型为草原、草甸和荒漠。斑块面积变异系数随公路、铁路的修建而减小,说明斑块面积的离散程度减小。斑块面积分维度减小的有灌丛、高山植被、农田无植被地段,说明斑块形状更加规则;分维度增加的有荒漠、草原、草甸和湿地,说明斑块形状更加不规则;其他类型没有变化。

表 11.2.4 青藏铁路(公路)切割 20 km 缓冲区景观指数变化(陈辉等,2003)

景观类型	斑块增加数目	平均斑块面积变化值(km^2)	斑块面积变异系统变化量	边缘密度变化量(km/km^2)	斑块面积标准差变化量	斑块面积分维度变化量
针叶林	0	0	0	0	0	0
阔叶林	0	0	0	0	0	0
灌丛	32	−0.002	52.448	0.527	−0.001	−0.026
荒漠	64	−0.005	14.689	2.364	−0.007	0.040
草原	114	−0.012	5.506	5.292	−0.018	0.116
草甸	133	−0.008	−156.897	6.720	−0.043	0.105
湿地	0	0	0	0	0	0
高山	14	−0.001	9.870	0.223	−0.001	−0.001
农田	17	−0.002	23.675	0.788	−0.002	−0.002
无植被	18	−0.002	−41.925	0.776	−0.006	−0.006

1995—2000 年,兰州至西宁铁路沿线景观特征值没有显著变化,湟中至格尔木沿线景观特征值变化明显,斑块数量增加 521 个,景观破碎度由 0.150 增加到 0.153,景观多样性指数由 1.45 上升到 1.46,表明自然和人为干扰增加,景观异质性提高。青藏公路格尔木、曲麻莱、治多沿线景观变化显著,深刻地改变了该地区的生态过程,影响畜牧业的发展和野生动、植物的生存。同时还将影响"三江"上游的水源供给(阎建忠等,2003)。

(2)青藏铁路(公路)建设改变道路近区植被构成

在铁路建设过程中,工程对不同的植被类型影响程度不同。从植被分布特征来看,线路影响面积最大的植被类型是高寒草原和高寒草甸,工程建设影响类别主要包括路基主体工程、取弃土场、施工便道及其他临时场地。其次是荒漠、河谷灌丛、高寒沼泽湿地和高原河谷灌丛,影响最小的植被类型是流石坡稀疏植被和垫状植被。河谷灌丛则处在河流或河谷阶地上,沿河谷呈条带状分布,与此相关的工程主要是取土场、桥涵工程。沼泽湿地在线路所穿行的路段多数为山地下部洼地或局部潜水出露形成的小溪,并且呈条带状分布,多数为桥涵方式(如表 11.2.5)。工程运营后因交通条件改善,人类活动的规模、范围和强度将有所加强,特别是随着铁路沿线站点布设及人口增加,对沿线生物多样性及生态环境的干扰也将明显增强(陈桂琛等,2006;祝广华等,2006)。

表 11.2.5　青藏铁路格尔木至唐古拉山段工程建设对植被的影响关系(陈桂琛等,2006)

工程类型	植被类型						
	典型荒漠	高寒草原	高寒草甸	河谷灌丛	沼泽湿地	垫状植被	冰缘植被
路基工程	++	+++	+++	=	+	=	=
取弃土场	+++	++++	++++	+++	++	+	=
砂石料场	+++	+++	+++	+++	=	=	=
施工便道	++	+++	+++	++	=	+	=
桥涵工程	++	++	++	++	+++	=	=
隧道工程	++	=	++	++	=	=	=
站场工程	++	++	++	++	=	=	=

注:++++表示重要影响,+++表示较大影响,++表示一般影响,+表示轻微影响,=表示没有影响。

青藏铁路西格段铁路建设和运营对温性草原植被有一定影响,但在自然恢复过程中朝好的方向发展。通过在青藏铁路经过的温性草原区对未受筑路直接影响的区域、取土区、铁路路基、周围其他类型的公路路域植被进行取样,并对群落组成和有关群落特征进行了比较,结果显示:青藏铁路修筑过程对铁路两侧一定区域的温性草原有较大影响,出现了大面积的次生裸地。但随着受影响区域植被的自然恢复,群落盖度、生态优势度和物种多样性等反映群落特征的指标都有一定程度的改善,一些在原生植被中很少出现或伴生种在恢复后的群落中有可能成为群落的优势种或建群种,如露蕊乌头和鹅绒委陵菜等(淮虎银等,2005)。

冻土区公路建设对高寒草原植被和高寒草甸植被影响不同。采用常规草地调查方法对比近 20 a 来冻土区公路建设对植被类型的影响,结果表明,随着生态因子发生变化和人类活动的加剧,该区公路沿线高寒草甸类草地群落结构表现出了较强的稳定性,中旱生耐旱的根茎型禾草比重有所增加;高寒草原植物群落稳定性相对较差,草地群落为适应新的生境而发生了自然演替;沼泽化草甸亚类草地植物群落中群落伴生种的种类增加,优势种嵩草属植物在群落中的比重有所下降。青藏公路建设中,无规则的取土使公路沿线极其脆弱的草地生态遭到了严重破坏,由于缺乏相关的保护政策及生态治理措施,没有采取任何覆坑治理措施,使大面积的取土坑自然裸露,在大风扬沙的作用下,地表水分蒸发量加大,水土流失日益加剧。在以上制约因素的共同作用下,导致当地草地群落结构和种类成分发生了改变(尚永成等,2005)。

青藏公路、铁路建设对不同生态系统类型的生产量和生物量有一定影响(表 11.2.6),研究表明,青藏公路、铁路永久性占地总计 288.83 km^2,涉及 8 种生态系统类型,其中占用最多的是草甸生态系统,面积达 102.71 km^2,其次为草原生态系统(76.62 km^2)和荒漠生态系统(62.4 km^2)。在 50 m 缓冲区内损失总净初级生产量为 30 504.62 t/a,损失最多的是草甸生态系统(18 076.22 t/a),其次为草原生态系统(6129.95 t/a)和农田生态系统(3055.83 t/a)。损失总生物量 432 919.25~1 436 104.3 t/a,损失最多的是草甸生态系统(205 411.6~616 234.8 t/a),其次为草原生态系统(153 248.8~459 746.4 t/a)和农田生态系统(45 400.94~52 385.7 t/a)。损失总净初级生产量占 1 km 缓冲区年净初级生产量的 5.69%~5.70%,各占 10 km 缓冲区年净初级生产量的 0.80%~0.89%(陈辉等,2003)。

表 11.2.6 青藏公路、铁路沿线两侧 50 m 缓冲区净初级生产量和生物量（陈辉等,2003）

生态系统类型	总面积 （km²）	平均净第一 性生产力 （g/(m²·a)）	生物量 范围 （kg/m²）	总净初级 生产量 （t/a）	总生物量 （t/a）
Ⅲ灌丛生态系统	11.13	102.00	2～4	1135.56	22 265.8～44 531.6
Ⅳ荒漠生态系统	62.48	24.00	0.1～4	1499.50	6247.93～249 917.2
Ⅴ草原生态系统	76.62	80.00	2～6	6129.95	153 248.8～459 746.4
Ⅶ草甸生态系统	102.71	176.00	2～6	18 076.22	205 411.6～616 234.8
Ⅷ湿地生态系统	0.33	250.00	0～0.1	81.75	0～32.7
Ⅸ高山植被生态系统	3.44	140.00	0.1～3	481.85	344.18～10 325.4
Ⅹ农田生态系统	17.46	175.00	2.6～3	3055.83	45 400.94～52 385.7
Ⅺ无植被地段生态系统	14.65	3.00	0～0.2	43.96	0～2930.5
合计	288.83	—			432 919.25～1 436 104.3

(3)青藏铁路(公路)建设未改变沿线植被生活型

针对青藏铁路建设对温性草原植物群落（芨芨草和针茅）结构组成和斑块数量的变化，通过在海晏县铁路沿线设置样带（距铁路垂直距离 5 m、500 m、1000 m）调查分析，表明在距离铁路越近的地方，单位面积内芨芨草斑块数量最大，且斑块间大小差异很大，而在距铁路越远的地方，芨芨草斑块数量有所下降，芨芨草斑块大小差异也呈现下降趋势。针茅斑块数量虽然沿铁路距离梯度上呈下降趋势，但斑块间大小差异幅度却随之增加。在距离青藏铁路路基 500 m 以上区域，针茅斑块成为群落的主要部分，而芨芨草斑块零星散布在其间。目前，除自然因素外，人为活动会加剧自然因素对芨芨草群落斑块化的进程，这一区域已限制放牧活动，对芨芨草的恢复和保护起了积极作用，另外限制采挖药材，以及采取灭鼠措施，降低啮齿类动物对群落的破坏作用（淮虎银等，2007）。

在青藏铁路建设的不同干扰梯度下，对高寒草甸植物群落结构影响不同。以风火山高山嵩草草甸为例，随着干扰强度的增加，植物群落向着群落组成更为单一、简单的方向发展，干扰强度越大物种组成越简单，主要为一些十字花科和禾本科先锋植物。随着干扰强度的增加，群落中起显著作用的物种分别是高山嵩草→高山嵩草和矮嵩草→早熟禾和扇穗茅→早熟禾→羊茅和早熟禾。物种丰富度指数和物种多样性随着干扰增加而降低（周国英等，2006）。

青藏铁路的建设对植被的物种组成和物种多样性也有一定程度的影响，但经过多年自然恢复后，植被群落的生活型组成与原生植被不存在显著差异，各类生活型所占比例依然呈现出多年生草本植物占绝对优势，其中多年生非禾草类植物最多（表 11.2.7）。

表 11.2.7 不同样地植被群落基本特征（淮虎银等,2005）

	沙石路路基	铁路两侧 取土区	铁路两侧 未取土区	铁路路基 护坡	沙石路两侧 未取土区
物种数	6.875±1.727	8.600±2.191	8.111±1.537	7.667±5.132	5.333±0.5777
生态优势度	0.1245	0.1828	0.2739	0.1589	0.1723
多年生禾本科植物盖度	16.67%	28.57%	15%	26.32%	22.73%
一年生禾本科植物盖度	0%	0%	0%	0%	0%
多年生非禾草类植物盖度	72.22%	71.43%	75%	73.68%	73.73%
一年生非禾草类植物盖度	11.11%	0%	10%	0%	4.55%

青藏铁路格拉段沿线高寒草甸区和高寒草原区植被的 α 多样性 Shannon-Wiener 指数随到铁路中心线距离的增加发生变化。20 m 处的 α 多样性略微上升,而 500 m 处的 α 多样性明显下降。植被的 β 多样性 Morisita-Horn 指数 20 m 处与 40 m、60 m 处样点的群落相似性较高,而与 500 m 处样点的群落相似性明显降低,500 m 处样点相对更能代表沿线植被的原初状态特征(图 11.2.6)(张镱锂,2006)

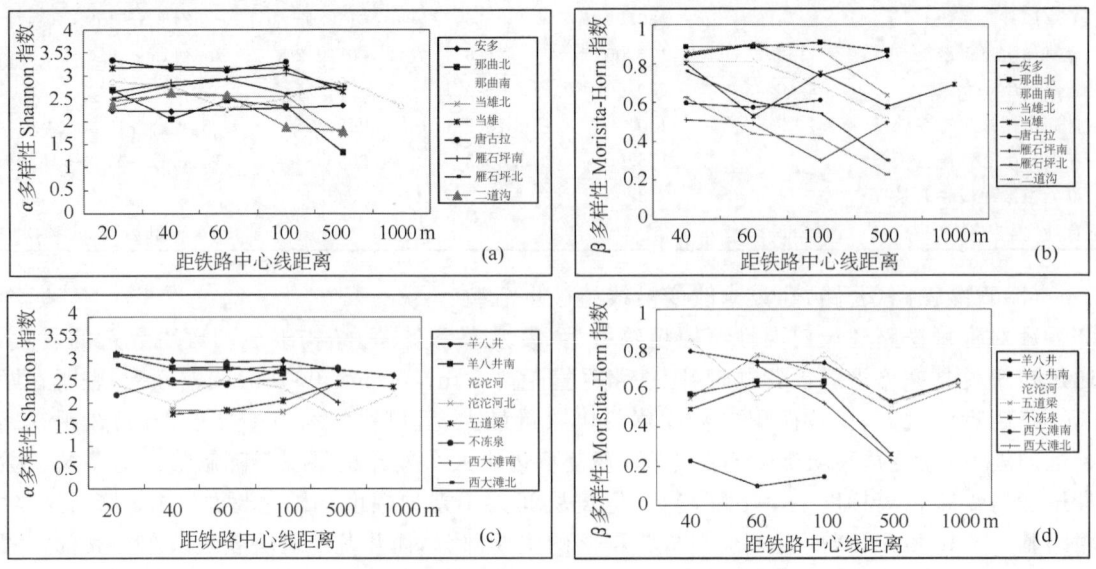

图 11.2.6 青藏铁路格拉段沿线植物群落 α 多样性和 β 多样性(张镱锂,2006)
(a)高寒草甸区植被 α 多样性;(b)高寒草甸区植被 β 多样性
(c)高寒草原区植被 α 多样性;(d)高寒草原区植被 β 多样性

(4)青藏铁路(公路)建设未见外来植物入侵

温性草原区(海晏地区)植被恢复过程中,尚未出现外来物种入侵的现象。虽然恢复后植被中出现了一些原生植被中不存在的植物,但这些种类也都是相邻地区的植物。另外,在 2002—2005 年整个铁路(公路)沿线的样地调查中,未发现有外来物种的入侵(张镱锂,2006)。

Zhou 等(2008)评价了青藏铁路建设防治措施的有效性。在 2005 年格尔木到拉萨段铁路沿线附近进行的样地调查中,发现了 7 个禾本科外来物种,分别是祁连山黄耆(*Astragalus chilienshanensis*)、异穗苔草(*Carex heterostachya*)、甘肃羊茅(*Festuca kansuensis*)、鳞叶龙胆(*Gentiana squarrosa*)、短茎岩黄耆(*Hedysarum setigerum*)、紫大麦草(*Hordeum violaceum*)和川表毛茛(*Ranunculus chuanchingensist*)。但也不能判断是否由修建铁路带来。而铁路附近植物群落的组成并没有受很大影响(Zhou 等,2008)。关于上述对铁路沿线外来物种调查结果差异可能是由于调查时间不同、调查样地不同,以及鉴定标本的误差等造成的。

11.2.3 工程未造成植被根本变化

通过上述分析可见,青藏铁路(公路)施工和运营过程中对植被产生了不同程度的影响,这些影响分为永久性和暂时性的,永久性占地的影响是不可逆的,临时性占地的影响可以通过工程措施和生态措施进行恢复。在景观尺度上表现为对铁路沿线植被景观的切割作用,加大了景观破碎度,其中草甸、草原和荒漠景观破碎程度最大。

在生态系统尺度上,已有研究表明,工程建设对沿线植被影响程度为(表11.2.8):高寒草甸生态系统＞温性草原生态系统＞高寒草甸草原生态系统＞高寒草原生态系统＞农田生态系统＞沼泽及沼泽化草甸生态系统。高寒草甸生态系统是格拉段铁路沿线分布最广的一类生态系统,也是铁路工程建设影响范围最大的生态系统类型。格拉段铁路工程占用和破坏的高寒草甸生态系统总面积为 1729.5 hm^2,占铁路沿线 2 km 范围内此类生态系统的 1.526%,50 km 范围内的 0.061%。因此,尽管高寒草甸生态系统是格拉段铁路工程占用和破坏面积最大的生态系统类型,但相对铁路沿线较大范围内高寒草甸生态系统来说,其影响程度相对较小。温性草原生态系统、高寒草甸草原生态系统和高寒草原生态系统受影响面积也较大,但是对人类活动的抗干扰能力相对较强,工程活动结束后其恢复速度也相对较快。高寒沼泽和沼泽化草甸生态系统比较脆弱,路基工程对其影响最大,除了直接占用造成高寒沼泽及沼泽化草甸生态系统植被、土壤的破坏外,对其产生的切割分化将导致此生态系统类型的萎缩和退化(沈渭寿等,2004)。另外,铁路(公路)建设对生态系统生产量和生物量的影响主要体现在工程占地所造成的损失,但是这种损失相对于整个生态系统来说是比较微弱的。

表 11.2.8 工程建设对沿线生态系统及其生物多样性影响的评价指数

生态系统类型	工程占用面积(hm^2)	占 2 km 范围内该类型生态系统比例(%)	占 50 km 范围内该类型生态系统比例(%)	影响指数	以最大指数为 100 的标准化值	影响程度排序
高山冰雪生态系统	0.0	0.000	0.000	0.0000	0.0000	8
温性草原生态系统	313.7	1.922	0.096	0.4857	87.3884	2
高寒草原生态系统	127.7	1.064	0.081	0.4000	71.9619	4
高寒草甸草原生态系统	251.0	1.041	0.044	0.4165	74.9372	3
高寒草甸生态系统	1729.5	1.526	0.061	0.5558	100	1
高寒沼泽化草甸及沼泽生态系统	115.4	0.378	0.032	0.2191	39.4183	6
河流生态系统	39.9	0.004	0.000	0.1230	22.1321	7
湖泊生态系统	0.0	0.000	0.000	0.0000	0.0000	8
农田生态系统	106.8	0.011	0.194	0.002	45.0971	5
高寒灌丛生态系统	0.0	0.000	0.000	0.0000	0.0000	8

在群落尺度上,铁路(公路)的建设对植物群落的物种组成和生物多样性都有一定程度的影响,但一定时间内是可以恢复的。铁路沿线高寒草原区(沱沱河地区)和高寒草甸区(那曲南部),随着到铁路中心线距离的增加,各样方中重要值大于 10 的植物种类未发生根本改变,只是优势种在少数点位上发生了变化。工程未对沿线植被造成明显影响,目前的植被状况具有相应地区植被的典型特征(张镱锂,2003)。另外,除了永久性占地外,其他影响是暂时的,一定时间内可以通过自然恢复和辅以人工措施进行恢复,高寒草原比高寒草甸有较强的恢复能力,在植被和土壤遭遇严重破坏的区域,高寒草原要用 20~30 a 时间恢复到与原来植被相似的生态结构和生物多样性;高寒草甸比高寒草原更具有稳定性,不容易被破坏,一旦破坏将很难恢复,至少要 45~60 a 时间恢复(Jin 等,2008)。关于外来物种问题,已有调查和研究表明,在修建铁路过程中,并没有引发外来物种入侵问题。

总之,青藏铁路工程建设和运营对沿线植被并没有本质的影响,而青藏公路的建设和维修过程中,无规则的取土直接造成大量原生植被的破坏,但是大部分地段也都采取了植被恢复措施。

11.3 工程对动物的影响

青藏铁路(公路)经过青藏高原多个野生动物分布区。如可可西里自然保护区、三江源自然保护区等,上述地区野生哺乳类和鸟类动物资源丰富,多数为青藏高原特有物种或国家重点保护物种。铁路(公路)工程不同程度改变沿线地表原有景观,不可避免地对沿线野生动物产生影响。

11.3.1 铁路(公路)沿线野生动物分布

(1)青藏铁路(公路)沿线主要野生动物分布

青藏铁路沿线地区野生动物资源丰富,沿线主要野生动物分布如表 11.3.1 所示(靳铁治等,2008)。

表 11.3.1 青藏铁路沿线主要野生动物分布(靳铁治等,2008)

动物名称	拉丁名称	目科	别称	分布	级别
棕熊	Ursus arctos	食肉目,熊科	马熊、藏马熊	野牛沟、可可西里、安多	Ⅱ
狼	Canis lupus	食肉目,犬科		西大滩、野牛沟、昆仑山、五道梁、安多、那曲等	
沙狐	Vulpes corsac	食肉目,犬科	狐狸	西大滩、不冻泉、安多、野牛沟、五道梁、那曲	
猞猁	Lynx lynx	食肉目,猫科	猞猁狲、马猞猁	西大滩、不冻泉、安多	Ⅱ
藏野驴	Equus kiang	奇蹄目,马科	亚洲野驴、野马	野牛沟、昆仑山南麓、不冻泉、五道梁、通天河南	Ⅰ
野牦牛	Bos mutus	偶蹄目,牛科	野牛	野牛沟、昆仑山口、唐古拉山等	Ⅰ
藏原羚	Prcapra picticaudata	偶蹄目,牛科	西藏黄羊、白尻股羊	东大滩、西大滩、昆仑山南麓、不冻泉、可可西里	Ⅱ
藏羚	Pantholops hodgsoni	偶蹄目,牛科	独角兽、长角羊	可可西里、荀鲁谷地	Ⅰ
岩羊	Pseudois nayaur	偶蹄目,牛科	石羊、崖羊、蓝羊	昆仑河两岸、野牛沟、昆仑山等	Ⅱ
盘羊	Ovis ammon	偶蹄目,牛科	大头羊、大角羊	昆仑山、野牛沟、雀巧北等	Ⅱ
白唇鹿	Cervus albirostris	偶蹄目,鹿科	白鼻鹿、扁角鹿	西大滩、沱沱河	Ⅰ
高原兔	Lepus oiostolus	兔形目,兔科	灰尾兔	通天河、西大滩、昆仑山、风火山、沱沱河、安多、当雄	
高原鼠兔	Ochotona curzoniae	兔形目,鼠兔科	黑唇鼠兔、鸣声鼠	广泛分布于青海、西藏各地	
旱獭	Marmota himalayanaus	啮齿目,松鼠科	哈拉、雪猪	青藏铁路沿线均有分布	
斑头雁	Anser indicus	雁形目,鸭科	白头雁、黑纹头雁	可可西里、当雄、拉萨	
赤麻鸭	Tadorna ferruginea	雁形目,鸭科	黄鸭	可可西里、那木错、拉萨	
黑颈鹤	Grus nigricollis	鹤形目,鹤科	藏鹤、仙鹤	安多、那木错湿地	Ⅰ
高山兀鹫	Gyps himalayensis	隼形目,鹰科		安多、那曲、当雄	Ⅱ
大鵟	Buteo hemilasius	隼形目,鹰科	豪豹、花豹		
棕头鸥	Larus brunnicephalus	鸥形目,鸥科	小海鸥	那木错湿地、拉萨河	
角百灵	Eremophila alpestris	雀形目,百灵科	花脸百灵	广泛分布于青海、西藏各地	

(2) 青藏铁路(公路)沿线珍稀野生动物分布

青藏铁路(公路)沿线分布有许多珍稀野生动物,且种群数量普遍较高,其中包括国家Ⅰ级保护动物藏羚、藏野驴、野牦牛、白唇鹿、雪豹、黑颈鹤等;国家Ⅱ级保护动物盘羊、岩羊、猞猁、棕熊等。按栖息地类型进行划分,青藏铁路沿线地区的珍稀野生动物大体可分为山间湖盆与宽谷河滩动物群、高山山地动物群和湿地动物群(夏先芳,2004)。

1) 山间湖盆与宽谷河滩动物群

此类动物喜欢栖息于地势平缓、开阔的山间盆地和湖泊四周,也时常出没在宽阔的河漫滩。它们主要以集群方式和迅跑的本领逃避天敌袭击。主要有4个种类:

① 藏羚($Pantholops\ hodgsoni$)又名藏羚羊、长角羊,国家Ⅰ级保护动物。一般栖息在海拔4100~5200 m的荒漠草原、高寒草甸、高寒草原等环境中,多以禾本科和莎草科等植物为食,昆仑山口至那曲之间均有分布,平时多结小群活动,秋后至冬、春季常有数十只至上百只成群出现,有比较固定的产羔繁殖地。

② 藏野驴($Equus\ kiang$)别名亚洲野驴、野马,国家Ⅰ级保护动物。常以2~10只组成的小群活动于高寒草原、荒漠草原和山地荒漠区,以高山荒漠植物为食。在风火山南麓至布曲常有藏野驴呈东西方向迁徙。

③ 野牦牛($Bos\ smutus$)别名野牛,国家Ⅰ级保护动物。是一种典型的高寒动物,终年以游荡的方式栖息于高原寒漠地带。喜结群,无固定栖息地,食物以高山寒漠或荒漠植物为主。在野牛沟和唐古拉山两侧常见。

④ 藏原羚($Procapra\ picticaudata$)别名西藏黄羊、黄羊、小羚羊,国家Ⅱ级保护动物。无固定栖息地,在青藏铁路沿线平缓的山坡、平地及起伏的丘陵地带均可见到。

2) 高山山地动物群

此类型动物大多数喜欢在海拔3000 m以上的山地栖息,其中偶蹄动物善集群并以攀爬悬崖陡壁的方式躲避天敌的侵袭。主要有:

① 岩羊($Pseudois\ nayaur$)别名石羊,国家Ⅱ级保护动物。常栖息于高原地区的裸露岩石和山谷草地,喜群居,以食青草和各种高山灌木枝叶为主,昆仑河两岸及野牛沟常有大量分布。

② 盘羊($Ovis\ ammon$)别名大头羊、大角羊,国家Ⅱ级保护动物。喜欢在地形开阔、山势起伏的高原生活,常集小群活动,以草本植物为食,有季节性垂直迁移的习性。青藏铁路沿线数量较少。

③ 白唇鹿($Cervus\ albirostris$)别名白鼻鹿、扁角鹿,国家Ⅰ级保护动物。耐旱怕热,喜结群生活,终年漫游于一定范围的高山草原、开阔的沟谷和山岭间。食物以嵩草、针茅等草本植物和灌丛嫩枝叶为主。分布在沱沱河至通天河等区域。

另有国家Ⅰ级保护动雪豹($Uncia\ uncia$),国家Ⅱ级保护动物猞猁($Lynx\ lynx$)、棕熊($Ursus\ arctos$)等野生动物,近年在青藏铁路沿线地区已不常见。

3) 湿地动物群

主要包括生活在湖泊、沼泽及溪流的鸟类。

黑颈鹤($Grus\ nigricollis$)别名藏鹤、仙鹤,国家Ⅰ级保护动物。生活在高海拔的高原湖泊、沼泽地带或湖边灌丛间。食物以昆虫、小型两栖类和爬行类、水生植物和农作物为主。在黑颈鹤的栖息地还常见数量较多的赤麻鸭($Tadorna\ ferruginea$)、棕头鸥($Larus\ brunni$-

cephalus)及国家Ⅱ级保护动物斑头雁(*Anser indicus*)等。

11.3.2 工程对大型野生动物的影响

铁路(公路)工程对大型野生动物的影响通常主要体现在两个方面：一是干扰了野生动物的觅食活动，破坏了野生动物觅食和栖息的场所，进而影响其营养生态位；二是阻断了野生动物的迁徙路线。

铁路(公路)建设中路基和附属设施需要占用土地：在路堤填方中需大量土石需要设取土场，在路堑开挖和隧道开凿中会产生大量弃碴需设弃碴场，取土场和弃碴场都要占用土地；施工时需要一定的施工场地、施工便道，施工人员还要建立施工营地，这也需要占用土地。所有这些土地的占用均直接破坏了原生植被、改变了原有地貌，使原先在此区域内活动的野生动物的觅食、栖息场所减少。铁路、公路建设施工期，工地和营地中机声轰鸣、彩旗飘飘、车来车往的施工活动，必然惊扰其四周一定范围内的野生动物，使这些野生动物无法正常觅食、栖息，被迫逃离。线路运营期，列车运行轮轨噪声、鸣笛噪声等在相当长的一段时间内会对铁路两侧的野生动物正常活动产生不利影响。

青藏高原上的大部分珍稀野生动物，特别是草食性动物，要么具有为交配繁殖而迁徙的习性(如藏羚)；要么具有因季节冷暖变化而在高海拔和低海拔之间往复迁移的习惯(如野耗牛等)，而肉食性动物又有跟随他们的食物——草食性动物活动的习性。青藏铁路(公路)的修筑，特别是高路堤和深路堑地段及来往的列车、车辆，分割生境，阻断野生动物的迁徙活动路线，从而影响野生动物各种群之间的基因交换，导致珍稀野生动物种群质量下降，个体数量减少。

(1)大型野生动物能够逐步适应青藏铁路(公路)工程，完成迁徙

铁路(公路)工程的修建，将不可避免地会对沿线野生动物的栖息环境产生切割，并对其迁移线路造成阻断。采取有效的防治或补救措施，尽可能保证野生动物原有生境的连续和迁徙路线的畅通极其重要。设置野生动物通道是现阶段降低或缓解这一难题的主要方式。有效的野生动物通道可以在保证铁路运营的前提下，尽量减缓铁路对野生动物迁徙途径形成的阻断效应，减轻对野生动物栖息环境的切割，从而达到保护青藏高原野生动物的目的。

1)大型野生动物逐步利用青藏铁路野生动物通道

①青藏铁路野生动物通道的设置

青藏铁路格拉段穿越青海省可可西里自然保护区、三江源自然保护区和色林错自然保护区，这些区域是全国乃至全球生态及生物多样性最敏感的地区。为了解决铁路建设对高原生态环境的分割和野生动物迁徙线路的阻隔，保护其连续性，保证动物迁徙不受铁路阻隔，确保野生动物的觅食、繁殖和基因交流的正常进行，青藏铁路格拉段设置了33处野生动物通道(以下简称"通道")(Peng等，2007)。

在青藏铁路格拉段，根据不同动物的生活习性和区域特点，设计了桥梁下方通道、隧道上方通道和缓坡通道3种基本类型的通道(图11.3.1)，其中桥梁下方通道23处、隧道上方通道3处、缓坡通道7处，通道总长度为58 446.46 m。

此外，青藏铁路格拉段沿线累计100多km的大、中、小桥梁，很多也能满足一些野生动物通过的基本要求；在西藏境内，铁路经过的牧场附近还设立200多个家畜通道，既适应耗牛、驴、羊等的通过，也均可作为野生动物通过的辅助通道。

桥梁下方通道　　　　　隧道上方通道　　　　　路基平交缓坡通道

图 11.3.1　青藏铁路格拉段三种野生动物通道类型(Peng 等,2007)

② 青藏铁路野生动物通道利用情况

青藏铁路的建设和运营不可避免地会对野生动物的迁徙产生影响,为使其负面影响降到最低,在铁路建设过程中专门设置了野生动物通道,野生动物对通道的利用效果和适应程度需要大量野外实地观测和分析。学者们经过实地调查研究,对通道附近动物的分布数量、穿越铁路的方式及时间的变化、不同物种对通道的适应情况、动物迁徙主要使用的通道及通道使用率等内容进行了多角度的分析研究。

a. 动物利用通道进行迁徙的数量逐步提高

野生动物已经适应了为它们设置的通道,目前它们对通道的使用主要集中于少数的几个通道(图 11.3.2)(Yang 和 Xia,2008)。2006 年 8 月,共观测到 2952 只藏羚向东迁徙,其中 98.17% 的藏羚通过通道进行迁徙。种种迹象表明,藏羚在很大程度上已经适应了青藏铁路的存在。随着铁路运行的进一步发展,要进一步加强对藏羚迁徙的保护工作,以保证它们能够延续其传统的迁徙模式。

图 11.3.2　藏羚穿过青藏铁路野生动物通道(Yang 等,2008)

采用自动录像观测、定点观测和动态观测 3 种方法,以藏羚为主要观测对象,兼顾其他物种,以可可西里通道为主要观测地点对藏羚迁徙活动进行了观测,对 2004—2007 年的观测数据(表 11.3.2～表 11.3.4)分析发现:藏羚利用通道进行迁徙的数量逐年增多,上迁数量从 2004 年的 1660 只上升到了 2007 年的 1884 只,回迁数量从 2004 年的 1291 只增长到了 2007 年的 2390 只(图 11.3.3)(李耀增等,2008)。这说明藏羚已逐步适应了利用通道迁徙,铁路建设和运营未对沿线野生动物种群交流和繁殖产生影响。

表 11.3.2 2004 年藏羚穿越铁路情况统计

上迁		回迁			
日期(月.日)	穿过通道(只)	日期(月.日)	穿过通道(只)	翻越路基(只)	合计(只)
6.21	400	8.8—8.11	0	24	24
6.22	0	8.12	190	0	190
6.23	697	8.13	444	0	444
6.24	0	8.14	0	243	243
6.25	121	8.15	178	86	264
6.26	175	8.16	298	0	298
6.27—6.30	0	8.17	181	21	202
7.1	80	8.18	0	143	143
7.2	187	8.19	0	415	415
		其他	0	80	80
合计	1660	总计	1291	1012	2303
		比例(%)	56.1	43.9	100.00

表 11.3.3 2005 年藏羚穿越铁路情况统计

上迁		回迁			
日期(月.日)	穿过通道(只)	日期(月.日)	穿过通道(只)	翻越路基(只)	合计(只)
5.31	134	8.3	100	0	100
6.13	183	8.9	499	0	499
6.20	310	8.11	250	0	250
6.21	151	8.12	50	0	50
6.22	18	8.15	31	0	31
6.23	339	8.16	83	0	83
6.24	77	8.17	173	0	173
6.26	38	8.20	6	0	6
6.27	72	8.21	208	0	208
6.29	54	8.22	81	46	127
6.3	133	8.23	290	0	290
		8.25	10	0	10
		8.27	150	0	150
总计	1509	总计	1931	46	1977
		比例(%)	97.7	2.3	100.0

表 11.3.4 2006 年藏羚穿越铁路情况统计

上迁		回迁			
日期(月.日)	穿过通道(只)	日期(月.日)	穿过通道(只)	翻越路基(只)	合计(只)
5.17	80	7.23—8.2	139	0	139
5.18	34	8.4	367	0	367
5.24	21	8.5—8.6	25	0	25
5.25	70	8.7	232	0	232
5.30	83	8.8	105	0	105

(续表)

上迁		回迁			
日期(月.日)	穿过通道(只)	日期(月.日)	穿过通道(只)	翻越路基(只)	合计(只)
6.5	40	8.9	374	0	374
6.6	477	8.10	809	39	848
6.7	264	8.11	150	0	150
6.8	298	8.12—8.14	86	0	86
6.9	116	8.15	255	0	255
6.10	336	8.16	45	0	45
6.13	100	8.17	206	0	206
6.14	98	8.18	65	0	65
6.26	105	8.20—8.23	112	0	112
总计	2122	总计	2970	39	3009
		比例(%)	98.7	1.3	100

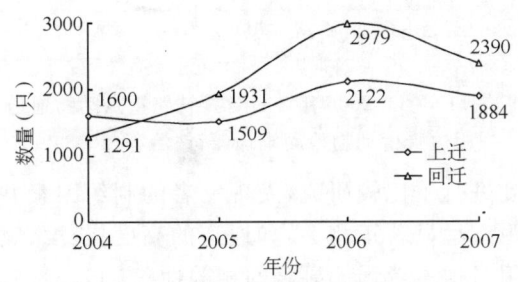

图 11.3.3 藏羚利用通道迁徙数量　　　　图 11.3.4 野生动物通道使用率

b. 动物迁徙主要利用的通道

通过对通道周边藏羚、藏原羚和藏野驴行为活动的调查发现,动物主要利用五北大桥、楚玛尔河大桥及桥梁通道穿过铁路,对水泥方型通道和清水河大桥完全没有利用(表 11.3.5)(殷宝法等,2006)。水泥通道不能被利用的原因可能是通道的高度和长度不够和与公路的距离过近。研究表明,野生动物通道可能会被某些动物用作捕食陷阱,有蹄类动物具有大的视野,小型通道可能会被其作为捕食风险源而产生回避,清水河大桥虽然长度很大,但高度不够,只有达到一定的高度和长度的通道才能被它们利用。

表 11.3.5 藏羚、藏原羚、藏野驴对不同动物通道的利用情况(殷宝法等,2006)

(单位:只/头)

通道	清水河大桥	桥梁通道 1~4	水泥通道 1~20	楚玛尔河大桥 1	楚玛尔河大桥 2	桥梁通道 5~8	水泥通道 21~25	五北大桥
藏羚	0	0	0	0	50	0	0	125
藏原羚	0	0	0	0	8	2	0	1
藏野驴	0	1	0	2	6	1	0	0

调查发现:可可西里通道使用率最高,为所有通道之首(上迁 84.64%,回迁 82.10%)。其他使用率比较高的通道还有:乌丽通道(上迁 4.95%,回迁 12.26%),不冻泉通道(上迁 4.71%,回迁 0.25%),昆仑山通道(上迁 2.21%,回迁 4.03%)和楚北通道(上迁 1.60%)等(图 11.3.4)(李耀增等,2008)。

③青藏铁路野生动物对通道的适应性

a. 不同野生动物对通道适应情况比较

沿青藏公路或铁路保通便道动态巡查,借助望远镜直接观察和统计,调查了重点动物通道周边野生动物分布状况(图11.3.5,图11.3.6)。通过实地调查发现,2006年6月楚北通道周边藏野驴数量最多,藏羚数量少,8月回迁时藏羚数量最多,而藏野驴数量最少(靳铁治等,2008)。研究结果表明:藏羚在昆仑山通道至可可西里通道之间分布密集,在可可西里通道附近活动最频繁,对可可西里通道和楚玛尔河通道利用程度较高;6月和8月藏原羚数量在各通道周边变化不明显,弥散分布于各通道周边;藏野驴不同季节分布数量变化明显,主要活动于楚北通道和清水河通道周边。

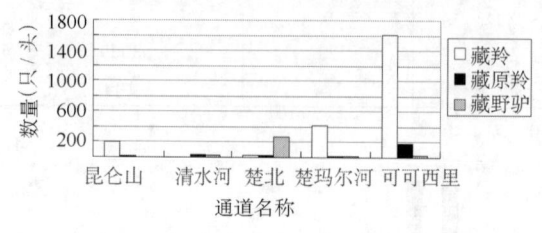

图11.3.5　2006年6月青藏铁路重点动物通道周边野生动物检测统计(靳铁治等,2008)

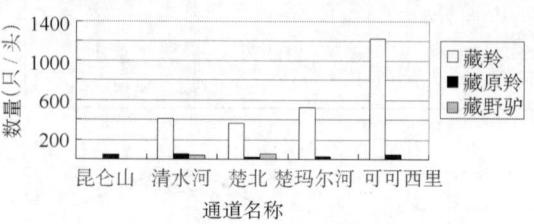

图11.3.6　2006年8月青藏铁路重点动物通道周边野生动物检测统计(靳铁治等,2008)

针对藏羚、藏原羚和藏野驴对通道利用的程度进行了比较研究,发现三者的制约因素并不相同:藏羚对通道的利用频次与通道到公路的距离呈显著正相关,和通道的高度、长度、宽度无显著的相关性;藏原羚和藏野驴对通道的利用与这4者均无显著的相关性(表11.3.6)。三种动物的行为观察表明,它们的行为类型基本相同,而行为的表现形式和强度有所差异,主要与种群的大小及外界的干扰因素有关(殷宝法等,2006)。

b. 动物对通道的适应能力

(a)动物迁徙路线的调整

研究表明,在青藏铁路建设期间,藏羚的迁徙活动受到了较大的影响。但是它们很快就调整了迁徙的路线,春季向西迁徙,8月向东迁徙,以避开人类活动的影响(Yang和Xia,2008)。

表11.3.6　动物对通道利用情况统计简表(引自殷宝法等,2006)

通道	野生动物通道特征				通过动物数量(只/头)		
	长度(m)	宽度(m)	高度(m)	到公路的距离(m)	藏羚	藏原羚	藏野驴
清水河大桥	11 700	3	1~2.5	600	0	0	0
桥梁通道1~4	14.6	3.4	3.9	110	0	0	0
水泥通道1~20	23.5	2	2	100	0	0	0
楚玛尔河大桥1	3500	3	6~7	1210	0	0	1
楚玛尔河大桥2	500	3	6~8	1150	3	4	3
桥梁通道5~8	14.6	3.4	3.9	100	0	1	1
水泥通道14~21	2	23.5	2	100	0	0	0
五北大桥	198	3	7~8	1744	10	1	0

(b) 动物穿越青藏铁路时间的改变

实地观测发现,藏羚在穿越铁路前徘徊和停留的时间在逐渐缩短:2004年大多藏羚在跨越铁路前在路基下徘徊1~2周才通过;2005年多数藏羚在停留半天甚至数十分钟之内就穿越;2006—2007年,大部分藏羚群在几分钟之内就能通过,几乎没有太长时间停留。这说明藏羚对铁路线已从初期的恐惧、踌躇,到逐步适应新环境,到目前能够习惯利用通道迁徙(李耀增等,2008)。

(c) 动物穿越青藏铁路方式的改变

野生动物对动物通道的利用需要一个适应过程,2003年,藏羚通过青藏铁路的途径主要是从铁路上方翻越,2004年就明显地增加了对所设通道的利用,通道成为动物穿越铁路的主要方式。这也说明该地区设置的动物通道能够降低青藏铁路对野生动物行为活动的负而影响。

综上所述,青藏铁路格拉段野生动物通道设置的位置、宽度、高度等基本满足了野生动物的生活习性和活动迁徙(移)规律的需求,通道利用率逐年提高,解决了因修建铁路而对野生动物产生的阻隔问题。青藏铁路建设未对青藏高原野生动物的种群交流和繁殖产生影响,野生动物通道达到了保护高原野生动物的目的。

2) 大型野生动物停留时间不一,均能穿越青藏公路

青藏公路经过中国生态环境极为脆弱的青藏高原地区,自20世纪50年代建成通车至今已运营了50余年,与青藏铁路基本呈平行分布,二者相距200 m~35 km不等。青藏公路通过可可西里国家级自然保护区($33°02'$~$36°30'$N,$89°30'$~$95°05'$E)的边缘,该区位于青藏高原西北部,北邻昆仑山,南依唐古拉山,是西藏自治区、新疆维吾尔自治区和青海省3省区的交汇处。位于该区的昆仑山至沱沱河($35°42'$~$34°13'$N,$94°03'$~$92°26'$E)一带是藏羚三江源种群迁徙的主要路径,也是其他野生动物活动较多的地段。青藏公路运营过程中,公路上行驶的车辆会影响动物对公路的穿越,有时还造成动物的直接死亡,并影响到野生动物的繁殖活动。活动领域较大的动物为了获得足够的食物和配偶,要经常穿越公路,更容易受道路阻隔所带来的影响。藏野驴、藏羚和藏原羚都是活动领域比较大的动物,青藏公路上的车辆行驶不可避免的会对它们的活动带来一定的影响。

学者们对青藏公路沿线的大型野生动物分布及行为进行了实地观测,获得了大量的第一手资料。对青藏公路沿线的藏羚迁徙进行了实地观测,研究区内青藏公路与铁路的间距约为500~1500 m(Yang和Xia,2008)。调查发现,在白天交通比较繁忙的时期,藏羚的行为多表现为等待,而不是急于穿过公路。一些动物甚至沿着公路进行觅食活动,似乎没有受到来往车辆的影响。

2003年8月和2004年8月,在可可西里国家自然保护区对青藏公路两侧的大型野生动物的分布及行为特征进行了调查(殷宝法等,2006;殷宝法等,2007b)。调查期间,在青藏公路两侧共观测到3种大型动物:藏羚、藏原羚和藏野驴。其中,2003年共观察到藏羚120群(4772只)、藏原羚79群(475只)和藏野驴9群(38头);2004年共观察到藏羚118群(6679只)、藏原羚66群(396只)和藏野驴11群(39头),它们主要分布在3个区域,不冻泉保护站($35°17'$N;$93°16'$E)—五道梁($35°13'$N;$93°04'$E)之间、烽火山以西($34°19'$N;$92°34'$E)和通天河($33°49'$N;$92°19'$E),其中以不冻泉—五道梁之间的分布数量最多。藏羚的分布相对集中,主要分布在青藏公路2950~3000 km里程的范围内,而藏野驴、藏原羚的

分布相对不太集中(图 11.3.7)。

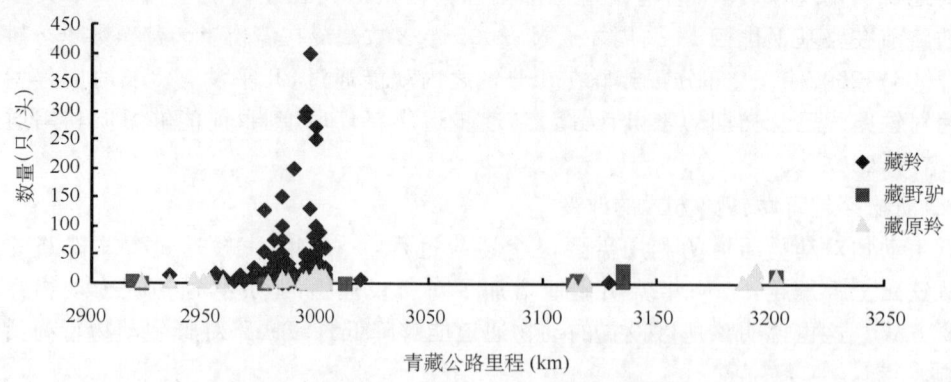

图 11.3.7 青藏公路沿线藏羚、藏野驴和藏原羚的数量分布(郑度等 2009)

对藏羚(*Pantholops hodgsoni*)、藏原羚(*Procapra picticaudata*)和藏野驴(*Equus kiang*)行为特征的调查表明：藏野驴对青藏公路形成了回避，其在距路基 1001～2000 m 和 2001～3000 m 区域内的种群密度显著高于 0～500 m 的区域($P<0.05$)；青藏公路对藏羚、藏原羚的行为活动产生了一定程度的干扰，尤其是对藏羚，其在距路基 0～500 m 区域内的行为活动与距路基 2000 m 之外的区域行为活动具有极显著差异($P<0.01$)(表 11.3.7)。同时，因其群体数量大，个体通过公路所花费的时间长，需要很长的车辆行驶间隔才能通过公路，故受车辆运输的干扰最大，无法顺利通过公路。

表 11.3.7 藏羚、藏原羚、藏野驴在距公路不同距离范围内的种群密度(殷宝法等 2007)

距公路距离(m)	藏羚	藏原羚	藏野驴
0～500	426.06±15.26[a]	42.26±6.73[a]	2.18±0.94[a]
501～1000	162.34±13.68[ab]	9.01±1.94[b]	6.70±0.64[ab]
1001～2000	22.83±5.68[b]	4.71±2.13[b]	12.00±7.54[b]
2001～3000	36.17±2.25[b]	2.14±0.33[b]	10.00±6.87[b]

注：同列相同字母为差异不显著($P>0.05$)，不同字母为差异显著($P<0.05$)。

调查还发现，动物对环境的适应需要一个过程，其适应程度与该物种在该地区生活的时间长短有关。藏野驴和藏原羚是生活在该研究区域的，而藏羚则是在迁移过程中通过该区域。调查发现，藏羚在登上路基时有明显的警戒行为，并且通过公路所花费的时间远高于藏野驴和藏原羚(表 11.3.8)。因此藏野驴和藏原羚比藏羚更熟悉该地区的环境，更能适应该区域的环境变化。

表 11.3.8 藏羚、藏原羚、藏野驴个体通过青藏铁路所花费的时间(殷宝法等 2007) (单位:s)

动物	抬头观察	靠近并登上路基	警戒	通过路面	总时间
藏羚	131.3±5.3	10.5±1.7	21.4±6.7	4.3±0.7	167.6±5.3
藏原羚	13.6±2.7	11.2±1.3	2.0±0.41	4.1±0.64	30.9±1.3
藏野驴	9.2±2.1	5.8±0.6	0	2.3±0.3	17.3±0.8

研究还发现，在白天的不同时间段，藏羚、藏原羚在公路附近的数量分布与各时间段内的车流量呈极显著负相关(图 11.3.8)，这有利于其穿越公路，说明野生动物通过自身的适应

和行为调节可以减少环境改变所造成的影响。

野生动物在种群水平上穿越公路时的行为是连续的,动物通过公路所需要的时间和种群数量有关,数量越大,所需要的时间就越长。公路两侧藏羚的种群数量显著高于藏野驴和藏原羚,并且藏羚个体通过公路所花费的时间高于藏野驴和藏原羚个体,因此藏羚种群通过公路时所需要的时间要远大于后两者,更易受到行驶车辆的影响,更不容易通过公路。

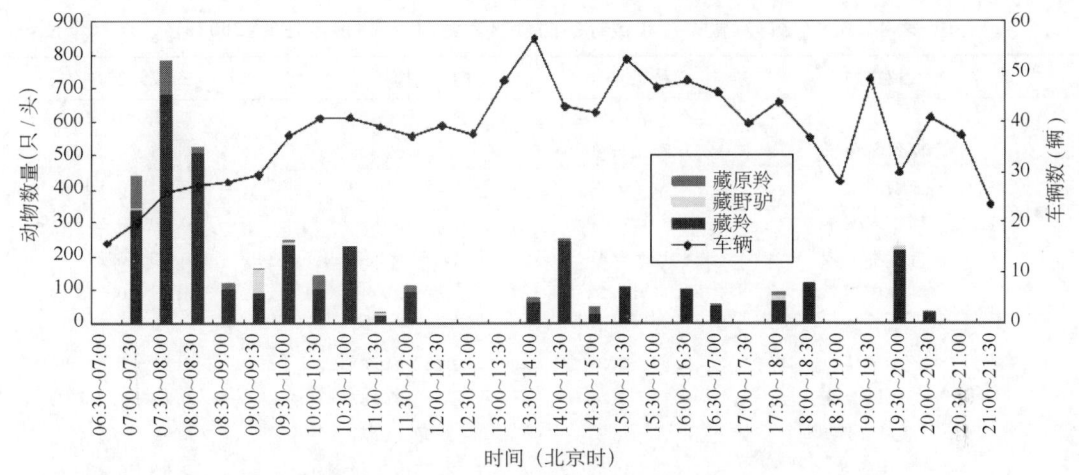

图 11.3.8 野生动物活动及车辆通过的主要时间对比(殷宝法等,2006)

(2)青藏铁路(公路)工程使大型野生动物营养生态位竞争加大

动物对食物资源的利用,一方面表现为其自身的营养需求特征,另一方面也反映其在生态系统中所处的营养层和功能,即营养生态位。可可西里自然保护区的楚玛尔河至五道梁一带是藏羚迁徙的重要地段,受青藏铁路和公路的影响,藏羚会在此处进行短暂的停留,形成藏羚、藏野驴和藏原羚同域生活的局面,导致3种野生动物的营养生态位发生变化。

殷宝法等人于 2004 年 8 月在该区域对藏羚、藏原羚和藏野驴的行为活动进行观察,并收集其粪便,运用粪便显微分析法对 3 种食草动物的食性进行分析,确定了它们的营养生态位,从食物资源利用的重叠和分化程度来探讨其竞争和共存的关系。研究发现,藏羚、藏原羚和藏野驴所采食的植物种类基本相似,但在食谱中所占的比例不同,禾本科植物在藏羚、藏原羚和藏野驴的食谱中所占的比例分别为 58.7%、44.57% 和 92.28%(表 11.3.9)。藏羚、藏原羚和藏野驴的营养生态位宽度分别为 0.878、0.735 和 0.695。藏羚和藏野驴、藏羚羊和藏原羚、藏野驴和藏原羚的营养生态位重叠程度均较高,其重叠值分别为 0.869、0.985 和 0.785(表 11.3.10)。生态位重叠指数反映了物种间对资源利用的相似程度,在一定程度上也反映了它们之间潜在的竞争程度。由于高寒荒漠草原的植物生产力十分低下,藏羚和藏野驴、藏原羚之间存在着激烈的食物竞争。藏羚只是在迁徙时经过该地区,受青藏公路、铁路的阻隔才会在该地区停留,因此,藏羚在该地区活动时间的长短将决定它们之间竞争的激烈程度。青藏公路上的车流量是决定藏羚能否顺利通过该地区的重要因素(殷宝法等,2007a)。

随着青藏铁路、公路上车流量的增加,藏羚在该区域停留的时间延长,势必会增加藏羚与藏野驴、藏原羚之间对食物资源的竞争程度,并且藏羚的种群数量远远大于藏野驴和藏原羚,因此,藏羚与藏野驴、藏原羚对食物资源的激烈竞争可能会对该地区的植物资源造成过度利用,对该地区生态环境的稳定性带来巨大冲击。青藏高原海拔高,空气稀薄,气候寒冷、干旱,植物种类少、生长期短、生物量低,生物链简单,生态系统中物质循环和能量的转换过程缓慢,生态环境十分脆弱,植被一旦被破坏,恢复十分困难。因此,需要采取措施降低交通设施、公路运输对藏羚迁徙活动的影响,减少藏羚在该区域停留的时间,降低藏羚与藏野驴、藏羚之间的竞争。

表 11.3.9 藏羚、藏原羚和藏野驴的食物资源利用谱(殷宝法等,2007a)   (单位:%)

	植物种	藏羚羊	藏原羚	藏野驴
A		58.07±1.49	44.57±1.78	92.28±0.98
	草甸雪兔子	1.75±0.46	1.21±0.35	0.26±0.18
	委陵菜	7.61±0.21	8.82±0.39	2.04±0.50
	弱小火绒草	6.26±0.80	12.10±0.42	0.30±0.21
	异叶米口袋	8.15±0.46	11.56±0.27	0.52±0.24
	高山唐嵩草	3.12±0.27	2.26±0.41	1.26±0.36
	马先蒿	1.82±0.49	2.15±0.27	—
B	棱子芹	2.67±0.37	0.87±0.37	1.17±0.34
	美丽风毛菊	4.16±0.56	7.38±0.63	0.48±0.28
	尖叶龙胆	3.75±0.27	3.58±0.57	—
	石生黄芪	1.85±0.55	2.96±0.54	0.13±0.13
	雪灵芝	1.84±0.31	1.82±0.49	—

注:A 为禾本科植物,包括紫花针茅、扁穗茅、早熟禾、洽草、昆仑嵩草;B 为非禾本科植物。

表 11.3.10 藏羚、藏原羚和藏野驴营养生态位的宽度和重叠度(殷宝法等,2007a)

物种	营养生态位宽度	营养生态位重叠度		
		藏羚	藏原羚	藏野驴
藏羚	0.878	1	0.985	0.869
藏原羚	0.735		1	0.785
藏野驴	0.695			1

11.3.3 工程对小型野生动物的影响

铁路(公路)工程对小型野生动物的影响通常主要体现在:阻隔了小型野生动物的基因交流,破坏了其遗传多样性,进而影响到其生理和繁殖;改变了小型野生动物的栖息地环境,导致其栖息地破碎化,进而影响其种群密度和群落结构;较大型野生动物而言,小型野生动物更容易通过铁路、公路运输到达青藏高原腹地,从而导致外来物种入侵现象的发生。

(1)青藏铁路(公路)工程对小型野生动物群落结构影响不明显

道路对小哺乳动物的生态效应是一个比较复杂的过程,道路的类型、地理位置和自然环境条件的差异都会对小哺乳动物的种群数量和群落结构产生不同的作用。

以青藏铁路海晏段的温性草原区为研究地点,通过铗日法确定距铁路不同距离的区域中啮齿动物的种群密度和群落结构,分析啮齿动物群落结构与植物群落结构之间的关系,探讨温性草原区铁路运营对啮齿动物群落结构的影响(杨生妹等,2006)。研究区域内所捕获的啮齿动物有甘肃鼠兔、五趾跳鼠、长尾仓鼠和灰仓鼠;啮齿动物的种群密度和群落结构在距铁路不同距离的样带之间有明显的不同(表 11.3.11)。在铁路路基附近的种群密度、物种数、多样性指数均明显高于距离铁路 0.5 km 和 1 km 的区域,而均匀性指数在路基附近最小(表 11.3.12)。在距离铁路不同距离的调查样区中,对植物群落内植物的种类数、群落内优势种的平均高度、群落总盖度、植物地上部分总生物量、多样性指数和均匀性指数等参数进行单因素方差分析,发现在距离铁路不同距离的调查样区之间没有明显的不同,说明研究地区内植物群落特征在整个取样区域是一致的。将啮齿动物群落的特征参数物种数、多样性指数、均匀性指数分别与植物群落的特征参数物种数、群落内优势种的平均高度、群落总盖度、植物地上部分总生物量、多样性指数和均匀性指数逐一进行相关性分析,结果表明,在啮齿动物的群落特征参数与植物群落的特征参数之间均无明显的相关性($P>0.05$),说明在研究区域内植物群落特征对啮齿动物种群密度和群落结构无显著影响。

表 11.3.11 啮齿动物的种群密度(铗捕率)及群落结构(杨生妹等,2006)

物种	样带 1			样带 2			样带 3		
	0 km	0.5 km	1 km	0 km	0.5 km	1 km	0 km	0.5 km	1 km
甘肃鼠兔	0.8(15.3)	0.4(25.0)	0.0(0.0)	0.4(8.3)	0.4(20.0)	0.4(14.3)	0.8(14.3)	0.4(16.7)	0.0(0.0)
五趾跳鼠	0.4(7.7)	0.4(25.0)	0.4(25.0)	0.4(8.3)	0.4(0.0)	0.0(28.6)	0.4(7.1)	0.0(0.0)	0.0(0.0)
长尾仓鼠	2.0(38.5)	0.0(0.0)	0.8(50.0)	2.8(58.3)	1.2(60.0)	1.2(42.9)	3.6(64.3)	0.8(33.3)	0.8(66.7)
灰仓鼠	2.0(38.5)	1.8(50.0)	0.4(25.0)	1.2(25.0)	0.4(20.0)	0.4(14.3)	0.8(14.3)	1.2(50.0)	0.4(33.3)
合计	5.2(100)	1.6(100)	1.6(100)	4.8(100)	2.0(100)	2.8(100)	5.6(100)	2.4(100)	1.2(100)

表 11.3.12 啮齿动物群落特征比较(杨生妹等,2006)

特征参数	样带 1			样带 2			样带 3		
	0 km	0.5 km	1 km	0 km	0.5 km	1 km	0 km	0.5 km	1 km
物种数	4	3	3	4	3	4	4	3	2
多样性指数	0.530	0.452	0.452	0.467	0.413	0.555	0.446	0.439	0.276
均匀性指数	0.880	0.946	0.946	0.775	0.865	0.921	0.742	0.921	0.918

国际相关研究表明,橙腹田鼠(*Microtus ochrogaster*)在道路附近的数量明显减少,说明道路建设和运营影响了小哺乳类动物的生境选择及其利用方式。同时,道路的修建及运营过程也改变了土壤的理化性质,导致植物群落发生变化,而小哺乳动物的分布主要取决于栖息地的结构特征,趋于和植物群落模式相一致(Swihart 和 Slade,1984)。而本项研究结果显示,啮齿动物群落特征的各参数与植物群落特征的各参数之间均无明显的相关性。引起这种差异的原因可能有两个方面:一是铁路建设及运营改变了路域附近的微环境,在路基附近的地貌特征明显复杂于其他区域,人工堆放的砧木和石料也集中在路基附近,这为啮齿动物的栖息提供了生存环境;二是铁路在运营过程中人为产生的一些生活垃圾聚集在路基附近,可能为啮齿动物提供了更多的食物资源,而该方面的直接证据需做进一步研究。

(2)青藏铁路(公路)工程对小型野生动物种内基因交流存在阻隔效应

栖息地是生物个体或种群为了自身生存和繁衍后代所必需的空间区域,自然条件的变化和人为活动的干扰都会引起一些物种的栖息地分裂或破碎,从而影响动植物的分布、群落结构及生物多样性,也可能增加近亲繁殖和遗传漂变,加剧濒危物种的灭绝速率和物种多样性的丧失率。道路是人类文明不可缺少的部分,在人类的各种活动中发挥着巨大的作用,同时也会对人类赖以生存的环境中的许多生态过程产生直接或间接的负面效应。道路会造成不同栖息地之间连续性的缺失,限制许多物种的活动及不同种群之间的基因交流,产生遗传分化。

采用7个微卫星标记分析在青海省西大滩区域,位于青藏公路两侧的4个高原鼠兔种群的遗传变异情况(周乐等,2006)。分别采用 TFPGA 和 GENE POP 3.4 软件计算各种群间的 Nei's 标准遗传距离、基因分化系数(F_{st})等参数(表11.3.13、表11.3.14)。发现公路同侧种群间平均遗传距离低于异侧种群间的平均遗传距离。公路同侧种群间平均遗传相似度高于异侧种群间的平均遗传相似度。公路同侧种群间的基因分化系数小于公路异侧,而同侧种群间的基因流则高于异侧。对各种群间遗传距离进行 UPGMA 聚类分析,发现公路东侧和西侧的两个种群分别聚为一类。研究结果说明,青藏公路对分布于公路两侧的高原鼠兔种群间的基因交流产生了一定的阻隔效应,导致种群间出现了一定程度的遗传分化。

表 11.3.13　4个高原鼠兔群体的遗传相似度和遗传距离(周乐等,2006)

种群	east-1	west-1	east-2	west-2
east-1	—	0.8922*	0.9078*	0.8919*
west-1	0.1140**	—	0.9033*	0.9372*
east-2	0.0968**	0.1017**	—	0.9109*
west-2	0.1144**	0.0648**	0.0933**	—

注:* 为遗传相似度, ** 为遗传距离。

表 11.3.14　各群体之间的基因分化系数(F_{st})和基因流(N_m)(周乐等,2006)

种群	east-1	west-1	east-2	west-2
east-1	—	2.9842*	3.3837*	3.0967*
west-1	0.0773**	—	3.1983*	6.0952*
east-2	0.0688**	0.0725**	—	3.6808*
west-2	0.0747**	0.0394**	0.0636**	—

注:* 为 N_m 值, ** 为 F_{st} 值。

(3) 青藏铁路(公路)工程未见外来动物入侵

道路的建设和运营会对某些物种的种群产生分裂和隔离,减少局部的种群数量甚至导致局部种群的灭绝。同时,道路在运营过程中也可直接将一些物种带入新区域,形成生态入侵,如在新疆分布的褐家鼠(*Rattus norvegicus*)则主要是通过铁路进入,随着铁路的不断延伸,其分布区逐渐扩大(黎唯,1994)。

针对青藏铁路一期工程对海晏县温性草原区进行了实地调查和取样,共设计完成3条样带、9个调查样区、45个样方、4500个铗日,调查范围基本能够反映该区域啮齿动物的基本结构(杨生妹等,2006)。调查结果显示,所捕获的4种啮齿动物都是青藏高原常见的哺乳动物种类,在取样过程中没有发现外来啮齿动物的分布。但由于其采样地区没有适合褐家鼠生存的环境,所以还不能说明褐家鼠没有通过铁路输入青海腹地。

针对杨生妹等人调查采样地区的盲点,对乌兰县居民区和城镇周边农田进行了啮齿类动物调查(鲁亮等,2007)。这些生境在内地是褐家鼠活动较多的地方。调查结果表明,在这些生境中也未发现褐家鼠。说明该鼠还不能完全适应当地的生境。

由以上研究可知,虽然在铁路的修筑和运营过程中,取土等人为活动往往会为外来物种的入侵创造条件,使外来物种的入侵机会增加,但青藏高原独特的地理和气候条件有可能使许多其他生境中的动物种类很难在短期内适应并成功地定居下来,且以很快的速度蔓延。

11.3.4 野生动物日渐适应青藏铁路(公路)工程

青藏铁路(公路)工程对藏羚等大型野生动物的影响主要体现为对其迁徙活动及其营养生态位的影响。相关研究和观测表明,青藏铁路建成以来,藏羚等大型野生动物已经逐渐适应了铁路的存在,对野生动物保护通道的利用率和利用效果均逐步提高,动物们穿越铁路的时间普遍减少。当前,青藏铁路的运营会给该地区野生动物的活动带来一定的影响,但野生动物通道的设置降低了青藏铁路对动物活动的负面影响。因此,野生动物通过适应并调整自己的行为,将来可以适应青藏铁路修建所带来的环境变化。青藏公路对藏羚等的行为活动产生了一定程度的干扰,导致其在路基周边的种群密度较低。同时,野生动物趋向于在车流量较少时进行迁徙活动,说明野生动物通过自身的适应和行为调节可以减少公路运营所造成的影响。另一方面,青藏铁路(公路)工程使得大型野生动物物种间的营养生态位重叠程度提高,加剧了物种间的竞争。

青藏铁路(公路)工程对高原鼠兔等小型野生动物的影响主要体现在对其遗传和分化的影响。相关研究和观测表明,青藏铁路(公路)工程对分布于道路两侧的小型野生动物种群间的基因交流产生了一定的阻隔效应,并导致种群间出现了一定程度的遗传分化,对小型野生动物的群落结构也产生了一定程度的影响。目前在青藏铁路(公路)沿线地区尚未发现外来物种。

11.4 工程区生态保护对策

青藏铁路格拉段施工建设采取目前国际上先进的建造技术,克服了"高寒缺氧、多年冻土、生态脆弱"等铁路建设中的世界性难题,采用独特的冻土带铁路施工技术、高寒地区路基草皮移植或建植技术,对取土、石点进行了严格的环保施工规定,设置了各种动物通道,对站点的布置也考虑很周到,对生活垃圾也采取了集中处理,尽量减少对生态与环境的污染。铁路线尽量靠近青藏公路和河流,减少了对景观的再次切割,尽量减少影响范围的扩大。防止生境的多线状切割避免了生态系统破碎化、岛屿化。

但青藏铁路建设对沿线生态与环境还是会产生一定的影响,如对地表植被、动物的迁徙和繁殖、冻土和湿地等的影响。青藏铁路建成后,内地与西藏的人员、物资、信息等的交流频繁,力度加大,可能会给铁路沿线带来一些负面影响,如盗猎珍稀动物、滥挖珍稀药材、野蛮开采矿产资源、外来物种入侵、疾病和疫病的传播,以及由于资源和旅游开发、城镇化发展等带来的环境污染、土地退化和沙化等一系列问题。因此,必须加强青藏铁路工程区植物、动物等野生资源的保护,并注重铁路沿途区域的综合管理。

11.4.1 工程区植被保护与恢复

(1)因地制宜恢复植被

铁路工程对高寒生态系统的影响程度主要取决于地表原始土壤受破坏和扰动的程度及生态系统本身的脆弱性。应根据不同生态功能区的特点,研究制订各自的植被恢复与重建技术进行治理。包括:荒漠化治理、退化草地治理、冻土扰动治理、鼠虫害治理、降低草地放牧压力等措施和技术。重点关注对西藏境内青藏铁路那曲—拉萨段的草地生态植被的恢复和治理,因为这个区域人类活动比较频繁,草地植被退化也比较严重,又是西藏重要的草地畜牧业基地之一,同时又是青藏高原非常重要的生态与环境功能区,受青藏铁路影响较大,必须加大对该地区退化植被的治理力度,避免给环境造成不可逆的毁坏,甚至影响青藏铁路的安全运营(郑度等,2006)。

依据自然气候条件和草地类型,青藏铁路格拉段沿线天然植被可划分为4个不同的区段:①格尔木—昆仑山戈壁山地荒漠区,该区段在植被恢复与重建中,应首先严格保护现有植被,确保能提供灌水条件的地段,可种植一些耐旱植物,而多数地段应采用水泥网格、石块网格等非生物措施为主保护路基;②唐古拉山北高寒草原区,该区段多数地方植物可以生长,应在保护现有植被的基础上,对新建路基和开挖取土地段大部或全部予以恢复和重建;③唐古拉山南高寒草甸区,这一区段应是青藏铁路沿线植被恢复的重点地区,都应恢复;④羊八井—拉萨山地灌丛区,这里的植被恢复不仅有重要的生态保护作用,更有景观意义,除石质地段外,被破坏的植被大部分应当恢复与重建(张自和,2003)。

(2)加强人工繁育,促进植被恢复

植被的自然恢复需要20 a(马世震等,2004),甚至更长的时间(沈渭寿等,2004)。从群落内植物的生活型组成情况来看,经过数十年自然恢复后的植被内植物的生活型组成与原生植被之间不存在显著差异。但由于青藏高原恶劣的气候条件,植被受损初期其他植物的定居十分困难,因此对受损初期的温性草原辅以必要的人工措施,如可以采取一定防护措施,让终止干扰后的植被进行自然恢复演替;亦可以采用人工方法在受损植被上引入繁殖能力和抗逆能力都比较强的植物作为先锋植物,以改善受损初期的植被,从而加速其恢复过程(淮虎银等,2005)。

根据安多、当雄两试验场的对比观察,建议当雄段高寒植被再造工程选择垂穗披碱草、老芒麦、达乌里披碱草为主要再造草种,无芒雀麦、扁穗冰草、短柄老芒麦为辅助再造草种;那曲段选择垂穗披碱草、老芒麦、达乌里披碱草为主要再造草种,赖草为辅助再造草种;在唐古拉山段选择垂穗披碱草、老芒麦为主要再造草种。另外,在沱沱河段垂穗披碱草、早熟禾为主要再造草种(魏建方,2005)。采用垂穗披碱草及地表适度平整—表层翻耕—磨耙开沟—种子播种—磨耙覆土镇压等植被恢复工艺措施,对快速恢复青藏铁路取土场次生裸地的植被是有效可行的;此外,梭罗草也有很好的适应性(陈桂琛等,2008)。

11.4.2 工程区动物保护

(1)加强管理,防止乱捕滥杀

青藏铁路的开通,一方面为更多的人亲近青藏高原提供了机会,另一方面也给盗猎分子更多的可乘之机。打击盗猎行为主要应通过强制手段,加大执法力度,严惩犯罪分子。尤其是在野生动物迁徙等特殊时期及动物种类和数量分布较高的特殊区域,增强打击盗猎活动的力度,以促使野生动物种群恢复和发展。针对广大的商务和观光旅游大众,合理的旅游规划管理是防止外来人员破坏生态的关键。另外,针对青藏高原特色的环保宣传也是非常重要的。

(2)加强保护,适度开发

青藏铁路沿线生存着很多有经济价值的野生动物,对当地经济发展具有很好的促进作用,并在捕获、加工、收购、出口等各个环节中创造就业机会。盗猎行为受经济利益驱使,不仅造成经济损失,而且带来生态破坏,甚至是珍稀濒危物种的灭绝。因此,必须加强对野生动物资源的科学利用,在保障珍稀物种繁衍生息的基础上,利用其珍贵价值的部分。

(3)加强监测,持续研究

应建立野生动物资源的监测机制,开展濒危野生动物的定期调查,建立档案。在野生动物集中区外围架设科研设施,开展多学科综合研究。为野生动物资源的合理开发和有序利用提供理论支持。

为了确保铁路的安全运营及保护沿线的野生动物,必须开展长期的监测与研究。这有利于确定动物对通道的利用情况,了解野生动物种群数量、年龄结构和迁徙规律等动态特征,掌握野生动物对铁路的适应性对策,从而为野生动物保护提供措施;也有利于确定动物对铁路安全运营产生的影响,为铁路运营提供资料(郑度等,2009)。

11.4.3 工程区综合管理

青藏铁路沿线是青藏高原重要的经济活动带。铁路的贯通运营必将强化人类对铁路周围资源的利用强度,加大环境压力。因此,必须提高沿线民众的环境保护意识,加强沿线农牧、工矿及旅游等产业的调控,增强自然保护区管控能力,控制人口数量,加大疾病监控力度,关注人类健康。只有从多方面入手,提高铁路工程区综合管理能力,才能保障铁路沿途社会经济与生态环境的协调发展。

(1)加强环保宣传,提高环保意识

虽然青藏铁路列车采用全封闭的环保措施,但是仍要防止火车停靠站造成环境污染。例如,各种废弃物(如塑料袋)进入青藏高原后,很容易被野生动物摄食,影响其正常的生理功能,甚至威胁其生存。一些废弃物可能成为有害生物的食物和隐蔽物,最终可能会影响铁路的安全运营。因此,必须加强环保教育力度,引导旅客树立环保意识,维护青藏高原的纯洁和美丽,确保铁路长期运营的安全性。

(2)加强环境监测,控制污染水平

铁路沿线机车和汽车的的燃油务必达到绿色环保排放要求,从源头上杜绝尾气和重金属的污染。在铁路沿线站点、城镇、旅游点建立环境监测点,监测生态与环境的变化,并建立必要的预警机制。严格控制青藏铁路沿线各种污染物的排放,建立污染物处理加工厂,减少对环境的污染。对沿途工程的建设要严格论证、规划和实施,使人类活动对环境的不利影响降到最低。

(3)提高出栏率,促进农牧结合

青藏铁路沿线主要是牧区,长期以来不合理的放牧制度和恶劣的气候条件使沿线畜牧业发展缓慢,草地载畜量过大已造成沿线草地产生不同程度的退化现象。目前,西藏全区牦牛存栏数400多万头,多为乳肉役兼用型,但出栏率很低,牧区一般为6.6%~8.2%,农区在10%~20%。主要原因是:交通不便捷,市场流通不畅,农牧民观念落后。青藏铁路的贯通将会对沿线的牧业经济发展起到很大的促进作用,外来人口的增加及市场对青藏高原畜产品的认可,使西藏的畜产品供不应求,市场潜力巨大。青藏铁路的建成使牲畜和各种生产资料运输成本大幅度降低,为大力发展季节性畜牧业提供了契机。

进一步调整农区种植业结构,压缩小麦面积,在拉萨等农区增加饲草饲料的种植面积,积极发展饲料加工业,充分利用铁路运输的优势,将铁路沿线牧区大量的未出栏家畜转移到饲草料丰富的农区进行规模养殖或者育肥,相应提高牧区家畜的出栏率,减少草地的载畜量,减轻草地的放牧压力,有利于退化草地的恢复,同时也增加了广大农牧民的经济收入。实现"牧繁农育"战略。

(4)严格环评制度,适度开采矿产

青藏高原具有良好的成矿地质条件,矿产资源矿种齐全、分布广泛,资源丰富,开发潜力大。青藏铁路的开通无疑会加速这些矿产资源的开发,但矿区的开发和建设不可避免地要破坏植被与环境,解决好资源开发与环境保护问题非常重要。

坚持矿产资源开发要以生态与环境保护为先的原则,确定以保护环境优先的资源开发战略,严格执行环境影响评价制度,制定规范可行的矿产开发规划,建立矿山生态与环境监测及预警系统。确保青藏高原自然环境得到有效的保护。鼓励在"一江两河"和青藏铁路沿线及其他有条件的地区建立矿山环境保护与土地复垦履约保证金制度。

(5)适度发展旅游,防治环境污染

青藏铁路横穿称为世界"第三极"的世界屋脊——青藏高原,沿线的雪山、湖泊、草地、野生动植物,以及民族风情、宗教文化等均是丰富的旅游资源,同时,青藏铁路的开通,将会带动整个青藏高原的旅游产业,前景广阔,潜力巨大。青藏铁路建成运营是西藏旅游业发展的历史性机遇,青藏铁路建成后,不仅大幅度地提高进出西藏客运能力,降低交通成本,还为游客提供了逐步适应高原缺氧环境的条件。可以预计,青藏铁路建成后,青藏铁路沿线旅游业,乃至全区的旅游业,将会有更大发展;同时,西藏的旅游客源结构将发生重要变化,大众旅游将成为西藏旅游的主体。但是应该注意到,高原特有的旅游业高速发展的同时,必然会带来许多环境问题。

制订青藏高原旅游的生态与环境保护细则,开展环境保护的宣传和教育工作,制订生态旅游、各种探险、狩猎、民俗活动等环境保护对策。建立旅游发展与环境改善并重的运行机制。充分考虑当地环境和旅游设施的容纳能力,制订旅游定额。同时,加大招商引资力度,强化拉萨、林芝、日喀则、山南等地区的旅游接待能力建设,包括相关的交通运输基础设施的建设、管理与服务人员的培养。

(6)加强保护规划,注重科学管理

青藏铁路沿途有许多自然保护区,在西藏境内有羌塘自然保护区、申扎黑颈鹤自然保护区、纳木错自然保护区、澎波黑颈鹤自然保护区和拉鲁湿地自然保护区。加强自然保护区政策法规建设,积极制订地方自然保护区管理条例和管理办法。协调自然保护区现行管理中在管理权限上的矛盾,例如,在荒漠草原地区的自然保护区,植被由农业部门管理,陆生野生动物由林业部门管理,这种体制也限制了其他部门的积极性。随着国家对环境保护的重视,环保部门作为自然保护区的综合管理和监督部门,应充分发挥其管理和监督职能。例如,羌塘高原自然保护区相对集中,对一些要保护的珍稀野生动物来讲,生境上具有连通性,为避免生境的人为割裂,在生态保护方面可作为一个大的生态区加以考虑。农业部门的土地规划、草地退化恢复措施的制订和实施要与野生动物保护协调一致。

(7)加强疾病监测,关注人类健康

铁路的贯通对于生物病因的地方病来说,可能增大了其传播流行的风险,这需要通过大力宣传教育和完善疫情监测报告制度、健全防疫网络来减少和避免疫情的发生。对于鼠疫、布病等自然疫源性传染病而言,青藏铁路的全线开通使进入病区的人口增加,病情将可能逐步由人口稀少地区向城镇、宗教场所、旅游景点等人口密集地区逼近,人畜接触的机会和频率会增大;而外来人口对于这些疾病毫无防范意识,也缺少相应的知识,会大大增加这两种病在人类传播的风险。近年来青藏铁路沿线疫源地动物鼠疫疫情非常活跃,为尽量避免人群受到危害,应加大相应鼠疫疫点的监测力度,密切监控动物鼠疫的流行。监测重点应放在经常发生病死旱獭及狗血清阳性的人口密集、靠近交通要道的城镇附近。流动监测应依靠群众报告疫情。设立检验、检疫关口,减少传染源沿铁路线的传播。更为重要的是,要加强宣传教育,努力提高广大群众自我保护和参与防治意识。青藏铁路沿线是喜马拉雅旱獭鼠疫疫源地,旱獭的皮毛具有经济价值,同时它又是该地区鼠疫的主要宿主,西藏自治区和青海省近年来发生的人类鼠疫病例多是由于捕猎、剥食旱獭引起的,因此,在这些地区不应私自捕猎旱獭,不应剥食旱獭及其他野生动物,不应私自贩运、倒卖旱獭皮张。加强对青藏高原动物和动物产品的检疫、监督,严防病畜肉及乳品流入市场,对于患布病的家畜,要及时处理和捕杀,净化畜群,对布病疫区、疫点严格进行消毒,防止病畜或患者的排泄物污染环境和水源,防止疫源扩散和布病传播。

(8)控制人口增长,强化城镇规划

随着医疗和生活水平的提高,青藏高原居住人民的健康水平有了极大的提高,寿命逐渐延长,婴儿死亡率逐渐降低,人口不断持续增长,加之政府对藏族计划生育政策比较宽松,因此,人口增长有明显的加快趋势。此外,青藏铁路的建设使沿线的交通得到质的飞跃,无疑会促进人口向铁路沿线的流动和聚集。因此,加强计划生育政策的宣传和教育,鼓励农牧民向第三产业发展,并适当将部分多余的劳动力经过培训向城镇和农区转移,降低牧业人口比例,间接地降低人们对草地的放牧压力。在城镇规划方面,必须重视对沿线居民点、城镇及排污与治理系统、道路系统的合理规划和建设。

(撰写人:张镱锂、王兆锋、王春连、张继平、杜长江等)

参考文献

Clevenger A P, Chruszcz B, Gunson K E. 2001. Highway mitigation fencing reduces wildlife—vehicle collisions. *Wildlife Society Bulletin*, **29**(2):646-653.

Ding Mingjun, Zhang Yili, Shen Zhenxi, et al. 2006. Land cover change along the Qinghai-Tibet Highway and Railway from 1981 to 2001. *Geographical Sciences*, **16**(4):387-395.

Foppen R, Reijnen R. 1994. The effects of car traffic on breeding bird populations in woodland. II. Breeding dispersal of male willow warblers (Phylloscopus trochilus) in relation to the proximity of a highway. *Journal of Applied Ecology*, (31):95-101.

Jin Huijun, Yu Qihao, Wang Shao-ling, et al. 2008. Changes in permafrost environments along the Qinghai-Tibet engineering corridor induced by anthropogenic activities and climate warming. *Cold Regions Science and Technology*, **53**:317-333.

MeLellan B N, Shackleton D M. 1988. Grizzly bears and resource extraction industries: Effects of roads on behavior, habitat use and demography. *Journal of Applied Ecology*, (25):451-460.

Peng Changhui, Ouyang Hua, Gao Qiong, et al. 2007. Building a "Green" railway in China. *Science*, **316**:546-547.

Reijnen R, Foppen R, Meeuwsen H. 1996. The effects of traffic on the density of breeding birds in dutch agricultural grasslands. *Biological Conservation*, **75**(3):255-260.

Swihart R K, Slade N A. 1984. Road crossing in Sigmodon hispidus and Microtus ochrogaster. *Journal of Mammalogy*, **65**:357-360.

Trombulak S C, Frissel C A. 2000. Review of ecological effects of roads on terrestrial and aquatic communities. *Conservation Biology*, **14**(1):18-30.

Wang Xiuhong, Fu Xiaofeng. 2004. Sustainable management of alpine meadows on the Tibetan Plateau: problems overlooked and suggestions for change. *AMBIO*, **33**(3):153-154.

Yang Qisen, Xia Lin. 2008. Tibetan wildlife is getting used to the railway. *Nature*, **452**:810-811.

Zhang Tingjun, Harry T, Baker W. 2008. The Qinghai-Tibet Railroad: A milestone project and its environmental impact. *Cold Regions Science and Technology*, **53**:229-240.

Zhou Jinxing, Yang Jun, Peng Gong. 2008. Constructing a green railway on the Tibet Plateau: Evaluating the effectiveness of mitigation measures. *Transportation Research*, **13**:369-376.

晁永芳,郭军乐. 2009. 柴达木边沿高寒地带草地建设研究——以天峻地区为例. 柴达木开发研究,(1):61-62.

陈桂琛,孟延山,卢学峰等. 2006. 青藏铁路格唐段植被特征及其保护与恢复对策. 生物学通报,**41**(7):1-5.

陈桂琛,周国英,孙菁等. 2008. 采用垂穗披碱草恢复青藏铁路取土场植被的试验研究. 中国铁道科学,**29**(5):134-137.

陈辉,李双成,郑度. 2003. 青藏公路铁路沿线生态系统特征及道路修建对其影响. 山地学报,**21**(5):559-567.

程昊,陈泽昊. 2003. 青藏铁路高原冻土地区施工期水土保持措施初探. 铁道劳动安全卫生与环保,**30**(5):218-220.

崔庆虎,蒋志刚. 2007. 青藏高原草地退化原因述评. 草业科学,**24**(5):20-26.

丁明军,沈振西,张镱锂等. 2005. 青藏公路与铁路沿途1981—2001年植被覆盖变化. 资源科学,**27**(5):128-133.

丁明军. 2008. 青藏高原植被时空格局变化及其对气候变化的响应. 中国科学院研究生院博士学位论文.

董光荣,高尚玉,金炯. 1989. 青海共和盆地土地沙漠化及其防治. 中国沙漠,**9**(1):61-74.

董瑞琨等. 2000. 青藏高原冻融侵蚀动力特征研究. 水土保持学报,**14**(4):12-42.

董玉祥. 1999. 青藏高原沙漠化研究的进展与问题. 中国沙漠,**19**(3):251-255.

杜蓓. 2003. 青藏铁路格尔木至拉萨段水土流失现状及其控制研究. 西南交通大学硕士学位论文.

段庆光,石蒙沂. 1998. 青海省沙漠概况与治理途径. 中国沙漠,**8**(3):69-74.

冯祚建. 1996. 陆栖脊椎动物的区系特征及形成演变. 见青藏高原的形成演化(孙鸿烈主编). 上海:上海科学技术出版社:209-222.

傅小峰,郑度. 2000. 论青藏高原人口与可持续发展. 资源科学,**22**(4):22-29.

国土资源部西部开发办调研室. 2002. 西部重大建设项目工程沿线地质环境和地质灾害状况调研报告.

贺有龙,周华坤. 2008. 青藏高原高寒草地的退化及其恢复. 草业与畜牧,(11):1-9.

淮虎银,魏万红,张镱锂. 2005. 青藏铁路温性草原区路域植被自然恢复过程中群落组成和物种多样性变化. 山地学报,**23**(6):657-662.

淮虎银,魏万红,张镱锂. 2007. 青藏铁路沿线温性草原区芨芨草群落特征. 生态学报,**27**(2):497-503.

江腊沙. 2001. 青藏铁路唐拉段工程建设对沿线生物多样性的影响分析. 环境保护,**8**:31-33.

靳铁治,吴晓民,苏丽娜等. 2008. 青藏铁路野生动物通道周边主要野生动物分布调查. 野生动物杂志,**29**(5):251-253.

景国臣. 2003. 冻融侵蚀的类型及其特征研究. 中国水土保持,**10**:17-18.

孔亚平,陈济丁,辛有俊. 2008. 青藏公路多年冻土路段沿线植被及其变化. 公路,(3):179-184.

兰玉蓉. 2004. 青藏高原高寒草甸草地退化现状及治理对策. 青海草业,**13**(1):27-30.

李森,高尚玉,杨萍等. 2005. 青藏高原冻融荒漠化的若干问题——以藏西—藏北荒漠化区为例. 冰川冻土,**27**(4):476-485.

李渤生. 1994. 青藏高原生物多样性的特点及其保护. 见:绿满东亚. 北京:中国环境科学出版社,635-661.

李文华,周兴民. 1998. 青藏高原生态系统及优化利用模式. 广州:广东科技出版社.

李耀增,周铁军,姜海波. 2008. 青藏铁路格拉段野生动物通道利用效果. 中国铁道科学,**29**(4):127-131.

黎唯,刁伯民. 1994. 褐家鼠在新疆阿拉山口口岸居民区形成种群. 地方病通报,**9**(3):55-57.

廖怀军,吴珍汉. 2007. 青藏铁路沿线83道班移动冰丘及工程治理. 中国地质,**34**(5):907-914.

刘成明. 2003. 青藏高原地区人口、资源、环境与可持续发展. 青海社会科学,**1**:39-41.

刘宗香,苏珍,姚檀栋等. 2000. 青藏高原冰川资源及其分布特征. 资源科学,**22**(5):49-52.

卢向荣. 2003. 青藏铁路运营维修模式研究. 西南交通大学硕士学位论文.

鲁亮,刘起勇,孟凤霞等. 2007. 青海省乌兰县啮齿类动物调查:青藏铁路运营输入褐家鼠的可能性研究. 中国媒介生物学及控制杂志,18(1):1-3.
罗利芳,张科利. 2004. 青藏高原地区水土流失时空分异特征. 水土保持学报,18(1):58-62.
马才让加. 2008. 青藏高原鸟类. 西藏人文地理,2:154-156.
马瑞俊,蒋志刚. 2006. 青海湖流域环境退化对野生陆生脊椎动物的影响. 生态学报,26(9):3066-3073.
马生林. 2004. 青藏高原生物多样性保护研究. 青海民族学院学报(社会科学版),30(4):76-78.
马世震,陈桂琛,彭敏等. 2004. 青藏公路取土场高寒草原植被的恢复进程. 中国环境科学,24(2):188-191.
彭智萍,杨帆. 2002. 青海生物多样性信息及其监测. 青海环境,12(3):113-115.
尚永成,张小华. 2005. 青藏高原多年冻土地区公路建设对植被类型的影响. 草业科学,22(12):17-19.
尚占环,龙瑞军. 2007. 青藏高原江河源区生态环境安全问题分析与探讨. 草业科学,24(3):1-7.
邵立业,董光荣. 1988. 共和盆地草原沙漠化的正、逆过程与植被演替规律. 中国沙漠,8(1):30-40.
沈渭寿,张慧,邹长新等. 2004. 青藏铁路建设对沿线高寒生态系统的影响及恢复预测方法研究. 科学通报,49(9):909-914.
孙士云. 2003. 青藏铁路沿线的生态环境特点及保护对策. 冰川冻土,25(sup):81-85.
王纯德. 日益萎缩的高原湿地. 青海日报,2001-06-04.
王海山,周进. 2008. 青藏高原濒危植物多样性保护的研究. 西藏科技,5:66-68,72.
王金亭(执笔). 2003. 高原生物多样性演化与分布特点. 见 青藏高原形成环境与发展(郑度主编). 石家庄:河北科学技术出版社,157-165.
王兆锋. 2006. 青藏铁路沿线土壤元素分异特征研究. 中国科学院研究生院博士学位论文.
王治华. 2006. 青藏公路、铁路沿线的活动构造及其次生灾害. 铁道工程学报,12(增刊):264-269.
魏建方. 2005. 基于青藏铁路建设影响高寒植被再造技术的研究. 西南交通大学硕士学位论文.
吴青柏,施斌. 2002. 论青藏铁路修筑中的冻土环境保护问题. 水文地质工程地质,29(4):14-16,20.
吴珍汉,胡道功. 2006. 青藏高原北部铁路沿线移动冰丘的特征及其灾害效应. 地质通报,2:233-243.
吴征镒. 1987. 西藏植物区系的起源及其演化. 见:西藏植物志(第五卷). 北京:科学出版社,874-902.
夏先芳. 2004. 青藏铁路建设对沿线野生动物的影响与保护. 甘肃科技,20(9):27-28.
徐叔鹰,徐德馥. 1983. 青海湖东岸的风沙堆积. 中国沙漠,3(3):11-17.
阎建忠,张镱锂,刘林山等. 2003. 高原交通干线对土地利用和景观格局的影响——以兰州至格尔木段为例. 地理学报,58(1):34-44.
阎建忠,张镱锂,朱会义等. 2006. 大渡河上游不同地带居民对环境退化的响应. 地理学报,61(2):146-156.
杨富裕,张蕴薇,魏学红. 2006. 青藏铁路建设对西藏草业发展的积极影响. 四川草原,1:51-54.
杨博辉,郎侠,孙晓萍. 2005. 青藏高原生物多样. 家畜生态学报,26(6):1-5.
杨生妹,淮虎银,张镱锂等. 2006. 青藏铁路温性草原区铁路运营对啮齿动物群落结构的影响. 兽类学报,26(3):267-273.
易作明. 2007. 青藏铁路(格拉段)沿线植被恢复研究. 北京林业大学硕士学位论文.
殷宝法,淮虎银,张镱锂等. 2006. 青藏铁路、公路对野生动物活动的影响. 生态学报,26(12):3917-3923.
殷宝法,淮虎银,张镱锂等. 2007a. 可可西里地区藏羚羊、藏原羚和藏野驴的营养生态位. 应用生态学报,18(4):766-770.
殷宝法,于智勇,杨生妹. 2007b. 青藏公路对藏羚羊、藏原羚和藏野驴活动的影响. 生态学杂志,26(6):810-816.
张继承. 2008. 基于RS-GIS的青藏高原生态环境综合评价研究. 吉林大学博士学位论文.
张胜邦,董旭. 1997. 青海格尔木市防治荒漠化规划研究. 北京:中国环境科学出版社,1-98.
张旭芝,王星华. 2006. 青藏铁路多年冻土区涵洞基础的冻融变形特征. 水文地质工程地质,33(2):55-58.
张耀生,赵新全. 2001. 青海省生态环境治理面临的问题与草业科学的发展. 中国草地,23(5):68-74.
张镱锂,李炳元. 2002. 论青藏高原范围与面积. 地理研究,21(1):1-8.
张镱锂. 2006. 青藏铁路的生态与环境效应. 国家自然科学基金委员会:重点基金项目结题报告(项目编号90202012,2003—2005).
张自和. 2003. 青藏铁路建设沿线的草地植被恢复与重建. 草地学报,11(3):246-255.
赵济. 1980. 中国自然地理. 北京:高等教育出版社.

郑度,杨勤业,刘燕华. 1985. 中国的青藏高原. 北京:科学出版社,2-4.
郑度,张镱锂,王五一等. 2006. 青藏铁路与西藏经济社会发展问题咨询报告之五——生态与环境安全问题和策略. 西藏自治区发展咨询委员会咨询项目报告,北京.
郑度,张镱锂等. 2009. 青藏铁路沿线生态与环境安全. 杭州:浙江科学技术出版社.
中国科学院青藏高原综合科学考察队. 1988. 西藏植被. 北京:科学出版社.
钟祥浩. 2005. 国内外学术界一直关注的问题:青藏高原研究——兼作开设"青藏高原研究"栏目启事. 山地学报,23(3):257-259.
周国英,陈桂琛,陈志国等. 2006. 青藏铁路沿线高寒草甸植物群落特征对人为干扰梯度的响应——以风火山高山嵩草草甸为例. 冰川冻土,28(2):240-248.
周华坤,赵新全. 2005. 青藏高原高寒草甸的植被退化与土壤退化特征研究. 草业学报,14(3):31-40.
周乐,殷宝法,杨生妹等. 2006. 青藏公路对高原鼠兔种内遗传分化的影响. 生态学报,26(11):3572-3577.
祝广华,陶玲,任珺. 2006. 青藏铁路工程迹地对植被的影响评价. 草地学报,14(2):160-164.